高等学校系列教材

Python 数字图像处理

张运楚　编著

中国建筑工业出版社

图书在版编目（CIP）数据

Python 数字图像处理 / 张运楚编著. — 北京：中
国建筑工业出版社，2021.9
高等学校系列教材
ISBN 978-7-112-26448-3

Ⅰ. ①P… Ⅱ. ①张… Ⅲ. ①数字图像处理-高等学
校-教材②软件工具-程序设计-高等学校-教材 Ⅳ.
①TN911.73②TP311.561

中国版本图书馆 CIP 数据核字（2021）第 159518 号

本书系统介绍数字图像处理的基本理论、经典算法及其 Python 实现。
全书共分 10 章，内容包括图像数据的表示与基本运算、灰度变换、空域
滤波、频域滤波、彩色图像处理、图像几何变换、图像复原、形态学图像
处理、边缘检测、图像分割等。本书以讲透概念、重视方法、突出应用、
好教易学为指导思想，从语义和数学两个视角描述数字图像处理相关专业
术语，分析经典算法机理，给出示例程序。每章配有习题和上机练习题，
并配套提供 PowerPoint 课件和各章示例程序的 Jupyter Notebook 可执行
记事本文件。

本书既可以作为高等学校人工智能、电子信息工程、通信工程、计算
机科学与技术、光电信息科学与工程、信息工程、自动化、遥感科学与技
术等专业数字图像处理课程的教材，又可供相关专业研究人员和工程技术
人员参考。

本书课件见封底，更多讨论可加本书 QQ 群：708582660。

责任编辑：张　健
文字编辑：胡欣蕊
责任校对：芦欣甜

高等学校系列教材
Python 数字图像处理
张运楚　编著

*

中国建筑工业出版社出版、发行（北京海淀三里河路 9 号）
各地新华书店、建筑书店经销
北京鸿文瀚海文化传媒有限公司制版
北京君升印刷有限公司印刷

*

开本：787 毫米×1092 毫米　1/16　印张：22　字数：544 千字
2021 年 12 月第一版　　2021 年 12 月第一次印刷
定价：**49.00** 元（赠教师课件）
ISBN 978-7-112-26448-3
（37985）

前言
preface

数字图像处理始于 20 世纪 60 年代初期，早期研究目的主要是为了改善图像质量以提高视觉效果。从 20 世纪 70 年代中期开始，随着计算机、人工智能、思维科学、机器人等领域的快速发展，数字图像处理开始研究如何利用计算机来分析和解释图像，实现类似人类视觉系统的机器感知能力，被称为图像理解与计算机视觉。

数字图像处理已广泛应用于通信、宇宙探测、遥感、医学、工业生产、军事、安全、机器人视觉、视频和多媒体、科学可视化、智能交通、无人驾驶、移动支付等领域。作为人工智能的一门基础学科，近年来数字图像处理伴随深度学习、移动计算的广泛应用而蓬勃发展。如同眼睛对于人类之重要，图像为人工智能提供了重要的信息表达和描述工具，已成为人工智能研究的重要领域。

全书共分 10 章，内容包括图像数据的表示与基本运算、灰度变换、空域滤波、频域滤波、彩色图像处理、图像几何变换、图像复原、形态学图像处理、边缘检测、图像分割等。本书以讲透概念、重视方法、突出应用、好教易学为指导思想，遵循概念、机理和实现 CMI（Concept-Mechanism-Implementation）教学理念，从语义和数学两个视角描述数字图像处理专业术语，分析图像处理典型算法机理。

Python 语言由荷兰人吉多·范罗苏姆（Guido van Rossum）于 20 世纪 90 年代初创建，因其简洁、易读、可扩展，具有丰富的科学计算库生态系统，已成为人工智能（AI，Artificial Intelligence）、机器学习（ML，Machine Learning）、神经网络（NN，Neural Network）、深度学习（DL，Deep Learning）、物联网（IoT，Internet of Things）、机器人学（Robotics）等热点技术所依赖的重要编程语言。OpenCV 是目前最好的开源计算机视觉库之一，提供了 2500 多种优化算法，包括最新的计算机视觉算法，支持机器学习和深度学习，采用 BSD 许可证，可免费用于学术和商业用途。OpenCV 使用优化的 C/C++ 编写，提供了 API 函数的 Python 包装，可以在 Python 程序中使用。

本书基于 Python 语言，利用 NumPy、SciPy、OpenCV-Python、Scikit-image、Pillow、Matplotlib 等 Python 扩展包，编写了大量示例程序，并对调

用的部分函数给出详细说明。读者可将各章示例程序在 Python 交互式解释器下输入运行，或打开本书附送的各章示例程序 Jupyter Notebook 可执行记事本文件，逐节运行示例代码，也可使用 Python 各种 IDE（如 Pycharm）创建 Python 文件、保存并运行。本书理论与实践并重，每章配有习题和上机练习题。

本书既可作为高等学校人工智能、电子信息工程、通信工程、计算机科学与技术、光电信息科学与工程、信息工程、自动化、遥感科学与技术等专业数字图像处理课程的教材，又可供相关专业研究人员和工程技术人员参考。

本书编写中，参考了大量书籍文献、资料和网站，同时融入了作者十余年来数字图像处理的教学经验和科研成果。受作者水平所限，难免存在疏漏和不当之处，敬请各位读者批评指正。

目 录

Contents

第1章

图像数据的表示与基本运算

在移动互联时代，数字图像处理的应用场景随处可见，如手机扫二维码支付、美颜自拍、高铁刷脸进站、停车场自动车牌识别等。你可能要问，这些神奇而又日渐司空见惯的技术是如何实现的？如果简短地回答这个问题，那么答案就是：数字图像处理＋人工智能＋互联网。下面先从数字图像处理的基本概念来开始我们的学习之旅。

1.1　图像文件的读写与显示

图像除了使用手机、数码相机、数字摄像机、图像采集卡、网络流媒体等实时采集外，大部分来自图像文件或视频文件。在处理图像之前，须先把图像数据从文件读入到内存，处理后也常以文件形式予以保存，图像文件为图像数据的存储、归档和交换提供了基本机制。图像处理研究早期，研究人员创建了众多图像文件格式，出现了文件格式不兼容的混乱局面。工程应用中，主要考虑图像类型、存储大小、压缩方式、兼容性、应用领域等因素，来选择合适的图像文件格式。

图像文件由文件头（file header）及随后的图像数据（image data）组成。文件头的结构和内容由创建该图像文件格式的公司或团体决定，一般包括文件类型、文件制作者、制作时间、版本号、文件大小、压缩方式等，这些内容决定了有关图像数据存储的重要信息。

要正确理解文件头中的信息，必须知道文件格式类型。多数情况下，由文件的扩展名来决定文件格式类型，例如.jpg、.tif、.bmp、.png等。因文件的扩展名可被用户修改，扩展名并不是确定文件格式类型的可靠方式，图像文件格式类型可通过文件数据前几个字节构成的隐含"标识"来识别。

本节主要介绍如何使用OpenCV、Matplotlib、Scikit-image、Pillow等Python扩展库提供的函数，来读取、保存和显示图像。为便于使用本书提供的学习资源，请先在计算机硬盘中创建工作目录，例如"D：\PythonDIP"，把本书提供的各章示例程序Jupyter Notebook可执行记事本文件，保存到上述创建的工作目录，实验图像保存到imagedata子目录中。

1

1.1.1　OpenCV 读写与显示图像文件

图像处理流程一般包括图像的加载、处理、显示和保存等步骤，以下程序展示了这一工作流程。程序首先导入 Python 扩展包 NumPy 和 OpenCV，然后调用函数 cv. imread() 读入一幅名为 old _ villa. jpg 的彩色图像文件，将其转换为灰度图像并保存为图像文件，再创建两个窗口分别显示彩色图像和转换得到的灰度图像，维持显示直到按任意键关闭显示窗口。

```
＃OpenCV 图像文件的读写与显示
＃导入用到的包
import numpy as np
import cv2 as cv
import sys
＃从当前工作目录下的 imagedata 子目录中读入一幅彩色图像
img = cv. imread('. /imagedata/old_villa. jpg', cv. IMREAD_COLOR)
＃若没有正确读取图像,显示出错信息并退出运行
if img is None:
    sys. exit("Could not read the image. ")
img_gray = cv. cvtColor(img, cv. COLOR_BGR2GRAY)   ＃转换为灰度图像
＃将灰度图像保存到当前工作目录中
cv. imwrite('old_villa_gray. jpg', img_gray, [cv. IMWRITE_JPEG_QUALITY,100])
＃显示读入的彩色图像
cv. imshow('old_villa color image', img)
＃显示转换得到的灰度图像
cv. imshow('old_villa gray image', img_gray)
cv. waitKey(0)   ＃等待直到按下任意键继续
cv. destroyAllWindows()   ＃关闭显示窗口,释放显示窗口占用的资源
＃------------------------------
```

示例程序第一行用 import... as 导入 numpy 包，并取别名为 np，后续程序用到 numpy 包时，都用别名 np 代替 numpy。第二行导入 OpenCV 的 cv2 包，并取别名为 cv，后续程序用到 cv2 包时，也都用别名 cv 来代替。示例程序调用函数 cv. waitKey(0) 是为了维持显示由 cv. imshow() 创建的图像窗口。最后一定要调用函数 cv. destroyAllWindows() 关闭显示窗口，并释放占用的内存资源。

NumPy 是一个 Python 科学计算基础库，提供了多维数组 ndarray 对象、派生对象（如掩码数组和矩阵）、用于多维数组快速操作的 API 函数，包括数学、逻辑、形状操作、排序、选择、输入输出、离散傅立叶变换、线性代数、统计运算和随机模拟等。

OpenCV-Python 采用 NumPy 的 ndarray 多维数组保存图像数据，因此，除了可以使用 OpenCV 提供的函数对图像进行处理，还可以利用 NumPy 以及其他基于 NumPy 的扩展包，如 Scikit-image、SciPy、Matplotlib 等提供的函数，来处理图像。

OpenCV 图像读写与显示函数

imread

函数功能	从文件中读取图像数据,Loads an image from a file.	
函数原型	retval＝cv. imread(filename[，flags])	
	参数名称	**描述**
输入参数	filename	字符串类型,指定图像文件名。图像文件应保存在当前工作目录,或给出包含图像文件完整路径(绝对路径或相对路径)的文件名。需要注意的是,即使 filename 无效,也不会提醒出错信息。若返回值 retval 为 None,则表明图像读取失败。
	flags	整数类型,用于指定图像文件的读入方式标志。flags 可取以下值: cv. IMREAD_COLOR:默认值,按 BGR 颜色通道方式读入图像。如果图像具有透明度 alpha 通道,将会被忽略;如为索引图像,则转换为真彩色图像;如果为灰度图像,返回值 retval 为 BGR 颜色通道彩色图像数据格式。该标志可用整数 1 代替。 cv. IMREAD_GRAYSCALE:灰度图像,按单通道的方式读入图像,彩色图像将被转换为灰度图像。该标志可用整数 0 代替。 cv. IMREAD_UNCHANGED:按解码得到的方式读入图像,不改变图像数据格式。如果图像含有 alpha 通道,一并读入。该标志可用整数－1 代替。
返回值	retval - 图像数据,NumPy 的 ndarray 型多维数组,数组的维数取决于读入图像的颜色通道数,如:彩色图像为 3 维数组,灰度图像则为 2 维数组。若为 None,则表明图像读取失败。	

OpenCV 目前支持的图像文件格式主要有:

Windows 位图（Windows bitmaps），扩展名：＊.bmp，＊.dib；

JPEG 文件，扩展名：＊.jpeg，＊.jpg，＊.jpe；

JPEG 2000 文件，扩展名：＊.jp2；

轻便网络图形文件（Portable Network Graphics），扩展名：＊.png；

WebP 文件，扩展名：＊.webp；

轻便图像格式文件（Portable image format），扩展名：＊.pbm，＊.pgm，＊.ppm，＊.pxm，＊.pnm；

Sun rasters 栅格文件，扩展名：＊.sr，＊.ras；

TIFF 文件，扩展名：＊.tiff，＊.tif。

imwrite

函数功能	将图像数据保存到指定文件,Saves an image to a specified file.	
函数原型	retval ＝ cv. imwrite(filename, img[，params])	
	参数名称	**描述**
输入参数	filename	字符串变量,指定图像文件名,须包含图像文件的扩展名,如 .jpg,.png 等。filename 若不包含目录路径,则图像文件保存到当前工作目录,可在 filename 中指定保存文件的相对路径或绝对路径。
	img	ndarray 类型多维数组,图像数组变量。
	params	可选参数,用于指定与保存的图像文件格式相关的控制参数。
返回值	retval -bool 变量,True 保存成功,False 保存失败。	

3

imshow

函数功能	在指定窗口中显示图像,Displays an image in the specified window.	
函数原型	cv. imshow(winname, mat)	
输入参数	参数名称	描述
	winname	字符串类型,指定显示窗口名字。若不存在,则创建显示窗口。
	mat	ndarray 型数组,要显示的图像数组变量。
返回值	None	

waitKey

函数功能	键盘绑定等待函数,等待键盘输入,Waits for a pressed key.	
函数原型	retval = cv. waitKey([, delay])	
输入参数	参数名称	描述
	delay	整数类型,指定键盘输入事件的等待时间,单位为毫秒。若 delay>0,函数将原地等待指定的 delay 毫秒,并检测是否有键盘输入。在指定的 delay 毫秒延时结束前,如果按下任意键,结束等待,程序继续运行,函数返回按键的码值。如果 delay 毫秒延时结束时仍没有键盘输入,则结束等待,返回值为−1。如果 delay≤0,函数将会无限期等待键盘输入。可以用来检测特定键是否被按下,例如检测 Esc 键是否被按下。
返回值	retval-整数类型,按键的码值,或−1。	

namedWindow

函数功能	创建一个指定名称的显示窗口,Creates a window that can be used as a placeholder for images.	
函数原型	cv. namedWindow(winname[, flags])	
输入参数	参数名称	描述
	winname	字符串类型,指定创建的窗口名称。可把该字符串作为函数 cv. imshow(winname, mat)的第一个参数,将图像显示在该窗口内。
	flags	整数类型,指定窗口模式标志,默认值为 cv. WINDOW_AUTOSIZE,窗口根据显示图像的尺寸自动确定大小,不能用鼠标调整。若采用 cv. WINDOW_NORMAL,就可以用鼠标拖曳调整窗口大小。
返回值	None	

1.1.2　OpenCV 读取摄像机视频图像帧

OpenCV 提供了一个简单的视频图像采集接口。首先调用函数 cv. VideoCapture() 创建一个 VideoCapture 对象,输入参数可以是设备索引号,或者是一个视频文件名。设备索引号用于指定要使用的摄像设备,一般笔记本电脑都有内置摄像头,其设备索引号通常为 0。也可以通过将设备索引号设置成 1 或者其他索引值,来选择连接到电脑上的其他图像采集设备。创建 VideoCapture 对象之后,就可以用其 read() 方法逐帧采集视频图像。退出程序时调用 VideoCapture 对象的 release() 方法,停止视频采集并释放相关资源。

下面示例展示了从连接到电脑上的摄像机读取图像帧,对其水平镜像和原图左右排列拼接后显示。视频采集过程中，按 Esc 键退出，按 s 键将图像帧保存为文件。示例程序仍使用函数 cv. waitKey()维持图像显示窗口和键盘输入，设置等待时间用到了摄像机的帧频 fps，即每秒采集的图像帧数。此示例还用到了 NumPy 数组运算函数 np. flip()和 np. hstack()。

```
#OpenCV 读取摄像机视频图像帧
#导入用到的包
import numpy as np
import cv2 as cv
#创建 VideoCapture 对象,指定设备的索引号 index = 0
cap = cv. VideoCapture(0)
#查看 VideoCapture 对象属性 isOpened(),若摄像机打开失败,程序退出
if not cap. isOpened():
    print("Cannot open camera")
    exit()
fps = cap. get(cv. CAP_PROP_FPS)   #获取 VideoCapture 对象的帧率属性
frame_index = 0   #用于图像帧保存时按顺序为文件命名
#创建图像显示窗口,窗口大小可用鼠标拖动调整
cv. namedWindow('Camera playing', cv. WINDOW_NORMAL | cv. WINDOW_KEEPRATIO)
#读取视频图像帧直至按 Esc 键退出
while cap. isOpened():
    #调用 VideoCapture 对象的 read()方法捕获视频图像帧
    ret, frame = cap. read()
    frame_index += 1   #帧序号加 1
    #如果正确读取视频图像帧,返回值 ret 为 True,否则为 False 则退出程序
    if not ret:
        print("Can't receive frame (stream end?). Exiting ...")
        break
    #以下代码对图像帧进行简单处理
    img = np. flip(frame, 1)   #水平翻转图像帧
    img_montage = np. hstack((frame, img))   #将两幅图像水平拼接为一幅图像
    cv. imshow('Camera playing', img_montage) #显示拼接后的图像
    #按 Esc 键退出,按 s 键将图像帧保存为文件(当前工作目录)
    keycode = cv. waitKey(int(1000/fps)) & 0xFF
    if keycode == 27:
        break
    elif keycode == ord('s'):
        #形成图像文件名
        frame_name = "camera_frame_{}. jpg". format(frame_index)
        cv. imwrite(frame_name, frame)   #保存图像
```

```
cap.release()  # 退出视频捕捉并释放 VideoCapture 对象资源
cv.destroyAllWindows()  # 关闭图像显示窗口并释放资源
# ----------------------------
```

OpenCV 视频读写函数

VideoCapture

函数功能	创建一个 VideoCapture 对象,Class for video capturing from video files, image sequences or cameras.	
函数原型	\<VideoCapture object\> = cv.VideoCapture(index[, apiPreference]) \<VideoCapture object\> = cv.VideoCapture(filename[, apiPreference])	
输入参数	参数名称	描述
	index	整数类型,要打开视频采集设备的 ID 号。若采用默认的视频采集设备和 API 后端,则令 index 为 0。
	filename	字符串类型,视频文件名(可包含目录路径)、视频流的 URL 地址或图像序列。
返回值	\<VideoCapture object\>,VideoCapture 对象,具有多个成员函数,用于操作视频源。	

VideoWriter

函数功能	创建一个保存视频文件的 VideoWriter 对象,Video writer class,default constructors.	
函数原型	vidobj = cv.VideoWriter(filename, fourcc, fps, frameSize[, isColor])	
输入参数	参数	描述
	filename	字符串类型,指定保存的视频文件名,可包含文件存放的目录路径,并用扩展名指定视频文件格式,如常用的 .avi、mp4 等。
	fourcc	字符串类型,指定保存视频文件的视频编码器类型,4 字符标识代码,如 'XVID'。
	fps	整数类型,指定保存视频的帧率。
	frameSize	整数元组,指定保存视频图像帧的宽、高,格式为(width, hight)。
	isColor	bool 类型,如果是 True,保存的视频为彩色图像;若为 False,则保存为灰度图像。
返回值	\<VideoWriter object\>,VideoWriter 对象。	

1.1.3 OpenCV 读写视频文件

调用函数 cv.VideoCapture() 创建一个 VideoCapture 对象,就可以读取视频文件、网络视频流的每一帧图像,但没有声音。输入参数 filename 为字符串,用于指定读取的视频文件名(可包含文件存放的目录路径)、网络视频流的 URL 地址。

通过获取视频文件的帧率 fps=cap.get(cv.CAP_PROP_FPS)来设置 cv.waitKey() 的等待时间,以便按正常帧率播放。如果等待时间设置的太短,视频就会播放得非常快;如果等待时间设置的太长,播放就会很慢(可以使用这种方法控制视频的播放速度)。

调用函数 cv.VideoWriter() 创建一个 VideoWriter 对象,就可以把处理后的每一帧图像保存到视频文件中。

OpenCV 视频文件的读写

```python
# 导入用到的包
import numpy as np
import cv2 as cv
# 创建 VideoCapture 对象读取视频文件
cap = cv.VideoCapture('/imagedata/atrium.mp4')
# 调用 VideoCapture 对象的成员函数 isOpened(),查看文件打开状态
# 返回 True 正常继续,False 失败退出
if not cap.isOpened():
    print("Cannot open the file")
    exit()
# 调用 VideoCapture 对象的成员函数 get(),获取视频的帧率、帧宽和高
fps = cap.get(cv.CAP_PROP_FPS)
frame_width = cap.get(cv.CAP_PROP_FRAME_WIDTH)
frame_height = cap.get(cv.CAP_PROP_FRAME_HEIGHT)
# 指定保存视频文件的编码器
fourcc = cv.VideoWriter_fourcc( * 'XVID')
# 创建视频文件保存 VideoWriter 对象
out_gray = cv.VideoWriter('video_gray.avi', fourcc, int(fps), \
                          (int(frame_width), int(frame_height)), isColor = False)
# 读取视频图像帧直至按 Esc 键退出或播放到最后一帧
while cap.isOpened():
    # 采集视频图像帧
    ret, frame = cap.read()
    # 如果正确读取视频图像帧,返回值 ret 为 True,否则为 False 则退出程序
    if not ret:
        print('Cannot receive frame, or end of file playback, Exiting ...')
        break
    # 以下代码处理视频图像帧,将每帧图像转换为灰度图像
    gray_frame = cv.cvtColor(frame, cv.COLOR_BGR2GRAY)
    # 调用 VideoWriter 对象成员函数将转换后的图像帧保存到视频文件中
    out_gray.write(gray_frame)
    # 显示图像
    cv.imshow('Video color frame', frame)
    cv.imshow('Video gray frame', gray_frame)
    # 根据视频文件帧率播放图像,按 Esc 键退出
    if  cv.waitKey(int(1000/fps)) & 0xFF == 27:
        break
cap.release()                 # 退出视频播放并释放 VideoCapture 对象
```

```
out_gray.release()          # 释放 VideoWriter 对象
cv.destroyAllWindows()      # 关闭图像显示窗口并释放资源
# ----------------------------------------------
```

1.1.4　Matplotlib 显示图像

Matplotlib 具有强大的数据可视化功能，为 Python 提供一个数据绘图包。把图像数据读入到 NumPy 数组后，Matplotlib 就可以将该数组以彩色或灰度图像的形式显示出来。Matplotlib 默认彩色图像数组中的颜色分量顺序为 RGB，而 OpenCV 函数 cv.imread() 返回的彩色图像数组色序为 BGR，要用 Matplotlib 正确显示彩色图像，就必须将颜色分量顺序调整为 RGB。

以下示例程序导入 Matplotlib 包中的 pyplot 模块，并取别名为 plt。语句%matplotlib inline，将图像嵌在 Jupyter Notebook 网页中当前 Cell 下显示，若改为%matplotlib qt，则在弹出窗口中显示图像（有时需重启 Kernel，执行菜单 Kernel→Restart Kernel）。

```
# 用 Matplotlib 显示 OpenCV 读取的彩色图像
# 导入用到的包
import numpy as np
import cv2 as cv
import matplotlib.pyplot as plt
# 图像嵌在 Jupyter Notebook 网页中当前 Cell 下显示
% matplotlib inline


# 从当前工作目录下 imagedata 子目录中读入一幅彩色图像
img = cv.imread('./imagedata/campus.jpg',cv.IMREAD_COLOR)
imgRGB = img[:,:,::-1]      # 将图像颜色通道顺序调整为 RGB
# 也可采用 OpenCV 的颜色空间转换函数
# imgRGB = cv.cvtColor(img, cv.COLOR_BGR2RGB)
plt.figure()    # 创建一个显示窗口
plt.imshow(img)    # 显示原 BGR 色序图像
plt.title('Color image in BGR')    # 设置图像窗口标题
plt.figure()    # 创建一个显示窗口
plt.imshow(imgRGB)    # 显示色序调整为 RGB 后的彩色图像
plt.title('Color image in RGB')    # 图像标题
plt.show()
# --------------------------
```

示例程序先调用 Matplotlib 函数 plt.figure() 创建显示窗口，然后调用函数 plt.imshow() 将图像显示在该窗口内。函数 plt.figure() 输入可选参数很多，这里仅介绍其中两个常用的参数，其余均可采用默认值。

plt.figure ( )

创建或激活一个图形显示窗口，基本调用方式为：

plt. figure（num＝None, figsize＝None）

输入参数：

num—整数或字符串类型。如果没有给出 num，函数将创建一个新图形窗口，其序号自动增加。如果给出 num，且已存在与 num 值对应的窗口，函数将激活 num 指定的窗口，并返回该窗口的一个引用。如果给出 num 值，且不存在与该值对应的窗口，函数将创建一个新窗口，并返回一个 figure 对象。如果 num 是一个字符串，创建的窗口标题被设为该字符串。

figsize—元组，用于指定创建窗口的大小，格式为（width, height），单位为英寸，缺省值为（6.4, 4.8）。

例如，常用的创建显示窗口的方式有：

plt. figure()

plt. figure(1)

plt. figure('Campus', figsize = (12,6))

Matplotlib 也支持在一个窗口中显示多幅图像，这要用到函数 plt. subplot（）或 plt. subplots()把显示窗口分成多个子图显示区域。例如，以下程序可将示例中的两幅图像，以 1 行、2 列的形式显示在同一个 figure 窗口中：

plt. figure(figsize = (12,6))

plt. subplot(1,2,1); plt. imshow(img)

plt. subplot(1,2,2); plt. imshow(imgRGB)

plt. show()

或使用函数 plt. subplots()实现 1 行、2 列的多子图显示：

fig, axs = plt. subplots(nrows = 1,ncols = 2, figsize = (12,4), squeeze = False)

axs[0,0]. imshow(img)

axs[0,1]. imshow(imgRGB)

plt. show()

函数 plt. subplots（）返回一个包含 figure 和 axes 对象的元组，使用 fig, axs = plt. subplots（）可将元组分解为 fig 和 axs 两个变量，其中 axs 是一个 $M \times N$ 的二维数组，可通过下标指定图像显示的子图位置。

需要注意，在显示 8 位灰度图像时，需指定函数 plt. imshow（）的输入参数 cmap = 'gray'，vmin＝0，vmax＝255，或用 plt. figure（）创建窗口后，随后执行函数 plt. gray（），否则 Matplotlib 将使用默认调色板（cmap = 'viridis'）把图像渲染为伪彩色图像（Pseudocolor image）。

♯用 Matplotlib 在弹出窗口中显示彩色和灰度图像

♯导入用到的包

import numpy as np

import cv2 as cv

import matplotlib. pyplot as plt

♯Jupyter Notebook 中运行时弹出显示窗口

％matplotlib qt

```
＃读入一幅彩色图像
img = cv. imread('. /imagedata/campus. jpg',cv. IMREAD_COLOR)
＃转换为灰度图像
img_gray = cv. cvtColor(img, cv. COLOR_BGR2GRAY)
＃显示结果
plt. figure(figsize = (16,8)) ＃设置窗口大小(宽,高)
plt. suptitle('Multi image display') ＃设置图像总标题
plt. subplot(1,3,1); plt. imshow(img[:,:,::-1])  ＃显示彩色图像
plt. title('RGB color image')  ＃设置子图像标题
plt. axis('off')  ＃不显示轴线和标签
＃显示灰度图像图像
plt. subplot(1,3,2); plt. imshow(img_gray, cmap = 'gray', vmin = 0,vmax = 255)
plt. title('gray image')  ＃设置子图像标题
plt. axis('off' )  ＃不显示轴线和标签
＃显示灰度图像,被渲染为伪彩色图像
plt. subplot(1,3,3); plt. imshow(img_gray, vmin = 0,vmax = 255)
plt. title('pseudo-color image')  ＃设置子图像标题
plt. axis('off')  ＃不显示轴线和标签
plt. tight_layout()  ＃自动调整子图参数,使之填充整个图像区域
plt. show()
＃--------------------------
```

1.1.5 Scikit-image 读写图像文件

Scikit-image 简写为 skimage,是 SciPy 社区(SciPy community)基于 Python 开发的数字图像处理扩展包,功能包括图像增强、图像几何变换、彩色图像处理,图像滤波、图像分析等模块。

Scikit-image 的 io 模块提供了图像读写函数 imread()、imsave(),返回图像数据为 NumPy 多维数组,对于彩色图像而言,其颜色通道顺序为 RGB。另外,Scikit-image 的 data 模块也内置了一些标准测试图像(Standard test images)供研究使用,但新版本中这些标准测试图像已不再随安装包一起安装,使用时需实时从网上下载,也可下载后离线使用,有关下载方法详见 Scikit-image 帮助。

以下示例程序代码给出了 Scikit-image 图像读写函数的基本使用方法。首先导入 skimage 包中的 io、color 和 util 模块,读入一幅彩色图像,将其转换为灰度图像并保存为图像文件。

```
＃用 scikit-image 提供的函数读写图像
＃导入用到的包及模块
import numpy as np
import cv2 as cv
import matplotlib. pyplot as plt
```

```
from skimage import io,data, color, util
% matplotlib inline

#从当前工作目录下的 imagedata 子目录中读入一幅彩色图像
img = io.imread('./imagedata/boats.jpg')
#使用 skimage 中 color 模块提供的函数,将彩色图像转换为灰度图像
img_gray = color.rgb2gray(img)
#将灰度图像的数据类型由浮点小数[0,1]转换为 uint8 型[0,255]
img_gray = util.img_as_ubyte(img_gray)
#保存灰度图像
io.imsave('sk_boats_gray.jpg', img_gray)
#读取一幅 data 模块内置图像,Scikit-image 开源作者养的宠物猫
img_cat = data.chelsea()
#显示结果
plt.figure(figsize=(16,10)) #设置窗口大小(宽,高)
#设置单通道图像的显示方式为灰度图像,不影响 RGB 彩色图像的显示
plt.gray()
plt.subplot(1,3,1); plt.imshow(img)
plt.title('Color image'); plt.axis('off')
plt.subplot(1,3,2); plt.imshow(img_gray, vmin=0, vmax=255)
plt.title('Gray image'); plt.axis('off')
plt.subplot(1,3,3); plt.imshow(img_cat)
plt.title('Cat chelsea'); plt.axis('off')
plt.show()
#------------------
```

 Scikit-image 图像文件读写函数

imread

函数功能	读取图像文件,Load an image from file.		
函数原型	img_array = skimage.io.imread(fname, as_gray=False, plugin=None, * * plugin_args)		
输入参数	参数名称	描述	
	fname	字符串类型,图像文件名。图像文件应保存在当前工作目录,或给出包含图像文件完整路径(绝对路径或相对路径)的文件名。	
	as_gray	bool 型,是否将彩色图像转换为灰度图像读入,默认值为 False。若为 True,则将彩色图像转换为灰度图像,浮点数在[0,1]间取值;若图像已是灰度图像,则不做转换。	
	plugin	字符串类型,指定读取图像文件使用的插件名称,缺省为自动寻找合适的插件。	
返回值	img_array-图像数据,ndarray 型数组,维数取决于读入图像的颜色通道数,如:灰度图像则为 $M \times N$ 数组,RGB 彩色图像为 $M \times N \times 3$ 数组,带 alpha 通道的 RGBA 彩色图像为 $M \times N \times 4$ 数组。		

imwrite

函数功能	保存图像为指定文件，Saves an image to a specified file.	
函数原型	skimage. io. imsave(fname, arr, plugin＝None, check_contrast＝True, * * plugin_args)	
输入参数	参数名称	描述
	fname	字符串类型，为要保存到本地的图像文件名，须包含图像文件的扩展名，如 .jpg,. png 等。fname 若不包含目录路径，则图像文件保存到当前工作目录，可在 fname 中指定保存文件的目录路径。
	arr	要保存的图像数组变量，ndarray 型数组。
	plugin	字符串类型，指定保存图像文件使用的插件名称，缺省为自动寻找合适的插件。
	check_contrast	bool 型，是否检查要保存图像的对比度，缺省值为 True，若检查到图像对比度低则显示警告信息。
	* * plugin_args	若给出 plugin 插件名称，采用词典方式给出插件参数。
返回值	无返回	

1.1.6　Pillow 读写图像文件

PIL 即 Python Imaging Library，曾是 Python 事实上的图像处理标准库。尽管 PIL 功能强大，API 简单易用，但是 PIL 仅支持到 Python 2.7 就停止更新。Alex Clark 与众多志愿者在 PIL 基础上创建了兼容版本 Pillow，又加入了许多新特性，支持最新 Python 3. x。Pillow 的 Image 模块提供了 PIL 图像类（PIL Image Class），其中用于图像文件读写的函数为 Image. open()、Image. save()。

以下示例程序读入一幅索引图像（indexed image，或 palette image），将其转换为灰度图像、RGB 真彩色图像并保存。

＃**Pillow 函数读写图像文件**

＃*导入用到的包及模块*

```
from PIL import Image
import numpy as np
import matplotlib. pyplot as plt
% matplotlib inline


＃从当前工作目录下的 imagedata 子目录中读入一幅索引图像
im ＝ Image. open('. /imagedata/trees. tif')
＃调用 Image 对象成员函数将其转换为灰度图像
imgray = im. convert('L')  ＃结果仍为 PIL 图像类
＃调用 Image 对象成员函数将其转换为 RGB 真彩色图像,结果仍为 PIL 图像类
imrgb = im. convert('RGB')
imrgb. save('treesrgb. jpg')  ＃保存图像
```

```
＃显示图像的格式、高、宽尺寸以及图像类型
print(im. format, im. size, im. mode)
＃将图像转换为 ndarray 多维数组,得到索引图像的像素颜色索引值数组
img = np. asarray(im)


＃显示结果
plt. figure(figsize = (16,6))
＃显示原索引图像
plt. subplot(1,4,1); plt. imshow(im)
plt. title('trees, original indexd image'); plt. axis('off')
＃采用 Matplotlab 内嵌调色板显示读入的索引图像数据
plt. subplot(1,4,2); plt. imshow(img, cmap = 'viridis', vmin = 0, vmax = 255)
plt. title('trees, indexd image, another colormap'); plt. axis('off')
＃显示转换后的 RGB 真彩色图像
plt. subplot(1,4,3); plt. imshow(imrgb)
plt. title('trees, RGB color image') ;plt. axis('off')
＃显示转换后的灰度图像
plt. subplot(1,4,4); plt. imshow(imgray, cmap = 'gray', vmin = 0, vmax = 255)
plt. title('trees, gray image'); plt. axis('off')
plt. show()
＃------------------------------------
```

函数 Image.open() 返回值不是 NumPy 的 ndarray 型数组,而是一个 PIL Image 对象,它提供了图像文件的属性值、对图像进行处理的方法函数。读取索引图像时,可得到像素颜色索引值数组和调色板(颜色表)数组(palette,又称 colormap)。例如,PIL image 对象的 mode 属性,是一个字符串变量,给出了所读取的图像类型,典型值有:

1 (1-bit pixels, black and white, stored with one pixel per byte, 二值图像);

L (8-bit pixels, black and white, 灰度图像);

P (8-bit pixels, mapped to any other mode using a color palette, 索引图像);

RGB (3x8-bit pixels, true color, RGB 真彩色图像);

RGBA (4x8-bit pixels, true color with transparency mask, 带 alpha 通道 RGB 真彩色图像);

CMYK (4x8-bit pixels, color separation, 用于印刷的分色图像);

YCbCr (3x8-bit pixels, color video format, 彩色视频格式的 YCbCr 颜色空间);

LAB (3x8-bit pixels, the L*a*b color space, 彩色图像数据为 LAB 颜色空间);

HSV (3x8-bit pixels, Hue, Saturation, Value color space, 彩色图像数据为 HSV 颜色空间);

I (32-bit signed integer pixels);

F (32-bit floating point pixels)。

上述示例读取了一幅索引图像,显示其 mode 属性为'P',表明图像文件 trees. tif 为索

引图像（Indexed image 或 Palette image）。可以使用 img ＝ np. array（im）或 img ＝ np. asarray(im)，把 Pillow 读取的 PIL image 对象中的图像数据转换为 NumPy 多维数组。也可以用 im ＝ Image. fromarray(a)，把 NumPy 多维数组 a 转换为 PIL Image 对象。

1.2　图像类型与图像数据

常用的图像类型有 RGB 真彩色图像（RGB image，true color image）、索引图像（indexed color image，palette image）、灰度图像（grayscale image，intensity image）、二值图像（binary image），都属于位图图像（bitmap image），由许多称作像素（pixel）的点按矩形网格排列组成。像素是单词 picture 和 element 的合成词，即图像元素。

1.2.1　RGB 真彩色图像

人眼视网膜上存在着分别对红 Red、绿 Green、蓝 Blue 光敏感的三类锥状细胞，人类对颜色的感知，就是大脑融合人眼接收到的"红绿蓝"三色光刺激而形成的。人工成像系统模拟人眼功能，将光分解成红、绿、蓝三种成分进行传感记录，因此，"红绿蓝"被称为三原色（primary color）或三基色。

RGB 真彩色图像每个像素的颜色，用红 R、绿 G、蓝 B 三个分量来描述。每个颜色分量通常用 8 位无符号整数进行数字化，共 24 位，因此，能产生 $(2^8)^3 = 2^{24} = 16777216$ 种不同颜色。像素的颜色分量（color component），又称为颜色通道（color channel）、颜色平面（color plane）等。

Python 语言中，Matplotlib、Scikit-image、SciPy 用一个 $M \times N \times 3$ 的 NumPy 三维数组来保存 RGB 真彩色图像数据，如图 1-1 所示。第 1 维是数组的行序，M 是数组的行数，对应图像的高度；第 2 维是数组的列序，N 是数组的列数，对应图像的宽度。前两维构成了一个二维数组，形成图像的矩形网格结构，行、列下标（x，y）对应图像中的一个像素。由于二维数组的每个元素只能保存对应像素的一个颜色分量，因此需用 3 个二维

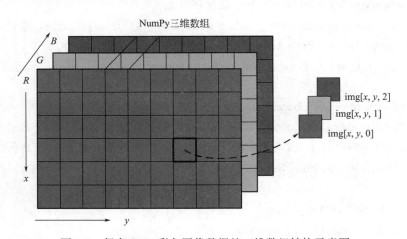

图 1-1　保存 RGB 彩色图像数据的三维数组结构示意图

数组分别保存 RGB 真彩色图像的 R、G、B 分量，并按 RGB 分量顺序依次排列形成第 3 维，称为色序，类似于一本书的页码。这样就可以用数组的行序、列序和色序 3 个下标，来读、写像素的三个分量。改写数组元素值，就可以改变对应像素的颜色。

需要注意的是，OpenCV 函数 cv. imread() 以彩色方式读取图像时，返回 NumPy 三维数组的颜色分量顺序为 BGR。

示例 [1-1] RGB 真彩色图像的数据结构

调用函数 cv. imread() 读取一幅彩色图像，如图 1-2（a）所示，然后查看图像数据的几个属性，如数组维数、图像数组的高、宽及颜色分量数、数据类型等信息。数组属性 ndim 返回数组维数，彩色图像数组的维数为 3，单色或灰度图像数组的维数为 2。数组属性 shape，返回一个元组（tuple），对于彩色图像，shape 包含图像的高、宽和颜色分量数，对于单色或灰度图像则仅有图像的高、宽。属性 dtype 返回图像数组的数据类型，此处为 uint8，即 8 位无符号整数。

接下来在图像中画一条 200 个像素长、10 个像素宽的水平红线，再选择图像中"老别墅"铭牌区域，将其复制到图像的指定位置，如图 1-2（b）所示。

(a)　　　　　　　　(b)

图 1-2　RGB 彩色图像像素值的读写

（a）RGB 真彩色图像；（b）改写部分像素值的结果

♯RGB 真彩色图像的数据结构

```
♯导入用到的包
import numpy as np
import cv2 as cv
import matplotlib. pyplot as plt
% matplotlib inline

♯读入一幅彩色图像
img = cv. imread('. /imagedata/old_villa. jpg', cv. IMREAD_COLOR)
♯复制图像数组,对图像数组 img2 的修改/删除操作,将不会影响到原图像数组 img
img2 = img. copy()
♯查看图像信息
print('数组维数:', img. ndim)
```

```
print('图像的高、宽及颜色分量数：', img.shape)
print('图像数据类型：', img.dtype)


# 读取像素值
# 注意 OpenCV 读取彩色图像的颜色分量顺序为 BGR
# 读取坐标(100,300)处像素的 B 分量值
pixb = img[100,300,0]
# 显示该像素的 B 分量值
print('坐标[100,300]处像素的 B 分量值:',pixb)
# 读取坐标(100,300)处像素的 BGR 值
pixbgr = img[100,300,:]
# 显示该像素的 BGR 值
print('坐标[100,300]处像素的 BGR 颜色分量值:',pixbgr)


# 改写像素值
# 改写 img2 坐标(100,300)处像素的 G 分量值为 200
img2[100,300,1] = 200
# 在图像中画一条 200 个像素长，10 个像素宽的水平红线
img2[300:310,200:300,:] = [0,0,255]


# 读取老别墅铭牌子图块所有像素的 BGR 值，并保存为数组 nameplate
nameplate = img2[197:257,390:490,:]
# 复制图块到指定位置，注意目的区域与图块大小一致
img2[200:260,266:366,:] = nameplate


# 显示上述操作结果
plt.figure(figsize = (12,6))
plt.subplot(1,2,1); plt.imshow(img[:,:,::-1])
plt.title('old_villa,Original image'); plt.axis('off')
plt.subplot(1,2,2); plt.imshow(img2[:,:,::-1])
plt.title('old_villa,Some pixels value are changed'); plt.axis('off')
plt.show()
# ------------------------


# 查看图像的 BGR 颜色分量
# 将图像颜色分量顺序调整为 RGB
imgRGB = cv.cvtColor(img,cv.COLOR_BGR2RGB)
# 以灰度图像方式显示各个颜色分量值，明暗程度对应各分量值的大小
plt.figure(figsize = (16,8));
```

```
plt.gray()    ♯以灰度图像显示二维数组
plt.subplot(2,3,1); plt.imshow(imgRGB[:,:,0], vmin = 0,vmax = 255)
plt.title('Color component R'); plt.axis('off')
plt.subplot(2,3,2); plt.imshow(imgRGB[:,:,1], vmin = 0,vmax = 255)
plt.title('Color component G'); plt.axis('off')
plt.subplot(2,3,3); plt.imshow(imgRGB[:,:,2], vmin = 0,vmax = 255)
plt.title('Color component B'); plt.axis('off')

♯以单色彩色图像方式显示 RGB 分量
♯图像三维数组中,仅保留本颜色分量数据,其他颜色分量值为 0
imgR = imgRGB.copy(); imgR[:,:,1:3] = 0
imgG = imgRGB.copy(); imgG[:,:,0] = 0; imgG[:,:,2] = 0
imgB = imgRGB.copy(); imgB[:,:,0:2] = 0

plt.subplot(2,3,4); plt.imshow(imgR); plt.axis('off')
plt.subplot(2,3,5); plt.imshow(imgG); plt.axis('off')
plt.subplot(2,3,6); plt.imshow(imgB); plt.axis('off')
plt.show()
♯------------------------
```

 Alpha 通道

1. 通道的概念

通道（channel）作为图像的组成部分，与图像格式密不可分，图像颜色、格式的不同决定了通道的数量和模式。一个 RGB 真彩色图像，由红 R、绿 G、蓝 B 三个颜色通道构成，包含了所有彩色信息。

2. Alpha 通道

Alpha 通道是为了保存选择区域（又称掩膜）而专门设计的通道。为实现图形的透明效果，在图像文件的处理与存储中为每个像素附加上另一个 8 位无符号整数信息，描述像素的透明度，称为 Alpha 通道。

由于 Alpha 通道使用 8 位无符号整数，就可以表示 256 级变化，即 256 级的透明度。像素 Alpha 值为 255 时，定义该像素不透明；像素 Alpha 值为 0 时，定义该像素透明；介于 0～255 之间的 Alpha 值，定义了像素不同程度的透明度。

Alpha 通道是图像处理过程中人为生成的。除了 Photoshop 的文件格式 psd 外，png、gif 等格式的文件都可以保存 Alpha 通道。而 GIF 文件还可以用 Alpha 通道做图像的去背景处理。

3. Alpha 通道作用机理

为了便于下面的分析，设 Alpha 值 $[0, 255]$ 区间映射为 $[0, 1]$ 区间相对应的值表示，即 Alpha 值为 0～1 之间的数值。则图像中每个像素的通道值可表示为：

$$[Redx,\ Greenx,\ Bulex,\ Alphax]$$

屏幕上相应像素点的显示值被转换为：

$$[\text{Redx} \times \text{Alphax}，\text{Greenx} \times \text{Alphax}，\text{Bluex} \times \text{Alphax}]$$

1.2.2 索引图像

索引图像为每个像素分配一个颜色索引值，同时构造一个颜色映射表 colormap，又称调色板 palette。颜色映射表是一个 $P \times 3$ 的二维数组，P 为颜色映射表的行数，也是其能提供的颜色种类。每种颜色占用一行，用红 R、绿 G、蓝 B 分量值来定义该种颜色。根据颜色索引值，就可以从颜色映射表中找到该像素实际颜色的 RGB 分量值。因此，索引图像的数据包含两个二维数组：一个 $M \times N$ 二维数组，用于保存每个像素的颜色索引值；另一个 $P \times 3$ 二维数组，用于保存与颜色索引值相对应颜色的 RGB 分量，如图 1-3 所示。

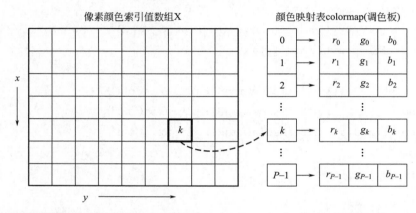

图 1-3 索引图像数据：颜色索引值数组和颜色映射表（以颜色索引值数组 X 数据类型为 uint8 为例）

像素的颜色索引值必须是整数，数据类型可以是 single、double 型、uint8 或 uint16 型。颜色映射表 colormap 中的 RGB 分量值为 uint8 型或 double 型，在 [0, 255] 或 [0, 1] 内取值。颜色索引值最小为 0，对应颜色映射表 colormap 的第 1 行，以此类推。

示例 [1-2] 索引图像的读写与显示

下面使用 Pillow 中 Image 模块提供的函数 Image.open() 来读取一幅索引图像，并观察其数据构成。函数 Image.open() 返回值不是 NumPy 多维数组，而是一个 PIL image 对象，提供了图像文件的属性值和对图像进行处理的方法函数。

♯索引图像的读取及其数据构成

```
#导入用到的包及模块
from PIL import Image
import numpy as np
import matplotlib.pyplot as plt
%matplotlib inline

im = Image.open('./imagedata/trees.tif')   #读入一幅索引图像
#显示读取的索引图像
```

```
plt.figure(figsize = (12,5))
plt.imshow(im)
plt.title('trees, original indexd image'); plt.axis('off')
plt.show()
#查询并显示图像的文件格式,高、宽,以及图像类型
print('图像文件格式:', im.format)
print('图像的高宽:', im.size)
print('图像类型:', im.mode)


#将图像转换为 ndarray 型数组,得到图像的颜色索引值数组
imgX = np.array(im)
#观察颜色索引值数组的数据构成
print('颜色索引值数组的大小:', imgX.shape)
print('颜色索引值数组的元素:\n', imgX)
#获取索引图像的调色板,数据结构为一个 Python 列表(list)
impal = im.getpalette()
#确定图像调色板的颜色数量
num_colours = int(len(impal)/3)
#将调色板转换为一个 num_colours×3 的二维数组颜色表
cmaparray = np.array(impal).reshape(num_colours, 3)
#观察调色板的数据构成
print('图像调色板数组的大小:', cmaparray.shape)
print('图像调色板数组的元素:\n', cmaparray)
#------------------------------------------
```

在处理索引图像时,不能仅根据像素的颜色索引值对图像做解释,或将处理灰度图像的滤波器直接应用于索引图像。一般应先将索引图像转换为 RGB 彩色图像,然后再进行各种处理,最后再将 RGB 彩色图像转换为索引图像。

1.2.3　灰度图像

灰度图像像素只需单个数值来描述,称为灰度值(grayscale value)、强度值(intensity value)或亮度值(brightness value),因此,只需一个 $M×N$ 二维数组来保存灰度图像数据。

传统胶片摄影技术中的黑白照片就是典型的灰度图像,这里的"黑白照片"并非每个像素的灰度值"非黑即白",而是在一定范围内取值。如果一幅灰度图像的数据类型为 uint8,其像素灰度值的取值范围就为 0～255。

日常生活中,我们已习惯了彩色图像,若来张灰度图像(黑白照)反而显得有点"艺术范"。手机或其他图像处理应用软件都会给你提供一个名为"黑白"的特效滤镜,能把彩色图像转换为灰度图像(黑白照片)。

1.2.4 二值图像

顾名思义，二值图像的像素值只取两个离散值之一，这两个离散值一个代表"黑"，另一个代表"白"，真正是"非黑即白"，也可将二值图像看作为特殊的灰度图像。OpenCV 中，这两个离散值为 255 和 0，或 1 和 0；Scikit-image 中，二值图像像素值常用 bool 型的 True 和 False 来表示。二值图像数据也用一个 $M \times N$ 二维数组来保存，数据类型为 uint8 型、逻辑型（logical）等。

1.2.5 视频图像

前面介绍的四种图像类型都是单幅图像，又称静止图像（static image）。视频图像（video）并不是新的图像类型，它由一组内容连续渐变的图像序列（image sequence）组成，按一定时间间隔顺次显示，从而产生运动视觉感受，所以又称动态图像，如图 1-4 所示。

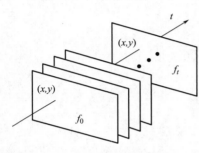

图 1-4 视频图像帧序列示意图

视频中每幅图像称为帧（frame），每秒显示的图像帧数称为帧率（fps，frames per second），例如 NTSC 制式视频帧率为 30fps，PAL 制式视频帧率为 25fps。数字视频图像的数据量很大，在存储和传输时要采用压缩编码技术，如 MPEG-4、H264、XVID 等压缩编码格式。

1.2.6 图像类型之间的转换

图像处理常需要对图像类型进行转换，如，将彩色图像转换为灰度图像，或对灰度图像进行伪彩色处理映射为彩色图像。把图像转换为二值图像，属于图像分割，将在"第10章 图像分割"中详细讲解。

1. 彩色图像转换为灰度图像

OpenCV 有两种方法可以将彩色图像（RGB 真彩色、索引图像）转换为灰度图像，这两种方法得到的灰度图像可能有所不同。

（1）调用 OpenCV 函数 cv. imread() 以灰度图像方式（cv. IMREAD ＿ GRAYSCALE），将读取的 RGB 真彩色图像直接转换为灰度图像。

（2）先以彩色图像方式（cv. IMREAD ＿ COLOR）读取图像，然后调用颜色空间转换函数 cv. cvtColor() 将其转换为灰度图像，转换公式为：$Y = 0.299 \times R + 0.587 \times G + 0.114 \times B$。

＃**OpenCV 将 RGB 真彩色图像转换为灰度图像**

```
＃导入用到的包
import cv2 as cv
import numpy as np
import matplotlib. pyplot as plt
％ matplotlib inline
```

```
#以灰度图像方式读入一幅彩色图像
img_gray1 = cv.imread('. /imagedata/bigeyemonkey. jpg', cv. IMREAD_GRAYSCALE)
#以彩色方式读取图像
img_color = cv. imread('. /imagedata/bigeyemonkey. jpg', cv. IMREAD_COLOR)
#再将之转换为灰度图像
img_gray2 = cv. cvtColor(img_color, cv. COLOR_BGR2GRAY)
#显示结果(略)
#——————————
```

Scikit-image 也提供了类似 OpenCV 的功能，可以使用函数 io. imread() 以灰度方式读取彩色图像，也可以先以彩色图像方式读取，然后再调用 skimage 的 color 模块函数 rgb2gray()，将其转换为灰度图像，转换公式为：$Y = 0.2125 \times R + 0.7154 \times G + 0.0721 \times B$。需要注意的是，转换得到的灰度图像数据被归一化为 [0, 1] 范围的 float64 浮点数。可以调用 skimage 中 util 模块提供的图像数据类型转换函数 img _ as _ ubyte()，将其转换为 uint8 型。

#Scikit-image 将彩色图像转换为灰度图像

```
#导入用到的包及模块
import numpy as np
import matplotlib. pyplot as plt
from skimage import io, color, util
% matplotlib inline


#以灰度图像方式读入一幅彩色图像
img_gray1 = io. imread('. /imagedata/campus. jpg', as_gray = True)
#以彩色方式读入图像
img_color = io. imread('. /imagedata/campus. jpg')
#再将彩色图像转换为灰度图像
img_gray2 = color. rgb2gray(img_color)
#将灰度图像的数据类型由浮点小数[0,1]转换为 uint8 型[0,255]
img_gray1 = util. img_as_ubyte(img_gray1)
img_gray2 = util. img_as_ubyte(img_gray2)
#显示结果(略)
#——————————
```

若调用 Pillow 的 Image. open() 函数读取彩色图像，返回的是一个 PIL 图像对象，可调用该对象的成员函数 convert()，将其转换为灰度图像。亮度值计算公式为：$Y = 0.299 \times R + 0.587 \times G + 0.114 \times B$。

#Pillow 将彩色图像转换为灰度图像
```
#导入用到的包及模块
```

```
from PIL import Image
import numpy as np
import matplotlib. pyplot as plt
% matplotlib inline
```

```
# 读入一幅彩色图像
im_color = Image. open('. /imagedata/fruits. jpg')
# 调用 Image 对象的成员函数将其转换为灰度图像
im_gray = im_color. convert('L')   # 结果仍为 PIL 图像类
# 显示结果(略)
# -----------------------
```

2. 灰度图像转换为彩色图像

灰度图像转换为彩色图像的一种方法是，把图像的灰度级分成若干个区间，并为每个区间定义一种颜色，然后按照每个像素灰度值所属的区间，赋予该像素对应的颜色 RGB 值。由于图像的颜色是人为赋予的，故称伪彩色图像，以区别于真彩色图像。有关伪彩色图像处理，将在"第 5 章 彩色图像处理"中详细讲解。

假定图像的灰度级为 $[0, L-1]$，令 P 表示对灰度图像编码的调色板或颜色表的颜色数，$1< P \leqslant L$；选取 $P-1$ 个阈值 T_1、T_2、……，T_{P-1}，把灰度级 $[0, L-1]$ 划分为 P 个区间 V_k：$[0, T_1)$、$[T_1, T_2)$、……，$[T_{P-1}, L-1]$，并为每个区间定义一种颜色 $C_k = (r_k, g_k, b_k)$，$k=0, 2, ……, P-1$，建立颜色表（调色板）。灰度图像到彩色图像的变换规则为：如果某像素的灰度值 $r \in V_k$，那么该像素被赋予颜色 C_k，得到的彩色图像可以用 RGB 彩色图像格式或索引图像格式保存。

OpenCV 提供的伪彩色处理函数 cv. applyColorMap()，使用 OpenCV 预定义的颜色表，如：cv. COLORMAP_JET、cv. COLORMAP_SPRING，将灰度图像映射为 BGR 色序的彩色图像。如果要使用自定义颜色表，则需调用查表函数 cv. LUT() 来实现彩色转换。

Pillow 的 PIL 类能提供索引图像的像素颜色索引值数组和颜色表，可先用函数 Image. fromarray() 将灰度图像的 NumPy 数组转换为 PIL 图像对象，令其 mode = 'P'，即索引图像；若灰度图像由 Image. open() 函数读入，则可用成员函数 convert() 将其转换为索引图像。然后创建颜色表，并调用成员函数 putpalette() 把创建的颜色表置入 PIL 图像对象中，完成彩色转换。

 # 将灰度图像转换为彩色图像
```
# 导入用到的包
import cv2 as cv
from PIL import Image
import numpy as np
import matplotlib. pyplot as plt
% matplotlib inline
```

```
#以灰度图像方式读入一幅索引图像
img_gray = cv.imread('./imagedata/trees.tif', cv.IMREAD_GRAYSCALE)
#采用 OpenCV 预定义的颜色表将灰度图像转换为 BGR 格式彩色图像
img_bgr = cv.applyColorMap(img_gray, cv.COLORMAP_JET)
#自定义颜色表,把颜色表的 256 行划分为 4 个颜色区间
usercmap = np.zeros((256,3),dtype = np.uint8)
usercmap[  0:64,:] = [255,0,0]        #red
usercmap[ 64:128,:] = [255,255,0]     #yellow
usercmap[128:192,:] = [0,255,0]       #green
usercmap[192:256,:] = [0,0,255]       #blue
#采用 Pillow 函数,将灰度图像数组转换为 PIL 图像对象,类型为索引图像
im_indexed = Image.fromarray(img_gray,mode = 'P')
#把自定义颜色表附加到索引图像中
im_indexed.putpalette(list(usercmap.flatten()))
#保存索引图像
im_indexed.save('treesnew.png')
#显示结果(略)
#--------------------
```

小结：图像类型

RGB 彩色图像，用一个 $M\times N\times 3$ 三维数组来保存像素的 RGB 三个颜色分量值，数据类型可以是 double、uint8 或 uint16。如果是 double 型，RGB 颜色分量在 [0,1] 之间取值。

索引图像，用一个 $M\times N$ 二维数组保存像素的颜色索引值，用一个 $P\times 3$ 二维数组保存颜色映射表。颜色索引值的数据类型可以是 double、uint8 或 uint16，但必须是整数，颜色映射表为 double 型，表中的 RGB 颜色分量取值范围为 [0,1] 或 [0,255]。

灰度图像，用一个 $M\times N$ 二维数组来保存像素的灰度值，同样数据类型可以是 double、uint8 或 uint16。如果是 double 型，其取值范围为 [0,1]。

二值图像，用一个 $M\times N$ 的二维数组来保存像素的灰度值，数据类型为逻辑型（logical），灰度值只能是 1 或 0。

视频图像，是一组连续渐变的静态图像序列，顺次显示每一帧图像，就可以产生运动视觉感受。

1.3　图像的数字化

就人类视觉而言，图像是由来自场景的光能量，刺激视网膜上的感光细胞，在大脑中形成的视知觉。人的视觉仅能感知电磁波谱中的可见光，为拓展视觉感知范围，发明了各种成像设备，几乎覆盖全部电磁波谱，如普通光学相机、X 射线成像、红外成像、雷达成像等。

从物理学的观点来看，图像是对某种辐射能量空间分布的记录。如光学相机成像时，感光胶片或图像传感器记录了相机镜头汇聚的来自物体的可见光谱结构（RGB 分量）和能量强弱（亮度）。X 射线成像时，感光胶片或图像传感器记录了 X 射线透过不同密度物质衰减后强度的变化。

从信号的观点来看，图像只是一种特殊的二维信号。一维连续信号可以表示成一元函数 $f(x)$，一幅连续图像可以用二元函数 $f(x, y)$ 表示，这里自变量 x、y 定义域为平面的空间坐标，任何一对坐标 (x, y) 处的函数值（幅值）表示该"像点"记录的某个物理量的大小，例如照相机拍摄的灰度图像，通常对应场景"物点"的明暗程度，如图 1-5 所示。

图像在点 (x, y) 处也可对应多个物理量，此时 $f(x, y)$ 则是一个向量函数，它的每一分量都是关于 (x, y) 的二元函数。例如，一幅彩色图像在每个像点 (x, y) 处同时具有红、绿、蓝 3 种波长光能量的强度值，可记作 $[f_r(x, y), f_g(x, y), f_b(x, y)]$。一般而言，任何带有信息的二元函数都可以被视作一幅图像。

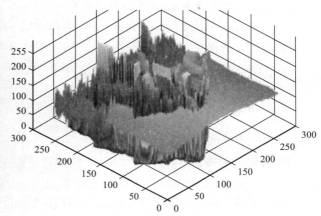

图 1-5　灰度图像及其函数形式的三维可视化

1.3.1　图像的采样与量化

来自场景的光线，经相机光学镜头汇聚后形成光影像，投射到图像传感器的靶面上，这个光影像本质上是一种时间和空间连续的二维光能量分布。为了把这个光影像转换成计算机可以操作的数字图像，需经过**空间采样、时间采样、像素值量化**三个主要步骤。

1. 空间采样

光影像的空间采样，依赖于数码相机或摄像机图像传感器的光电转换单元数量和几何结构。光电转换单元一般按行、列排成矩形平面阵列，称为面阵图像传感器，例如在垂直方向排 M 行、水平方向排 N 列，共 $M \times N$ 个光电转换单元，把光影像平面离散为 $M \times N$ 个采样点，每个采样点就是一个像素，如图 1-6 所示。

2. 时间采样

时间采样，也就是通常所说的曝光。曝光时间是指从快门打开到关闭的时间间隔，在这段时间内，场景内物体可以在图像传感器靶面上留下光影像。图像传感器通过测量每个光电转换单元在曝光时间内光电转换所累积的电荷量，完成时间采样。

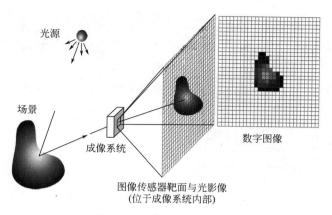

图 1-6　图像空间采样示意

注：面阵图像传感器光电转换单元以网格状均匀排列在靶面上，每个光电转换单元测量落在
它上面的光能量，将光影像空间离散采样为若干样点（像素）。

3. 像素值量化

图像传感器把每个光电转换单元在曝光时间内累积的电荷量，变换为对应电压值，然后经模数转换器（A/D 转换器）量化为规定范围的整数。例如，采用 8 位无符号整数，量化后的像素值大小范围在 0～255 之间，共有 256 个灰度级。

经采样和量化后得到的图像称为数字图像。为方便处理，常把数字图像各像素值按照像素在图像传感器靶面上的行、列位置，保存为一个二维数组或三维数组。这样，图像来自何处已经不再重要，对像素值的读写操作也就变成对数组元素值的读写操作。

1.3.2　图像分辨率

空间采样的行、列采样间隔，决定了图像的空间分辨率。像素值量化时 A/D 转换器的位数，决定了图像的灰度分辨率。二者既影响图像的质量，也影响图像数据量的大小。

1. 空间分辨率

要想从数字图像不失真地重构连续光影像，就必须满足香农采样定理（Shannon's Sampling Theorem），即采样频率应不小于模拟信号频谱中最高频率的 2 倍。空间采样间隔的大小，要依据场景物体纹理细节丰富程度而定，场景物体纹理细节愈丰富，光影像空间频率就愈高，采样间隔就应越小。图像的空间分辨率依赖于成像面阵传感器的有效像素数，像素数越多，对细节的分辨和捕捉能力就越强，图像就越清晰，当然分辨率只是影响图像清晰度的要素之一。

空间分辨率是对图像细节分辨能力的度量，一般用图像的像素数来表示，如常用的视频图像分辨率标准 UHD 为 3840×2160、FHD 为 1920×1080 等。用像素数表示的图像分辨率是一种相对分辨率，由于没有规定图像包含的场景空间尺度，并不能反映出能够分辨的实际空间物体大小。图 1-7 比较了在不同空间尺度下、四幅不同空间分辨率图像的视觉效果，图 1-8 比较了在相同空间尺度下、四幅不同空间分辨率图像的视觉效果。

在相同的视场空间尺度下，图像的像素数越多，表明图像在数字化时空间采样点越多，再现景物细节的能力就越强。空间分辨率对图像质量有着显著的影响，空间分辨率越

256×256

图 1-7　在不同空间尺度下、不同空间分辨率图像的视觉表现

256×256　　　　128×128　　　　64×64　　　　32×32

图 1-8　在相同空间尺度下、不同空间分辨率图像的视觉表现

大，图像质量越好，当空间分辨率减小时，图像的块状效应（马赛克）就逐渐明显。

2. 灰度分辨率

图像灰度分辨率是灰度图像像素明暗程度可分辨的最小变化，或彩色图像像素彩色分量强弱可分辨的最小变化，依赖于成像传感器中 A/D 转换器的分辨率，即当数字量变化一个最小量时对应模拟信号的变化量，常以转换后得到的数字信号位数来表示。大多数成像系统采用 8 位二进制数，因此最大分辨率为 256 级。一些特殊成像系统，如医学图像，采用 10 位或更多位二进制数。

当图像的空间分辨率一定时，灰度分辨率越大，量化级数越多，图像质量越好。当灰度分辨率减小、量化级数越少时，图像质量越差，并出现假轮廓。灰度分辨率最小的极端情况就是二值图像。图 1-9 给出了图像在相同空间分辨率、不同灰度分辨率的视觉效果。

原始图像(256级灰度)　　　16级灰度　　　　4级灰度　　　　2级灰度

图 1-9　不同灰度分辨率对图像的影响

26

1.4　图像坐标系

光影像经过空间采样、时间采样和像素值量化等环节，得到一个 M 行 $\times N$ 列的二维数字信号 $f(x, y)$，自变量 (x, y) 是离散整数值，是空间采样点（像素）的行列序号，并不是坐标的实际物理量。为了描述每个像素在图像平面上的位置，需建立笛卡尔直角坐标系。通常把图像左上角选作坐标系的原点，坐标 x 垂直向下，与图像像素行方向一致，在 $0 \sim (M-1)$ 之间取值；坐标 y 水平向右，与图像像素列方向一致，在 $0 \sim (N-1)$ 之间取值，如图 1-10 所示。

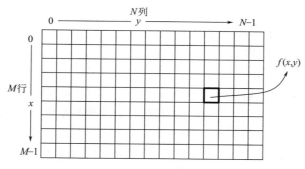

图 1-10　数字图像坐标系的约定

图像数据常用三维数组、二维数组来存放，采用上述约定的图像坐标系，像素的空间坐标 (x, y) 与对应数组元素的行、列下标自然对应。但是，不同编程语言的数组下标起始值有所差别，如 Python 语言中数组下标起始值为 0，和上述图像坐标原点值恰好对应；在 MATLAB 中，由于数组下标起始值为 1，所以像素空间坐标 x、y 各加 1，就可得到保存像素值相应数组元素的行、列下标。

注意：OpenCV、Scikit-image、SciPy 中的图像坐标系，约定坐标 x 轴水平向右，对应数组列序；坐标 y 轴垂直向下，对应数组行序。

建立图像坐标系对图像几何变换非常重要。图像几何变换通过改变像素的位置来实现图像几何结构的变形，在图像配准（Image Register）、计算机图形学（Computer Graphics）、电脑动漫（Computer Animation）、计算机视觉（Computer Vision）、视觉特效（Visual Effects）等领域有着广泛的应用。具体方法将在"第 6 章 图像几何变换"中详细讲解。

下面示例程序实现图像旋转几何变换。首先读取图像文件，然后分别用 OpenCV 和 Scikit-image 提供的图像几何变换函数将其绕图像中心逆时针旋转 45°，结果如图 1-11 所示。

```
♯图像旋转变换
♯导入用到的包及模块
import cv2 as cv
from skimage import transform,util
```

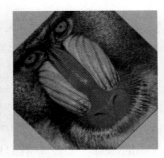

| 原图 | 采用OpenCV旋转并裁剪 | 采用Scikit-image旋转并扩大 |

图 1-11　图像坐标系应用示例，图像旋转几何变换

```python
import numpy as np
import matplotlib.pyplot as plt
% matplotlib inline
# 读入一幅彩色图像
img = cv.imread('./imagedata/baboon.jpg',cv.IMREAD_COLOR)
img = cv.cvtColor(img,cv.COLOR_BGR2RGB)   # 将色序由 BGR 调整为 RGB
rows,cols = img.shape[0:2]   # 获取图像的高、宽
# 构建旋转矩阵,指定旋转中心,旋转角度,旋转后的缩放因子
# 绕图像中心将图像逆时针旋转 45°,不改变输出图像大小
matrotate = cv.getRotationMatrix2D(center = (cols/2, rows/2), angle = 45, scale = 1)
# 采用仿射变换进行图像旋转,边缘处背景设为亮灰色
imgdst1 = cv.warpAffine(img,matrotate,dsize = (cols,rows),borderValue = (200,200,200))
# skimage 实现绕图像中心逆时针旋转 45°,改变输出图像大小,边界颜色设为中灰色
imgdst2 = transform.rotate(img, 45, resize = True, cval = 0.5)
# 将图像的数据类型由浮点小数[0,1]转换为 uint8 型[0,255]
imgdst2 = util.img_as_ubyte(imgdst2)
# 显示结果(略)
# -------------------------
```

1.5　图像的基本运算

在 Python 语言中，通常将读入的图像数据保存为 NumPy 多维数组，尽管有时把二维数组视为矩阵，但除非特别说明，对单幅图像或多幅图像数据的操作，多是以逐个像素（element-wise）为基础的数组运算，而不是矩阵运算。

1.5.1　图像的算术运算

采用 NumPy 数组处理图像时，数据类型 dtype 既影响图像的读取、计算、保存和显示，同时也影响与其他扩展库（如 OpenCV、Scikit-image）的交互运算，表 1-1 列出了 NumPy、OpenCV 和 Scikit-image 常用的图像数据类型。

NumPy、OpenCV 和 Scikit-image 常用的图像数据类型　　　　　　　　　　　表 1-1

数据类型	说明	数据类型转换
NumPy		
uint8	8 位无符号整数，范围为 0 至 255	NumPy 数组对象成员函数 astype()，例如：将图像数组 b 的数据类型转换为 64 位浮点数：c＝b. astype(np. float)
uint16	16 位无符号整数，范围为 0 至 65535	
int16	16 位整数，范围为 -2^{15} 至 $2^{15}-1$	
int32	32 位整数，范围为 -2^{31} 至 $2^{31}-1$	
int64	64 位整数，范围为 -2^{63} 至 $2^{63}-1$	
float32	单精度浮点数(32 位)：其中用 1 位表示正负号，8 位表示指数，23 位表示尾数	
float64 或 float	双精度浮点数(64 位)：其中用 1 位表示正负号，11 位表示指数，52 位表示尾数	
bool	布尔类型，True,False。如果用于计算的时候，布尔量会被转换成 1 和 0，True 转换成 1,False 转换成 0	
OpenCV		
CV_8U	8 位无符号整数，范围为 0 至 255	
CV_16U	16 位无符号整数，范围为 0 至 65535	
CV_32S	32 位整数，范围为 -2^{31} 至 $2^{31}-1$	
CV_32F	单精度浮点数(32 位)：其中用 1 位表示正负号，8 位表示指数，23 位表示尾数	
CV_64F	双精度浮点数(64 位)：其中用 1 位表示正负号，11 位表示指数，52 位表示尾数	
Scikit-image		
uint8	8 位无符号整数，范围为 0 至 255	util. img_as_ubyte()
uint16	16 位无符号整数，范围为 0 至 65535	util. img_as_uint()
int16	16 位整数，范围为 -2^{15} 至 $2^{15}-1$	util. img_as_int()
float32	单精度浮点数(32 位)，范围为[0.0, 1.0] 或 [−1.0, 1.0]，由转换来自无符号整数或有符号整数图像数据类型而定	util. img_as_float32()
float64 或 float	单精度浮点数(32 位)，范围为[0.0, 1.0] 或 [−1.0, 1.0]，由转换来自无符号整数或有符号整数图像数据类型而定	util. img_as_float64() 或 util. img_as_float()

注意：图像数据采用 NumPy 的 uint8 类型，当计算结果超出范围［0，255］时会溢出。例如，下面程序先创建一个 3 元素的一维数组，数据类型为 uint8，然后加上常数 20。

```
♯导入用到的 NumPy 包
import numpy as np
x = np. array([252,236,211],dtype = np. uint8)    ♯创建一个 uint8 类型数组
y = x + 20              ♯数组 x 加常数 20
print(y,y. dtype)       ♯显示计算结果
z = x − 255             ♯数组 x 减常数 255
print(z,z. dtype)       ♯显示计算结果
♯————————————————
```

计算结果分别显示为：

[16   0   231] uint8

[253 237 212] uint8

可见，数组 y、z 中大于 255 和小于 0 的元素都出现了溢出现象。

图像数据的算术运算，通常希望采用饱和处理。例如，若参与运算的图像数据类型为 8 位无符号整数（uint8），那么当计算结果小于 0 时，令其等于 0；当计算结果大于 255 时，令其等于 255。

要实现 uint8 类型图像数据算术运算的饱和处理，可先将 uint8 类型图像数据转换为浮点数，再将计算结果用函数 np. clip（）进行饱和处理，最后用成员函数 astype（np. uint8）或 np. uint8（）将数据类型转换为 uint8 型。

♯NumPy 中 uint8 类型图像数据算术运算的饱和处理

```
♯导入用到的 NumPy 包
import numpy as np
♯创建一个 uint8 类型数组
x = np. array([252,236,211],dtype = np. uint8)
♯数组 x 加常数 20
y = x. astype(np. float) + 20
y = np. clip(y,0,255). astype(np. uint8)
♯显示计算结果
print(y,y. dtype)
♯数组 x 减常数 255
z = x. astype(np. float) − 255
z = np. clip(z,0,255). astype(np. uint8)
♯显示计算结果
print(z,z. dtype)
♯————————————————
```

计算结果分别显示为：

[255 255 231] uint8

[0   0   0] uint8

NumPy 提供了加、减、乘、除等基本算术运算符＋、－、＊、/、//。其中除法运算

符 "/" 为 "真除"，与数学中的除法定义更为接近，即返回除法的浮点数结果；而除法运算符//则对除法结果的浮点数进行向下取整，返回整数。

由于 NumPy 数组之间的运算采用元素方式（element-wise），因此，多幅图像之间进行数组运算时，参与运算的图像数组应具有相同的维数。下面以两个 2×2 的二维数组为例：

$$f = \begin{bmatrix} f_{11} & f_{12} \\ f_{21} & f_{22} \end{bmatrix}, \quad g = \begin{bmatrix} g_{11} & g_{12} \\ g_{21} & g_{22} \end{bmatrix}$$

两个数组相减，结果为：

$$f - g = \begin{bmatrix} f_{11} & f_{12} \\ f_{21} & f_{22} \end{bmatrix} - \begin{bmatrix} g_{11} & g_{12} \\ g_{21} & g_{22} \end{bmatrix} = \begin{bmatrix} f_{11} - g_{11} & f_{12} - g_{12} \\ f_{21} - g_{21} & f_{22} - g_{22} \end{bmatrix}$$

两个数组相乘，结果为：

$$f \times g = \begin{bmatrix} f_{11} & f_{12} \\ f_{21} & f_{22} \end{bmatrix} \times \begin{bmatrix} g_{11} & g_{12} \\ g_{21} & g_{22} \end{bmatrix} = \begin{bmatrix} f_{11} \times g_{11} & f_{12} \times g_{12} \\ f_{21} \times g_{21} & f_{22} \times g_{22} \end{bmatrix}$$

数组 f 与常数 a 相乘、再加上常数 b 的运算结果为：

$$a \times f + b = \begin{bmatrix} a \times f_{11} + b & a \times f_{12} + b \\ a \times f_{21} + b & a \times f_{22} + b \end{bmatrix}$$

由于彩色图像数据为三维数组，具有 3 个颜色通道，与三维数组相乘或相加的常数 a、b 可以是含 3 个元素的列表，如，$b = [0, 50, 50]$，这样就可以对各颜色通道区别对待。

图像之间可以进行加、减、乘、除算术运算，这些运算都属于数组运算，意味着对应像素之间的算术运算，应满足算术运算规则。例如，数组 f 和 g 相除，g 中的像素灰度值不能为 0。

示例 [1-3] 图像的算术运算

以下示例用 NumPy 数组计算图像与常数的加、乘等简单算术运算，增强图像的亮度与对比度。

♯图像的算术运算示例

```
♯导入用到的包及模块
from skimage import io
import numpy as np
import matplotlib. pyplot as plt
% matplotlib inline
img = io. imread('. /imagedata/old_villa. jpg')   ♯读入一幅彩色图像
♯增加图像的亮度,每个像素的 3 个颜色分量 BGR 值均加 50
img1 = img. astype(np. float) + 50
img1 = np. clip(img1,0,255). astype(np. uint8)
♯颜色分量也可不同,如[0,50,50],图像变亮且呈现黄色调
img2 = img. astype(np. float) + [50,50,0]
```

img2 = np.clip(img2,0,255).astype(np.uint8)

＃增加图像的对比度,每个像素值乘 1.5

img3 = img.astype(np.float) * 1.5

img3 = np.clip(img3,0,255).astype(np.uint8)

＃显示结果(略)

＃------------------------

OpenCV 也提供了图像之间、图像与常数之间的加、减、乘、除算术运算函数,如:

dst＝cv.add (src1, src2 [, dst [, mask [, dtype]]])

dst＝cv.addWeighted (src1, alpha, src2, beta, gamma [, dst [, dtype]])

dst＝cv.subtract (src1, src2 [, dst [, mask [, dtype]]])

dst＝cv.absdiff (src1, src2 [, dst])

dst＝cv.multiply (src1, src2 [, dst [, scale [, dtype]]])

dst＝cv.divide (src1, src2 [, dst [, scale [, dtype]]])

这些函数对 uint8 数据类型图像数据的计算,自动采用饱和处理,具体使用方法请参考 OpenCV 帮助文档。

1.5.2 图像的比较运算

图像的比较运算,实际上是比较两个图像数组对应元素之间的大小关系,或比较一个图像数组各元素与一个标量(常数)之间的大小关系,结果仍然是同维数的数组,数据类型为 bool 类型。如果两个数组的对应元素符合某个比较运算关系,或一个数组元素与一个标量符合某个比较运算关系,则结果数组对应元素为 True,否则为 False。注意,两个参与比较运算的图像数组应具有相同的维数。NumPy 的比较运算如表 1-2 所示。

NumPy 比较运算 表 1-2

运算符	函数	含义
＞	np.greater(x1, x2)	大于(x1＞x2)
＞＝	np.greater_equal(x1, x2)	大于或等于(x1 ＞= x2)
＜	np.less(x1, x2)	小于(x1 ＜ x2)
＜＝	np.less_equal(x1, x2)	小于或等于(x1 <= x2)
＝＝	np.equal(x1, x2)	等于(x1 == x2)
! ＝	np.not_equal(x1, x2)	不等于(x1 ! = x2)

例如,定义两个二维数组

$$f = \begin{bmatrix} 125 & 36 \\ 79 & 66 \end{bmatrix}, \quad g = \begin{bmatrix} 100 & 36 \\ 88 & 0 \end{bmatrix}$$

那么,两个数组之间"小于"的比较运算结果为:

$$f < g = \begin{bmatrix} \text{False} & \text{False} \\ \text{True} & \text{False} \end{bmatrix}$$

数组与一个标量(常数)之间"大于"的比较运算结果为:

$$f > 80 = \begin{bmatrix} \text{True} & \text{False} \\ \text{False} & \text{False} \end{bmatrix}$$

程序代码如下：

♯**图像的比较运算示例**

♯导入用到的包及模块

import numpy as np

♯创建两个二维数组

f = np. array([[125, 36],[79,66]])

g = np. array([[100, 36],[88,0]])

x = f＜g　　　　　♯比较两个数组大小

print('x = ',x)　　　♯显示结果

y = f＞80　　　　♯比较数组与常数的大小

print('y = ',y)　　　♯显示结果

♯------------------------------

输出结果为：

x = [[False False]

　[True False]]

y = [[True False]

　[False False]]

1.5.3　图像的逻辑运算

图像的逻辑运算，实际上是两个相同维数图像数组对应元素之间的逻辑运算，或将图像数组每个元素与一个数（标量）进行逻辑运算，结果是相同维数的数组。NumPy 的逻辑运算主要有与（AND）、或（OR）、非（NOT）和异或（XOR）等，以函数形式给出，运算结果数组的数据类型为 bool 类型，如表 1-3 所示。

NumPy 的逻辑运算函数　　　　　　　　　　　　　　　表 1-3

函数	含义
np. logical_and(x1, x2)	与, x1 AND x2
np. logical_or(x1, x2)	或, x1 OR x2
np. logical_not(x)	非, NOT x
np. logical_xor(x1, x2)	异或, x1 XOR x2
np. all(a[, axis, out])	默认为对数组 a 里的每个元素进行逻辑"与"运算,当给定 axis 的值时,则是按照给定方向进行逻辑"与"运算
np. any(a[, axis, out])	默认为对数组 a 里的每个元素进行逻辑"或"运算,当给定 axis 的值时,则是按照给定方向进行逻辑"或"运算

例如，上述数组 f、g 之间逻辑"与""或"的结果为：

$$f \text{ AND } g = \begin{bmatrix} \text{True} & \text{True} \\ \text{True} & \text{False} \end{bmatrix}, \quad f \text{ OR } g = \begin{bmatrix} \text{True} & \text{True} \\ \text{True} & \text{True} \end{bmatrix}$$

相应程序语句为：

a = np. logical_and(f,g)　♯两个数组的逻辑"与"

b = np. logical_or(f,g)　　♯两个数组的逻辑"或"

1.5.4　图像的二进制位运算

图像的二进制位运算，是将两个整数类型图像数组对应元素的二进制值，按位进行逻辑运算，或将整数类型图像数组每个元素与一个整数（标量）按位进行逻辑运算，结果是一个相同维数的整数类型数组。注意，两个参与二进制位运算的图像数组应具有相同的维数。

NumPy 的二进制位运算主要有位与（&）、位或（|）、位非（～）和位异或（^）等，既可以用 Python 的位逻辑运算符，也可以用函数形式进行位运算，如表 1-4 所示。

NumPy 的二进制位运算　　　　　　　　　　　　　　　　　　　　　　表 1-4

运算符	函数	含义
&	np. bitwise_and (x1, x2)	位与(x1 & x2)
|	np. bitwise_or(x1, x2)	位或(x1 | x2)
^	np. bitwise_xor(x1, x2)	位异或(x1^x2)
～	np. invert(x)	位非(～x)

例如：8 位无符号整数 13 的二进制表示为 00001101，8 位无符号整数 17 的二进制表示为 00010001。那么，对二者进行"位与"，计算结果的二进制表示为 000000001，即十进制整数 1：

>>> np. bitwise_and(13, 17)

1

对二者进行"位或"，计算结果的二进制表示为 000011101，即十进制整数 29：

>>> np. bitwise_or(13, 17)

29

采用运算符形式：

>>> 13 | 17

29

OpenCV 也提供了图像之间、图像与常数之间的二进制位运算函数，如：

　　dst = cv. bitwise_and(src1, src2[, dst[, mask]])

　　dst = cv. bitwise_or(src1, src2[, dst[, mask]])

　　dst = cv. bitwise_xor(src1, src2[, dst[, mask]])

　　dst = cv. bitwise_not(src[, dst[, mask]])

其中，

　　src1、src2、src:输入图像数组或整数

dst：destination，目标图像，需要提前分配空间，可省略

mask：掩膜数组

这些函数对 uint8 数据类型图像数据的计算，并结合了掩膜（mask）操作，具体使用方法，请参考 OpenCV 帮助文档。

 掩膜 mask

掩膜通常是一个二值图像（二维数组），用值 255 或 1 表示感兴趣区像素，其余像素值为 0。主要用于：

提取兴趣区域，用预先制作的兴趣区域掩膜与待处理图像相乘，得到兴趣区域图像，兴趣区内图像值保持不变，而兴趣区外的像素值都为 0。

屏蔽作用，用掩膜对图像上某些区域作屏蔽，使其不参加处理，或仅对屏蔽区域作处理或统计。

1.5.5　图像运算示例

1. 运动目标检测（运动分割）

图像分析与理解应用中，常将两幅图像相减，通过差值来判断图像是否发生显著变化，进而实现图像的相似性分析或目标检测。下面程序采用参考帧背景减除法，完成视频图像中运动目标的检测，结果如图 1-12 所示。

(a)　　　　　　　　　　(b)　　　　　　　　　　(c)

图 1-12　图像的基本运算示例，用背景减除法检测视频图像中的运动目标

(a) 背景图像；(b) 含有运动目标的图像帧；(c) 运动目标检测结果（白色区域）

♯采用参考帧背景减除法检测视频图像中的运动目标
♯导入用到的包
```
import numpy as np
import cv2 as cv
```
♯创建 VideoCapture 对象读取视频文件
```
cap = cv.VideoCapture('./imagedata/atrium.mp4')
```
♯调用 VideoCapture 对象的成员函数 isOpened()，查看文件打开状态
♯返回 True 正常继续，False 失败程序退出
```
if not cap.isOpened():
    print("Cannot open the file")
    exit()
```
♯调用 VideoCapture 对象的成员函数 get，获取视频的帧率、帧宽和高
```
fps = cap.get(cv.CAP_PROP_FPS)
```

```
frame_width = cap.get(cv.CAP_PROP_FRAME_WIDTH)
frame_height = cap.get(cv.CAP_PROP_FRAME_HEIGHT)
#定义一个阈值
Threh = 20.0
#读取视频图像首帧作为参考背景
ret, imgbg = cap.read()
#读取视频图像帧直至按 Esc 键退出或最后一帧
while cap.isOpened():
    #调用 VideoCapture 对象的成员函数 read()采集视频图像帧
    ret, frame = cap.read()
    #如果正确读取视频图像帧,返回值 ret 为 True,否则为 False 则退出程序
    if not ret:
        print("Can't receive frame, or end of file playback, Exiting ...")
        break
    #以下代码处理视频图像帧
    #当前帧与参考背景图像相减并取绝对值
    mgdiff = cv.absdiff(imgbg,frame)
    #与阈值 Threh 做"大于"比较运算,得到 bool 值三维数据
    imgfg3 = cv.compare(imgdiff, Threh, cmpop = cv.CMP_GT)
    #如果图像像素有一个颜色分量的变化超过了阈值,就认为该像素为运动目标
    #注意,此处采用了图像的逻辑 any"或"运算
    imgfg = np.any(imgfg3,axis = 2)
    #将 bool 类型数组转换为 uint8
    imgfg = 255 * imgfg.astype(np.uint8)
    #显示图像
    cv.imshow('color frame', frame)
    cv.imshow('Segmented result', imgfg)
    #根据读取的视频文件帧率播放图像,按 Esc 键退出
    if  cv.waitKey(int(1000/fps)) & 0xFF = = 27:
        break
cap.release()    #退出视频播放,释放 VideoCapture 对象
cv.destroyAllWindows()   #关闭图像显示窗口并释放资源
#------------------------------------
```

2. 图像叠加

下面的示例将 OpenCV 的 logo 叠加到另一幅图像中，但没有直接把 logo 贴到图像的指定位置，或与图像的指定位置的像素值加权混合，而是去掉 logo 的白色背景，仅将 logo 中三个彩色 C 字符和文字区域覆盖图像中指定位置，以避免叠加区域像素颜色混淆。结果如图 1-13 所示。

36

图 1-13　图像的基本运算示例，将 OpenCV 的 logo 叠加到另一幅图像中

♯ **图像叠加——采用图像的二进制位运算**

```
♯导入用到的包
import numpy as np
import cv2 as cv
import matplotlib.pyplot as plt
%matplotlib inline
img1 = cv.imread('./imagedata/pumpkin.jpg')    ♯读入一幅彩色图像
img1 = cv.cvtColor(img1,cv.COLOR_BGR2RGB)    ♯将色序由 BGR 调整为 RGB
♯读入具有 alpha 通道的 opencv_logo 图像
imglogo = cv.imread('./imagedata/opencv-logo-white.png',cv.IMREAD_UNCHANGED)
♯将色序由 BGRA 调整为 RGBA
imglogo = cv.cvtColor(imglogo,cv.COLOR_BGRA2RGBA)

img2 = imglogo[:,:,0:3]    ♯获取 opencv_logo 图像
img_alpha = imglogo[:,:,3]    ♯获取 opencv_logo 图像的 alpha 通道
rows,cols,channels = img2.shape    ♯获取 Opencv_logo 图像的维数
roi = img1[10:10 + rows, 10:10 + cols]    ♯选择待叠加区域图块

♯位非运算
mask_inv = cv.bitwise_not(img_alpha)
♯把待叠加区域图块 roi 中 logo 位置涂黑
roi_bg = cv.bitwise_and(roi,roi,mask = mask_inv)
♯把 Opencv_logo 图像中背景区域涂黑
img2_fg = cv.bitwise_and(img2,img2,mask = img_alpha)

dst = cv.add(roi_bg,img2_fg)    ♯将 Opencv_logo 叠加到图块 ROI 中
img1[10:10 + rows, 10:10 + cols] = dst    ♯把结果覆盖原图像指定位置
♯显示结果(略)
♯————————————————
```

1.6　像素之间的位置关系

像素是构成数字图像的基本单元，图像处理算法常以单个像素或一组像素为操作对象。为便于界定参与运算的像素集合，常用"邻域"（neighborhood）来描述像素之间的位置关系。假定某一像素 p 的坐标为 (x, y)，其邻域是指以坐标 (x, y) 为中心的一组相邻像素构成的集合。如：4-邻域、4-对角邻域、8-邻域、$m \times n$ 矩形邻域等，如图 1-14 所示，其中 $m \times n$ 矩形邻域以 3×3 邻域为例。

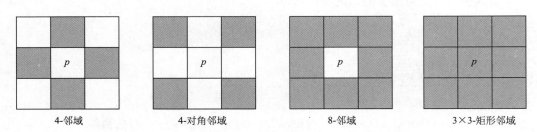

4-邻域　　　　　　　4-对角邻域　　　　　　　8-邻域　　　　　　3×3-矩形邻域

图 1-14　像素 p 的邻域（标为灰色的像素）

4-邻域

像素 p 的上、下、左、右 4 个相邻像素称为像素 p 的 4-邻域，用 $N_4(p)$ 表示。根据上节约定的图像坐标系，由像素 p 的坐标 (x, y) 就可以给出其 4 邻域像素的坐标：

$$(x-1, y), (x+1, y), (x, y-1), (x, y+1)$$

4-对角邻域

像素 p 左上、右上、左下、右下 4 个相邻像素称为像素 p 的 4-对角邻域，用 $N_D(p)$ 表示。同样，这四个像素的坐标也可以根据像素 p 的坐标 (x, y) 给出：

$$(x-1, y-1), (x-1, y+1), (x+1, y-1), (x+1, y+1)$$

8-邻域

像素 p 周围的 8 个相邻像素称为像素 p 的 8-邻域，包含了它的 4-邻域和 4-对角邻域，用 $N_8(p)$ 表示。这八个像素的坐标为：

$$(x-1, y-1), (x-1, y), (x-1, y+1),$$
$$(x, y-1), \qquad\qquad (x, y+1)$$
$$(x+1, y-1), (x+1, y), (x+1, y+1)$$

$m \times n$-矩形邻域

以像素 p 为中心的 m 行 $\times n$ 列像素构成的集合，称为像素 p 的 $m \times n$ 矩形邻域，简称 $m \times n$ 邻域，如 3×3 邻域、5×5 邻域。m、n 一般取奇数，可令 $m = 2a+1$，$n = 2b+1$，其中，a、b 为非负整数，这样就可以根据中心像素 p 的坐标 (x, y) 和 a、b 值，得到邻域中其他像素的坐标：

$$(x+i, y+j)；其中 i \in [-a, a], j \in [-b, b]$$

![helpful tips] **定义像素邻域的目的**

定义邻域的目的，是为了便于表达参与运算的像素的集合，并根据中心像素 p 的坐标 (x, y) 来确定其他邻域像素坐标。需要注意的是，像素 p 的 4-邻域、4-对角邻域和 8-邻域不包括像素 p 本身，而像素 p 的 $m \times n$ 邻域则包括像素 p 本身。如果像素 p 位于图像的边界，则 p 的某些邻域像素将位于图像的外部，根据坐标 (x, y) 得到的坐标值也超出了图像范围，图像空间域滤波时要认真处理这个问题。

1.7　Python 及图像处理扩展库简介

Python 语言由荷兰人吉多·范罗苏姆（Guido van Rossum）于 20 世纪 90 年代初创建，因其简洁、易读、可扩展，具有丰富的科学计算库生态系统，已成为人工智能（AI）、机器学习（ML）、神经网络（NN）、深度学习（DL）、物联网（IoT）和机器人（Robotics）等热点技术所依赖的重要编程语言。官方资源：https://www.python.org。

众多开源科学计算软件包都提供了 Python 程序的调用接口，例如计算机视觉库 OpenCV、三维可视化库 VTK（The Visualization Toolkit）、医学图像处理库 ITK（The Insight Toolkit）、NumPy、SciPy、Matplotlib、机器学习扩展库 Scikit-learn、深度学习扩展库 TensorFlow、PyTorch、Keras 等。因此 Python 语言及其众多的扩展库所构成的开发环境十分适合工程技术、科研人员处理实验数据、制作图表，开发科学计算应用程序。

Python 在其生态系统中免费提供了许多先进的图像处理工具库供使用，除了上述提到的外，还有 Pillow、Scikit-image、Mahotas 等。

1. Pillow

PIL，Python Imaging Library，是 Python 编程语言的一个免费图像处理库，该库支持多种文件格式，提供强大的图像处理功能。随着 2009 年的最后一次发布，已经停止更新。一群志愿者在 PIL 的基础上创建了兼容版本 Pillow，又加入了许多新特性，支持最新 Python 3.x。官方资源：https://python-pillow.org。

2. OpenCV

OpenCV（Open Source Computer Vision，开放源码计算机视觉库）是目前最好的开源计算机视觉库之一，提供了 2500 多种优化算法，包括最新的计算机视觉算法，支持机器学习和深度学习，采用 BSD 许可证（Berkeley Software Distribution），可免费用于学术和商业用途。OpenCV 使用优化的 C/C++编写，提供了 API 函数的 Python 包装，可以在 Python 程序中使用，不仅速度快，而且易于编码和部署，这使得它成为执行计算密集型计算机视觉程序的一个很好的选择。官方资源：https://opencv.org。

3. Scikit-image

Scikit-image 是 Python 的一个开源图像处理库，将图像作为 NumPy 数组进行处理。它提供一套高质量、易用性强的图像处理算法 API，能满足研究人员与学生学习图像处理算法的需要，以及工业级应用开发需求。官方资源：https://scikit-image.org。

4. NumPy

NumPy（Numerical Python）是 Python 语言的核心扩展库之一，支持大量的多维数组与矩阵运算，针对数组运算提供大量的数学函数库。Numpy 通常与 Scipy（Scientific Python）和 Matplotlib 一起使用，这种组合提供了一个强大的科学计算环境，有助于我们通过 Python 学习数据科学或者机器学习。图像本质上是包含数据点像素的标准 NumPy 数组，可以通过 NumPy 操作，例如切片、掩膜和花式索引，来操纵图像的像素值。官方资源：http://www.numpy.org。

5. SciPy

SciPy（Scientific Python）是一个面向 Python 的开源科学计算库，自 2001 年首次发布以来，SciPy 已经成为 Python 语言中科学算法的行业标准。SciPy 是一个用于数学、科学、工程领域的常用库，可以处理插值、积分、最优化、常微分方程数值求解、信号处理等问题。因此，自然科学领域绝大多数涉及计算的工作都能用它来完成。官方资源：https://www.scipy.org。

6. Matplotlib

Matplotlib 是基于 Python 语言的开源项目，旨在为 Python 提供一个数据绘图包，具有强大的数据可视化功能。一旦把图像数据载入到 NumPy 数组中，Matplotlib 就可以把该数组以彩色或灰度图像的形式绘制出来。Matplotlib 是一个 Python 的 2D 绘图库，它以各种硬拷贝格式和跨平台的交互式环境生成出版质量级别的图形，如：线图、散点图、等高线图、条形图、柱状图、3D 图形、图形动画等。官方资源：https://matplotlib.org、https://www.matplotlib.org.cn。

本章介绍的主要函数列表

函数名	功能描述
OpenCV	**导入方式：import cv2 as cv**
imread	读取图像文件；Read image from graphics file.
imwrite	保存图像到文件；Write image to graphics file.
VideoCapture	创建视频采集 VideoCapture 对象，通过对象成员函数读取摄像设备、视频文件或 IP 流媒体的图像帧；Opens a video file or a capturing device or an IP video stream for video capturing with API Preference.
VideoWriter	创建一个 VideoWriter 对象，通过对象成员函数把图像帧保存到一个视频文件中；Video I/O, Initialize video writers.
cvtColor	颜色空间转换函数；Converts input array pixels from one color space to another.
imshow	显示图像；Display image.
threshold	对灰度图像进行阈值分割得到二值图像；Applies fixed-level thresholding to a multiple-channel array. The function is typically used to get a bi-level (binary) image out of a grayscale image.
waitKey	原地等待指定的 delay 毫秒，并看是否有键盘输入；Waits for a pressed key.
namedWindow	创建一个显示窗口；Creates a window that can be used as a placeholder for images and trackbars. Created windows are referred to by their names.

函数名	功能描述
destroyAllWindows	关闭所有 HighGUI 窗口并释放资源；Destroys all of the opened HighGUI windows.
add	计算两个数组，或数组与标量的和；Calculates the per-element sum of two arrays or an array and a scalar.
addWeighted	计算两个数组的加权和；Calculates the weighted sum of two arrays.
subtract	计算两个数组，或数组与标量的差；Calculates the per-element difference between two arrays or array and a scalar.
absdiff	计算两个数组，或数组与标量的差的绝对值；Calculates the per-element absolute difference between two arrays or between an array and a scalar.
multiply	计算两个数组的乘积；Calculates the per-element scaled product of two arrays.
divide	两个数组，或数组与标量相除；Performs per-element division of two arrays or a scalar by an array.
compare	数组之间或数组与标量之间的比较运算；Performs the per-element comparison of two arrays or an array and scalar value.
bitwise_and	位与；Calculates the per-element bit-wise conjunction of two arrays or an array and a scalar.
bitwise_or	位或；Calculates the per-element bit-wise disjunction of two arrays or an array and a scalar.
bitwise_xor	位异或；Calculates the per-element bit-wise "exclusive or" operation on two arrays or an array and a scalar.
bitwise_not	位非；Inverts every bit of an array.
warpAffine	对图像做仿射变换；Applies an affine transformation to an image.
getRotationMatrix2D	构造图像旋转的仿射变换矩阵；Calculates an affine matrix of 2D rotation.
Matplotlib	**导入方式：import matplotlib. pyplot as plt**
figure	创建显示窗口；Create a new figure.
imshow	显示图像；The input may either be actual RGB(A) data, or 2D scalar data, which will be rendered as a pseudocolor image. Note：For actually displaying a grayscale image set up the color mapping using the parameters cmap='gray'，vmin=0，vmax=255.
title	设置图表的标题；Set a title for the axes.
axis	获取或者是设定标轴的某些属性；Convenience method to get or set some axis properties.
subplot	确定显示窗口子图划分方式并在指定位置添加子图；Add a subplot to the current figure.
subplots	创建显示窗口并确定子图划分方式；Create a figure and a set of subplots.
show	显示所有窗口；Display all figures.
Scikit-image	**导入方式：from skimage import io, data, color, util**
io. imread	读入图像文件；Load an image from file.
io. imsave	将图像保存为文件；Save an image to file.

续表

函数名	功能描述
color. rgb2gray	将 RGB 彩色图像转换为灰度图像；Compute luminance of an RGB image.
util. img_as_ubyte	把图像数据类型转换为 uint8；Convert an image to 8-bit unsigned integer format (uint8).
data. chelsea	读取一幅标准测试图像 chelsea，为 scikit-image 开源作者养的宠物猫；Scikit-imagestandard test images.
transform. rotate	图像旋转；Rotate image by a certain angle around its center.
Pillow　　导入方式：from PIL import Image	
Image. open	打开图像文件并保持读取状态，并调用对象的成员函数 load()读取数据；Opens and identifies the given image file.
convert	图像类型转换，PIL Image 对象的成员函数；Returns a converted copy of this image.
save	将图像保存为文件，PIL Image 对象的成员函数；Saves this image under the given filename. If no format is specified, the format to use is determined from the filename extension，if possible.
getpalette	获取图像的调色板，PIL Image 对象的成员函数；Returns the image palette as a list.
putpalette	将调色板附加到此图像，PIL Image 对象的成员函数；Attaches a palette to this image.
Image. fromarray	由多维数组创建一个 PIL Image 对象；Creates an image memory from an object exporting the array interface.
NumPy　　导入方式：import numpy as np	
array	创建数组；Create an array from a regular Python list or tuple.
astype	强制数据类型转换，NumPy 多维数组 ndarray 对象的方法(method)；Copy of the array and cast to a specified type.
copy	复制数组，NumPy 多维数组 ndarray 对象的方法(method)；Return a copy of the array.
flip	沿给定轴(维)反转数组中元素的顺序；Reverse the order of elements in an array along the given axis.
hstack	沿水平方向(列顺序)堆叠数组构成一个新的数组；Stack arrays in sequence horizontally (column wise).
abs	对数组元素取绝对值；Calculate the absolute value element-wise.
any	对数组中给定轴(维)的所有元素进行逻辑"或"操作，结果返回 True 或 False；Test whether any array element along a given axis evaluates to True.
all	对数组中给定轴(维)的所有元素进行逻辑"与"操作，结果返回 True 或 False；Test whether all array elements along a given axis evaluate to True.
clip	数值饱和处理，将数组 a 中的元素限制在指定的 a_min, a_max 之间，大于 a_max 的令其等于 a_max，小于 a_min 的令其等于 a_min；Clip (limit) the values in an array.

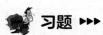 **习题** ▶▶▶

　　1.1　视网膜屏幕是由苹果公司在 2010 年 iPhone 4 发布会上首次推出的营销术语，请简要介绍视网膜屏幕这一概念与图像分辨率、人眼视觉特性之间的关系。

1.2　照相机的镜头起什么作用？摄影术语变焦、对焦、调焦的含义是什么？

1.3　简述给图像指定区域打马赛克或模糊处理的原理方法。

1.4　智能手机厂商常以手机摄像头图像传感器的尺寸和像素数等参数为卖点，请说明手机厂商这样做的理由。

1.5　像素深度是什么含义？

1.6　常用的图像类型有哪几种？各自采用何种数据结构？

1.7　举例说明数字图像处理的主要应用。

上机练习 ▶▶▶

E1.1　打开本章 Jupyter Notebook 可执行记事本文件"Ch1 图像数据的表示与基本运算.ipynb"，逐单元（Cell）运行示例程序，注意观察运行结果。熟悉示例程序功能，掌握相关函数的使用方法。

E1.2　编程实现给一幅图像的指定区域打马赛克或模糊处理。写出作业报告，内容包括（1）图像区域打马赛克的含义、目的及应用场景；（2）图像区域打马赛克或模糊处理的原理、方法及编程思路；（3）实验结果分析，对比采用不同方法、参数时的效果；（4）给出结论，探讨视觉观感与隐私保护之间的平衡，并讨论类似图像区域打马赛克或模糊处理的其他图像隐私保护手段；（5）列出参考文献；（6）程序代码。

第 2 章　灰度变换

　　图像采集过程中，常因光学系统失真、曝光不足或过量、相对运动、对焦不良等影响，导致图像品质下降，如图像扭曲、亮度及对比度过高或过低、图像模糊等。这不但影响视觉效果，也会影响图像的自动分析，因此需改善图像品质。改善的方法有两类，一类称为图像增强（Image Enhancement），不考虑图像降质的原因，选择性增强图像中的兴趣特征或者抑制图像中某些不需要的特征。另一类称为图像复原（Image Restoration），针对降质的具体原因，设法补偿降质因素，使得改善后的图像尽可能逼近理想图像。

　　灰度变换（Gray Level transformation，或 intensity transformation）是图像增强的基本方法，它利用指定的灰度变换函数，将输入图像 $f(x, y)$ 每个像素的灰度值映射到输出图像 $g(x, y)$ 对应位置，如图 2-1 所示。另一种常用的图像增强方法称为图像滤波，包括空域滤波和频域滤波，其中空域滤波是一种基于像素邻域的计算方法，将在第 3 章中介绍。频域滤波是一种变换域滤波技术，将在第 4 章中介绍。有关图像复原的内容将在第 7 章中讲解。

　　本章主要以灰度图像为例介绍灰度变换的常用方法，彩色图像的灰度变换将在"第 5 章 彩色图像处理"中介绍。

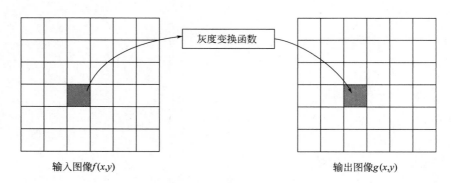

图 2-1　灰度变换原理

2.1 图像的亮度、对比度和动态范围

2.1.1 亮度

图像的亮度（Brightness），通常指图像的整体亮度。像素的明暗取决于其灰度值或颜色分量的大小，图像的整体亮度则取决于所有像素的平均值。曝光过度的图像显得亮而生硬，曝光不足的图像则暗而模糊，如图 2-2 所示。每个像素的灰度值加上一个常数，就可以改变图像的整体亮度：

$$g(x, y) = f(x, y) + b \tag{2-1}$$

式中，当 $b > 0$ 时，图像整体变亮，当 $b < 0$ 时，图像整体变暗。$f(x, y)$、$g(x, y)$ 分别表示输入图像和输出图像中 (x, y) 处像素的灰度值。在意义明确时，符号 $f(x, y)$、$g(x, y)$ 既可以用于表示整幅图像，也可以用于表示图像中任意像素的灰度值。

为简单起见，当灰度变换函数与像素位置无关时，用变量 r 和 s 分别表示输入和输出图像中任一像素的灰度值，则式（2-1）可改写为：

$$s = r + b \tag{2-2}$$

示例〔2-1〕改变灰度图像的亮度

按式（2-1）改变图 2-2（a）中图像的亮度。图 2-2（b）、图 2-2（c）为 $b = 100$、$b = -75$ 时的灰度变换结果。常用灰度变换曲线来描述输入/输出图像灰度值之间的映射关系，横坐标为输入灰度值 r、纵坐标为输出灰度值 s，图 2-2（d）、图 2-2（e）分别给出了 $b = 100$、$b = -75$ 时由式（2-2）定义的灰度变换曲线。

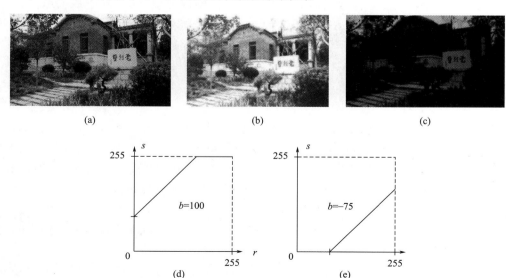

图 2-2 图像整体亮度的简单调整及其灰度变换曲线

（a）原图像；（b）$b = 100$；（c）$b = -75$；（d）、（e）灰度变换曲线

注意： 在使用 Python 各类扩展库提供的函数之前，需先导入这些扩展库或模块。下面程序导入了本章示例用到的扩展库包和模块，使用本章示例之前，先运行一次本段代码。后续示例程序中，不再列出此段程序。

```
#导入本章示例用到的包
import numpy as np
import cv2 as cv
import matplotlib.pyplot as plt
from skimage import io, exposure, color, util
%matplotlib inline


#改变图像亮度
img = cv.imread('./imagedata/old_villa.jpg',0)    #读入一幅灰度图像
#采用 OpenCV 函数
imgbu1 = cv.add(img,100)
imgbd1 = cv.subtract(img,75)
#采用 NumPy 数组运算
imgbu2 = img.astype(np.float) + 100
imgbu2 = np.clip(imgbu2,0,255).astype(np.uint8)
imgbd2 = img.astype(np.float) - 75
imgbd2 = np.clip(imgbd2,0,255).astype(np.uint8)
#显示结果(略,详见本章 Jupyter Notebook 可执行笔记本文件)
#-------------------------------
```

需要注意的是，灰度图像数据多采用无符号 8 位整数类型（uint8），取值范围在 [0，255] 之间，采用 NumPy 数组运算时要进行饱和处理，将小于 0 或大于 255 的计算结果分别限制为 0 或 255。OpenCV 图像加函数 cv.add()、减函数 cv.subtract() 能自动对计算结果做饱和处理。

2.1.2 对比度

对比度（Contrast）用于描述图像中不同区域、物体之间的可区分性。对比度的高低取决于图像中明、暗区域之间的差别，即亮度的反差大小。反差越大意味着对比度越大，反差越小则对比度越小。图像对比度过高，给人的感觉刺眼、醒目；图像对比度过低，则给人感觉变化不明显，图像颜色沉闷、晦暗和模糊。图像对比度过高或过低，都会导致图像丢失灰度层次和信息，不利于图像细节的表现，如图 2-3 所示。

将图像所有像素的灰度值乘以常数 a，就可以简单地拉大或缩小像素灰度值之间的差距，从而改变图像的对比度，即：

$$g(x, y) = a \cdot f(x, y) \tag{2-3}$$

或

$$s = a \cdot r \tag{2-4}$$

当 $a > 1$ 时，输出图像对比度增大；当 $a < 1$ 时，输出图像对比度降低。式（2-3）通过改变输出图像像素灰度值的取值范围，以及最大/最小灰度值之间的差距，达到调整图像对比度的目的，但同时也改变了图像的整体亮度。

示例［2-2］改变灰度图像的对比度

按式（2-3）改变图 2-3（a）中图像的对比度。图 2-3（b）、图 2-3（c）分别给出了 $a = 1.5$ 和 $a = 0.5$ 时灰度变换结果，注意观察图像中不同区域或物体之间的可区分性。

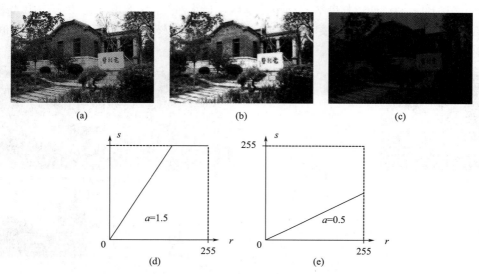

图 2-3　图像整体对比度的简单调整及其灰度变换曲线
（a）原图像；（b）$a = 1.5$；（c）$a = 0.5$；（d）、（e）灰度变换曲线

＃改变图像对比度

img = cv. imread('. /imagedata/old_villa. jpg', 0)　＃读入一幅灰度图像
＃采用 OpenCV 函数
imgcu = cv. multiply(img,1.5)
imgcd = cv. multiply(img,0.5)
＃显示结果(略)
＃————————————

2.1.3　动态范围

一幅图像像素灰度值所跨越的值域，称为该图像灰度值的动态范围（Dynamic Range），像素的明暗变化被限制在这个范围内。对于 8 位 256 级灰度图像而言，像素灰度值最大的动态范围为［0，255］。动态范围越大，变化层次就越多，图像细节的表达能力也就越强。在成像时，受环境光照和曝光时间的影响，图像的动态范围可能较低，降低了图像细节的描述能力。改变图像的动态范围，同时会影响图像的对比度和亮度。

统计图像中各灰度值所对应的像素数量，得到该图像灰度值的分布规律，然后以直方图的形式显示，就可用于考查一幅图像灰度值的动态范围，如图 2-4 所示。灰度直方图的横轴为灰度值，纵轴为每一灰度值所对应的像素数量。关于灰度直方图，将在"2.4 图像直方图"中详细讲解。

图 2-4 给出了 4 幅花粉显微图像。第 1 列中的图像整体偏暗、对比度低，从其灰度直方图可以看出，像素灰度值主要分布在低端［10，80］较窄的动态范围内，最大/最小灰度值之间的差别小，这是造成图像偏暗、对比度低的原因。第 2 列中的图像整体偏亮、对比度较低，像素灰度值主要分布在高端［132，255］较窄的动态范围内，最大/最小灰度值之间的差别仍较小。第 3 列中的图像整体暗淡、灰蒙蒙一片，对比度更低，像素灰度值主要分布在中部［90，135］更窄的动态范围内，最大/最小灰度值之差更小。第 4 列中的图像接近完美，具有适中的亮度和较高的对比度，像素灰度值较均匀地分布在区间［0，255］内，具有最大的动态范围。

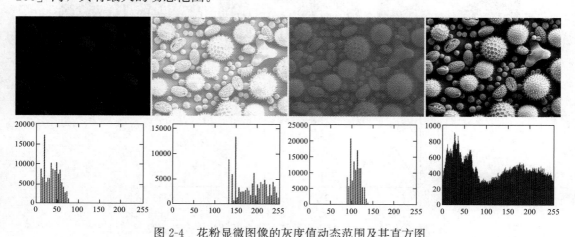

图 2-4　花粉显微图像的灰度值动态范围及其直方图

2.2　线性灰度变换

如果把上节中用于图像亮度和对比度调整的简单灰度变换函数式（2-2）和式（2-4）结合起来，就得到一般意义上的线性灰度变换函数，即：

$$s = a \cdot r + b \tag{2-5}$$

改变参数 a 和 b 的大小就可以得到不同的图像增强效果。

2.2.1　带饱和处理的线性灰度变换

用 r_{low} 和 r_{high} 分别表示输入图像灰度值动态范围的下限值、上限值，s_{low} 和 s_{high} 表示输出图像期望动态范围的下限值、上限值，下式可将输入图像动态范围 $[r_{low}, r_{high}]$ 线性映射到 $[s_{low}, s_{high}]$ 之间。

$$s = \begin{cases} s_{low}, & r < r_{low} \\ \dfrac{s_{high} - s_{low}}{r_{high} - r_{low}}(r - r_{low}) + s_{low}, & r_{low} \leqslant r < r_{high} \\ s_{high}, & r \geqslant r_{high} \end{cases} \tag{2-6}$$

如果 s_{high} 与 s_{low} 之差大于 r_{high} 与 r_{low} 之差，灰度变换实现图像**动态范围扩展（对比度拉伸）**，否则为**动态范围压缩（对比度压缩）**，如图 2-5（a）所示。

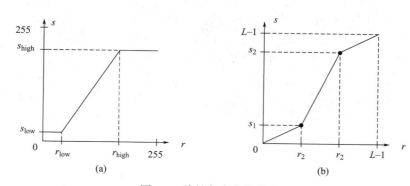

图 2-5　线性灰度变换曲线

（a）带饱和处理的线性灰度变换；（b）分段线性灰度变换

r_{low}、r_{high} 可分别取输入图像灰度值的最小值、最大值，即 $r_{low}=r_{min}$，$r_{high}=r_{max}$，但有可能受图像中少数高、低灰度值像素的影响而导致灰度变换失败，如图 2-6（b）所示，因输入图像的 $r_{min}=0$、$r_{max}=255$，实际灰度变换曲线的斜率为 1，结果图像无任何变化。更好的方法是采用百分位数（percentile）来选择 r_{low} 和 r_{high}，例如：选择 r_{low} 的值，使得输入图像中灰度值小于和等于 r_{low} 的像素数占总像素数的 2%；选择 r_{high} 的值，使得输入图像中灰度值大于和等于 r_{high} 的像素数占总像素数的 2%。NumPy 函数 np.percentile() 就可以实现这一功能，具体原理详见"2.4 图像直方图"。对 8 位 256 级灰度图像，通常令 $s_{low}=0$，$s_{high}=255$。

示例［2-3］具有饱和处理的线性灰度变换

下面采用 Scikit-image 中 exposure 模块提供的函数 rescale_intensity()，对图 2-6（a）灰度图像 moon 进行带饱和处理的线性灰度变换。首先采用函数的默认方式，即用输入图像的最小值、最大值确定 r_{low}、r_{high}，结果如图 2-6（b）所示。然后采用百分位数方法来选择 r_{low} 和 r_{high}，结果如图 2-6（c）所示，从灰度直方图中可以看出变换前后图像动态范围的变化情况。

为简化程序代码，示例使用 Matplotlib 提供的函数，定义了一个叫作 plot_grayHist() 的函数，以便在指定的子图位置绘制图像灰度直方图，运行以下示例时要首先运行该函数的定义代码。

＃利用 **Matplotlib 函数，定义计算绘制直方图函数**

```
def plot_grayHist(img, rows, cols, idx):
    plt.subplot(rows,cols,idx)
    histogram, bins, patch = plt.hist(img.ravel(), 256, histtype = 'bar',density = 1)
    plt.xlabel('gray level')
    plt.ylabel('pixel percentage')
    plt.axis([0, 255, 0, np.max(histogram)])
＃------------------------------------------------------------
```

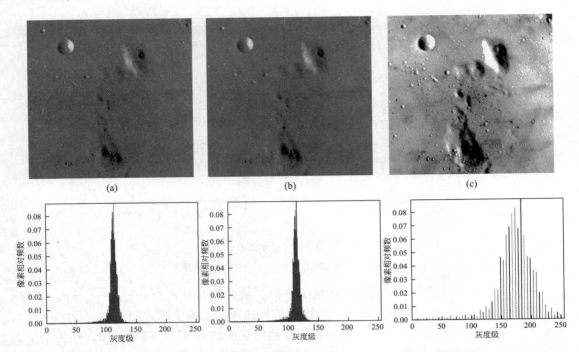

图 2-6　采用 skimage 中 exposure 模块提供的函数 rescale_intensity() 调整图像的亮度与对比度
(a) 原图像；(b) 采用最大值/最小值确定 in_range；(c) 采用百分位数确定 in_range

带饱和处理的线性灰度变换

```
#Scikit-image：exposure 模块提供的函数 rescale_intensity
img = io.imread('./imagedata/moon.png')  #读入一幅灰度图像
#对比度拉伸 Contrast stretching,动态范围扩展
#采用函数默认方法,即 rlow = 输入图像灰度最小值、rhigh = 输入图像灰度最大值
img_rescale1 = exposure.rescale_intensity(img)
#采用百分位数(percentile)选择 rlow 和 rhigh
rlow_p2, rhigh_p98 = np.percentile(img, (2, 98))
img_rescale2 = exposure.rescale_intensity(img, in_range = (rlow_p2, rhigh_p98))
#显示结果
plt.figure(figsize = (15,8)); plt.gray()
plt.subplot(2,3,1); plt.imshow(img,vmin = 0,vmax = 255)
plt.title('Moon,Original'); plt.axis('off')
plt.subplot(2,3,2); plt.imshow(img_rescale1,vmin = 0,vmax = 255)
plt.title('Contrast stretching by min/max'); plt.axis('off')
plt.subplot(2,3,3); plt.imshow(img_rescale2,vmin = 0,vmax = 255)
plt.title('Contrast stretching by percentile '); plt.axis('off')
#绘制灰度直方图
plot_grayHist(img,2,3,4)
plot_grayHist(img_rescale1,2,3,5)
```

```
plot_grayHist(img_rescale2,2,3,6)
plt.show()
#------------------------
```

 rescale _ intensity

函数功能	带饱和处理的灰度变换函数,Return image after stretching or shrinking its intensity levels.	
函数原型	skimage. exposure. rescale_intensity(image, in_range='image', out_range='dtype')	
输入参数	参数名称	描述
	image	输入图像,ndarray 型数组。
	in_range	字符串类型,或二元元组,用于指定输入/输出图像灰度值范围的下限、上限。字符串可选值如:'image',用输入图像 image 的最小值、最大值,默认值。
	out_range	'dtype',用输入图像 image 数据类型的取值范围,也为 out_range 的默认值。二元元组(2-tuple),形如(0, 255)。
返回值	灰度变换结果,ndarray 型数组,与输入图像 image 具有相同的数据类型。	

2.2.2　分段线性灰度变换

构造一个分段线性灰度变换函数,如图 2-5(b)所示,实现图像动态范围的扩展或压缩。选择两个控制点 (r_1, s_1) 和 (r_2, s_2),再加上 $(0, 0)$、$(255, 255)$ 两个定点,便构造出一个三段折线变换曲线。

调整控制点 (r_1, s_1) 和 (r_2, s_2) 的位置,进而控制各段直线的斜率,就可以对相应区间灰度值的动态范围进行扩展或压缩。当区间内直线段斜率大于 1 时,对该区间灰度值的动态范围进行扩展;当区间内直线段斜率小于 1 时,则对该区间灰度值的动态范围进行压缩。一般要求 $r_1 < r_2$ 且 $s_1 < s_2$,以保证变换函数为单值单调增加,若 $r_1 = r_2$, $s_1 = 0$ 且 $s_2 = L - 1$,则变换函数退化为阈值处理函数,变换结果为一幅二值图像,这种变换又称阈值分割。分段线性灰度变换函数的一般形式可由下式给出:

$$s = \begin{cases} \dfrac{s_1}{r_1}r, & 0 \leqslant r < r_1 \\ \dfrac{s_2 - s_1}{r_2 - r_1}(r - r_1) + s_1, & r_1 \leqslant r \leqslant r_2 \\ \dfrac{L - 1 - s_2}{L - 1 - r_2}(r - r_2) + s_2, & r_2 < r \leqslant L - 1 \end{cases} \tag{2-7}$$

式中,对于 8 位 256 级灰度图像而言,$L = 256$。

先自定义一个名为 pwline _ rescale _ intensity() 函数,通过查表法实现式(2-7)分段线性灰度变换,然后调用该函数实现图像的对比度拉伸或压缩(动态范围扩展或压缩)。自定义函数代码如下:

#自定义分段线性灰度变换函数
```
def pwline_rescale_intensity(image,r1,s1,r2,s2):
    """
```
输入参数:image - 图像数组,灰度图像,数据类型 uint8;

r1，s1 - 控制点 1 对应的输入、输出灰度值，在 0～255 之间取值；

r2，s2 - 控制点 2 对应的输入、输出灰度值，在 0～255 之间取值；

要求 r1＜r2 且 s1＜s2

返回参数：img_out - 灰度变换结果，数组，数据类型 uint8；

lut - 灰度变换查找表，1×256 数组；

```
"""
#检测输入控制点参数是否有效
if np.logical_or(r1 >= r2, s1 >= s2):
    print('the control point is invalid')
    exit()
#创建查找表
lut = np.zeros(256, np.uint8)
for i in range(256):
    if i < r1:
        lut[i] = i * (s1/r1)
    elif i <= r2:
        lut[i] = (i-r1)*(s2-s1)/(r2-r1) + s1
    else:
        lut[i] = (i-r2)*(255.0-s2)/(255.0-r2) + s2
img_out = lut[image]   #查表进行灰度变换
return img_out,lut     #返回结果
#-------------------------------------------------
```

示例［2-4］采用分段线性灰度变换增强图像对比度

调用自定义分段线性灰度变换函数 pwline _ rescale _ intensity()，对测试图像 moon 进行灰度变换，以改善图像视觉效果。通过观察图像 moon 的灰度直方图，令 r1＝80，s1＝10，r2 ＝150，s2＝220，结果如图 2-7 所示。改变控制点（r1，s1）和（r2，s2）的值，可得到不同的增强效果。

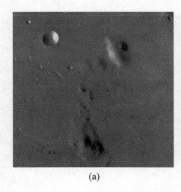 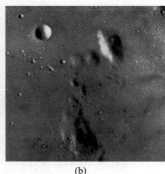 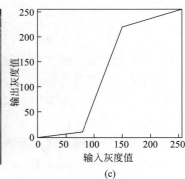

(a) (b) (c)

图 2-7 采用分段线性灰度变换增强图像对比度

(a) 原图像；(b) 分段线性灰度变换结果；(c) 分段线性灰度变换曲线

52

#对比度拉伸 Contrast stretching，动态范围扩展

```
img = io. imread('. /imagedata/moon. png')    #读入一幅灰度图像
#根据输入图像直方图,确定控制点(r1,s1),(r2,s2)
r1 = 80；s1 = 10
r2 = 150；s2 = 220
#调用自定义分段线性灰度变换函数
img_pw,lut = pwline_rescale_intensity(img,r1,s1,r2,s2)
#显示结果(略)
#----------------------
```

示例〔2-5〕分段线性灰度变换—扩展花粉 pollen 图像的动态范围

调用自定义分段线性灰度变换函数 pwline _ rescale _ intensity()，对图 2-4 中前 3 幅花粉显微图像进行灰度变换，以改善图像视觉效果。参数 r1 取输入图像灰度值的最小值，r2 取输入图像灰度值的最大值，并令 s1＝0，s2＝255。结果如图 2-8 所示。注意观察图像灰度值动态范围的变化及其对图像亮度、对比度的影响。第 1 列为原图像，第 2 列为采用分段线性灰度变换的结果，参数 r1 取输入图像灰度值的最小值，r2 取输入图像灰度值的最大值，并令 s1＝ 0，s2 ＝ 255；第 3 列为相应的灰度变换曲线；第 4 列给出了输出图像的灰度直方图。

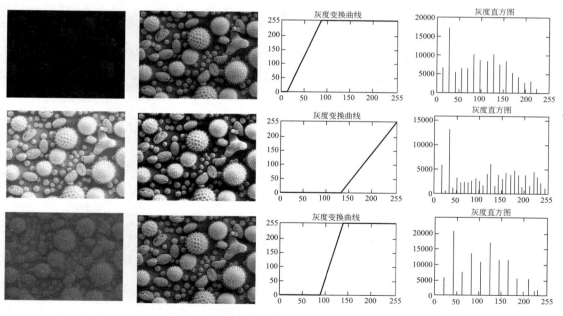

图 2-8　花粉显微图像的分段线性灰度变换

#使用分段线性灰度变换函数 pwline _ rescale _ intensity() 扩展花粉 pollen 图像动态范围

```
#读入一幅灰度图像
img = io. imread('. /imagedata/pollen_dark. png')
```

```
# img = io. imread('. /imagedata/pollen_bright. png')
# img = io. imread('. /imagedata/pollen_dusky. png')
# 确定控制点(r1,s1),(r2,s2)
r1 = np. min(img); s1 = 0
r2 = np. max(img); s2 = 255
img_pw, lut = pwline_rescale_intensity(img,r1,s1,r2,s2)
# 显示结果(略)
# ——————————————
```

深度揭秘—利用查表法实现分段线性灰度变换

灰度变换依据变换函数计算每个像素灰度值的输出,当变换函数复杂时,对于大尺寸图像,这种计算相当耗时。如果灰度变换函数是全局的、与像素坐标无关,那么就可以预先计算出每个可能灰度值的输出,并存储到一个查找表(Look-Up-Table,LUT)中。图像处理软件交互式操作的灰度变换,仅给出一条灰度变换曲线,而不是解析函数表达式,那么就需要将曲线表达的输入—输出函数关系离散化后保存到查找表中。

以 8 位 256 级灰度图像的灰度变换为例,编程时用 256 个元素的一维数组或向量来构造查找表。数组或向量的下标由小到大依次对应 256 个灰度值,对应元素值则为其灰度变换输出。执行灰度变换时,只需根据图像中每个像素的灰度值,在查找表中查找其对应的灰度变换输出。查表法的优势很明显,例如,对于 8 位 256 级灰度图像,变换函数只需计算 256 次,与图像大小无关,在图像像素数远大于可能的灰度级数时,计算量会显著减少。

不同编程语言中,数组或向量下标起始值规定不同,在查表时要注意数组下标值与像素灰度值之间的对应关系。比如,Python 中向量下标起始值为 0,而灰度值的最小值为 0,因此,灰度值为 0 的变换映射值被保存在下标等于 0 的元素中,以此类推,如图 2-9 所示。

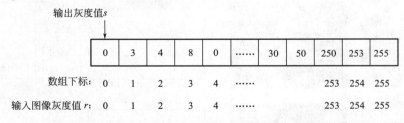

图 2-9　采用一维数组保存灰度变换函数的输入—输出关系

2.2.3　连续单独或同时调整图像的亮度和对比度

类似图像编辑软件的方法,采用式(2-8)可以连续单独或同时调整图像的亮度和对比度:

$$s = [r - 127.5 \cdot (1-b)] \cdot k + 127.5 \cdot (1+b)$$
$$\text{其中,} \quad k = \tan(45° + 44° \cdot c) \tag{2-8}$$

式中,r 是输入图像像素的灰度值,s 是变换后的灰度值;参数 b 在区间 $[-1,1]$ 内取值,用于控制亮度的增减程度:$b=0$,不改变;$b<0$,降低亮度;$b>0$,提高亮度。参数

c 在区间 $[-1，1]$ 内取值，用于控制对比度的增减程度：$c=0$，不改变；$c<0$，降低对比度；$c>0$，提高对比度。

示例 [2-6] 连续单独或同时调整图像的亮度和对比度

下面程序给出式（2-8）的编程实现。定义一个名为 adjust _ bright _ contrast（image，b，c）的函数。然后调用该函数对图像 pollen _ bright. png 进行灰度变换，将图像亮度降低 35%、对比度提高 40%，即令 $b=-0.35$、$c=0.4$，结果如图 2-10 所示。

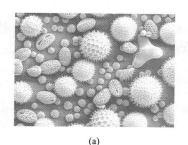 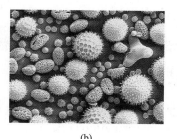

(a)   (b)

图 2-10　调整图像的亮度和对比度
（a）原图像；（b）亮度降低 35%、对比度提高 40%

♯定义连续单独或同时调整图像的亮度和对比度灰度变换函数

```
def adjust_bright_contrast(image,b,c):
    """
    输入参数:image—图像数组,灰度图像,数据类型 uint8;
             b—在区间[-1,1]内取值,b<0,降低亮度;b>0,提高亮度;
             c—在区间[-1,1]内取值,c<0,降低对比度;c>0,提高对比度;
    返回参数:img_out—灰度变换结果,数组,数据类型 uint8;
    """
    k = np.tan((45 + 44 * c) * np.pi/180)
    #初始化查表法
    lookUpTable = np.zeros((1,256), np.uint8)
    for i in range(256):
        s = (i-127.5 * (1-b)) * k + 127.5 * (1+b)
        lookUpTable[0,i] = np.clip(s, 0, 255)
    #查表进行灰度变换
    img_out = cv.LUT(image, lookUpTable)
    #返回结果
    return img_out
#--------------------------------
#使用 adjust_bright_contrast()连续单独或同时调整图像的亮度和对比度灰度
#读入一幅灰度图像
img_bright = io.imread('. /imagedata/pollen_bright.png')
```

```
#调用自编函数调整图像的亮度和对比度
img_result = adjust_bright_contrast(img_bright,-0.35,0.4)
#显示结果(略)
#------------------------
```

2.3 非线性灰度变换

非线性灰度变换将输入图像的灰度值 r，按照某种非线性函数关系映射为输出灰度值 s。本节主要介绍伽马校正、对数校正和指数校正三个常用的非线性灰度变换函数。

2.3.1 伽马校正

伽马校正（Gamma Correction），又称伽马变换（Gamma Transformation）、幂次变换（Power law transformation），定义为：

$$s = r^\gamma \tag{2-9}$$

式中，指数 γ 为伽马值，这也是被称作伽马校正的由来。为保证输入灰度值 r 和输出灰度值 s 具有相同的取值范围，变换时需先将输入灰度值 r 从 [0，255] 归一化到 [0，1]，变换后再把输出灰度值 s 从 [0，1] 线性映射到 [0，255] 之间。

图 2-11 显示了 γ 取不同值时对应灰度变换曲线的形状。可见，当 $0 < \gamma < 1$ 时，输入灰度 r 低值端较暗区域范围内曲线的斜率大于 1，动态范围得到扩展；而中、高值端较亮区域范围内曲线的斜率小于 1，相应动态范围被压缩。相反，当 $\gamma > 1$ 时，输入灰度值 r 低值端较暗区域动态范围被压缩，亮区域的动态范围被扩展。输入灰度值 r 被扩展和压缩的区域及程度取决于 γ 大小。

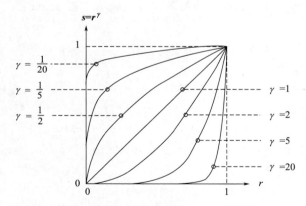

图 2-11 不同 γ 值的伽马校正曲线形状

注：注意观察曲线斜率对输出灰度值 s 动态范围的影响

术语伽马值（Gamma）来源于模拟摄影技术，后应用于电视技术，用来描述电视接收机所用阴极射线管显示器（CRT）的非线性特征。CRT 显示器的亮度与输入信号电压之间的关系，可表示为一个指数 γ 在 1.8～2.8 范围内变化的幂函数，具体设备的 γ 值由制造厂家基于实际测量给定。CRT 显示器的这种非线性输入输出响应，导致显示的图像亮度失真。如果在显示之前，先对输入图像用一个指数为设备 γ 值的倒数（即 $1/\gamma$）的伽马变换进行预处理，修正设备的非线性，就能得到接近原图像亮度的输出，这一过程被称为伽马校正。

示例 [2-7] 航拍图像的伽马校正

Scikit-image 中 exposure 模块提供的函数 adjust_gamma()，可实现灰度图像的伽马校正，也可以根据式（2-9）采用 NumPy 数组直接计算图像的伽马校正。图 2-12（a）中的航拍图片整体偏亮，且有一种"冲淡"的显示效果，可采用伽马校正来调整图像的对比度，图 2-12（b）是 $\gamma=3$ 时的伽马校正结果。

(a)　　　　　　　　　　　　　　　　　(b)

图 2-12　航拍图像的伽马校正

（a）原图像；（b）$\gamma=3$ 时伽马校正结果

♯航拍图像的伽马校正

```
img = cv.imread('./imagedata/washed_out_aerial_image.jpg', 0)
gamma = 3
#采用查表法
lookUpTable = np.zeros(256, dtype = np.uint8)
for i in range(256):
    s = np.power(i/255.0, gamma) * 255.0
    lookUpTable[i] = np.clip(s, 0, 255)
#查表进行灰度变换
img_gc = lookUpTable[img]
#或调用 exposure 模块中的函数进行伽马校正
img_gc = exposure.adjust_gamma(img, gamma)
#显示结果(略)
#------------------------
```

2.3.2　对数校正

由于对数函数在 0 处无定义，因此，对数校正（Logarithmic Correction）定义为：

$$s = c \cdot \log(1+r) \tag{2-10}$$

式中，c 是一个比例因子，若输出图像采用 8 位无符号整数灰度图像时，用于保证校正后输出灰度值 s 的最大值为 255。c 可按下式计算：

$$c = \frac{255}{\log(1 + r_{max})} \tag{2-11}$$

式中，r_{max} 为输入图像 $f(x, y)$ 的最大灰度值。

从图 2-13 (a) 给出的对数校正曲线的形状可以看出，对数校正能够扩展低端暗区域像素灰度值的动态范围、压缩高端亮区域像素灰度值的动态范围。因此，对数校正常用于压缩动态范围过大而不能正常显示的图像，或增强暗背景中仅有若干亮点的图像。

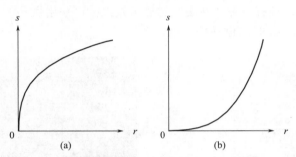

图 2-13 对数校正、指数校正灰度变换曲线
(a) 对数校正；(b) 指数校正

示例［2-8］采用对数校正压缩图像的动态范围

以图像傅里叶变换幅度谱的显示为例，说明对数校正对灰度动态范围的压缩能力。图 2-14 (a) 为莱娜 Lena 的照片，图 2-14 (b) 显示了图像的中心化傅里叶变换幅度谱。由于傅里叶变换幅度谱的系数在 $0 \sim 10^6$ 较大范围内取值，当直接以灰度图像显示时，画面会被少数较大幅度谱的系数值左右，仅能看到大面积暗背景中的几个亮点，而幅度谱中的低值系数（恰恰是重要的）细节则观察不到。图 2-14 (c) 是对图像的中心化傅里叶变换幅度谱进行对数校正后的效果，可见，与图 2-14 (b) 中傅里叶变换幅度谱直接显示相比，可以观察到幅度谱中更多的细节。对数校正把傅里叶变换幅度谱从 $0 \sim 10^6$ 过大的动态范围压缩到 $0 \sim 255$ 之间。

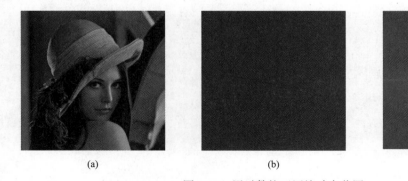

(a)　　　　　　　　　　(b)　　　　　　　　　　(c)

图 2-14 用对数校正压缩动态范围
(a) Lena 图像；(b) 直接显示图像的中心化幅度谱；(c) 对数校正后的中心化幅度谱

♯采用对数变换压缩图像的动态范围

♯对数校正 logarithmic correction

img = io. imread('. /imagedata/lena_gray. bmp')　♯读入一幅灰度图像

imgdft = np. fft. fft2(img)　♯计算图像的傅里叶频谱

imgdft_cent = np. fft. fftshift(imgdft)　♯频谱中心化处理

imgdftmag_cent = np. abs(imgdft_cent)　♯取绝对值,计算图像傅里叶变换幅度谱

♯对中心化幅度谱进行对数校正,将数据映射到[0,255]

♯获取输入图像最大灰度值,计算比例因子 c

c = 255/np. log10(1 + np. max(imgdftmag_cent));

imgdftmaglog_cent = c * np. log10(imgdftmag_cent + 1)

♯对结果进行饱和处理,并将数据类型转换为 uint8

imgdftmaglog_cent = np. clip(imgdftmaglog_cent, 0，255). astype(np. uint8)

♯显示结果(略)

♯————————————

2.3.3　指数校正

指数校正（Exponential Correction）由下式给出：

$$s = c \cdot (k^r - 1) \tag{2-12}$$

式中，参数 k 用来选择灰度变换曲线的形状，一般在略大于 1 附近取值。c 是一个比例因子，若输出图像采用 8 位无符号整数时，c 可按下式计算：

$$c = \frac{255}{k^{r_{max}} - 1} \tag{2-13}$$

其中，r_{max} 为输入图像的最大灰度值。指数校正能增强图像中亮区域的细节（对比度提高），同时弱化图像中暗区域的细节（对比度降低），图 2-13（b）为指数校正灰度变换曲线。

示例［2-9］指数校正突出明亮图像中的细节

图 2-15（a）中的图片曝光过度，失去了部分纹理细节，指数校正能增强图像中亮区域的细节（对比度提高），同时弱化图像中暗区域的细节（对比度降低），结果如图 2-15（b）所示。

(a)　　　　　　　　　　(b)

图 2-15　指数校正能突出明亮图像中的细节

（a）原图；（b）指数校正结果

```
#指数校正
img = io.imread('./imagedata/padnew.jpg')   #读入一幅灰度图像
k = 1.01
#获取输入图像最大灰度值,计算比例因子c
c = 255.0/(np.power(k, np.max(img)) - 1)
lookUpTable = np.zeros((1,256), np.uint8)   #初始化查找表
for i in range(256):
    s = c * (np.power(k, i) - 1)
    lookUpTable[0,i] = np.clip(s, 0, 255)
#查表进行灰度变换
img_ec = cv.LUT(img, lookUpTable)
#显示结果(略)
#----------------------------
```

2.4　图像直方图

采用灰度变换增强图像,需先判断图像太暗还是太亮、对比度过高还是过低,了解灰度值的大致分布,然后选择合适的灰度变换函数。上述判断可以通过人眼观察图像进行,但我们更感兴趣的是让计算机自动评估图像,并选择合适的灰度变换函数来增强图像。为此,引入了一个简单且功能强大的工具,图像直方图(Image Histogram),又称灰度直方图(Intensity Histogram)。

图像直方图用于统计图像灰度值的分布规律。考察一幅图像的灰度直方图,根据灰度值分布的范围和均匀程度,就可以判断出该图像曝光是否合适。所以,数码相机常在取景器上实时显示图像直方图,为用户提供图像曝光状态,避免曝光不佳。拍摄过程中及时发现图像曝光不足或过度非常重要,曝光不足或过度都会导致信息丢失,而这些信息有时无法通过后期处理来恢复。

2.4.1　频数分布表与灰度直方图

对于 8 位灰度图像而言,像素灰度值在 [0, 255] 范围内取值。取一块 6×6 图像为例,如图 2-16(a)所示,逐一考察每个像素,统计图像中灰度值为 0 的像素个数、灰度值为 1 的像素个数,依次类推,一直到灰度值为 255 的像素数量。然后把统计结果填写到一个叫作频数分布表的表格中,如图 2-16(b)所示,表格的第 1 列为灰度值 r,第 2 列为该灰度值在图像中出现频数 n_r(像素数量),第 3 列为该灰度值在图像中出现的相对频数 n_r/n,其中,n 为图像像素总数。

建立一个二维笛卡尔坐标系,横轴表示灰度值 r,将 0~255 共 256 个灰度值从小到大、从左到右顺次在横轴上均匀标出,从黑逐渐过渡到白。纵轴表示各灰度值的频数 $h(r)$,同样等间隔均匀标出。每一个灰度值的频数用"竖条"画出,"竖条"高度与相应灰度值的频数成比例,这样就得到了该图像灰度值频数分布直方图,简称灰度直方图,如

灰度值 r	频数(像素数) $h(r)=n_r$	相对频数 n_r/n
1	5	0.139
2	4	0.110
3	5	0.139
4	6	0.167
5	2	0.056
6	14	0.389
合计(n)	36	1

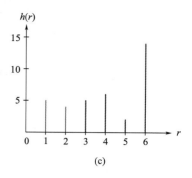

1	2	3	4	5	6
6	4	3	2	2	1
1	6	6	4	6	6
3	4	5	6	6	6
1	4	6	6	2	3
1	3	6	4	6	6

(a)　　　　　　　　　　　　(b)　　　　　　　　　　　　(c)

图 2-16　图像灰度直方图的统计

（a）一幅灰度图像的局部像素值；（b）图像中灰度值频数分布表；（c）对应的灰度直方图

图 2-16（c）。如果纵轴为各灰度值的相对频数，那么就称归一化灰度直方图。

图像直方图将频数分布表中的统计结果，用直观、形象的图形表示出来，通过观察灰度值的分布规律，就可以对一幅图像的明暗程度及灰度值的动态范围有一个大致的了解。如果有较多的"竖条"出现在图像直方图的左侧，那么意味着图像中大多数像素的灰度值都很低，据此可以断定图像是暗的。如果直方图中大多数的"竖条"都在右侧，图像就会很亮。如果所有"竖条"分布在一个较窄的范围内，图像动态范围和对比度就低；反之，如果"竖条"均匀分布在［0，255］之间，图像将具有较宽的动态范围和较高的对比度，如图 2-4 所示。

需要注意的是，所谓计算图像的灰度直方图，实际指的是统计图像中各灰度值出现的频数，形成频数分布表，并根据需要决定是否用图形方式显示出来。另外，计算图像直方图时，未使用像素的实际位置，这意味着：①不同图像可能具有相同的直方图；②无法从直方图重建图像。

2.4.2　分组频数直方图

在某些应用中，经常将图像灰度值按大小顺序分成若干组，每个分组中各灰度值对应的像素数之和作为该分组的频数。每个分组称为一个 bin，称为"箱"或"柜"，可以直观地看作将一组灰度值的频数装进一个诸如箱柜或者桶之类的容器中，作为一个整体来处理。

计算具有 B 个分组的灰度直方图，每个分组所对应的灰度值范围可用半开区间 $[r_j, r_{j+1})$ 表示，其中 $0 \leqslant j < B$。如果某个像素的灰度值 $f(x, y)$ 满足下式，那么该分组的频数 $h(j)$ 就加 1，即：

$$如果\ r_j \leqslant f(x, y) < r_{j+1}, \qquad 那么\ h(j) = h(j)+1; \qquad 0 \leqslant j < B \qquad (2\text{-}14)$$

如果像素的灰度级 L 为 2 的倍数，如 256，分组数 B 通常也取 2 的倍数，如 64，以便能将灰度值的取值范围划分为 B 个宽度相同的均匀区间，当 $B=256$ 时，就是上节介绍的灰度直方图。

在统计分组频数直方图时，像素灰度值 $f(x, y)$ 所属的分组序号 j 可按下式计算：

$$j = \text{floor}\left(f(x, y) \cdot \frac{B}{L} \right) \qquad (2\text{-}15)$$

式中，函数 floor(x) 返回不大于 x 的最大整数。

2.4.3 累积直方图

累积直方图，又称累计直方图（Cumulative histogram），或累积分布函数（CDF，Cumulative Distribution Function），用于统计图像中灰度值小于和等于某一灰度值 r 的所有像素的总和（频数或相对频数），定义为：

$$H(r) = \sum_{i=0}^{r} h(i), \qquad 0 \leqslant r < L \tag{2-16}$$

式中，对 8 位灰度图像而言，$L=256$。$h(i)$ 可以是频数灰度直方图，则称 $H(r)$ 为频数累积直方图；$h(i)$ 也可以是归一化灰度直方图，相应称 $H(r)$ 为相对频数累积直方图。累积直方图是一个单调递增函数，其最大值等于图像中像素的总数，或等于 1。累积直方图也可以用递归形式定义为：

$$H(r) = \begin{cases} h(0), & r=0 \\ H(r-1)+h(r), & 0 < r < L \end{cases} \tag{2-17}$$

2.4.4 灰度直方图的计算

计算一幅 8 位 256 级灰度图像的直方图，需要 256 个计数器，每个灰度值对应一个计数器。首先，将所有的计数器初始化为 0，然后，遍历图像每一像素，将与该像素灰度值对应的计数器加 1。如果要计算 B 个分组的灰度直方图，则需要 B 个计数器，并按式（2-15）计算每个像素灰度值对应的分组序号，然后将该分组对应的计数器值加 1。

编程实现时，一般采用 256 个元素的一维数组或向量作为计数器阵列来保存灰度值频数，数组元素依据下标由小到大顺次对应灰度值 0～255。由于灰度值从 0 开始并且是连续正整数，所以可以直接作为数组的下标，来访问该灰度值对应的计数器单元，如图 2-17 所示。

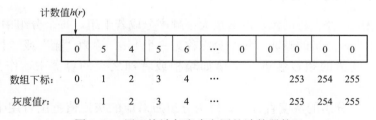

图 2-17　用于统计灰度直方图的计数器数组

直方图是数据统计分析的基本工具，NumPy、Scikit-image、OpenCV、Matplotlib 等 Python 扩展库都给出了函数，用于计算给定数据集的直方图。一般而言，OpenCV 扩展库提供的直方图计算函数 cv. calcHist（）计算速度要快于 np. histogram（）、exposure. histogram（）和 plt. hist（）。

NumPy：

　　np. histogram（），计算数据集的直方图。

　　np. cumsum（），计算数组的累积和，可用于计算图像的累积直方图。

np. percentile(),计算数据集的指定百分位数。

Scikit-image:

　　exposure. histogram(),计算图像数组的直方图。

　　exposure. cumulative_distribution()计算图像数组的累积直方图。

OpenCV:

　　cv. calcHist(),计算图像数组的直方图。

Matplotlib:

　　plt. hist(),计算图像数组的直方图并显示。

示例［2-10］计算图像直方图

图 2-18 给出了采用 NumPy 库函数得到的图像直方图，图 2-19 给出了采用 Matplotlib 库函数计算彩色图像 RGB 颜色分量直方图并叠加显示的结果。

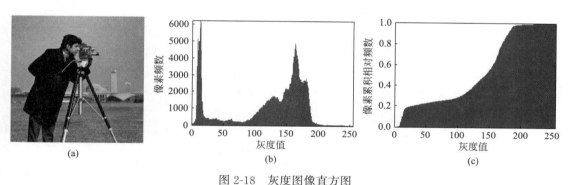

图 2-18　灰度图像直方图

（a）图像 cameraman；（b）灰度值频数直方图；（c）灰度值相对频数累积直方图

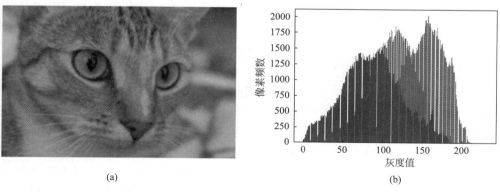

图 2-19　彩色图像直方图

（a）图像 cat chelsea；（b）RGB 颜色分量直方图叠加显示结果

♯灰度图像直方图计算与显示

```
img = io. imread('. /imagedata/cameraman. tif')　♯读入一幅灰度图像
♯OpenCV 计算灰度直方图
hist_cv = cv. calcHist([img],[0],None,[256],[0,256])
```

63

```
#NumPy 计算直方图与累积直方图
hist_np,bin_edges = np.histogram(img,256,range = (0.0,255.0))
cdf_np = np.cumsum(hist_np/img.size)
#Scikit-image 计算直方图与累积直方图
hist_sk,bin_centers = exposure.histogram(img,nbins = 256,source_range = 'dtype',
                                          normalize = False)
cdf_sk,bin_centers = exposure.cumulative_distribution(img, nbins = 256)
#显示结果(略)
#------------------------------------------
```

#**Matplotlib 计算彩色图像 RGB 颜色分量直方图并叠加显示**

```
#读入一幅彩色图像
imgc = io.imread('./imagedata/chelsea.png')
#显示图像
plt.figure(figsize = (12,4))
plt.subplot(1,2,1); plt.imshow(imgc)
plt.title('Cat chelsea,Original'); plt.axis('off')
#计算彩色图像 RGB 颜色分量的直方图,并以叠加方式显示
plt.subplot(1,2,2)
plt.hist(imgc[:,:,0].ravel(), bins = 256, color = 'r')
plt.hist(imgc[:,:,1].ravel(), bins = 256, color = 'g')
plt.hist(imgc[:,:,2].ravel(), bins = 256, color = 'b')
plt.title('Image color channel intensity histogram')
plt.xlabel('gray level'); plt.ylabel('Number of pixels')
plt.show()
#-------------------------
```

2.4.5 直方图的百分位数

第 2.2 节介绍的 Scikit-image 具有饱和处理的线性灰度变换函数 rescale_intensity(),需要事先指定输入图像灰度值范围的下限值 r_{low} 和上限值 r_{high}。如果采用图像灰度值的最小值和最大值确定 r_{low} 和 r_{high},那么灰度变换函数可能会受到图像中几个极值(小或大)的强烈影响,而这几个极值像素未必能代表图像的主要内容。因此,更好的方法是采用百分位数方法选择 r_{low} 和 r_{high}。比如,选择 r_{low} 的值,使得输入图像中灰度值小于和等于 r_{low} 的像素数占图像总像素数的 2%;选择 r_{high} 的值,使得输入图像中灰度值大于和等于 r_{high} 的像素数占图像总像素数的 2%。

可以通过图像的频数累积直方图 $H(r)$ 求得:

$$r_{low} = \min\{i \mid H(i) \geqslant n \cdot p_{low}\}, \qquad 0 \leqslant i < L$$
$$r_{high} = \max\{i \mid H(i) \leqslant n \cdot (1 - p_{high})\}, \quad 0 \leqslant i < L \tag{2-18}$$

式中,要求分位数 $0 \leqslant p_{low}$,$p_{high} \leqslant 1$,$p_{low} + p_{high} \leqslant 1$;$n$ 是输入图像的总像素数。通常,上限和下限百分位数的值是相同的(即 $p_{low} = p_{high} = p$),典型值有 0.01、0.02 等。

NumPy 数据统计函数 np. percentile() 可用于计算图像数据百分位数，在带饱和处理的线性灰度变换示例中，我们已用到该函数的基本使用方法，令式 $p_{\text{low}} = p_{\text{high}} = 0.02$，调用方式为：

rlow_p2, rhigh_p98 = np. percentile(img, (2, 98))

2.5 直方图均衡化

由前几节分析可知，一个分布均匀、平坦的灰度直方图，往往对应着一幅视觉效果较理想的图像。因此，直方图均衡化（Histogram equalization）的目的是找到一个灰度变换函数，使得处理后图像的灰度直方图近似为均匀分布，如图 2-20 所示。可以证明，选择输入图像的累积直方图作为灰度变换函数，就可以得到一幅灰度直方图近似均匀分布的输出图像。

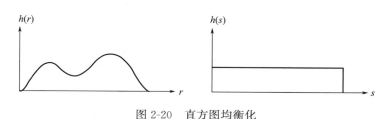

图 2-20 直方图均衡化

2.5.1 直方图均衡化的基本步骤

（1）计算输入图像的归一化灰度直方图

$$h(r) = \frac{n_r}{n}, \quad r = 0, 1, 2, \cdots\cdots, L-1 \tag{2-19}$$

式中，L 是图像灰度级，n_r 是图像中灰度级为 r 的像素数量，n 是图像的像素总数。

（2）按式（2-16）计算图像的累积分布函数 $H(r)$，并将其作为灰度变换函数。由于 $H(r)$ 在 ［0，1］ 之间取值，因此，需将其重新量化为 ［0，$L-1$］ 之间的整数，得到输入 r 与输出 s 之间的映射关系，即：

$$s^* = H(r) = \sum_{i=0}^{r} h(i), \quad 0 \leqslant r < L \tag{2-20}$$

$$s = \text{Int} \left[\frac{(s^* - s_{\min}^*)}{1 - s_{\min}^*} (L-1) + 0.5 \right] \tag{2-21}$$

式中，函数 $\text{Int}(x)$ 表示对 x 取整数，$s_{\min}^*$ 是由式（2-20）计算出的 s^* 的最小值。

（3）采用查表法对输入图像执行灰度变换。

由于图像直方图是离散灰度值的频数分布，直方图均衡化只能通过把输入图像中几个不同灰度值映射为相同的输出灰度值，从而移动和合并直方图中灰度值的频数，使输出图像的灰度直方图尽可能呈现为均匀分布，但不能将某个灰度值的频数分裂为多个条目。因此，直方图均衡化只能使输出图像直方图在某种程度上近似均匀分布，如图 2-21 所示。

同时，直方图均衡化所引起的灰度值的上述合并，会减少输出灰度值的个数。尽管动态范围扩大了，但动态范围内灰度层次减少，图像对比度过高，画面显得有些生硬且有整体变亮的趋势，甚至会出现伪轮廓现象。

2.5.2 对比度受限自适应直方图均衡化 CLAHE

标准直方图均衡化是一种全局直方图处理方法，图像所有像素使用相同的灰度变换函数，适合于像素值分布比较均衡的图像。

如果图像中包含明显比其他部分暗或者亮的局部区域，标准直方图均衡化并不能很好改善这些局部区域的对比度。实际应用中，常常需要增强图像中某些局部区域细节，为此提出了自适应直方图均衡化（AHE，Adaptive Histogram Equalization）方法，对每个像素基于其 $m \times n$ 邻域图块的灰度直方图进行均衡化，或把图像划分为若干个大小相等的矩形网格图块，对每个图块分别进行直方图均衡化。

自适应直方图均衡化能有效增强图像中局部区域细节，但同时也存在对比度过强、过度放大噪声的缺点。为解决这一问题，Karel Zuiderveld 提出了"对比度受限自适应直方图均衡化"（CLAHE，Contrast Limited Adaptive Histogram Equalization），通过限制局部直方图的高度来控制均衡化灰度变换曲线（累积分布函数）的斜率，从而限制局部对比度的增强幅度。

2.5.3 图像直方图均衡化的编程实现

OpenCV 提供了单通道图像（灰度图像）的全局直方图均衡化函数 cv. equalizeHist()、对比度受限自适应直方图均衡化函数 cv. createCLAHE()，基本调用格式如下：

dst ＝ cv. equalizeHist(src)

输入参数：

  src - 二维数组，单通图像、数据类型为 uint8 型。

返回值：

  dst - 二维数组，大小和数据类型与 src 相同。

对单通道图像进行对比度受限自适应直方图均衡化时，首先用函数 cv. createCLAHE() 创建 CLAHE 类并初始化，返回其指针 retval，然后调用 CLAHE 类成员函数 apply() 对图像实施均衡化。

retval ＝ cv. createCLAHE([, clipLimit＝40.0[, tileGridSize ＝ (8,8)]])

dst ＝ retval. apply(src)

输入参数：

  clipLimit - 浮点数，默认值为 40.0,指定对比度限制所用的阈值。

  tileGridSize - 二元元组，默认值为(8,8),指定图像被划分的网格图块数(行,列)。

  src - 二维数组，单通图像、数据类型为 uint8、uint16 型(CV_8UC1、CV_16UC1)。

返回值：

  dst - 二维数组，大小和数据类型与 src 相同。

需注意的是，OpenCV 提供的这两个函数只能对单通道图像进行直方图均衡化处理。

如果要对彩色图像进行直方图均衡化，不能简单通过对 RGB 颜色通道单独处理来实现，这会导致颜色失真。应先将彩色图像变换到 HSV 颜色空间，然后仅对 V 通道进行直方图均衡化，最后再把图像变换回 RGB 空间。有关颜色空间，将在"第 5 章 彩色图像处理"中详细讲解。

Scikit-image 的 exposure 模块提供了图像全局直方图均衡化函数 equalize_hist()、对比度受限自适应直方图均衡化函数 equalize_adapthist()，可用于灰度图像、也可直接处理彩色图像，基本调用格式如下：

out = exposure. equalize_hist(image, nbins=256, mask=None)

输入参数：

image - ndarray 型数组,灰度图像(或彩色图像)

nbins - 整数类型,可选,默认值为 256,指定图像直方图的 bin 数。

mask - bool 类型掩膜数组,只有元素值为 True 所对应的像素才用于直方图统计。

返回值：

out - 浮点小数类型图像数组,全局直方图均衡化的处理结果。

out = exposure. equalize_adapthist(image, kernel_size=None, clip_limit=0. 01, nbins=256)

输入参数：

image - ndarray 型数组,灰度图像(或彩色图像)

kernel_size - 整数或数组,可选,指定图像被划分的网格图块大小,默认情况下 kernel_size 为图像高度的 1/8、图像宽度的 1/8。

clip_limit - 浮点数,默认值为 0.01,指定对比度限制所用的阈值。

nbins - 整数类型,可选,默认值为 256,指定图像直方图的 bin 数。

返回值：

out - 图像数组,浮点小数类型,全局直方图均衡化的处理结果。

示例［2-11］灰度图像的全局直方图均衡化、对比度受限自适应直方图均衡化

以下示例给出了对灰度图像 moon 进行全局直方图均衡化、对比度受限自适应直方图均衡化的程序代码，结果如图 2-21 所示。全局直方图均衡化尽管扩大了图像灰度值的动态范围，但灰度层次减少，图像对比度过高，画面显得有些生硬且有整体变亮的趋势，如图 2-21（d）、图 2-21（e）所示。

CLAHE 对比度受限自适应直方图均衡化结果如图 2-21（f）、图 2-21（g）所示，尽管输出图像的直方图与均匀分布相差甚远，但扩大了图像灰度值动态范围，对比度仍得到了改善，调整输入参数对比度限制所用的阈值（clipLimit、clip_limit）和网格图块大小（tileGridSize、kernel_size），就可以改变对比度受限自适应直方图均衡化的效果。

\#灰度图像的直方图均衡化

```
img = io. imread('. /imagedata/moon. png')  #读入一幅灰度图像
#OpenCV 全局直方图均衡化
imgequ1_cv = cv. equalizeHist(img)
#OpenCV 对比度受限自适应直方图均衡化 CLAHE
```

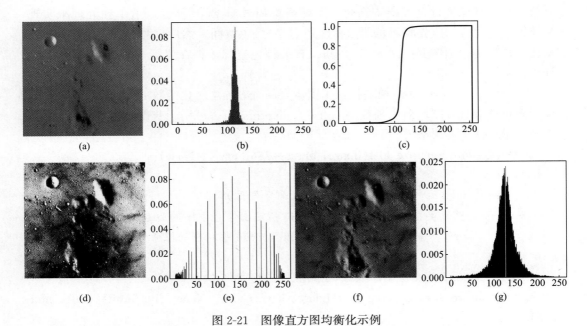

图 2-21　图像直方图均衡化示例

（a）原图像 moon；（b）原图像的灰度直方图；（c）原图像的累积直方图；（d）全局直方图均衡化结果；
（e）全局均衡化后图像直方图；（f）CLAHE 均衡化结果；（g）CLAHE 均衡化后图像直方图

```
clahe = cv. createCLAHE(clipLimit = 6.0,tileGridSize = (8,8))
imgequ2_cv = clahe. apply(img)
#Scikit-image 全局直方图均衡化
imgequ1_sk = exposure. equalize_hist(img)
imgequ1_sk = util. img_as_ubyte(imgequ1_sk)　#数据类型由浮点型转换为 uint8
#Scikit-image 对比度受限自适应直方图均衡化 CLAHE
imgequ2_sk = exposure. equalize_adapthist(img, clip_limit = 0.03)
imgequ2_sk = util. img_as_ubyte(imgequ2_sk)　#数据类型由浮点型转换为 uint8
#显示结果(略)
#————————————————
```

2.6　直方图匹配

　　直方图均衡化能使处理后的图像灰度值近似均匀分布，得到了广泛应用。但是，视觉质量好的图像灰度值并不一定具有均匀分布，实拍图像的灰度直方图，多呈现近似单峰或多峰高斯分布。因此，直方图均衡化处理后的图像的视觉效果，常常显得不自然。

　　直方图匹配（Histogram Matching），又称直方图规定化（Histogram Specification），目的是寻找一个灰度变换函数，使得处理后图像的灰度直方图，与指定的灰度直方图相同（相匹配）。由于灰度直方图为离散量，这种匹配只是一种近似。

直方图匹配方法非常有用，例如，可以调整不同照相机或者在不同曝光、光照条件下所拍摄的图像，在打印或显示的时候使其能有相似的效果，如图 2-24 所示。

基本原理

由于灰度直方图是离散灰度值的频数分布，灰度变换只能移动、合并直方图中灰度值的频数，但不能分裂。同时，也不能改变图像中像素灰度值的大小顺序，即灰度变换函数应是单调递增函数。

如图 2-22 所示，以 8 位灰度图像为例，$H(r)$ 表示输入图像灰度值的累积直方图，$H_s(s)$ 表示指定灰度直方图 h_s 的累积直方图，用 r 表示任意输入灰度值，用 s 表示直方图匹配对应的输出灰度值，二者应满足：

$$H(r) = H_s(s), \quad 0 \leqslant r, \ s \leqslant 255 \tag{2-22}$$

图像灰度值都是离散整数值，$H(r) = H_s(s)$ 条件难以严格满足，一般寻找一个满足条件 $H(r) \leqslant H_s(s)$ 的最小 s 值，即：

$$s = \min\{j \mid H(r) \leqslant H_s(j)\}, \quad 0 \leqslant j \leqslant 255 \tag{2-23}$$

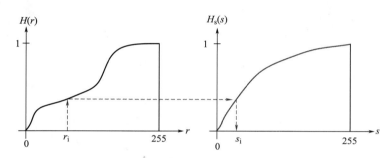

图 2-22　图像直方图匹配的基本原理

Scikit-image 提供了直方图相匹配函数 exposure.match _ histograms()，对输入图像进行灰度变换，使输出图像的直方图的形状近似于参考图像直方图，从而具有与参考图像相近的视觉风格。其调用语法格式为：

img_matched＝exposure. match_histograms(image，reference，multichannel＝False)

输入参数：

　　image - 图像数组，灰度图像或彩色图像。

　　reference - 参考图像数组，应具有与 image 相同的颜色通道数。

　　multichannel - bool 型变量，如果 image 为彩色图像，令 multichannel＝True。

返回值：

　　img_matched - 图像数组。

注意：该函数在处理灰度图像时，即 multichannel＝False，返回值 img _ matched 的数据类型为 float64。当 multichannel＝True，返回值 img _ matched 的数据类型与 image 相同。

示例［2-12］灰度图像的直方图匹配

图 2-23 为调用 Scikit-image 直方图匹配函数 exposure.match _ histograms() 对灰度

图像处理结果。第 1 行由左至右分别为原图像、参考图像、匹配输出图像，第 2 行分别为原图像、参考图像、匹配输出图像的灰度直方图。注意观察，匹配输出图像的直方图和视觉效果，都具有参考图像的风格。

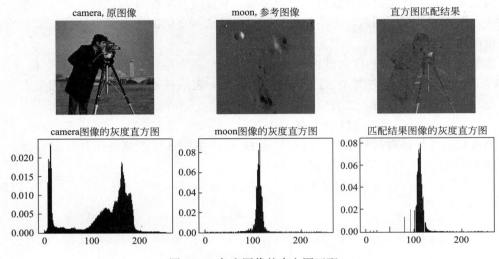

图 2-23　灰度图像的直方图匹配

♯Scikit-image 灰度图像直方图匹配 match _ histograms

```
img = io. imread('. /imagedata/cameraman. tif')    ♯读入原图像

imgref = io. imread('. /imagedata/moon. png')    ♯读入参考图像

♯进行直方图匹配

imgmatched = exposure. match_histograms(img,imgref,multichannel = False)

imgmatched = np. uint8(imgmatched)    ♯将数据类型转换为 uint8

♯显示结果(略)

♯-------------------------------
```

示例 [2-13] 彩色图像的直方图匹配

彩色图像的直方图匹配示例。图 2-24 为调用直方图匹配函数 exposure. match _ histograms() 对彩色图像匹配处理结果。第 1 行由左至右分别为原图像、参考图像、匹配输出图像，第 2 行分别为原图像、参考图像、匹配输出图像的 RGB 颜色通道直方图。注意观察，匹配输出图像无论是直方图、还是视觉效果，都具有参考图像的风格。

♯Scikit-image 彩色图像直方图匹配

```
img = io. imread('. /imagedata/chelsea. png')    ♯原图像

imgref = io. imread('. /imagedata/coffee. png')    ♯参考图像

♯直方图匹配

imgmatched = exposure. match_histograms(img, imgref, multichannel = True)

♯显示结果(略)

♯------------------------
```

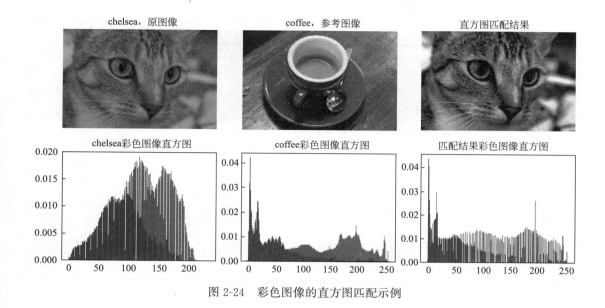

图 2-24　彩色图像的直方图匹配示例

2.7　Python 及扩展库灰度变换函数简介

下表列出了 OpenCV、Scikit-image、NumPy、Matplotlib 中常用的灰度变换函数和灰度直方图计算与显示函数，以便对照学习。

函数名	功能描述
OpenCV　　导入方式：**import cv2 as cv**	
calcHist	计算灰度图像直方图；Calculates a histogram of a set of arrays.
equalizeHist	灰度图像直方图均衡化；Equalizes the histogram of a grayscale image.
createCLAHE CLAHE. apply	灰度图像的对比度受限直方图均衡化；Creates a smart pointer to a cv：：CLAHE class and initializes it. Equalizes the histogram of a grayscale image using Contrast Limited Adaptive Histogram Equalization.
Scikit-image　　导入方式：**from skimage import exposure**	
rescale_intensity	图像对比度调整；Return image after stretching or shrinking its intensity levels.
adjust_gamma	图像伽马校正；Performs Gamma Correction on the input image.
adjust_log	图像对数校正；Performs Logarithmic correction on the input image.
adjust_sigmoid	图像 S 曲线校正；Performs Sigmoid Correction on the input image.
histogram	计算图像直方图；Return histogram of image.
cumulative_distribution	计算图像累积分布函数；Return cumulative distribution function（cdf）for the given image.
equalize_hist	图像直方图均衡化，增强图像对比度；Return image after histogram equalization.

续表

函数名	功能描述
equalize_adapthist	对比度受限自适应直方图均衡化 CLAHE；Contrast-limited adaptive histogram equalization.
match_histograms	图像直方图匹配；Adjust an image so that its cumulative histogram matches that of another, the adjustment is applied separately for each channel.
Matplotlib 　　导入方式：**import matplotlib. pyplot as plt**	
hist	计算图像直方图并显示；Compute and draw the histogram.
NumPy 　　导入方式：**import numpy as np**	
histogram	计算数组内数据集的直方图；Compute the histogram of a set of data.
cumsum	计算数组的累积和，可用于计算图像的累积直方图；Return the cumulative sum of the elements along a given axis.
percentile	计算数组内数据集的指定百分位数；Returns the q-th percentile(s) of the array elements.

 **习题** ▶▶▶

2.1　图像的亮度、对比度和动态范围的含义是什么？如何定性和定量判断一幅图像的亮度、对比度和动态范围的优劣？

2.2　提高或降低图像对比度的原理是什么？

2.3　什么是图像直方图、图像累积直方图？

2.4　图像直方图均衡化、直方图规定化和直方图匹配三者之间有哪些异同？

2.5　在不改变 RGB 彩色图像各像素颜色色调的前提下，如何调整图像的亮度和对比度？

2.6　从连续函数角度，结合微积分原理，证明选择输入图像的累积直方图作为灰度变换函数，就可以得到一幅灰度直方图均匀分布的输出图像。

2.7　试解释为什么离散直方图均衡化技术一般不能得到平坦的输出直方图。

2.8　查找文献举例说明与图像直方图相关的应用技术。

上机练习 ▶▶▶

E2.1　打开本章 Jupyter Notebook 可执行记事本文件"Ch2 灰度变换 . ipynb"，逐单元（Cell）运行示例程序，注意观察分析运行结果。熟悉示例程序功能，掌握相关函数的使用方法。

E2.2　多数智能手机的相机提供了"专业"模式（PRO），通过调整一组参数来拍摄自己定制的图像效果。其中，参数 ISO 用于设置相机的感光度，ISO 感光度越高，曝光所需时间越短，但画面的噪点越多。参数 S 为快门速度，用于设定曝光时间，如 1/100 秒、1/4000 秒等，分母数字越大，曝光时间就越短，曝光量就少，画面将变暗。参数 EV 曝光补偿，用于改变相机建议的曝光值，使图像更亮或更暗。请使用手机相机的"专业"模式，尝试调整上述参数，拍摄几张曝光不足或对比度较低的图像，然后采用本章介绍的几种灰度变换方法，编程进行图像增强，改善图像的视觉效果。给出程序代码和实验结果，并分析实验过程。

E2.3　利用关键词"怀旧图片"从网上搜索一张图像并下载保存，将该图片作为参考图像。用手机拍摄一张校园风景照，然后采用图像直方图匹配函数 exposure. match _ histograms()，编程将拍摄的图像变换为"怀旧"风格。

E2.4　负片（Negative Film）是摄影胶片经曝光和显影加工后得到的影像，又称底片，其明暗与被摄体相反，其色彩则为被摄体的补色，它需经印放在照片上才还原为正像。拿黑白的片子来说，在负片的胶片上人的头发是白的，实际上白色的衣服在胶片上是黑色的；彩色的胶片，胶片上的颜色与实际的景物颜色正好是互补的，如：实际是红色的衣服在胶片上是青色的。编程将一幅灰度图像和 RGB 真彩色图像变换为其对应的"负片"影像。

第
3
章

空域滤波

空域，此处指图像平面空间，空域图像增强就是直接修改像素值的图像处理方法，灰度变换和空域滤波（Spatial Filtering）都属于空域图像增强。目前深度学习计算框架所用的卷积神经网络 CNN（Convolutional Neural Networks），其核心结构就是各类空域滤波器。

空域滤波在计算每个像素的输出时，要用到像素自身及其邻域像素灰度值。像素的邻域，是以该像素为中心、一定范围内像素的集合，例如，在第 1 章介绍的 4-邻域、$m \times n$ 矩形邻域等。以 3×3 均值滤波为例，各像素的滤波输出，是该像素 3×3 邻域中 9 个像素灰度值的平均值，如图 3-1 所示。

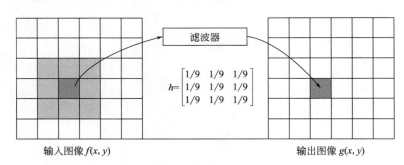

图 3-1　空域滤波示意图

3.1　滤波器的几个基本概念

1. 经典与现代

滤波是从含有噪声或干扰的信号中提取有用信号的理论和技术。根据傅里叶分析理论，任何满足一定条件的信号，都可以看成是由不同频率正弦信号线性组合而成。经典滤波理论假定输入信号的有用成分和希望去除的无用成分各自占有不同的频带，这样，当输入信号通过一个滤波器后，可以将无用成分有效去除，如，低通滤波器（Low pass filter)、高通滤波器（High pass filter）等。如果信号和噪声的频谱叠加，那么经典滤波器将无能为力。

现代滤波理论则从含有噪声的数据样本中，估计信号的某些特征或信号本身。它把信号和噪声都视为随机信号，利用其统计特征导出一套最佳的估值算法，维纳滤波器（Wiener filter）、卡尔曼滤波器（Kalman filter）、自适应滤波器（Adaptive filter）便是这类滤波器的典型代表。本章介绍的统计排序非线性空域滤波器（Order statistics filter），也可归类为现代滤波器。

2. 空域滤波与频域滤波

空域是指图像信号的二维自变量所张成的平面空间，空域滤波是按照一定的计算规则直接修改图像的像素值。频域滤波（Frequency Filtering）则是一种变换域滤波，它先对图像进行傅里叶变换（Fourie Transformation），然后在频域中对图像的傅里叶变换频谱系数进行修改，再进行逆变换，最终获得滤波后的图像。有关频域滤波详见"第 4 章　频域滤波"。

3. 线性与非线性

如果滤波器在某一像素处的滤波输出，是该像素指定邻域像素灰度值的线性组合，则称该滤波器为线性滤波器，否则称其为非线性滤波器。均值滤波器是一种线性滤波器，而统计排序滤波器则是一种非线性空域滤波器，因为它在计算某一像素的滤波输出时，首先对滤波邻域内所有像素的灰度值进行统计排序，然后用排序结果确定的统计量代替该像素的灰度值作为滤波输出，是一种非线性运算。

中值滤波器是常用的统计排序滤波器，它用各像素指定邻域内像素灰度值的中值，作为滤波输出，能有效去除脉冲噪声。脉冲噪声也称为"椒盐"噪声，在图像上呈现为黑、白噪点，就像是在图像上散了一些黑胡椒（pepper）、白盐粒（salt）或二者的混合。

4. 平滑与锐化

如果滤波输出保留信号的低频成分、去除或抑制高频成分，那么该滤波器就是低通滤波器；反之，如果保留信号的高频成分、去除或抑制低频成分，那么该滤波器就是高通滤波器。低通滤波器能减弱像素灰度或颜色值的空间波动程度，使之变得平滑，导致图像模糊，故称为图像平滑。而高通滤波能提取图像中的纹理细节，强化图像边缘或轮廓，提高图像的清晰度，又称图像锐化。

3.2　线性滤波器

线性滤波器在某像素处的滤波输出，是该像素指定邻域内像素灰度值的线性组合，即加权求和。例如，3×3 均值滤波器的输出，就是对该像素 3×3 邻域内 9 个像素灰度值以相同的权值（1/9）加权求和。高斯低通滤波器使用高斯函数对滤波邻域内像素按距离加权，邻域中心像素的权重最大，离中心距离越远，权重越小。按同样的思路，不同功能的线性滤波器，都可以通过修改权值来得到，这些权值通称为滤波器系数。线性滤波器的计算流程为：

（1）设计滤波器，确定滤波器作用区域的形状、尺寸及滤波器系数。

（2）对图像中的每个像素，依据该像素的坐标$(x，y)$和滤波器作用区域的形状、尺寸，确定其邻域内参与运算的像素。

（3）将参与运算的像素灰度值与其对应滤波器系数相乘，并累加求和，得到像素$(x，y)$的滤波输出。

3.2.1 滤波器系数数组

线性空域滤波器的作用区域尺寸、形状、系数，都可以用"滤波器系数数组"h来描述，如3×3均值滤波器的系数数组可表示为：

$$h=\begin{bmatrix}1/9 & 1/9 & 1/9 \\ 1/9 & 1/9 & 1/9 \\ 1/9 & 1/9 & 1/9\end{bmatrix}=\frac{1}{9}\begin{bmatrix}1 & 1 & 1 \\ 1 & 1 & 1 \\ 1 & 1 & 1\end{bmatrix}$$

滤波器系数数组又称滤波核（Kernel）、滤波模板（Template）或滤波窗口（Window）等。为便于编程，滤波器系数数组的行、列尺寸通常取奇数，以保证滤波器在空间上为中心对称。因此，要定义一个m行$\times n$列奇数尺寸的滤波器，可令$m=2a+1$、$n=2b+1$，其中，a、b为非负整数，常用的滤波器尺寸有3×3、5×5等。

1. 滤波器中心

滤波器系数数组的中心位置元素称为滤波器中心，它是确定滤波器作用区域内像素与滤波器系数之间对应关系的"参考点"。当计算像素$(x，y)$的滤波输出时，把滤波器中心与像素$(x，y)$的位置"对中"，就可以利用滤波器系数"相对坐标"所提供的"偏移量"，来确定参与计算的像素及其对应的滤波器系数，如图3-2所示，以3×3滤波器为例，将滤波器h的中心与像素$(x，y)$"对中"，滤波器系数$h(s，t)$与对应像素灰度值$f(x，y)$相乘，并将乘积累加求和，然后赋值给输出图像对应像素$g(x，y)$。

2. 线性空域滤波的一般步骤

用滤波器$h(s，t)$对图像$f(x，y)$进行滤波的一般步骤为：

（1）将滤波器$h(s，t)$的中心平移到像素$(x，y)$上；

（2）滤波器的每个系数$h(s，t)$与对应像素灰度值$f(x，y)$相乘，并累加求和；

（3）将"累加和"赋值给输出图像中与$(x，y)$对应位置像素$g(x，y)$；

（4）遍历图像$f(x，y)$的所有像素，重复步骤（1）～（3）。

上述计算步骤可由下式给出：

$$g(x，y)=\sum_{s=-a}^{a}\sum_{t=-b}^{b}h(s，t)f(x+s，y+t) \tag{3-1}$$

为进一步说明滤波计算过程，以3×3线性滤波器为例，即$a=b=1$，将式（3-1）展开：

$$g(x，y)=\sum_{s=-1}^{1}\sum_{t=-1}^{1}h(s，t)f(x+s，y+t)$$

$$=h(-1，-1)f(x-1，y-1)+h(-1，0)f(x-1，y)+h(-1，1)f(x-1，y+1)$$

$$+h(0，-1)f(x，y-1)+h(0，0)f(x，y)+h(0，1)f(x，y+1)$$

$$+h(1，-1)f(x+1，y-1)+h(1，0)f(x+1，y)+h(1，1)f(x+1，y+1)$$

$$\tag{3-2}$$

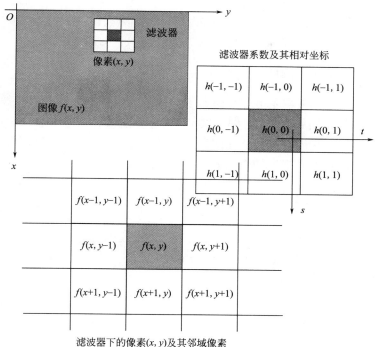

滤波器下的像素(x, y)及其邻域像素

图 3-2 线性空域滤波计算示意

结合图 3-2，就可以清楚地看出如何利用偏移量，来确定滤波器系数与像素之间的对应关系。

3.2.2 相关运算与卷积运算

1. 相关运算

假定滤波器 $h(s, t)$ 作用范围之外的系数都为 0，那么，式（3-1）实际上定义了滤波器 $h(s, t)$ 和图像 $f(x, y)$ 的相关运算（Correlation），即

$$g(x, y) = \sum_{s=-\infty}^{\infty} \sum_{t=-\infty}^{\infty} h(s, t) f(x+s, y+t) = \sum_{s=-a}^{a} \sum_{t=-b}^{b} h(s, t) f(x+s, y+t)$$

(3-3)

2. 卷积运算

卷积是描述系统输入—输出关系的基本概念，也是线性滤波器的理论基础。滤波器 $h(s, t)$ 和图像 $f(x, y)$ 的卷积（Convolution）定义为：

$$g(x, y) = h * f = \sum_{s=-\infty}^{\infty} \sum_{t=-\infty}^{\infty} h(s, t) f(x-s, y-t) = \sum_{s=-a}^{a} \sum_{t=-b}^{b} h(s, t) f(x-s, y-t)$$

(3-4)

相关运算和卷积运算的不同之处在于，卷积运算先把滤波器系数数组沿水平方向和垂直方向反褶，然后将滤波器中心平移到（x，y）处，再将滤波器系数与对应像素的灰度值相乘再累加。

当滤波器系数数组为中心对称时，即 $h(s, t) = h(-s, -t)$，线性滤波采用相关运算或卷积运算的结果是相同的。式（3-1）给出的线性滤波计算过程，实际上采用了相关运算。

3.2.3 图像边界的处理

滤波过程中，如果滤波器不能完全包含于图像中，位于图像外部的滤波器系数将没有像素与之对应，无法采用式（3-1）、式（3-4）来计算滤波输出，如图 3-3 所示，以 3×3 滤波器为例，滤波过程只能在那些能使滤波器系数数组全部位于图像内部的像素（x，y）处进行，此时需对图像边界附近的像素进行特殊处理。

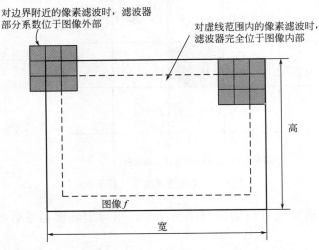

图 3-3　图像边界处滤波示意图

如果仅对那些能使滤波器完全位于图像内部的像素进行滤波，就会导致滤波后输出图像尺寸缩小，这在多数应用中是不允许的。因此，对图像进行空域滤波时，要根据滤波器的尺寸大小，在图像边界外填充额外像素来扩展图像，然后再对原图像范围内的像素进行滤波。如果滤波器尺寸为（$2a+1$）行×（$2b+1$）列，那么就需要对原图像上、下各增加 a 行，左、右各增加 b 列，如图 3-4 所示。空间滤波常用的图像边界扩展方法有以下四种：

（1）填充常值，图像边界外的像素用常值（constant，例如，黑色 0 或灰色 127）来填充扩展，如图 3-4（a）所示。这可能会使滤波后的图像边界处出现明显的瑕疵，特别是滤波器尺寸比较大时。

（2）边界复制，将图像四个边界附近的像素复制（replicate）到边界外部，如图 3-4（b）所示。这种方法只有少量的瑕疵出现，也是比较容易计算的，因此通常作为边界扩展的首选方法。

（3）边界镜像，将图像在四个边界处作对称镜像（symmetric 或 reflect）来扩展图像，如图 3-4（c）所示，其效果与边界像素复制方法相近。

（4）周期延拓，将图像在水平方向和垂直方向做周期延拓（warp），见图 3-4（d）。乍看这种方法有些奇怪，通常情况下其效果也并不理想。然而，在离散频谱分析中，图像被默认为周期函数。

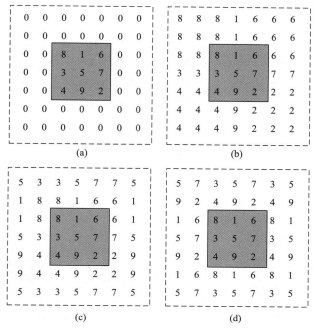

图 3-4　空域滤波采用的图像边界扩展方法，以 5×5 滤波器为例

（a）填充常值 0；（b）边界复制；（c）边界镜像；（d）周期延拓

上述边界扩展方法没有一种是完美的，具体采用哪种方法依赖于图像和滤波器的类型。

NumPy 数组边界扩展函数

pad

函数功能	数组扩展填充，Pad an array.		
函数原型	numpy. pad(array,pad_width,mode='constant', * * kwargs)		
输入参数	**参数名称**	**描述**	
	array	要扩展填充的数组变量。	
	pad_width	数组每个轴向扩展填充的行或列数，可以是整数、序列、数组等形式，如，((before,after))，表示在每个轴前面填充 before 个元素，后面填充 after 个元素；如，((before_1,after_1),(before_2,after_2),……,(before_n,after_n))，则按顺序依次对应数组各个轴的扩展填充元素个数。	
	mode	扩展填充方式,字符串类型,默认值为'constant',即填充常值 0,可选值有'edge' 'reflect' 'symmetric' 'wrap'等多种可选方式,分别对应"边界复制""边界镜像""周期延拓"等扩展方式。	
	* * kwargs	词典类型关键词参数,提供与扩展填充方式 mode 相关的参数。	
返回值	ndarray 型数组。		
示例	import numpy as np　＃导入用到的包 a＝np. array([[8,1,6],[3,5,7],[4,9,2]])　　＃构造 3×3 数组 b＝np. pad(a,((2,2),(2,2)),'constant',constant_values=0)　＃填充常值 0 扩展		

3.2.4 线性空域滤波器的实现

OpenCV 库函数 cv.filter2D（）用于实现图像的线性空域滤波，该函数计算任意线性滤波核 kernel 与输入图像 src 的相关运算。如上所述，当滤波核中心对称时，相关运算和卷积运算的结果相同。需要注意的是，当滤波核 kernel 的尺寸小于 $11×11$ 时，该函数直接采用式（3-1）进行相关运算，否则，将采用基于 DFT 的频域滤波算法。

示例［3-1］使用函数 cv. filter2D 对图像进行平滑滤波

构造一个大小 $5×5$ 均值滤波器，调用 cv. filter2D 函数及其默认选项，对图 3-5（a）灰度图像进行平滑滤波，结果如图 3-5（b）所示，图像出现一定程度的模糊。如果选择 cv. BORDER _ CONSTANT，即填充常值 0（黑色）扩展图像边界，造成输出图像四周出现黑色边缘，如图 3-5（c）所示。

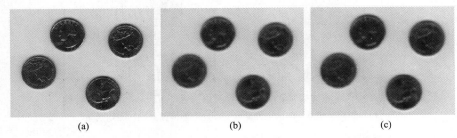

(a)　　　　　　　　　　(b)　　　　　　　　　　(c)

图 3-5　使用函数 cv. filter2D 对图像进行 $5×5$ 均值平滑滤波
(a) 灰度图像；(b) 均值平滑滤波（边界镜像）；(c) 均值平滑滤波（填充常值 0）

注意： 在使用 Python 各类扩展库提供的函数之前，需先导入这些扩展库或模块。下面程序导入本章示例所用到的扩展库包和模块，使用本章示例之前，先运行一次本段程序。后续示例程序中，不再列出此段程序。

```
＃导入本章示例用到的包
import numpy as np
import cv2 as cv
from scipy import ndimage
from skimage import io,util,exposure,filters,morphology,color
import matplotlib. pyplot as plt
% matplotlib inline
＃-----------------------------------
＃OpenCV 线性空域滤波器
img = cv. imread('. /imagedata/eight. tif',0)    ＃读入一幅灰度图像
kav5 = np. ones((5,5),np. float32)/ 25           ＃构造一个大小为 5×5 的均值滤波核
＃采用默认边界扩展方式—边界镜像
img_smoothed1 = cv. filter2D(img, － 1,kernel = kav5)
＃采用填充常值 0 扩展边界
img_smoothed2 = cv. filter2D(img, － 1,kernel = kav5,borderType = cv. BORDER_CONSTANT)
```

\# 显示结果(略,详见本章 Jupyter Notebook 可执行笔记本文件)
\# —————————————

filter2D

函数功能	线性空域滤波,计算滤波核 kernel 与图像 src 的相关运算,Convolves an image with the kernel。	
函数原型	dst＝cv. filter2D(src,ddepth,kernel[,dst[,anchor[,delta[,borderType]]]])	
输入参数	参数名称	描述
	src	输入图像,灰度或真彩色图像,ndarray 型数组。
	ddepth	指定输出图像的数据类型,可选-1/CV_16S/CV_32F/CV_64F。取－1,与源图像相同。
	kernel	滤波核系数 2 维数组,浮点型;对彩色图像滤波时,如果要对每个颜色分量使用不同的滤波核,需对每个颜色分量采用相应的滤波核单独处理。
	anchor	整数二元元组,指定滤波核 kernel 的锚点(滤波器参考点),默认值(－1,－1),即滤波核 kernel 的中心。
	delta	浮点数,叠加到每个输出像素上的偏置量,默认值为 0。
	borderType	整数,指定边界扩展方式,默认为"边界镜像",可选值有 cv. BORDER_CONSTANT、cv. BORDER_REPLICATE、cv. BORDER_REFLECT、cv. BORDER_WRAP 等,分别对应"填充常值""边界复制""边界镜像""周期延拓"。
返回值	dst-滤波输出图像,ndarray 型数组,与源图像 src 具有相同的尺寸和颜色分量。	

OpenCV 也提供了几个专用线性空域滤波函数, 如, 图像平滑函数 cv. blur()、cv. boxFilter()、cv. GaussianBlur() 等, 图像锐化函数 cv. Laplacian()、cv. Sobel() 等,后续章节将予以介绍。

科学计算扩展库 SciPy 的图像处理模块 ndimage, 提供了多维卷积函数 ndimage. convolve() 和相关函数 ndimage. correlate(), 通过计算图像数组 input 与给定滤波核 weights 的线性卷积或相关运算, 实现线性空域滤波。

convolve, correlate

函数功能	计算图像数组 input 与给定滤波核 weights 的线性卷积或相关。	
函数原型	scipy. ndimage. convolve(input,weights,output=None,mode='reflect',cval=0. 0,origin=0) scipy. ndimage. correlate(input,weights,output=None,mode='reflect',cval=0. 0,origin=0)	
输入参数	参数名称	描述
	input	输入图像,ndarray 型数组。
	weights	滤波核权重系数数组,与输入 input 具有相同的维数。
	output	数组或数据类型,可选参数,默认为 None,一般用于指定输出数组的数据类型,如希望输出数组的数据类型为浮点型,则可令 output=np. float32。
	mode	字符串或序列,可选参数,默认值为 mode='reflect',用于指定图像边界的扩展方式,可选择的字符串有'constant' 'reflect' 'nearest' 'mirror' 'wrap',分别对应"填充常值""边界反射""边界复制""边界镜像""周期延拓"。

续表

输入参数	参数名称	描述
	cval	标量,默认值为 0.0,如果参数 mode='constant',图像的扩展区域用 cval 填充。
	origin	整数或序列,用于指定滤波核的参考点。
返回值	ndarray 型数组,维数与输入 input 相同,数据类型与 input 相同或由参数 output 指定。	

示例	from scipy import ndimage
	kav5=np. ones((5,5),np. float32)/ 25 #构造一个大小为 5×5 的均值滤波核
	img_smoothed1=ndimage. convolve(img,kav5) #默认 reflect 边界反射扩展方式
	img_smoothed2=ndimage. convolve(img,kav5,mode='constant',cval=0) #填充常值 0	

3.3　统计排序滤波器

统计排序滤波器（Order-Statistic Filter）是一类非线性滤波器,如最大值滤波器、最小值滤波器、中值滤波器等。

3.3.1　最大值滤波器与最小值滤波器

最大值滤波器、最小值滤波器定义如下：

最大值滤波器：
$$g(x,y)=\max_{(s,t)\in S_{xy}}\{f(s,t)\} \tag{3-5}$$

最小值滤波器：
$$g(x,y)=\min_{(s,t)\in S_{xy}}\{f(s,t)\} \tag{3-6}$$

式中,符号 S_{xy} 表示像素 (x,y) 的邻域。

最大值滤波器首先对像素 (x,y) 指定邻域 S_{xy} 中像素的灰度值进行排序,然后取最大值作为滤波输出。最大值滤波器适合去除图像中的黑色噪点（低灰度值的脉冲噪声）,但同时会造成图像中暗色区域因边缘像素变亮而缩小、白色区域因周边背景像素变亮而扩大,从而导致图像整体偏亮,如图 3-6（c）所示。

最小值滤波器首先对像素 (x,y) 指定邻域 S_{xy} 中像素的灰度值进行排序,然后取最小值作为滤波输出。最小值滤波器适合去除图像中的白色噪点（高灰度值的脉冲噪声）,与最大值滤波器相反,它同时也会造成图像中白色区域因边缘像素变暗而缩小、暗色区域因周边背景像素变暗而扩大,从而导致图像整体偏暗,如图 3-6（e）所示。

示例［3-2］图像最大值/最小值滤波

先向图 3-6（a）图像中添加椒噪声,如图 3-6（b）所示,然后用 3×3 最大值滤波器对含噪图像滤波,结果如图 3-6（c）所示。接下来向原图像中添加盐噪声,如图 3-6（d）所示,然后用 3×3 最小值滤波器对加噪图像滤波,结果如图 3-6（e）所示。注意观察原图与滤波结果之间的亮度变化。图像上的脉冲噪声,看起来像是在图像上随机分布的黑胡椒或盐粉颗粒,故称"椒盐"噪声（salt and pepper noise）。

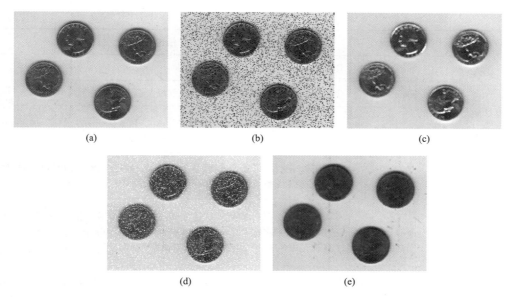

图 3-6　最大值/最小值滤波

（a）原图像；（b）添加"椒"噪声后的图像；（c）最大值滤波结果；
（d）添加"盐"噪声后的图像；（e）最小值滤波结果

♯SciPy 非线性空域滤波器—最大值/最小值滤波

img = io. imread('. /imagedata/eight. tif')　♯读入一幅灰度图像

♯调用 Scikit-image 函数向图像中添加椒噪声,密度为 0. 1

img_noise1 = util. random_noise(img,mode = 'pepper',amount = 0. 1)

img_noise1 = util. img_as_ubyte(img_noise1)　♯将数据类型转换为 uint8

♯调用 Scikit-image 函数向图像中添加盐噪声,密度为 0. 1

img_noise2 = util. random_noise(img,mode = 'salt',amount = 0. 1)

img_noise2 = util. img_as_ubyte(img_noise2)　♯将数据类型转换为 uint8

img_result1 = ndimage. maximum_filter(img_noise1,size = 3)　♯3×3 最大值滤波

img_result2 = ndimage. minimum_filter(img_noise2,size = 3)　♯3×3 最小值滤波

♯显示结果(略)

♯——————————————

SciPy 图像处理模块 ndimage 提供了最大值滤波函数 ndimage. maximum _ filter()、最小值滤波函数 ndimage. minimum _ filter()。

 maximum _ filter, minimum _ filter

函数功能	最大值/最小值滤波函数,Calculate a multidimensional maximum/minimum filter.
函数原型	scipy. ndimage. maximum_filter(input, size = None, footprint = None, output = None, mode = 'reflect', cval=0. 0,origin=0) scipy. ndimage. minimum_filter(input, size = None, footprint = None, output = None, mode = 'reflect', cval=0. 0,origin=0)

	参数名称	描述
输入参数	input	图像数组
	size	整数标量或元组,用于指定滤波器的邻域大小,可选。
	footprint	bool 类型数组,用于指定参与滤波运算的邻域像素,可选。参数 size 和 footprint 必须指定其一,若同时给出,参数 size 被忽略。
	output	数组或数据类型,可选参数,默认为 None,一般用于指定输出数组的数据类型,如希望输出数组的数据类型为浮点型,则可令 output=np. float64。
	mode	字符串或序列,可选参数,默认值为 mode='reflect',用于指定图像边界的扩展方式,可选择的字符串有'constant' 'reflect' 'nearest' 'mirror' 'wrap',分别对应"填充常值""边界反射""边界复制""边界镜像""周期延拓"。
	cval	标量,默认值为 0.0,如果参数 mode = 'constant',图像的扩展区域用 cval 填充。
	origin	整数或序列,用于指定滤波核的参考点。
返回值	输出图像,ndarray 型数组,维数与 input 相同,数据类型与 input 相同或由参数 output 指定。	

Scikit-image 中 filters 模块也提供了最大值滤波函数 filters. rank. maximum()、最小值滤波函数 filters. rank. minimum(),基本调用语法如下:

dst = filters. rank. maximum(image,selem,out = None,mask = None,shift_x = False, shift_y = False)

dst = filters. rank. minimum(image,selem,out = None,mask = None,shift_x = False, shift_y = False)

其中,selem 为结构元素,一个元素值为 1 或 0 的二维数组,用于指定滤波器邻域,可用 Scikit-image 中 morphology 模块提供的结构元素构造函数来创建,也可以 NumPy 的函数创建。以下代码构造了一个 3×3 的方形结构元素,实现 3×3 邻域的最大值滤波。

♯**Scikit-image** 非线性空域滤波器-最大值滤波

```
♯最大值滤波,构造方形结构元素,指定邻域大小为 3×3
selem = morphology. square(3)
♯selem = np. ones((3,3),dtype = np. uint8)
img_result = filters. rank. maximum(img_noise,selem)    ♯最大值滤波
♯-----------------------
```

Scikit-image 的 util 模块提供的随机噪声函数 util. random_noise(),可以向灰度和彩色图像中添加指定类型的随机噪声,如:盐(salt)、椒(pepper)、椒盐(s&p)、高斯等噪声。

✿ random _ noise

函数功能	向图像中添加指定类型的随机噪声，Add random noise of various types to a floating-point image.	
函数原型	skimage. util. random_noise(image,mode='gaussian',seed=None,clip=True, * * kwargs)	
输入参数	参数名称	描述
	image	多维数组，灰度或彩色图像。
	mode	字符串，用于指定噪声类型，可以是以下选项： 'gaussian',高斯加性噪声。 'localvar',高斯加性噪声，并指定图像每个像素处的噪声方差。 'poisson',泊松分布噪声。 'salt',脉冲(盐)噪声。 'pepper',脉冲(椒)噪声。 's&p',脉冲(椒盐)噪声。 'speckle',乘性散斑噪声。
	seed	整数，用于设置随机数生成器的种子。
	clip	bool 类型，默认值为 True,用于限定添加噪声输出图像像素值的取值范围。
	mean	浮点类型，默认值为 0,当 mode 为'gaussian' 'speckle'时，用于指定噪声的均值。
	var	浮点类型，默认值为 0. 01,当 mode 为'gaussian' 'speckle'时，用于指定噪声的方差。
	local_vars	多维数组，正浮点数类型，与输入 image 数组大小相同，可选，当 mode 为'localvar',用于指定噪声的局部方差。
	amount	浮点数，在[0,1]取值，默认值为 0. 05,当 mode 为'salt' 'pepper'和's&p'时，用于指定噪声密度。
	salt_vs_pepper	浮点数，在[0,1]取值，默认值为 0. 5,当 mode 为's&p'时，用于指定椒、盐噪声的占比。
返回值	添加噪声后的图像，ndarray 型数组，尺寸大小与 image 相同，数据类型为浮点型，若输入图像 image 的数据类型为无符号数，范围为[0,1];若输入图像 image 的数据类型为有符号数，则范围为[−1,1]。	

3.3.2　中值滤波器

中值滤波器能有效去除图像中的脉冲噪声，即"椒盐"噪声。中值滤波器将像素 $(x，y)$ 邻域 S_{xy} 内像素灰度值的中值作为滤波器输出，即：

$$g(x，y)=\underset{(s，t)\in S_{xy}}{median}\{f(s，t)\} \tag{3-7}$$

式中，"median"含义为中值、中位数。S_{xy} 为像素 $(x，y)$ 的邻域，一般取 3×3、5×5 等矩形邻域，也可以是线状、圆形、十字形或圆环形。

对像素 $(x，y)$ 进行中值滤波，先将其邻域 S_{xy} 内所有像素灰度值排序，如果邻域像素的个数为奇数，序列正中间的那个数就是中值。如图 3-7 所示，对一个 3×3 邻域内 9 个像素的灰度值进行排序：

$$\{10，15，20，20，\boxed{20}，20，20，25，100\}$$

该数值集合的中值就是上述序列中间位置处的数值 20,即序列中第 5 个数。类似地，一个 5×5 邻域内像素值的中值，也是排序后数值序列中间位置处的数，即第 13 个数。如果邻域中像素的个数为偶数，通常取排序后序列最中间两个数的平均值作为中值。

1	2	1	4	3
1	10	20	20	4
5	20	15	20	9
5	20	25	100	8
5	6	7	8	9

1	2	1	4	3
1	10	20	20	4
5	20	20	20	9
5	20	25	100	8
5	6	7	8	9

图 3-7　中值滤波原理

中值滤波时，如果像素 (x, y) 较其邻域内像素更亮或更暗，那么其灰度值会被强制为邻域像素灰度值的中值，使得这些像素看起来更接近邻近像素。可见，中值滤波器能有效去除图像中的脉冲噪声（"椒"噪声、"盐"噪声、"椒盐"噪声），但同时也导致部分图像细节丢失，造成图像模糊。滤波器尺寸越大，图像模糊越严重，如图 3-8 所示。

示例 [3-3] 图像中值滤波

图 3-8（a）为原图像，图 3-8（b）为添加"椒盐"噪声后的图像，噪声密度 d＝0.2，模糊了图像的大部分细节。图 3-8（c）为调用函数 cv.medianBlur() 的 3×3 中值滤波结果，因噪声水平较高，仍存在部分椒盐噪声。图 3-8（d）为 5×5 中值滤波结果，尽管消除了椒盐噪声，但也加剧了图像模糊。

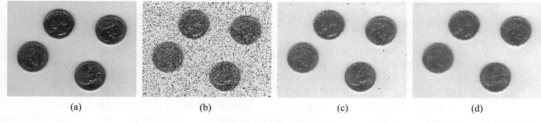

(a)　　　　　　　(b)　　　　　　　(c)　　　　　　　(d)

图 3-8　图像中值滤波
(a) 原图像；(b) 添加"椒盐"噪声；(c) 3×3 中值滤波；(d) 5×5 中值滤波

＃OpenCV 中值滤波
＃读入一幅灰度图像
img = cv.imread('. /imagedata/eight.tif',0)
＃向图像中添加椒盐噪声,密度为 0.2
img_noise = util.random_noise(img,mode = 's&p',amount = 0.2)
img_noise = util.img_as_ubyte(img_noise)　　＃将数据类型转换为 uint8
＃3×3 中值滤波
img_result1 = cv.medianBlur(img_noise,ksize = 3)
＃5×5 中值滤波
img_result2 = cv.medianBlur(img_noise,ksize = 5)
＃显示结果(略)
＃------------------------
OpenCV 中函数 cv.medianBlur() 可以按指定大小的邻域对灰度或彩色图像进行中值

滤波，基本调用格式为：

medianBlur

函数功能	中值滤波，Blurs an image using the median filter.	
函数原型	dst＝cv. medianBlur(src,ksize[,dst])	
输入参数	参数名称	描述
	src	ndarray 多维数组，输入图像(灰度或真彩色图像)。
	ksize	整数，滤波器尺寸，必须为大于 1 的奇数，如：3、5、7。
返回值	dst-图像数组，与 src 具有相同的大小和数据类型。	

SciPy 的 ndimage 模块提供了中值滤波函数 median_filter()，其通用统计排序滤波函数 rank_filter() 也可以实现中值滤波，基本调用格式如下：

dst = ndimage. median_filter(input,size = None,footprint = None,output = None, mode = 'reflect',cval = 0.0,origin = 0)

dst = ndimage. rank_filter(input,rank, size = None, footprint = None, output = None,mode = 'reflect',cval = 0.0,origin = 0)

这两个函数的输入参数，与上述介绍的 ndimage. maximum_filter() 基本相同。需注意的是，函数 ndimage. rank_filter() 通过选择输入参数 rank 的值，可以实现最大值、最小值、中值等滤波功能。rank 是一个整数，一般在 0～（N－1）之间取值，N 为参数 size 构造的数组元素数，或参数 footprint 数组中 1 的数量，例如 szie＝3，则 N＝9。函数对由 size 或 footprint 指定的邻域像素灰度值进行**升序**排序，然后将参数 rank 指定位置处的灰度值作为滤波输出，如 rank＝0，相当于最小值滤波器；rank＝N－1 或 rank＝－1 相当于最大值滤波器；rank＝（N－1）/2，相当于中值滤波器。

示例［3-4］统计排序滤波器的适用性比较

从图 3-9 可以看出，如果图像同时被"椒盐"噪声污染，那么无论最大值滤波器还是最小值滤波器，不仅没有消除噪声，反而会进一步加重，中值滤波器能够很好地处理这种噪声情况。可见，每种滤波器都有其适用性，一定要针对图像中噪声特点正确选择滤波器类型。

```
♯统计排序滤波器的适用性比较
img = io. imread('. /imagedata/eight. tif')   ♯读入一幅灰度图像
♯向图像中添加椒盐噪声,密度为 0.1
img_noise = util. random_noise(img,mode = 's&p',amount = 0.1)
img_noise = util. img_as_ubyte(img_noise)   ♯将数据类型转换为 uint8
♯3×3 最大值滤波
img_result1 = ndimage. rank_filter(img_noise,rank = -1,size = 3)
♯3×3 最小值滤波
img_result2 = ndimage. rank_filter(img_noise,rank = 0,size = 3)
♯3×3 中值滤波
img_result3 = ndimage. rank_filter(img_noise,rank = 4,size = 3)
```

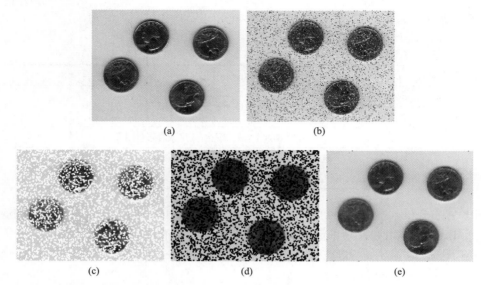

图 3-9　统计排序滤波器的适用性比较，采用函数 ndimage. rank_filter 实现

（a）原图像；（b）图像添加密度 d＝0.1 的椒盐噪声；（c）3×3 最大值滤波；

（d）3×3 最小值滤波；（e）3×3 中值滤波

```
＃显示结果(略)
＃----------------------------
```

3.3.3　自适应中值滤波器

如果脉冲噪声密度不大时，上述常规中值滤波器可以获得不错的去噪效果，一旦脉冲噪声严重，其性能就会变差。本节讨论的自适应中值滤波器，可以去除较为严重的脉冲噪声，同时尽可能减少图像细节的损失。

令 S_{xy} 表示像素 $(x，y)$ 的邻域，一般初始选择 3×3 矩形区域，定义以下符号：

Z_{min}——邻域 S_{xy} 内像素灰度值的最小值；

Z_{max}——邻域 S_{xy} 内像素灰度值的最大值；

Z_{med}——邻域 S_{xy} 内像素灰度值的中值；

Z_{xy}——像素 $(x，y)$ 的灰度值；

S_{max}——邻域 S_{xy} 允许的最大尺寸。

自适应中值滤波器的计算步骤为：

（1）如果 $Z_{min}<Z_{med}<Z_{max}$ 成立，表明中值 Z_{med} 不是脉冲噪点，则转到步骤（3），否则转到步骤（2）。

（2）如果当前滤波器尺寸 $S_{xy}≤S_{max}$，增大滤波器尺寸，重复步骤（1），否则令 Z_{med} 为滤波输出。

（3）如果 $Z_{min}<Z_{xy}<Z_{max}$ 成立，表明像素 $(x，y)$ 的灰度值 Z_{xy} 不是脉冲噪点，则不改变像素 $(x，y)$ 的灰度值，令 Z_{xy} 为滤波输出；否则令 Z_{med} 为滤波输出。

步骤（1）的目的，是判断中值 Z_{med} 是否为脉冲噪声。如果满足条件 $Z_{min}<Z_{med}<Z_{max}$，那么中值 Z_{med} 既不是最大值，也不是最小值，就不是脉冲噪声，在这种情况下，执

行步骤（3），进一步判断像素（x，y）的灰度值 Z_{xy} 是否为脉冲噪声。

如果 $Z_{min}<Z_{xy}<Z_{max}$ 成立，那么 Z_{xy} 不是脉冲噪声，此时，将像素（x，y）的灰度值 Z_{xy} 作为滤波输出，不改变该像素的灰度值，这样，就可以减小滤波对图像细节的影响。如果 $Z_{min}<Z_{xy}<Z_{max}$ 不成立，说明像素（x，y）的灰度值 Z_{xy} 是其邻域 S_{xy} 中最暗或最亮的点，是一个脉冲噪声，就用中值 Z_{med} 作为滤波输出。

步骤（1）中如果条件 $Z_{min}<Z_{med}<Z_{max}$ 不成立，那么中值 Z_{med} 等于最大值 Z_{max}，或等于最小值 Z_{min}，无论哪种情况，都表明中值 Z_{med} 可能是脉冲噪声。出现这种情况的原因是图像在像素（x，y）处的脉冲噪声相当严重（噪点多、密度大），在这种情况下，执行步骤（2），增大滤波器尺寸 S_{xy} 以包围更多的像素，以便找到一个非脉冲的中值 Z_{med}。如果增大后的滤波器尺寸满足条件 $S_{xy}\leqslant S_{max}$，则重复步骤（1）；如果条件 $S_{xy}\leqslant S_{max}$ 不成立，则说明滤波器尺寸已经达到最大，只好将中值 Z_{med} 作为滤波输出，在这种情况下，不能保证中值 Z_{med} 不是脉冲。

可见，自适应中值滤波器一方面能根据图像中脉冲噪声密度的大小，自动调整滤波器尺寸。另一方面，尽可能不改变当前像素（x，y）本身的灰度值，从而达到即能去除较严重的脉冲噪声，又尽量减少图像细节损失的目的。

自适应中值滤波器每增大一次滤波器尺寸，都需要重新对邻域 S_{xy} 内所有像素灰度值进行排序，因此增加了计算量。本章 Jupyter Notebook 可执行笔记本文件中，给出了实现上述自适应中值滤波的自定义函数 adpmedfilt2(img，msize)，此处从略。

示例 ［3-5］ 常规中值滤波与自适应中值滤波

图 3-10（a）为 cameraman 图像，图 3-10（b）为添加了"椒盐"噪声后的图像，噪声密度 d＝0.2，噪声水平非常高，几乎模糊了图像的大部分细节。作为比较，先使用 3×3 常规中值滤波器对含噪图像进行滤波，结果如图 3-10（c）所示，虽能去除大部可见脉冲噪声，同时也造成一定程度的图像模糊，丢失了部分图像细节。图 3-10（d）显示了使用 7×7 常规中值滤波器的滤波结果，虽然噪声被去除了，但加剧了图像模糊程度，产生了明显的图像细节损失。图 3-10（e）显示了使用 S_{max}＝7 自适应中值滤波器结果，噪声去除效果与 7×7 常规中值滤波器相近，但引起的图像模糊和细节损失要轻微些。

```
＃常规中值滤波与自适应中值滤波对比
img = cv. imread('. /imagedata/cameraman. tif',0)　＃读入一幅灰度图像
＃向图像中添加椒盐噪声,密度为 0.2
img_noise = util. random_noise(img,mode = 's&p',amount = 0.2)
img_noise = util. img_as_ubyte(img_noise)　＃将数据类型转换为 uint8
img_result1 = cv. medianBlur(img_noise,ksize = 3)　＃3×3 常规中值滤波
img_result2 = cv. medianBlur(img_noise,ksize = 7)　＃7×7 常规中值滤波
img_result3 = adpmedfilt2(img_noise,msize = 7)　＃最大邻域为 7×7 的自适应中值滤波
＃显示结果(略)
＃------------------------
```

图 3-10　常规中值滤波与自适应中值滤波性能比较

（a）原图像；（b）图像添加密度 d＝0.2 的椒盐噪声；（c）3×3 常规中值滤波；
（d）7×7 常规中值滤波；（e）S_{max}＝7×7 自适应中值滤波

3.3.4　中点滤波器

中点滤波器的输出为邻域 S_{xy} 内像素灰度值最大值和最小值的平均值，即：

$$g(x, y) = \frac{1}{2} \Big[\min_{(s, t) \in S_{xy}} \{f(s, t)\} + \max_{(s, t) \in S_{xy}} \{f(s, t)\} \Big] \tag{3-8}$$

中点滤波器结合了统计排序和求平均两种运算，对高斯和均匀随机噪声有较好的滤波效果。

3.4　图像平滑

图像灰度或颜色变化产生的边缘和轮廓，对分析和理解图像非常重要，同时也与图像的清晰度有关。边缘处像素灰度或颜色随空间的变化越锐利（变化快）、越剧烈（反差大），则边缘可辨程度越高，图像就越清晰。反之，变化越圆钝（变化慢）、越柔和（反差小），则边缘可辨程度就越低，图像就越模糊。

我们所熟悉的时间频率，用单位时间内某物理量（如交变的电流、电压、波动或机械振动等）周期性变化的次数来定义，单位为周/秒（赫兹 Hz）。类似地，图像空间频率的定义，是图像灰度或颜色在单位空间距离内周期性变化的次数，如图 3-11 所示，左图为

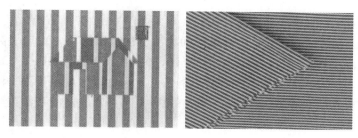

图 3-11　图像灰度或颜色变化的空域频率示意

像素颜色沿水平方向空间变化形成的垂直条状纹理；右图为像素颜色沿垂直方向和 45°方向空间变化形成的条状纹理，空间周期较左图小，相应空间频率也高。

图像平滑滤波（Image smoothing）常用于图像模糊（Image blurring）和去噪（Image denoising）。图像平滑滤波通过衰减图像的高频成分，使图像灰度或颜色随空间位置的变化渐变平缓，让边缘和轮廓看起来圆钝柔和，甚至消除。例如，提取图像中大目标时，一般先对图像模糊处理，去除图像中一些琐碎细节、桥接缝隙，再进行图像分割和边缘检测。再比如，在图片处理软件中，常用图像平滑去除图像中的皮肤斑点、皱纹等来柔化皮肤，又称为图像柔化（Image softening）。

图像在数字化和传输过程中，常受到成像设备与外部环境噪声干扰。以减少图像中噪声为目的的图像平滑又称为图像去噪（Image denoising），去噪处理有时会不同程度地改变图像细节或造成图像模糊，应尽可能减少这种不良影响。

常用的图像平滑空间滤波器有均值滤波器、高斯低通滤波器等线性空间滤波器，以及最大值、最小值、中值等各种统计排序滤波器。

3.4.1　算术均值滤波器

又称滑动平均滤波器（Moving average filter）、盒式滤波器（Box Filter）。令 S_{xy} 表示像素 (x, y) 的 $m \times n$ 矩形邻域，算术均值滤波就是计算邻域 S_{xy} 中所有像素灰度值的平均值，即：

$$g(x, y) = \frac{1}{mn} \sum_{(s, t) \in S_{xy}} f(s, t) \tag{3-9}$$

算术均值滤波器也可以用 3.2 节中介绍的滤波器系数数组来表示。为便于编程实现，滤波器系数数组的行、列尺寸通常取奇数，这样就可以得到一个在空间上中心对称的滤波器。常用滤波器尺寸有 3×3、5×5 等。如 3×3 均值滤波器的系数数组可表示为：

$$h = \begin{bmatrix} 1/9 & 1/9 & 1/9 \\ 1/9 & 1/9 & 1/9 \\ 1/9 & 1/9 & 1/9 \end{bmatrix} = \frac{1}{9} \begin{bmatrix} 1 & 1 & 1 \\ 1 & 1 & 1 \\ 1 & 1 & 1 \end{bmatrix}$$

从中可见，每个像素都在结果中贡献了自身像素灰度值的 1/9。

3.4.2　高斯低通滤波器

高斯函数在许多数学领域都有重要的应用，包括图像滤波。二维高斯函数可表示为：

$$G(x,\,y)=\mathrm{e}^{-\frac{x^2+y^2}{2\sigma^2}} \qquad\qquad (3\text{-}10)$$

其中，σ 是高斯函数的标准差，又称高斯低通滤波器的尺度因子，决定了高斯低通滤波器作用邻域的空间范围。$(x,\,y)$ 离滤波中心 $(0,\,0)$ 距离越远，$G(x,\,y)$ 值就越小，滤波器系数就越小，这表明离滤波器中心较近的像素比远处的像素更重要。因此，高斯低通滤波器是一种加权均值滤波器。一个 $\sigma=0.5$ 的 3×3 高斯滤波器的系数数组可表示为：

$$h=\begin{bmatrix}0.0113 & 0.0838 & 0.0113\\0.0838 & 0.6193 & 0.0838\\0.0113 & 0.0838 & 0.0113\end{bmatrix}$$

高斯滤波器尺寸的大小取决于标准差 σ，要获得一个大小为 $n\times n$ 的高斯滤波器，其 n 值应取大于或等于 6σ 的最小奇整数。

3.4.3　双边滤波器

均值滤波、高斯滤波、中值滤波等去噪的同时，易导致图像边缘细节模糊。相比较而言，双边滤波器（Bilateral Filter）可以在去噪的同时，保护图像的边缘特性。双边滤波是一种非线性滤波器，它同时考虑空域信息和灰度相似性，达到"保边（Edge Preserve）去噪"目的。双边滤波器滤波核系数由空域滤波核和像素值域滤波核共同生成。

（1）像素空域滤波核，由像素位置欧氏距离决定的滤波核权值 w_d

$$w_\mathrm{d}(i,\,j,\,k,\,l)=\exp\left(-\frac{(i-k)^2+(j-l)^2}{2\sigma_\mathrm{d}^2}\right) \qquad (3\text{-}11)$$

其中，$(i,\,j)$ 为滤波核中心坐标，$(k,\,l)$ 为滤波核其他系数的坐标，σ_d 为高斯函数的标准差。使用该公式生成的滤波核和高斯滤波器使用的滤波核没有区别。

（2）像素值域滤波核，由像素值的差值决定的滤波核权值 w_r

$$w_\mathrm{r}(i,\,j,\,k,\,l)=\exp\left(-\frac{\|f(i,\,j)-f(k,\,l)\|^2}{2\sigma_\mathrm{r}^2}\right) \qquad (3\text{-}12)$$

其中，$f(i,\,j)$ 表示图像在滤波核中心点 $(i,\,j)$ 处的像素值，$f(k,\,l)$ 为滤波核覆盖下的其他点 $(k,\,l)$ 对应的像素值，σ_r 为高斯函数的标准差。

（3）将上述两个滤波核权值相乘就得到了双边滤波器的滤波核系数：

$$w(i,j,k,l)=w_\mathrm{d}(i,j,k,l)\times w_\mathrm{r}(i,j,k,l)=\exp\left(-\frac{(i-k)^2+(j-l)^2}{2\sigma_\mathrm{d}^2}-\frac{\|f(i,j)-f(k,l)\|^2}{2\sigma_\mathrm{r}^2}\right)$$
$$(3\text{-}13)$$

（4）在 $(i,\,j)$ 处像素双边滤波输出可表示为：

$$g(i,\,j)=\frac{\displaystyle\sum_{(k,\,l)\in S_{xy}}f(k,\,l)w(i,\,j,\,k,\,l)}{\displaystyle\sum_{(k,\,l)\in S_{xy}}w(i,\,j,\,k,\,l)} \qquad (3\text{-}14)$$

3.4.4　图像平滑滤波器尺寸大小的选择

图像平滑具有使该像素变得与其邻域像素相似的倾向，造成各像素灰度值随空间位置的变化缓慢，导致图像模糊，纹理细节的可辨度降低。

平滑滤波器的尺寸，即滤波邻域的大小，对图像模糊程度和去噪效果有实质性的影响。以高斯平滑滤波器的尺度 σ 为例，假设在一个恒定的背景上有一道狭窄的条纹，如果使用小于条纹宽度的尺度来平滑图像，那么条纹附近的图像变化得以保留，仍能够分辨出条纹的上升沿和下降沿。如果滤波器尺度过大，条纹将被平滑到背景中，计算导数时只产生很小的响应或完全没有响应。

因此，当图像中有较多的纹理细节，如果希望减少这些细节以便在更大范围内识别边缘的结构特征，就需要采用较大尺寸的滤波器对图像进行平滑。如果要去除严重的图像噪声，同样也需要采用较大尺寸的滤波器。第 3.3.3 节介绍的自适应中值滤波器，就是采用可变邻域尺寸来处理严重的椒盐噪声。

3.4.5　图像平滑滤波函数

OpenCV 提供的通用线性空域滤波函数 cv. filter2D，可通过构造合适的滤波核，来实现图像平滑滤波。同时也提供了几个专用平滑滤波函数，如 cv. blur、cv. boxFilter、cv. GaussianBlur、cv. bilateralFilter 等，基本调用语法格式如下：

dst = cv. blur(src,ksize[,dst[,anchor[,borderType]]])，归一化均值滤波器

dst = cv. boxFilter (src, ddepth, ksize [, dst [, anchor [, normalize [, border-Type]]]])，盒式均值滤波器

dst = cv. GaussianBlur(src,ksize,sigmaX[,dst[,sigmaY[,borderType]]])，高斯低通滤波器

dst = cv. bilateralFilter(src,d,sigmaColor,sigmaSpace[,dst[,borderType]])，双边滤波器

SciPy 提供的通用线性空域滤波函数 ndimage. convolve、ndimage. correlate，可通过构造合适的滤波核，来实现图像平滑滤波。同时提供了几个专用平滑滤波函数，如：

dst = ndimage. gaussian_filter (input, sigma, order = 0, output = None, mode = 're-flect',cval = 0. 0,truncate = 4. 0)

dst = ndimage. uniform_filter (input, size = 3, output = None, mode = 'reflect', cval = 0. 0,origin = 0)

Scikit-image 也给出了几个专用平滑滤波函数，如高斯低通滤波函数 filters. gaussian、均值滤波函数 filters. rank. mean、双边均值滤波函数 filters. rank. mean _ bilateral 等，基本调用格式如下：

dst = filters. gaussian (image, sigma = 1, output = None, mode = 'nearest', cval = 0, multichannel = None,preserve_range = False,truncate = 4. 0)

dst = filters. rank. mean (image, selem, out = None, mask = None, shift_x = False, shift_y = False)

dst = filters. rank. mean_bilateral(image,selem,out = None,mask = None,shift_x = False,shift_y = False,s0 = 10,s1 = 10)

示例 [3-6] 滤波器尺寸对图像平滑效果的影响

图 3-12（a）为原始图像，图 3-12（b）为添加了均值为 0、方差为 0.01 高斯噪声后的图像；图 3-12（c）为双边滤波器平滑滤波结果；图 3-12（d）为 3×3 均值滤波器平滑滤波结果；图 3-12（e）、图 3-12（f）为 3×3、15×15 高斯低通滤波器平滑滤波结果。可见，随着滤波器尺寸增大，去噪效果明显提高，但图像模糊程度也逐渐加重，与滤波器尺寸接近的图像细节受到的影响比较大。

图 3-12　滤波器类型及尺寸对图像平滑效果的影响

（a）原图像；（b）添加高斯噪声后的图像；（c）双边平滑滤波；（d）3×3 均值平滑滤波；
（e）3×3 高斯平滑滤波；（f）15×15 高斯平滑滤波

♯图像平滑及滤波器尺寸对平滑效果的影响

♯读入一幅灰度图像

```
img = cv. imread('. /imagedata/cameraman. tif',0)
```

♯向图像中添加均值为 0、方差为 0.01 的高斯噪声

```
img_noise = util. random_noise(img,mode = 'gaussian',var = 0. 01)
img_noise = util. img_as_ubyte(img_noise)    ♯将数据类型转换为 uint8
```

♯双边滤波

```
img_result1 = cv. bilateralFilter(img_noise,d = 9,sigmaColor = 50,sigmaSpace = 100)
img_result2 = cv. blur(img_noise,ksize = (3,3))    ♯3×3 均值滤波
img_result3 = cv. blur(img_noise,ksize = (15,15))    ♯15×15 均值滤波
```

♯3×3 高斯滤波

```
img_result4 = cv. GaussianBlur(img_noise,(3,3),sigmaX = 0,sigmaY = 0)
```

♯15×15 高斯滤波

```
img_result5 = cv. GaussianBlur(img_noise,(15,15),sigmaX = 0,sigmaY = 0)
```

＃显示结果（略）

＃————————————————

示例［3-7］对图像兴趣区域（ROI，Region of Interest）进行平滑模糊

电视采访、街景地图等应用中，为保护当事人或行人的隐私，需将图像中当事人或行人脸部区域作模糊或马赛克处理。图 3-13（a）为原图像，图 3-13（b）是对掩膜指定兴趣区域进行均值滤波结果，图 3-13（c）为兴趣区域掩膜。也可以用鼠标交互选点画不规则多边形，选取兴趣区域（ROI），详见"第 10 章 图像分割"之"10.4 彩色图像分割"中的示例。

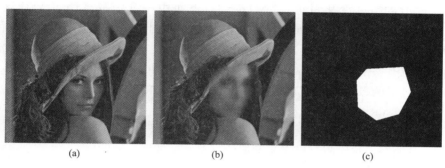

(a)　　　　　　　　　　(b)　　　　　　　　　　(c)

图 3-13　对图像中兴趣区域（ROI）进行平滑模糊

(a) 原图；(b) 兴趣区域平滑模糊结果；(c) 兴趣区域掩膜图像

＃仅对图像中兴趣区域 ROI 进行平滑模糊滤波

```
img = io. imread('. /imagedata/lena_gray. bmp')    ＃读入一幅灰度图像
img_mask = io. imread('. /imagedata/lena_mask. png')    ＃读入兴趣区域掩膜图像
img_result = img. copy()    ＃数组复制，初始化输出图像
selem = morphology. square(25)    ＃构造 25×25 方形结构元素指定均值滤波器大小
img_roi = filters. rank. mean(img,selem = selem,mask = img_mask)    ＃对兴趣区域平
滑滤波
```

＃用平滑后的兴趣区域图像覆盖原图像对应区域

```
img_result[img_mask＞0] = img_roi[img_mask＞0]
```

＃显示结果（略）

＃————————————————

3.5　图像锐化

图像的清晰度与图像边缘和轮廓的锐利程度有关，边缘处像素的灰度或颜色随空间位置的变化越快、越剧烈，则图像就越清晰，细节的可辨程度就越高。反之，边缘处像素的灰度或颜色随空间位置的变化越慢、越柔和，则图像就越模糊，细节的可辨程度就越低。

图像锐化（Image Sharpening）的本质，就是增强图像边缘的锐利程度。图像边缘可

以粗略地描述为那些沿某一方向局部灰度或颜色值变化显著的像素，局部灰度值变化越强烈，表明这一位置存在边缘的可能性就越大。图像中的高频分量主要与图像局部灰度或颜色值变化程度有关，因此，图像锐化也就是增强图像中的高频分量。图像锐化一般包括两个环节：

（1）计算图像中各像素灰度值的局部变化量；

（2）将这一变化量叠加到原图像上，使图像中边缘处的灰度或颜色随空间位置的变化加快、加剧。

3.5.1　采用拉普拉斯算子的图像锐化

图像灰度值的空间变化量可用导数描述，下面用一维函数 $f(x)$ 阐释这种思路。$f(x)$ 可以看作是图像某一行（或列）像素的灰度值随列坐标（或行坐标）变化而形成的灰度函数，如图 3-14 所示。$f(x)$ 的二阶导数 $f''(x)$ 在其函数值上升沿和下降沿过渡区域的低值处对应有一个正脉冲，高值处对应有一个负脉冲。函数 $f(x)$ 上升沿和下降沿的锐化，可以通过从函数 $f(x)$ 中减去其二阶导数 $f''(x)$ 的一部分来得到，即：

$$g(x) = f(x) - \alpha f''(x) \tag{3-15}$$

选择权重因子 α 的大小，将引起函数 $f(x)$ 在上升沿和下降沿边缘两侧出现不同程度的"**过冲**"，从而夸大边缘附近像素灰度值的反差、增加感知锐度。

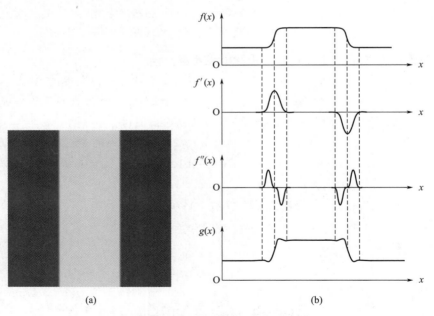

(a) (b)

图 3-14　通过二阶导数进行边缘锐化

(a) 灰色背景中带模糊边缘的竖直亮条；(b) 由上至下所示分别为：图像某一行的灰度函数 $f(x)$、
一阶导数 $f'(x)$、二阶导数 $f''(x)$，以及锐化后的结果

1. 拉普拉斯算子

二维函数 $f(x, y)$ 的拉普拉斯算子（Laplacian Operator）∇^2，（∇ 念作 Nabla），定义为沿 x 和 y 方向的二阶偏导数之和，用于描述图像各像素灰度值的局部变化量：

$$\nabla^2 f(x,y) = \frac{\partial^2 f}{\partial x^2} + \frac{\partial^2 f}{\partial y^2} \tag{3-16}$$

由于图像为二维离散函数，拉普拉斯算子可以采用差分近似计算。为获得以像素（x，y）为中心的计算表达式，计算二阶偏导数时用前向差分，计算一阶偏导数时用后向差分，即：

$$
\begin{aligned}
\frac{\partial^2 f}{\partial x^2} &= \frac{\partial f(x+1,y)}{\partial x} - \frac{\partial f(x,y)}{\partial x} \\
&= [f(x+1,y) - f(x,y)] - [f(x,y) - f(x-1,y)] \\
&= f(x+1,y) + f(x-1,y) - 2f(x,y)
\end{aligned} \tag{3-17}
$$

$$
\begin{aligned}
\frac{\partial^2 f}{\partial y^2} &= \frac{\partial f(x,y+1)}{\partial y} - \frac{\partial f(x,y)}{\partial y} \\
&= [f(x,y+1) - f(x,y)] - [f(x,y) - f(x,y-1)] \\
&= f(x,y+1) + f(x,y-1) - 2f(x,y)
\end{aligned} \tag{3-18}
$$

二者相加，得到离散拉普拉斯算子为：

$$
\begin{aligned}
\nabla^2 f(x,y) &= \frac{\partial^2 f}{\partial x^2} + \frac{\partial^2 f}{\partial y^2} \\
&= f(x+1,y) + f(x-1,y) + f(x,y+1) + f(x,y-1) - 4f(x,y)
\end{aligned}
$$

$$\tag{3-19}$$

拉普拉斯算子的计算，可以采用图 3-15（a）所示的滤波器系数数组来实现。图 3-15（b）为加入对角邻域像素的拉普拉斯滤波器系数数组。为保证拉普拉斯滤波器在灰度为常值的平坦区域的响应为零，拉普拉斯滤波器系数之和应为零。

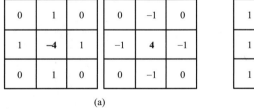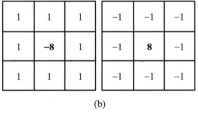

图 3-15　拉普拉斯算子对应的滤波器系数数组

（a）标准拉普拉斯算子；（b）加入对角邻域像素的拉普拉斯算子

2. 拉普拉斯图像锐化

首先用拉普拉斯算子对图像 $f(x,y)$ 滤波，得到其拉普拉斯边缘图像，然后按下式将拉普拉斯边缘图像叠加到原图像上，即：

$$
g(x,y) = \begin{cases} f(x,y) - \alpha \nabla^2 f(x,y), & \text{拉普拉斯模板中心系数为负} \\ f(x,y) + \alpha \nabla^2 f(x,y), & \text{拉普拉斯模板中心系数为正} \end{cases} \tag{3-20}
$$

式中，强度因子 α 用于控制图像锐化的强度。为避免精度损失，式（3-20）中参与运算的图像 $f(x,y)$ 和拉普拉斯边缘图像 $\nabla^2 f(x,y)$ 的数据类型应转换为浮点型，然后再对锐化结果 $g(x,y)$ 进行饱和处理和数据类型转换。对于 8 位 256 级灰度图像而言，$g(x,y)$ 中某些像素灰度值可能超出 $[0, 255]$ 取值范围，可以将 $g(x,y)$ 中小于 0 的像素灰度值强制为 0，大于 255 的像素灰度值强制为 255。

拉普拉斯算子对噪声相当敏感，在进行拉普拉斯滤波之前，可以先对图像平滑预处理，如采用高斯低通滤波器平滑，来减弱噪声的影响。

示例 [3-8] 用拉普拉斯算子进行图像锐化

图 3-16（a）为一幅月球照片。图 3-16（b）显示了用标准拉普拉斯算子对原图像进行滤波，得到的拉普拉斯边缘图像。图 3-16（c）显示了将拉普拉斯边缘图像叠加到原图像上的锐化结果，由于增强了图像中灰度突变处的对比度，图像中月球陨石坑的细节比原始图像更加清晰，同时也较好保留了原图像的背景色调。图 3-16（d）为使用加入对角邻域像素的拉普拉斯算子得到的边缘图像，图 3-16（e）为相应锐化结果。

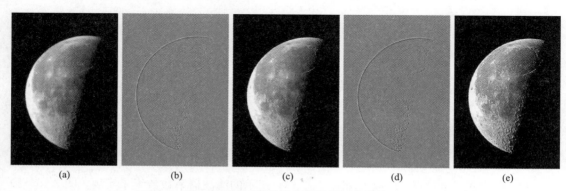

图 3-16　采用拉普拉斯算子的图像锐化

（a）原图像；（b）4-邻域拉普拉斯边缘；（c）图像锐化结果；（d）8-邻域拉普拉斯边缘；（e）图像锐化结果

♯用拉普拉斯算子进行图像锐化

```
#读入一幅灰度图像
img = cv. imread('. /imagedata/moon. tif',cv. IMREAD_GRAYSCALE). astype(np. float32)
#构造 4-邻域、8-邻域拉普拉斯算子
klap4 = np. array([[0,1,0],[1,-4,1],[0,1,0]])
klap8 = np. array([[1,1,1],[1,-8,1],[1,1,1]])
alpha = 1.5   #定义强度因子
#采用高斯低通滤波器对原图像滤波,降低噪声
img_smooth = cv. GaussianBlur(img,ksize = (5,5),sigmaX = 0,sigmaY = 0)
#采用 4-邻域拉普拉斯算子对图像锐化
#计算拉普拉斯边缘图像
img_klap4 = cv. filter2D(img_smooth, -1,kernel = klap4)
#将边缘叠加到原图像上
img_sharpen4 = cv. addWeighted(img,1,img_klap4, -1 * alpha,0,dtype = cv. CV_8U)
#采用 8-邻域拉普拉斯算子对图像锐化
img_klap8 = cv. filter2D(img_smooth, -1,kernel = klap8)
#将边缘叠加到原图像上
img_sharpen8 = cv. addWeighted(img,1,img_klap8, -1 * alpha,0,dtype = cv. CV_8U)
```

♯ 显示结果（略）

♯ ——————————————————————

3.5.2　钝化掩膜图像锐化

钝化掩膜（Unsharp Masking，USM）图像锐化技术，在天文图像、数字印刷等领域有着广泛应用。钝化掩膜锐化源于传统摄影中的暗室照片冲印技术，由于其简单灵活，被很多图像处理软件采用，通常称 USM 滤镜（Unsharp Masking Filter）。

1. 钝化掩膜图像锐化的步骤

（1）用高斯低通滤波器对图像 $f(x，y)$ 平滑滤波，得到模糊图像 $f_s(x，y)$；

（2）图像 $f(x，y)$ 减去模糊图像 $f_s(x，y)$，得到边缘图像 $f_e(x，y)$，即

$$f_e(x，y)=f(x，y)-f_s(x，y) \tag{3-21}$$

（3）将边缘图像 $f_e(x，y)$ 乘以锐化强度因子 α，然后与图像 $f(x，y)$ 相加，得到锐化图像 $g(x，y)$。强度因子 α 用于控制锐化强度，即：

$$\begin{aligned}g(x，y)&=f(x，y)+\alpha \cdot f_e(x，y)\\&=f(x，y)+\alpha \cdot [f(x，y)-f_s(x，y)]\end{aligned} \tag{3-22}$$

原则上，可以使用任何平滑滤波器对图像 $f(x，y)$ 进行平滑滤波得到模糊图像 $f_s(x，y)$，但通常使用高斯低通滤波器，其标准差 σ 用于控制边缘对比度增强的空间范围，典型值可以从 0.5～20 之间选取。标准差 σ 的设置必须谨慎，如果标准差 σ 及其对应的高斯滤波器尺寸过大，会导致图像物体边缘处出现明显的光晕（"白边"，Halo），如图 3-19（c）所示。

锐化强度因子 $\alpha>0$，用于控制边缘对比度的变化量。标准差 σ 和强度因子 α 要协调选择，即增大其中一个，相应要减小另一个；例如，令标准差 σ 小些，强度因子 α 就可以取值大些。一般宁可用低 σ、高 α 锐化多次，也不要用高 σ，低 α 锐化一次。

钝化掩膜图像锐化相对于采用拉普拉斯算子的图像锐化，优势在于它降低了对噪声的敏感性，因为它包含了一个平滑过程，并且可以通过标准差 σ（空间范围）和因子 α（锐化强度）来提高滤波结果的可控性。

2. 用阈值控制锐化噪声

钝化掩膜图像锐化过程不仅仅对真实的边缘有响应，它对任何灰度变化都有响应，因此也会放大均匀区域中的可见噪声。为控制噪声，可以利用步骤（2）得到的边缘图像 $f_e(x，y)$ 信息，来确定需要锐化的边缘像素，即仅当像素 $(x，y)$ 处的边缘变化绝对值大于给定阈值 T 时才进行增强，否则，该像素灰度值不被修改。即：

$$g(x，y)=\begin{cases}f(x，y)+\alpha[f(x，y)-f_s(x，y)]，&当 |f(x，y)-f_s(x，y)| \geqslant T\times255\\f(x，y)&其他\end{cases}$$

$$\tag{3-23}$$

式中，阈值 T 可在 0～1 之间取值。

对于 RGB 彩色图像，为避免色散，通常把图像转换到 HSV、HSI 颜色空间，仅对 V 或 I 分量进行锐化，然后再将其转换到 RGB 颜色空间。

示例 [3-9] 钝化掩膜图像锐化

用钝化掩膜图像锐化技术，对图 3-17（a）中的月球照片进行锐化处理。图 3-17（b）显示了锐化结果。参数设置为：高斯低通滤波器标准差 $\sigma=1.5$、强度因子 $\alpha=2$、降噪阈值 $T=0.01$。由于增强了图像中灰度突变处的对比度，图像中月球陨石坑的细节比原始图像更加清晰，同时较好保留了原图像的背景色调。图 3-17（c）显示了原图像减去钝化掩膜得到的边缘图像。

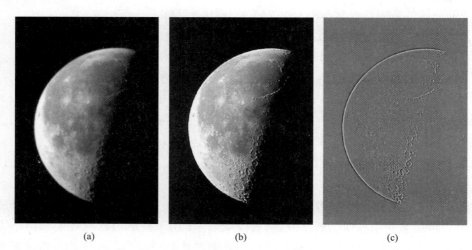

(a)   (b)   (c)

图 3-17　钝化掩膜（USM）图像锐化

（a）原图像；（b）钝化掩模图像锐化结果；（c）边缘图像

♯采用 OpenCV 实现钝化掩膜图像锐化（USM-Unsharp Masking）

```
♯读入一幅灰度图像，并将数据转换为单精度浮点数
img = cv. imread('. / imagedata/moon. tif',0). astype(np. float32)
sigma = 1.5    ♯高斯平滑滤波器标准差
alpha = 2       ♯锐化强度因子
T = 0.01        ♯降噪阈值
♯对原图像进行高斯平滑滤波
img_smooth = cv. GaussianBlur(img,ksize = (0,0),sigmaX = sigma,sigmaY = sigma)
♯用原图像减去平滑后的图像,得到边缘图像
img_edge = cv. subtract(img,img_smooth)
♯降噪,对边缘取阈值,绝对值小于阈值 T * 255,置为 0
img_edge[np. abs(img_edge)< T * 255] = 0
♯原图像加上用 alpha 强度因子加权后的边缘图像
img_usm = cv. addWeighted(img,1,img_edge,alpha,gamma = 0,dtype = cv. CV_8U)
'''

♯采用 NumPy 数组运算
img_edge = img-img_smooth
♯降噪,对边缘取阈值,绝对值小于阈值 T * 255,置为 0
```

$$img\_edge[np.\,abs(img\_edge) < T * 255] = 0$$

img_usm = img + alpha * img_edge

#对数据做饱和处理并转换为 uint8

img_usm = np.\,clip(img_usm,0,255).\,astype(np.\,uint8)

"""

#显示结果(略)

#------------------------

示例 [3-10]　采用 Scikit-image 库函数 filters. unsharp_mask 进行钝化掩膜图像锐化

采用 Scikit-image 库函数 filters. unsharp_mask，对图 3-18（a）中的月球灰度图像、图 3-18（c）中的航天员彩色图像进行钝化掩膜锐化处理，结果如图 3-18（b）、图 3-18（d）所示。需要说明的是，对于 RGB 彩色图像的锐化，为避免颜色失真，一般先将 RGB 彩色图像转换到 HSV、YUV 或 YCbCr 颜色空间，仅对其亮度或强度分量进行锐化，然后再转换到 RGB 颜色空间。

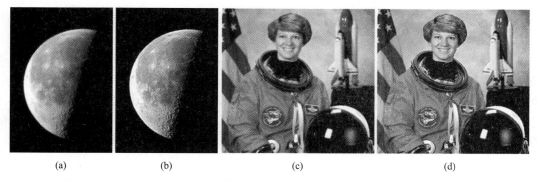

　　(a)　　　　　　　　(b)　　　　　　　　(c)　　　　　　　　(d)

图 3-18　采用 Scikit-image 库函数 filters. unsharp_mask 进行钝化掩膜图像锐化
(a) 月球灰度图像；(b) USM 锐化结果；(c) 航天员彩色图像；(d) USM 锐化结果

#采用 Scikit-image 库函数进行钝化掩膜图像锐化

img1 = io.\,imread('./imagedata/moon.\,tif')　　#读入一幅灰度图像

img2 = io.\,imread('./imagedata/astronaut.\,png')　　#读入一幅彩色图像

#对灰度图像进行 USM 锐化

img1_usm = filters.\,unsharp_mask(img1,radius = 2.\,0,amount = 2.\,0)

img1_usm = util.\,img_as_ubyte(img1_usm)　　#将数据类型转换为 uint8

#对彩色图像进行 USM 锐化

img2_hsv = color.\,rgb2hsv(img2)　　#将彩色图像转换到 HSV 颜色空间

#仅对亮度分量 V 进行 USM 锐化

img2_hsv[:,:,2] = filters.\,unsharp_mask(img2_hsv[:,:,2],radius = 1.\,5,amount =
2.\,0)

img2_usm = color.\,hsv2rgb(img2_hsv)　　　　#将彩色图像转换回 RGB 颜色空间

img2_usm = util.\,img_as_ubyte(img2_usm)　　#将数据类型转换为 uint8

```
#显示结果(略)
#----------------------------
```

 unsharp _ mask

函数功能	钝化掩膜图像锐化,Unsharp masking filter.	
函数原型	skimage. filters. unsharp_ mask (image, radius = 1. 0, amount = 1. 0, multichannel = False, preserve _ range＝False)	
输入参数	参数名称	描述
	image	输入图像数组,灰度或 RGB 彩色图像,ndarray 型数组。
	radius	标量或序列,指定平滑滤波核尺寸。
	amount	标量,强度因子,控制锐化效果。
	multichannel	bool 型,若为 True,对 image 的颜色通道分别处理。
	preserve_range	bool 型,若为 True,输入图像保留原数据范围,否则转换为 img_as_float。
返回值	锐化后的图像,ndarray 型数组,浮点数。	

3. 光晕现象

钝化掩膜锐化图像时,标准差 σ 的设置必须谨慎,如果标准差 σ 及其对应的高斯滤波器尺寸过大,得到的钝化掩膜中将平滑掉过多的纹理边缘,与原图像 $f(x, y)$ 相减得到的边缘灰度值变化空间范围宽、差值大,就会在图像物体边缘处出现明显的光晕（"白边",Halo）。同样,采用拉普拉斯算子对图像锐化时,如果强度因子 α 过大,图像边缘也会产生光晕。

示例 [3-11] 钝化掩膜图像锐化时的光晕现象

图 3-19 展示了钝化掩膜锐化中控制参数对光晕现象的影响。图 3-19（a）为 cameraman 图像,图 3-19（b）为标准差 $\sigma＝0.5$、强度因子 $\alpha＝2.5$ 时的锐化结果；图 3-19（c）为标准差 $\sigma＝2.5$、强度因子 $\alpha＝2.5$ 时的锐化结果,此时人物轮廓四周出现了明显 "白边" 光晕；图 3-19（d）仍为标准差 $\sigma＝2.5$、强度因子 $\alpha＝0.8$ 时的锐化结果,光晕现象基本消失。因此,标准差 σ 和强度因子 α 要协调选择,即增大其中一个参数,相应要减小另一个参数。

(a)   (b)   (c)   (d)

图 3-19 钝化掩膜（USM）图像锐化时的光晕现象

（a) cameraman 图像；(b) $\sigma＝0.5$, $\alpha＝2.5$; (c) $\sigma＝2.5$, $\alpha＝2.5$; (d) $\sigma＝2.5$, $\alpha＝0.8$

♯钝化掩膜（USM）图像锐化时的光晕现象

img = io. imread('. /imagedata/cameraman. tif')　♯读入一幅灰度图像

♯对灰度图像进行 USM 锐化

img1_usm = filters. unsharp_mask(img,radius = 0. 5,amount = 2. 5)

img2_usm = filters. unsharp_mask(img,radius = 2. 5,amount = 2. 5)

img3_usm = filters. unsharp_mask(img,radius = 2. 5,amount = 0. 8)

♯将结果数据类型转换为 uint8

img1_usm = util. img_as_ubyte(img1_usm)

img2_usm = util. img_as_ubyte(img2_usm)

img3_usm = util. img_as_ubyte(img3_usm)

♯显示结果(略)

♯--

3.6　Python 扩展库中的图像空域滤波函数

为便于对照学习，下表列出了 OpenCV、SciPy、Scikit-image、NumPy 等扩展库中与图像空域滤波相关的常用函数及其功能。

函数名	功能描述
OpenCV　　导入方式：**import cv2 as cv**	
filter2D	二维滤波，计算图像与滤波核的线性卷积，Convolves an image with the kernel.
blur	均值滤波，Blurs an image using the normalized box filter.
boxFilter	盒式均值滤波，Blurs an image using the box filter.
GaussianBlur	高斯低通滤波，Blurs an image using a Gaussian filter.
bilateralFilter	双边滤波，Applies the bilateral filter to an image.
Laplacian	拉普拉斯算子，Calculates the Laplacian of an image.
Sobel	Sobel 算子，Calculates the first,second,third,or mixed image derivatives using an extended Sobel operator.
medianBlur	中值滤波，Blurs an image using the median filter.
copyMakeBorder	图像边界扩展填充，Forms a border around an image.
SciPy　　导入方式：**from scipy import ndimage**	
convolve	多维线性卷积，Multi-dimensional convolution.
correlate	多维线性相关，Multi-dimensional correlation.
maximum_filter	最大值滤波，Calculate a multi-dimensional maximum filter.
minimum_filter	最小值滤波，Calculate a multi-dimensional minimum filter.

续表

函数名	功能描述
median_filter	中值滤波,Calculate a multidimensional median filter.
rank_filter	统计排序滤波,Calculate a multi-dimensional rank filter.
gaussian_filter	高斯低通滤波,Multidimensional Gaussian filter.
uniform_filter	均值滤波,Multi-dimensional uniform filter.
Scikit-image　　　**导入方式:from skimage import,filters,util**	
filters. rank. maximum	最大值滤波,Calculate a multi-dimensional maximum filter.
filters. rank. minimum	最小值滤波,Calculate a multi-dimensional minimum filter.
util. random_noise	向图像中添加指定类型的随机噪声,add random noise of various types to a floating-point image.
filters. gaussian	高斯低通滤波,Multidimensional Gaussian filter.
filters. rank. mean	均值滤波,Blurs an image using the normalized box filter.
filters. rank. mean_bilateral	双边滤波,Applies the bilateral filter to an image.
filters. unsharp_mask	钝化掩膜图像锐化,Unsharp masking filter
NumPy　　　**导入方式:import numpy as np**	
pad	数组扩展填充,将 numpy 数组按指定的方法填充成所需的形状,Pad an array.

 **习题** ▶▶▶

3.1　线性空域滤波的本质是什么?

3.2　讨论用于图像平滑和锐化的空域滤波器的异同及联系。

3.3　从信号与系统的角度,说明相关运算、卷积运算的含义以及二者之间的关系。

3.4　滤波器尺寸大小对滤波结果有何影响?

3.5　为什么低通滤波器可以减少图像中的噪声?

3.6　如何设计一个二维空域滤波器?

3.7　对于椒盐噪声,为什么中值滤波效果比均值滤波效果好?

3.8　简述高斯低通滤波器的主要特点。

上机练习 ▶▶▶

E3.1　打开本章 Jupyter Notebook 可执行记事本文件"Ch3 空域滤波 .ipynb",逐单元(Cell)运行示例程序,注意观察分析运行结果。熟悉示例程序功能,掌握相关函数的使用方法。

E3.2　智能手机图片编辑应用一般有一项被称为"虚化"的功能,可以对图片进行全部、指定位置和大小圆形区域外部或条形区域外部的图像进行程度可调的平滑模糊。请用编制一个类似功能的图像虚化函数,实现对一幅图像指定位置和大小的圆形区域(或任意形状的区域）外部进行模糊程度可调的平滑。此种滤波方法又称掩膜滤波（Masked Filtering），关键是如何生成所需的掩膜（Mask）。常用的"掩膜"为二维数组或一幅二值图像，用元素值"0"或"1"对图像上某些区域作屏蔽，使其不参加处理，或仅对屏蔽区作处理。

　　E3.3　用 SciPy 的统计排序滤波函数 ndimage. rank _ filter，实现滤波邻域为"+"型的 3×3 中值滤波器，并比较与常规 3×3 中值滤波器的滤波效果。

第
4
章

频域滤波

正弦信号可由幅值、频率和初相位三个参数完全确定。傅里叶变换将信号分解为一系列正弦信号的线性组合，从而得到信号的频谱。时间频率和空间频率是现实世界中两个最重要也是最基本的物理量，如人的嗓门粗细、图像纹理的单调与丰富、图像的清晰度等都与频率有关。傅里叶变换将时间/空间信号与频率联系起来，可以把信号由时域/空域变换到频域，再由频域变换回时域/空域。这样做的目的，一是便于理解信号频率组成，二是便于提取信号特征。

离散傅里叶变换 DFT（Discrete Fourier Transform）及其快速傅里叶变换 FFT 算法（Fast Fourier Transform）已成为信号分析和处理的重要工具，也是频域滤波（Frequency Domain Filtering）的理论和技术基础。

4.1　离散傅里叶变换 DFT

4.1.1　傅里叶变换的四种形式

傅里叶变换有四种形式，即连续时间周期信号的傅里叶级数 FS（Fourier Series）、连续时间非周期信号的傅里叶变换 FT（Fourier Transform）、离散时间非周期信号的傅里叶变换 DTFT（Discrete Time Fourier Transform）、离散时间周期信号的傅里叶级数 DFS（Discrete Fourier Series）。

离散傅里叶变换 DFT 并不是一个新的傅里叶变换形式，它实际上来自 DFS，只不过仅在时域、频域各取一个周期，由这个周期作延拓，得到整个时域离散信号序列和频域离散频谱序列 DFS。下面以一维信号为例，介绍傅里叶变换四种形式的定义。

1. 连续时间周期信号的傅里叶级数 FS

$f(t)$ 是周期为 T 的一维连续时间周期信号，且满足狄里赫利（Dirichlet）条件，则 $f(t)$ 可被分解为无穷多个复正弦的组合，即：

$$f(t) = \sum_{n=-\infty}^{\infty} c_n e^{j\frac{2\pi n}{T}t} \tag{4-1}$$

上式称为 $f(t)$ 的指数形式傅里叶级数。式中，第 n 个复正弦的频率是 $2\pi n/T$，其幅度记为 c_n，又称傅里叶系数，由下式给出：

$$c_n = \frac{1}{T}\int_{-T/2}^{T/2} f(t)\mathrm{e}^{-\mathrm{j}\frac{2\pi n}{T}t}\,\mathrm{d}t, \qquad n=\pm 1,\ \pm 2,\ \cdots\cdots \tag{4-2}$$

c_n 是离散的，代表了信号 $f(t)$ 中第 n 次谐波的幅度，c_{n-1} 与 c_n 两点之间的频率间隔为 $2\pi/T$。

2. 连续时间非周期信号的傅里叶变换 FT

$f(t)$ 是一维非周期连续时间信号，且满足狄里赫利条件，则 $f(t)$ 的傅里叶变换存在，定义为：

$$F(u)=\int_{-\infty}^{\infty} f(t)\mathrm{e}^{-\mathrm{j}2\pi ut}\,\mathrm{d}t \tag{4-3}$$

其反变换定义为：

$$f(t)=\frac{1}{2\pi}\int_{-\infty}^{\infty} F(u)\mathrm{e}^{\mathrm{j}2\pi ut}\,\mathrm{d}u \tag{4-4}$$

式中，u 为正弦频率变量，量值单位取决于变量 t 的单位。若 t 的单位为时间"秒"，则 u 的单位为"周/秒"或"赫兹（Hz）"；若 t 的单位为距离"米"，则 u 的单位为"周/米"。

如果信号 $f(t)$ 是实数，那么其傅里叶变换 $F(u)$ 通常是连续复函数，称为 $f(t)$ 的频谱密度函数。

3. 离散时间非周期信号的傅里叶变换 DTFT

若离散时间非周期信号序列 $f(n)$ 是绝对可加的能量有限序列，那么其傅里叶变换存在，定义为：

$$F(\mathrm{e}^{\mathrm{j}\omega})=\sum_{n=-\infty}^{\infty} f(n)\mathrm{e}^{-\mathrm{j}\omega n} \tag{4-5}$$

其反变换定义为：

$$f(n)=\frac{1}{2\pi}\int_{-\pi}^{\pi} F(\mathrm{e}^{\mathrm{j}\omega})\mathrm{e}^{\mathrm{j}\omega n}\,\mathrm{d}\omega \tag{4-6}$$

式中，$\omega=2\pi f/f_\mathrm{s}$，为正弦序列的圆周频率，又称数字频率，单位为"弧度（rad）"；其中 f 是频率变量，f_s 是信号序列 $f(n)$ 的采样频率。$F(\mathrm{e}^{\mathrm{j}\omega})$ 是 ω 的连续周期函数，周期为 2π。

4. 离散时间周期信号的傅里叶级数 DFS

假设 $\widetilde{f}(t)$ 是周期为 T 的连续时间信号，每个周期内抽样 N 个点，得到离散时间周期信号序列 $\widetilde{f}(n)$，其周期为 N。$\widetilde{f}(n)$ 的傅里叶变换定义为：

$$F(u)=\sum_{n=0}^{N-1}\widetilde{f}(n)\mathrm{e}^{-\mathrm{j}\frac{2\pi}{N}nu}, \qquad u=-\infty\sim+\infty \tag{4-7}$$

其反变换为：

$$\widetilde{f}(n)=\frac{1}{N}\sum_{u=0}^{N-1}\widetilde{F}(u)\mathrm{e}^{\mathrm{j}\frac{2\pi}{N}nu}, \qquad n=-\infty\sim+\infty \tag{4-8}$$

式（4-7）和式（4-8）称为离散时间周期序列的傅里叶级数（DFS），尽管式中 n、u 取值范围标注的都是从 $-\infty$ 到 $+\infty$，实际上，只能计算出 N 个独立的 $\widetilde{F}(u)$ 或 $\widetilde{f}(n)$ 的值。DFS 在时域、频域都是有周期的且离散的。因此，我们可以更明确地用下式来表示仅取一个周期的 DFS：

$$\begin{cases} F(u) = \sum_{n=0}^{N-1} f(n) \mathrm{e}^{-\mathrm{j}\frac{2\pi}{N}nu}, & u = 0, 1, \cdots\cdots, N-1 \\ f(n) = \dfrac{1}{N} \sum_{u=0}^{N-1} F(u) \mathrm{e}^{\mathrm{j}\frac{2\pi}{N}nu}, & n = 0, 1, \cdots\cdots, N-1 \end{cases} \quad (4\text{-}9)$$

上式又称**离散傅里叶变换 DFT**（Discrete Fourier Transform）及其**反变换 IDFT**（Inverse Discrete Fourier Transform），习惯上把 N 点 DFT 变换的标定因子 $1/N$ 放在反变换公式中。

4.1.2 离散傅里叶变换 DFT

1. 一维离散傅里叶变换 DFT

将式（4-7）、式（4-8）和式（4-9）对比可知，DFT 并不是一个新的傅里叶变换形式，只是在 DFS 的时域、频域各取一个周期而已，由这个周期作周期延拓，就可以得到整个 $\tilde{f}(n)$ 和 $\tilde{F}(u)$。

实际工作中常常遇到非周期信号序列 $f(n)$，可能是有限长，也可能是无限长，对这样的信号序列做傅里叶变换，理论上应是 DTFT，得到连续周期频谱 $F(\mathrm{e}^{\mathrm{j}\omega})$，然而 $F(\mathrm{e}^{\mathrm{j}\omega})$ 不能直接在计算机上做数字运算。由于离散傅里叶 DFT 能够在计算机上做数字运算，这样就可以借助式（4-9），用数字计算机来求取 $f(n)$ 的傅里叶变换。具体方法是：

若 $f(n)$ 是有限长信号序列，则令其长度为 N 点；若 $f(n)$ 是无限长序列，可用矩形窗将其截成 N 点。然后对上述 N 点序列 $f(n)$，按式（4-9）计算出其 N 点频谱序列 $F(u)$。

需要注意的是，只要使用式（4-9）计算离散频谱，不管 $f(n)$ 本身是否来自周期序列，都应把它看作是某一周期序列 $\tilde{f}(n)$ 的一个周期，即 $\tilde{f}(n)$ 是由 $f(n)$ 作 N 点周期延拓所形成的。同时，计算得到的频谱 $F(u)$ 也应视为周期序列 $\tilde{F}(u)$ 的一个周期，$\tilde{F}(u)$ 由 $F(u)$ 作 N 点周期延拓所形成。

2. 二维离散傅里叶变换 DFT

令 $f(x, y)$ 为 $M \times N$ 的二维离散序列，其二维离散傅里叶变换 DFT 定义为：

$$F(u, v) = \sum_{x=0}^{M-1} \sum_{y=0}^{N-1} f(x, y) \mathrm{e}^{-\mathrm{j}2\pi\left(\frac{xu}{M} + \frac{yv}{N}\right)}, \quad (4\text{-}10)$$

$$u = 0, 1, \cdots\cdots, M-1; \ v = 0, 1, \cdots\cdots, N-1$$

其反变换 IDFT 定义为：

$$f(x, y) = \frac{1}{MN} \sum_{u=0}^{M-1} \sum_{v=0}^{N-1} F(u, v) \mathrm{e}^{\mathrm{j}2\pi\left(\frac{xu}{M} + \frac{yv}{N}\right)}, \quad (4\text{-}11)$$

$$x = 0, 1, \cdots\cdots, M-1; \ y = 0, 1, \cdots\cdots, N-1$$

式中，x、y 为空域变量，u、v 为频域变量；$F(u, v)$ 仍是大小为 $M \times N$ 的二维复数序列。

3. 二维离散傅里叶变换的幅度谱、相位谱和功率谱

对于二维实数序列 $f(x, y)$ 来说，离散傅里叶变换 $F(u, v)$ 通常为复数序列：

$$F(u, v) = F_R(u, v) + jF_I(u, v) \tag{4-12}$$

式中，$F_R(u, v)$ 和 $F_I(u, v)$ 分别为 $F(u, v)$ 的实部和虚部。因此，$F(u, v)$ 也可写成如下指数形式：

$$F(u, v) = |F(u, v)|e^{j\phi(u, v)} \tag{4-13}$$

其中，$|F(u, v)|$ 称为 $f(x, y)$ 傅里叶变换的**幅度谱**，简称频谱；$\phi(u, v)$ 称为 $f(x, y)$ 傅里叶变换的**相位谱**：

$$|F(u, v)| = [F_R^2(u, v) + F_I^2(u, v)]^{\frac{1}{2}} \tag{4-14}$$

$$\phi(u, v) = \arctan\left[\frac{F_I(u, v)}{F_R(u, v)}\right] \tag{4-15}$$

并定义 $f(x, y)$ 傅里叶变换的**功率谱**为：

$$P(u, v) = |F(u, v)|^2 = F_R^2(u, v) + F_I^2(u, v) \tag{4-16}$$

4. 快速傅里叶变换 FFT

由式（4-9）计算 N 点序列离散傅里叶变换 DFT 的计算量非常大，以 $N=1024$ 为例，仅复数乘法计算量就需 $1024^2 = 1048576$ 次。

J. W. Cooley 和 J. W. Tukey 于 1965 年巧妙利用离散傅里叶变换中复指数因子的周期性和对称性，减少重复运算，推导出一个高效的快速算法，称为快速傅里叶变换 FFT（Fast Fourier Transform），使 N 点 DFT 的乘法计算量由 N^2 次降为 $\frac{N}{2}\log_2 N$。仍以 $N=1024$ 为例，乘法计算量由 1048576 次降为 5120 次，仅为原来的 4.88%，人们公认这一重要发现是数字信号处理发展史上的一个转折点，也可以称为一个里程碑。以此为契机，加之超大规模集成电路和计算机的飞速发展，数字信号处理被广泛应用于众多的技术领域。有关 FFT 算法原理，请参考有关文献，此处不再赘述。

4.1.3　离散傅里叶变换 DFT 的基本性质

1. 线性

若 $f_1(x, y)$，$f_2(x, y)$ 都是大小为 $M \times N$ 的二维离散序列，其 DFT 分别为 $F_1(u, v)$，$F_2(u, v)$，则有：

$$af_1(x, y) + bf_2(x, y) \Leftrightarrow aF_1(u, v) + bF_2(u, v) \tag{4-17}$$

式中，双箭头 $\Leftrightarrow$ 表示左、右两边傅里叶变换的等价关系。

2. 平移性质

若 $f(x, y)$ 是大小为 $M \times N$ 的二维离散序列，其 DFT 为 $F(u, v)$，则有：

$$f(x, y)e^{j2\pi\left(\frac{u_0 x}{M} + \frac{v_0 y}{N}\right)} \Leftrightarrow F(u - u_0, v - v_0) \tag{4-18}$$

和

$$f(x - x_0, y - y_0) \Leftrightarrow F(u, v)e^{-j2\pi\left(\frac{ux_0}{M} + \frac{vy_0}{N}\right)} \tag{4-19}$$

即，用上述指数项乘以 $f(x, y)$ 再做 DFT 变换，将使 $F(u, v)$ 的原点（零频点）平移到频域平面的（u_0，v_0）处，而不影响其幅度。用上述负指数项乘以 $F(u，v)$ 再做 DFT 反变换，将使 $f(x，y)$ 的原点平移到空域平面的（x_0，y_0）处。

可见，用负指数项乘以 $F(u，v)$ 将改变其相位，$F(u，v)$ 相位的改变将导致空域信号序列的平移，因此在频域滤波时，通常采用**零相移滤波器**。

频谱的中心化

以一维信号 $f(x)$ 为例，按式（4-9）计算的是频谱 $F(u)$ 在 $u=0\sim N-1$ 的序列值，由在 $N/2$ 处交会的两个毗连半周期背靠背组成，而零频点 $F(0)$ 位于序列之首，不便于频谱的显示、分析和滤波设计。为此，利用 DFT 的平移性质，可以把零频点 $F(0)$ 平移到 $N/2$ 处，如图 4-1 所示。方法为：

$$f(x)\mathrm{e}^{\mathrm{j}2\pi\left(\frac{u_0 x}{N}\right)}\Leftrightarrow F(u-u_0) \tag{4-20}$$

令 $u_0=N/2$，则有：

$$\left[f(x)\mathrm{e}^{\mathrm{j}2\pi\frac{u_0 x}{N}}=f(x)\mathrm{e}^{\mathrm{j}2\pi\frac{(N/2)x}{N}}=f(x)(-1)^x\right]\Leftrightarrow F(u-N/2) \tag{4-21}$$

即先用 $(-1)^x$ 乘以 $f(x)$，再做 DFT，就可以把零频点 $F(0)$ 平移到区间 $[0，N-1]$ 的中心位置 $N/2$ 处。

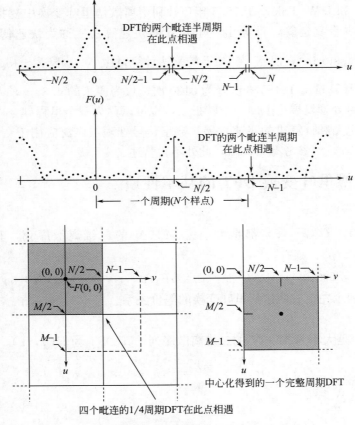

图 4-1　离散傅里叶变换 DFT 频谱的中心化

同样，对于二维离散序列 $f(x, y)$，由式（4-10）计算的是离散傅里叶变换 $F(u, v)$ 在区间 $u \in [0, M-1]$ 和 $v \in [0, N-1]$ 的序列值，由在点（$M/2$，$N/2$）处交会的四个毗连背靠背 1/4 周期组成，如图 4-1 所示。令式（4-18）中的 $u_0 = M/2$，$v_0 = N/2$，则有：

$$\left[f(x, y)e^{j2\pi\left(\frac{u_0 x}{M} + \frac{v_0 y}{N}\right)} = f(x, y)e^{j2\pi\left(\frac{(M/2)x}{M} + \frac{(N/2)y}{N}\right)} = f(x, y)(-1)^{(x+y)} \right] \tag{4-22}$$
$$\Leftrightarrow F(u-M/2, v-N/2)$$

即先用 $(-1)^{(x+y)}$ 乘以二维离散序列 $f(x, y)$ 的每个像素值，再做 DFT，利用 DFT 的平移性质，就可以把零频点 $F(0, 0)$ 平移到由区间 $[0, M-1]$ 和 $[0, N-1]$ 所定义的频域平面中心（$M/2$，$N/2$）处，如图 4-1 所示。

3. 周期性

$f(x, y)$ 是大小为 $M \times N$ 的二维离散序列，其二维傅里叶变换在频域 u 和 v 方向、反变换在空域 x 和 y 方向都是以 M 点和 N 点为周期延拓所形成，即：

$$F(u, v) = F(u+k_1 M, v) = F(u, v+k_2 N) = F(u+k_1 M, v+k_2 N) \tag{4-23}$$

和

$$f(x, y) = f(x+k_1 M, y) = f(x, y+k_2 N) = f(x+k_1 M, y+k_2 N) \tag{4-24}$$

其中，k_1 和 k_2 为整数。

4. 循环卷积定理

前面讲到，不管 $f(n)$ 本身是否来自周期序列，在计算 DFT 时都应把它看作是某一周期序列 $\tilde{f}(n)$ 的一个周期。同时，计算得到的频谱 $F(u)$ 也应视为周期序列 $\tilde{F}(u)$ 的一个周期。

一维循环卷积定理

设 $f(n)$、$h(n)$ 都是 N 点一维离散序列，其 DFT 分别为 $F(u)$、$H(u)$。$f(n)$ 与 $h(n)$ 的 N 点循环卷积定义为：

$$f(n) \otimes h(n) = \sum_{i=0}^{N-1} f(i)h(n-i), \quad n = 0, 1, \cdots\cdots, N-1 \tag{4-25}$$

一维循环卷积定理为：

$$f(n) \otimes h(n) \Leftrightarrow F(u)H(u) \tag{4-26}$$

上式中，$F(u) H(u)$ 表示二者在 $u = 0, 1, 2, \cdots\cdots, N-1$ 的值对应相乘。

二维循环卷积定理

设 $f(x, y)$、$h(x, y)$ 均是大小为 $M \times N$ 的二维离散序列，其 DFT 分别为 $F(u, v)$ 和 $H(u, v)$。$f(x, y)$ 和 $h(x, y)$ 的 $M \times N$ 点循环卷积定义为：

$$f(x, y) \otimes h(x, y) = \sum_{m=0}^{M-1} \sum_{n=0}^{N-1} f(m, n)h(x-m, y-n) \tag{4-27}$$

式中，$x = 0, 1, 2, \cdots\cdots, M-1$；$y = 0, 1, 2, \cdots\cdots, N-1$。二维循环卷积定理为：

$$f(x, y) \otimes h(x, y) \Leftrightarrow F(u, v)H(u, v) \tag{4-28}$$

式中，$F(u, v) H(u, v)$ 表示二者在频点 $u = 0, 1, 2, \cdots\cdots, M-1$ 及 $v = 0, 1, 2, \cdots\cdots, N-1$ 的频谱值对应相乘。

4.1.4　用 DFT 计算线性卷积的方法步骤

1. 一维序列

从一维循环卷积的定义可以看到，循环卷积和线性卷积的不同之处在于：两个 N 点循环卷积的结果仍为 N 点序列，而它们线性卷积的结果应为 $2N-1$ 点序列；循环卷积对序列的移位采取循环移位，而线性卷积对序列采取线性移位。

事实上，$f(n)$、$h(n)$ 两个 N 点序列的循环卷积，可以看作是它们以 N 为周期延拓后，再做线性卷积。周期延拓就会使循环卷积的结果发生相邻周期缠绕混叠现象，从而使 $f(n)$、$h(n)$ 两个序列的循环卷积和线性卷积有不同的计算结果。循环卷积定理表明，DFT 对应的是循环卷积。但稍加处理，也可以利用 DFT 计算两个序列的线性卷积，消除缠绕错误。

设序列 $f(x)$ 的长度为 M，序列 $h(x)$ 的长度为 N，二者的线性卷积 $g(x)$ 应是一长度为 $M+N-1$ 序列。

$$g(x) = f(x) * h(x) \tag{4-29}$$

假定 $f(x)$、$h(x)$、$g(x)$ 的 DFT 分别为 $F(u)$、$H(u)$、$G(u)$，要想利用 DFT 实现 $f(x)$ 和 $h(x)$ 的线性卷积：

$$g(x) = f(x) * h(x) = \text{IDFT}\{F(u)H(u)\} = \text{IDFT}\{G(u)\} \tag{4-30}$$

就必须保证 $F(u)$ 和 $H(u)$ 的长度均为 $M+N-1$ 点序列，而且它们对应的时域序列 $f(x)$、$h(x)$ 的长度也必须是 $M+N-1$ 点。只有这样，$G(u) = F(u)H(u)$ 才是一个 $M+N-1$ 点序列，对 $G(u)$ 作 DFT 反变换得到的 $g(x)$ 才能保证是 $f(x)$ 和 $h(x)$ 的线性卷积。具体步骤如下：

步骤 1　对 M 点序列 $f(x)$ 及 N 点序列 $h(x)$ 分别补"0"扩展为 $M+N-1$ 点，构成新序列 $f_p(x)$、$h_p(x)$。

$$f_p(x) = \begin{cases} f(x), & x=0,1,\cdots\cdots,M-1 \\ 0, & x=M,\cdots\cdots,M+N-2 \end{cases} \tag{4-31}$$

$$h_p(x) = \begin{cases} h(x), & x=0,1,\cdots\cdots,N-1 \\ 0, & x=N,\cdots\cdots,M+N-2 \end{cases} \tag{4-32}$$

步骤 2　计算新序列 $f_p(x)$、$h_p(x)$ 的 DFT 变换 $F_p(u)$、$H_p(u)$，由下式得到 $f(x)$ 和 $h(x)$ 的线性卷积 $g(x)$。

$$g_p(x) = \text{IDFT}\{F_p(u)H_p(u)\} \tag{4-33}$$

2. 二维序列

同样可以按照上述思路，利用 DFT 计算二维离散序列 $f(x,y)$ 和 $h(x,y)$ 的二维线性卷积 $g(x,y)$。令 $f(x,y)$ 的大小为 $M \times N$，$h(x,y)$ 的大小为 $S \times T$，则有：

步骤 1　对 $M \times N$ 点二维离散序列 $f(x,y)$ 及 $S \times T$ 点二维离散序列 $h(x,y)$ 分别补"0"扩展为 $P \times Q$ 点，构成新的二维离散序列 $f_p(x,y)$、$h_p(x,y)$。

$$f_p(x,y) = \begin{cases} f(x,y), & 0 \leqslant x \leqslant M-1 \text{ 且 } 0 \leqslant y \leqslant N-1 \\ 0, & M \leqslant x < P \text{ 或 } N \leqslant y < Q \end{cases} \tag{4-34}$$

$$h_p(x, y) = \begin{cases} h(x, y), & 0 \leqslant x \leqslant (S-1) \text{ 且 } 0 \leqslant y \leqslant (T-1) \\ 0, & S \leqslant x < P \text{ 或 } T \leqslant y < Q \end{cases} \tag{4-35}$$

其中

$$\begin{cases} P \geqslant M+S-1 \\ Q \geqslant N+T-1 \end{cases} \tag{4-36}$$

步骤 2　计算新序列 $f_p(x, y)$、$h_p(x, y)$ 的 DFT 变换 $F_p(u, v)$、$H_p(u, v)$，由下式得到 $f(x, y)$ 和 $h(x, y)$ 的线性卷积 $g(x, y)$。

$$g_p(x, y) = \text{IDFT}\{F_p(u, v)H_p(u, v)\} \tag{4-37}$$

4.1.5　离散傅里叶变换 DFT 的实现

　　SciPy 中的模块 fft，提供了丰富的快速傅里叶变换函数族，如一维 DFT 正变换函数 fft、反变换函数 ifft，二维 DFT 正变换函数 fft2、反变换函数 ifft2，DFT 频谱中心化函数 fftshift、去中心化函数 ifftshift 等。

　　OpenCV 也提供了 DFT 正变换函数 cv. dft()、反变换函数 cv. idft()，以及用于计算幅度谱和相位谱的函数 cv. magnitude()、cv. cartToPolar()。同时也提供了函数 cv. getOptimalDFTSize()，用于优化图像尺寸，以提升 DFT 的计算效率；函数 cv. copyMakeBorder() 用于图像边界扩展。OpenCV 的 DFT 变换函数 cv. dft() 和 cv. idft()，通常要比 Numpy 和 SciPy 相应函数计算速度快。

 SciPy 快速傅里叶变换函数和反变换函数

fft

函数功能	计算一维离散傅里叶变换 DFT,Compute the one-dimensional discrete Fourier Transform.	
函数原型	scipy. fft. fft(x,n=None,axis=-1,norm=None,overwrite_x=False,workers=None)	
输入参数	**参数名称**	**描述**
	x	输入数组变量,实数或复数。
	n	整数变量,指定 axis 轴向(数组维序)输出序列的长度。如果 n 小于输入序列长度,输入序列将被截短;如果 n 大于输入序列长度,则先对 x 尾后补 0 扩展到 n 点,再计算其 DFT;如果 n 没有给出,函数将使用 axis 指定的轴向输入序列长度作为 n 值。
	axis	整数变量,指定要进行 FFT 计算的输入数组 x 的轴向(数组维序)。如果缺省或等于−1,则使用数组最末的轴向。
	norm	规范化模式选项,用于指定是否对输出进行规范化处理,缺省值为 None。如果 norm="ortho",则正变换、反变换均乘以缩放因子 1/sqrt(n)。
	overwrite_x	bool 类型,缺省值为 False。如果为 True,输入数组 x 的内容将被改写。
	workers	整数变量,用于指定并行计算的最大工作线程数,缺省值为 None。
返回值	ndarray 型复数数组,DFT 正变换结果。	

ifft

函数功能	计算一维 DFT 的反变换，Compute the one-dimensional inverse discrete Fourier Transform.
函数原型	scipy. fft. ifft(x,n＝None,axis＝-1,norm＝None,overwrite_x＝False,workers＝None)

输入参数	参数	描述
	x,n,axis,norm, overwrite_x,workers	各参数含义同函数 fft,输入数组 x 的元素顺序应与函数 fft 返回值相同。

返回值	ndarray 型复数数组,DFT 反变换结果。

fft2

函数功能	计算二维离散傅里叶变换 DFT,Compute the 2-dimensional discrete Fourier Transform.
函数原型	scipy. fft. fft2(x,s＝None,axes＝(－2,－1),norm＝None,overwrite_x＝False,workers＝None)

输入参数	参数名称	描述
	x	输入数组变量,实数或复数。
	s	整数序列,指定变换后各个 axis 轴向(数组维序)输出序列的长度,例如:s[0]指定轴 0 长度,s[1]指定轴 1 长度。对于 s 中每个给定的轴长度,如果小于对应输入序列长度,输入序列将被截短;如果大于输入序列长度,则先尾后补 0 扩展;如果 s 没有给出,函数将使用 axe 指定的轴向输入序列长度。对于二维数组 x,s[0]、s[1]对应数组的行方向、列方向。
	axes	整数序列,指定要进行 FFT 计算的输入数组 x 的轴向(数组维序)。如果缺省,则使用数组最末的两个轴。
	norm	规范化模式选项,用于指定是否对输出进行规范化处理,缺省值为 None。如果 norm＝"ortho",则正变换、反变换均乘以缩放因子 1/sqrt(n)。
	overwrite_x	bool 类型,缺省值为 False。如果为 True,输入数组 x 的内容将被改写。
	workers	整数,用于指定并行计算的最大工作线程数,缺省值为 None。

返回值	ndarray 型复数数组,DFT 正变换结果。

ifft2

函数功能	计算二维 DFT 的反变换,Compute the 2-dimensional inverse discrete Fourier Transform.
函数原型	scipy. fft. ifft2(x,s＝None,axes＝(－2,－1),norm＝None,overwrite_x＝False,workers＝None)

输入参数	参数	描述
	x,s,axes,norm, overwrite_x,workers	各参数含义同函数 fft,输入数组 x 的元素顺序应与函数 fft2 返回值相同。

返回值	ndarray 型复数数组,DFT 反变换结果。

fftshift

函数功能	傅里叶频谱中心化，Shift the zero-frequency component to the center of the spectrum.	
函数原型	scipy. fft. fftshift(x,axes＝None)	
输入参数	参数	描述
	x	数组变量，傅里叶频谱。
	axes	指定中心化的轴向，整数或元组，缺省值为 None，对所有轴向进行中心化。
返回值	ndarray 型数组。	

ifftshift

函数功能	傅里叶频谱去中心化，The inverse of fftshift.	
函数原型	scipy. fft. ifftshift(x,axes＝None)	
输入参数	参数	描述
	x	数组变量，中心化傅里叶频谱。
	axes	指定去中心化的轴向，整数或元组，缺省值为 None，对所有轴向进行去中心化。
返回值	ndarray 型数组。	

示例 ［4-1］ 一维含噪信号的频谱分析

首先生成一维含噪信号，由频率为 50Hz 和 120Hz 两个正弦信号相加，再混入零均值、标准差 $\sigma＝2$ 的白噪声（white noise），其时域波形如图 4-2（a）所示，很难分辨出信号的频率分量。由于习惯上把 N 点 DFT 变换的标定因子 $1/N$ 放在反变换公式，在计算含噪信号的幅度谱时，要想让频率分量的幅度与实际信号中的正弦分量一致，需用因子 $1/N$ 对幅度谱重新标定。

示例中采样频率为 500Hz，信号序列 $X(t)$ 长度为 1000 点。图 4-2（b）为含噪信号的未中心化双边幅度谱（Two-sided Spectrum），横轴为频率，单位"Hz"。图 4-2（c）是序列 $X(t)$ 的中心化双边幅度谱，为便于观察，频率轴以 0 频点为中心进行标注显示；图 4-2（d）给出了序列 $X(t)$ 的单边幅度谱（Single-sided Spectrum）。从幅度谱中可以看出，尽管存在噪声，在 50Hz 和 120Hz 处两个正弦信号的幅值显著，但并非等于 0.7 和 1。信号序列持续时间越长，频谱计算得到的各频率分量幅度越接近原值。

注意： 在使用 Python 各类扩展库提供的函数之前，需先导入这些扩展库、模块或库函数。下面程序导入本章示例所用到的扩展库包、模块或库函数，使用本章示例之前，先运行一次本段程序。后续示例程序中，不再列出此段程序。

```
＃导入本章示例用到的包
import numpy as np
import cv2 as cv
from scipy. fft import fft,ifft,fft2,ifft2,fftshift,ifftshift
from skimage import io,util
import matplotlib. pyplot as plt
％matplotlib inline
＃------------------------------
```

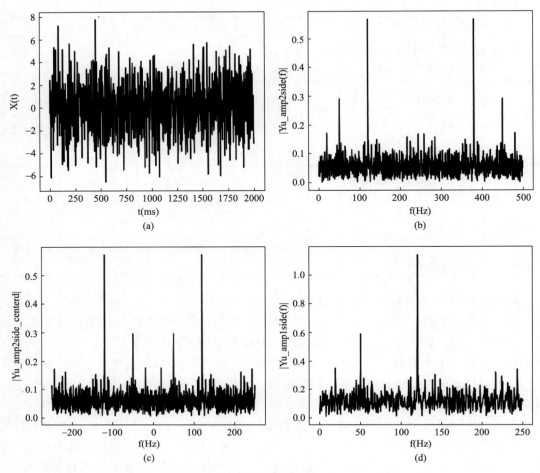

图 4-2 一维含噪信号的频谱分析

（a）含噪信号的时域波形；（b）含噪信号的双边幅度谱（未中心化）；

（c）含噪信号的中心化双边幅度谱；（d）含噪信号的单边幅度谱

＃采用离散傅里叶变换分析一维含噪时间信号的频率组成

＃生成含噪信号序列

Fs = 500　　＃采样频率 Sampling frequency

T = 1/Fs　　＃采样周期 Sampling period

N = 1000　　＃信号序列长度 Length of signal

t = np. linspace(0. 0,N * T,N)＃采样时刻向量

＃生成信号序列

＃由幅度为 0. 7 的 50Hz 正弦信号和幅度为 1 的 120Hz 正弦信号相加而成

S = 0. 7 * np. sin(2 * np. pi * 50 * t) + 1 * np. sin(2 * np. pi * 120 * t)

＃向信号中添加零均值,标准差为 2 的白噪声

X = S + 2 * np. random. standard_normal(t. size)

```
＃计算含噪信号 X 的 DFT 变换
Yu = fft(X)
＃计算含噪信号 X 的双边幅度谱,取复数的绝对值,即双边幅度谱
＃用因子 1/N 对幅度谱重新标定
Yu_amp2side = np. abs(Yu/N)
＃中心化,得到含噪信号 X 的 N/2 中心化双边幅度谱
Yu2 = fftshift(Yu);
Yu_amp2side_centered = np. abs(Yu2/N)
＃计算含噪信号 X 的单边幅度谱
Yu_amp1side = Yu_amp2side[0:int(N/2)]. copy()
Yu_amp1side[1:-1] = 2 * Yu_amp1side[1:-1]


＃显示结果
plt. figure(figsize = (12,10))
＃含噪信号 X 的时域波形图
plt. subplot(2,2,1); plt. plot(1000 * t,X,color = 'black')
plt. title('Signal Corrupted with Zero-Mean Random Noise')
plt. xlabel('t(milliseconds)'); plt. ylabel('X(t)')
＃定义双边幅度谱频率轴的频率范围
f = np. linspace(0. 0,Fs,N)
＃含噪信号 X 的双边幅度谱
plt. subplot(2,2,2); plt. plot(f,Yu_amp2side,color = 'black')
plt. title('Two-sided Amplitude Spectrum of X(t),Non centered')
plt. xlabel('f(Hz)'); plt. ylabel('|Yu_amp2side(f)|')
＃定义 0-中心化双边幅度谱频率轴的频率范围
f = np. linspace(0. 0,Fs,N)-Fs/2
＃含噪信号 X 的 N/2 中心化双边幅度谱,以 0 频点中心化方式显示
plt. subplot(2,2,3); plt. plot(f,Yu_amp2side_centered,color = 'black')
plt. title('Two-sided Amplitude Spectrum of X(t),0-centered')
plt. xlabel('f(Hz)'); plt. ylabel('|Yu_amp2side_centerd|')
＃定义边幅度谱频率轴的频率范围
f = np. linspace(0. 0,Fs/2. 0,N//2)＃ 运算符'//'取整除,返回商的整数部分(向下取整)
＃含噪信号 X 的单边幅度谱
plt. subplot(2,2,4); plt. plot(f,Yu_amp1side,color = 'black')
plt. title('Single-sided Amplitude Spectrum of X(t)')
plt. xlabel('f(Hz)'); plt. ylabel('|Yu_amp1side(f)|')
plt. show()
＃---------------------------
```

示例［**4-2**］计算灰度图像的傅里叶频谱

使用 SciPy 函数 fft2 计算图 4-3（a）灰度图像 cameraman 的幅度谱。图 4-3（b）是其中心化幅度谱的二维显示，由于傅里叶变换幅度谱的系数在 $0 \sim 10^6$ 较大范围内取值，当这些值直接用灰度图像二维显示时，画面会被少数较大幅度谱的系数值左右，仅能看到大面积暗背景中的几个亮点，而幅度谱中的低值系数（恰恰是重要的）细节则观察不到。图 4-3（c）给出了采用对数校正增强后的中心化幅度谱，可以观察到幅度谱中更多的细节。图 4-3（d）为采用对数校正增强的未中心化幅度谱。

(a)   (b)   (c)   (d)

图 4-3　灰度图像的傅里叶频谱

（a）灰度图像；（b）中心化幅度谱；（c）对数校正的中心化幅度谱；（d）对数校正的未中心化幅度谱

♯采用 **SciPy** 中的 **fft2** 函数计算灰度图像的傅里叶频谱

```
img = cv. imread('. \imagedata\cameraman. tif',0)    ♯读入一幅灰度图像
imgdft = fft2(img)    ♯计算图像的 DFT
imgdft_mag = np. abs(imgdft)    ♯计算图像幅度谱
imgdft_cent = fftshift(imgdft)    ♯对图像频谱中心化处理
imgdft_mag_cent = np. abs(imgdft_cent)    ♯计算图像中心化幅度谱
♯为便于观察图像幅度谱,采用对数校正增强图像
c1 = 255/np. log10(1 + np. max(imgdft_mag))
imgdft_mag_log = c1  *  np. log10(1 + imgdft_mag)
c2 = 255/np. log10(1 + np. max(imgdft_mag_cent))
imgdft_mag_cent_log = c2  *  np. log10(1 + imgdft_mag_cent)
♯显示结果(略,详见本章 Jupyter Notebook 可执行笔记本文件)
♯----------------------------------------
```

♯采用 **OpenCV** 中 **dft** 函数计算灰度图像的傅里叶频谱

```
img = cv. imread('. \imagedata\cameraman. tif',0)    ♯读入一幅灰度图像
M,N = img. shape    ♯获取图像高/宽大小
♯修改输入图像大小,优化 DFT 计算速度
P = cv. getOptimalDFTSize(M)
Q = cv. getOptimalDFTSize(N)
♯在原图像的下 bottom、右 right,按指定方式扩展 P-M 行、Q-N 列
imgn = cv. copyMakeBorder(img,top = 0,bottom = P-M,\
```

$$left = 0,right = Q\text{-}N,borderType = cv.\ BORDER\_REPLICATE)$$

＃计算扩展图像的 DFT

imgdft = cv. dft(np. float32(imgn),flags = cv. DFT_COMPLEX_OUTPUT)

imgdft_mag = cv. magnitude(imgdft[:,:,0],imgdft[:,:,1])　＃计算图像的幅度谱

imgdft_cent = fftshift(imgdft)　＃频谱中心化

imgdft_mag_cent = cv. magnitude(imgdft_cent[:,:,0],imgdft_cent[:,:,1])　＃计算中心化幅度谱

＃为便于观察图像的幅度谱,采用对数校正增强幅度谱图像

c1 = 255/np. log10(1 + np. max(imgdft_mag))

imgdft_mag_log = c1 * np. log10(1 + imgdft_mag)

c2 = 255/np. log10(1 + np. max(imgdft_mag_cent))

imgdft_mag_cent_log = c2 * np. log10(1 + imgdft_mag_cent)

＃显示结果(略)

＃——————————

4.2　图像频域滤波基础

图像空域滤波的实质,是计算二维图像 $f(x,y)$ 与滤波器系数数组 $h(x,y)$ 的线性卷积。离散傅里叶变换 DFT 的循环卷积定理,为线性卷积的频域实现提供了理论依据。循环卷积定理重写如下:

$$f(x,y) \otimes h(x,y) \Leftrightarrow F(u,v)H(u,v) \tag{4-38}$$

式中,$H(u,v)$ 为滤波器系数数组 $h(x,y)$ 的 DFT 变换,按其频率特性可分为低通滤波器(Low Pass Filter,LPF)、高通滤波器(High Pass Filter,HPF)、带通(Band Pass Filter,BPF)和带阻滤波器(Band Stop Filter,BSF)等。

低通滤波器可以让信号中的低频成分通过、高频成分被阻止或衰减。高通滤波器则相反,它阻止或衰减信号中的低频成分、而让高频成分通过。带通滤波器仅允许信号中特定频率成分通过,同时对其余频率成分进行有效抑制。带阻滤波器则相反,它有效抑制信号中的特定频率成分,而允许其余频率成分通过。

例如,在频域平面上,零频点 $F(0,0)$ 对应一幅图像的平均灰度值,$F(0,0)$ 附近的低频分量对应着图像中缓慢变化特征,如图像的整体轮廓。离零频点 $F(0,0)$ 越远,频率越高,对应图像中变化越来越快的可视特征,如图像的纹理、清晰度等。如果对 $F(u,v)$ 作中心化处理,零频点位于频域平面的中心,那么,离开中心依次经历低频分量到高频分量。因此,低通滤波器对图像的高频成分衰减而使其模糊,高通滤波器则对图像的低频成分衰减、图像中的纹理边缘特征得以保留。

除了特殊情况,一般不能建立图像 $f(x,y)$ 特定可视特征与其傅里叶变换频谱之间的直接联系。但是频率与图像灰度值的变化直接相关。

利用离散傅里叶变换 DFT 进行频域滤波的关键是滤波器 $H(u,v)$ 的设计,由于 $F(u,v)$ 频谱相位的改变将导致空域图像像素发生位置平移,因此,$H(u,v)$ 应为实序

列零相移滤波器。

频域滤波的一般步骤为（见图 4-4）：

1. 根据滤波任务在空域设计滤波器系数矩阵 $h(x, y)$，或直接在频域设计滤波器 $H(u, v)$。

2. 依据图像 $f(x, y)$ 的大小 $M \times N$ 和滤波器系数数组 $h(x, y)$ 的大小 $S \times T$，按式（4-36）确定图像扩展参数 P、Q，或选择 $P = 2M$ 和 $Q = 2N$。

3. 按式（4-34）扩展 $f(x, y)$，形成大小为 $P \times Q$ 的扩展图像 $f_p(x, y)$。

4. 计算 $f_p(x, y)$ 的离散傅里叶变换 DFT，并作中心化处理，得到中心化傅里叶变换 $F_p(u, v)$。

5. 如果在空域设计滤波器，则按式（4-35）对 $h(x, y)$ 扩展，形成大小为 $P \times Q$ 的扩展系数数组 $h_p(x, y)$。计算 $h_p(x, y)$ 的离散傅里叶变换 DFT，并作中心化处理，得到其中心化后的 $H_p(u, v)$。

6. 如果在频域设计滤波器，则生成一个实对称滤波函数 $H_p(u, v)$，其大小为 $P \times Q$，中心位于 $(P/2, Q/2)$ 处。

7. 采用数组点乘方法，计算 $G_p(u, v) = F_p(u, v) H_p(u, v)$。

8. 在频域对 $G_p(u, v)$ 去中心化，并计算 $G_p(u, v)$ 的傅里叶反变换 $g_p(x, y)$。或先求 $G_p(u, v)$ 的反变换，再在空域去中心化，即 $g_p(x, y) = \text{IDFT}[G_p(u, v)](-1)^{(x+y)}$。

9. 取 $g_p(x, y)$ 的实部。

10. 截取 $g_p(x, y)$ 左上角与原始图像 $f(x, y)$ 大小 $M \times N$ 相同的部分，即为滤波结果 $g(x, y)$。

11. 进行图像数据类型转换（灰度级标定、数据格式转换等）。

需要注意的是，如果对图像的 DFT 变换 $F_p(u, v)$ 作中心化处理，相应滤波器的 $H_p(u, v)$ 也必须作中心化处理，最后再对滤波结果去中心化。如果 $F_p(u, v)$ 没有进行中心化处理，那么也不能对滤波器 $H_p(u, v)$ 作中心化，必须保证 $F_p(u, v)$ 和 $H_p(u, v)$ 相乘时频率点一一对应。

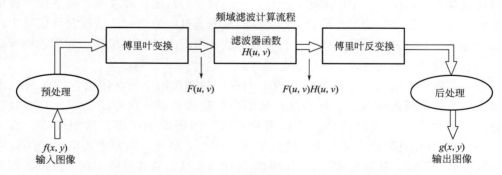

图 4-4　频域滤波的基本步骤

示例［4-3］均值滤波器的频域实现

以空域 5×5 均值滤波器为例，给出其频域实现。图 4-5（a）为原图 cameraman，图 4-5（b）为采用默认补 0 扩展后的频域滤波结果，图 4-5（c）给出了滤波后没有裁剪的图像;可以看出,图像边界出现了明显的黑边现象,回顾空域滤波时填充 0 扩展,也会出现这种现象。图 4-5(e)为采用'reflect'方式扩展的频域滤波结果,图 4-5(f)给出了其滤波后没有裁剪的图像,没有黑边,因此,无论是频域滤波还是空域滤波,可以通过选择扩展方式,以消除"黑边现象"。图 4-5(d)给出了 5×5 均值滤波器的中心化幅度谱。

图 4-5 空域 5×5 均值滤波器的频域实现

(a)原图;(b)补 0 扩展滤波;(c)补 0 扩展滤波(未裁剪);(d)均值滤波器的幅度谱;
(e)'reflect'方式扩展滤波;(f)'reflect'方式扩展滤波(未裁剪)

♯SciPy--空域均值滤波器的频域实现

```
img = io. imread('. \imagedata\cameraman. tif')   ♯读入一幅灰度图像
M,N = img. shape   ♯获取图像高/宽大小
P = 2 * M; Q = 2 * N   ♯确定并优化图像扩展参数
♯构造一个空域 5×5 均值滤波器
kav5 = np. ones((5,5),np. float32)/25
♯计算均值滤波器的 DFT,输出数组大小为 P×Q,默认填充 0 扩展边界
Hp = fft2(kav5,s = (P,Q))
Hp = fftshift(Hp)                  ♯对滤波器频谱作中心化处理

Fp1 = fft2(img,s = (P,Q))          ♯计算图像的 DFT,扩展区域填充 0
Fp1 = fftshift(Fp1)                ♯对图像频谱作中心化处理
Gp1 = Fp1 * Hp                     ♯计算扩展图像 DFT 与均值滤波器幅度谱的乘积
Gp1 = ifftshift(Gp1)              ♯去中心化
imgp1 = np. real(ifft2(Gp1))       ♯计算滤波结果的 DFT 反变换,并取实部
imgp1 = np. uint8(np. clip(imgp1,0,255))   ♯把输出图像的数据格式转换为 uint8
♯截取 imgp1 左上角与原图像大小相等的区域作为输出
```

```
imgout1 = imgp1[0:M,0:N]

#采用'reflect'方式扩展图像(下面扩展 M 行,右面扩张 N 列)
imgex = np.pad(img,((0,M),(0,N)),mode = 'reflect')
Fp2 = fftshift(fft2(imgex))   #计算扩展图像的DFT,并中心化
#计算'reflect'方式扩展图像的DFT与均值滤波器DFT的乘积
Gp2 = Fp2 * Hp
Gp2 = ifftshift(Gp2)   #去中心化
imgp2 = np.real(ifft2(Gp2))   #DFT 反变换,并取实部
imgp2 = np.uint8(np.clip(imgp2,0,255))   #把输出图像的数据格式转换为 uint8
imgout2 = imgp2[0:M,0:N]   #截取 imgp2 左上角与原图像大小相等的区域作为输出
#显示结果(略)
#————————————
```

通常情况下,当空域滤波器 h 尺寸较小时,空域滤波要比频域滤波效率高;当空域滤波器 h 尺寸较大时,使用快速傅里叶变换 FFT 的频域滤波要快于空域滤波。

4.3　频域图像平滑

低通滤波器能让图像 $f(x, y)$ 中的低频成分通过、阻止或衰减高频成分,导致像素灰度值变化平缓、锐度降低,从而呈现不同程度的模糊,达到图像平滑目的。理想低通滤波器在通带和阻带之间没有过渡带,非常尖锐,存在严重的振铃现象,实用效果差,不再讨论。本节主要介绍巴特沃斯低通滤波器(Butterworth Low Pass Filter,BLPF)和高斯低通滤波器(Gaussian Low Pass Filter,GLPF)的频域设计及其实现。

4.3.1　巴特沃斯低通滤波器

二维 n 阶巴特沃斯低通滤波器的频域传递函数定义为:

$$H(u, v) = \frac{1}{1 + [D(u, v)/D_0]^{2n}} \tag{4-39}$$

其中,D_0 为截止频率,$D(u, v)$ 为频率点 (u, v) 到频域平面中心零频率点 $(P/2, Q/2)$ 的距离,即:

$$D(u, v) = \left[\left(u - \frac{P}{2}\right)^2 + \left(v - \frac{Q}{2}\right)^2\right]^{\frac{1}{2}} \tag{4-40}$$

式中,P 和 Q 是滤波函数 $H(u, v)$ 的高宽大小,与图像 $f(x, y)$ 扩展填充后的尺寸相同。

图 4-6 给出了巴特沃斯低通滤波器传递函数的二维视图、三维视图及其径向剖面图。由卷积定理可知,频域滤波就是用滤波器 $H(u, v)$ 的系数去"修改" $F(u, v)$ 各频率复正弦的幅值,从而改变图像 $f(x, y)$ 频率组分的强弱,进而改变其空域形态。就低通滤波器而言,$H(u, v)$ 对应低频区域的通带系数接近 1,对应高频区域的阻带系数远小

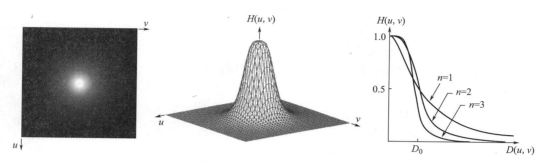

图 4-6　巴特沃斯低通滤波器传递函数的二维视图、三维视图及径向剖面图

于 1 并趋近 0。当 $D(u,v) = D_0$ 时，$H(u,v)$ 的值由 1 下降为 0.5。

巴特沃斯低通滤波器的阶次 n 用于控制过渡带的陡峭程度，n 越大，则过渡带越窄、越陡峭，并趋向理想低通滤波器，振铃现象也就越严重。$n=1$ 时的一阶巴特沃斯低通滤波器无振铃现象，$n=2$ 时的二阶巴特沃斯低通滤波器有轻微的振铃现象，并在有效的低通滤波和可接受的振铃现象之间获得较好的折中平衡。

示例 [4-4]　采用巴特沃斯低通滤波器的图像频域平滑

采用式（4-39）定义的 n 阶巴特沃斯低通滤波器，对图 4-7（a）中图像进行频域平滑。图 4-7（b）给出了阶次 $n=2$、$D_0=30$ 时的平滑结果，几乎察觉不到振铃现象。图 4-7（c）给出了阶次 $n=2$、$D_0=100$ 时的平滑结果，可以看到，图像平滑后的模糊程度随截止频率增大而减弱，因为较大的截止频率保留了更多的高频成分。当阶次 n 增大到 20 时，产生了严重的振铃现象，如图 4-7（d）所示。

   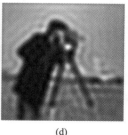

　　　(a)　　　　　　　　　　(b)　　　　　　　　　　(c)　　　　　　　　　　(d)

图 4-7　采用巴特沃斯低通滤波器的图像频域平滑

（a）原图；（b）$n=2$，$D_0=30$；（c）$n=2$，$D_0=100$；（d）$n=20$，$D_0=30$

＃采用巴特沃斯低通滤波器的图像频域平滑

```
img = io. imread('. \imagedata\cameraman. tif')　＃读入一幅灰度图像
M,N = img. shape　＃获取图像高/宽大小
＃采用'reflect'方式扩展图像(下面扩展 M 行,右面扩张 N 列)
imgex = np. pad(img,((0,M),(0,N)),mode = 'reflect')
Fp = fftshift(fft2(imgex))　＃计算扩展图像的DFT,并中心化
```

123

```
n = 2        #初始化巴特沃斯低通滤波器的阶次
D0 = 30      #初始化巴特沃斯低通滤波器的截止频率
#计算巴特沃斯低通滤波器频域传递函数
#构建频域平面坐标网格数组,坐标轴定义 v 列向/u 行向
v = np. arange(-N,N)
u = np. arange(-M,M)
Va,Ua = np. meshgrid(v,u)
Da2 = Ua * * 2 + Va * * 2
HBlpf = 1/(1 + (Da2/D0 * * 2) * * n)

#计算图像 DFT 与巴特沃斯低通滤波器频域传递函数的乘积
Gp = Fp * HBlpf
Gp = ifftshift(Gp)   #去中心化
imgp = np. real(ifft2(Gp))   #DFT 反变换,并取实部
imgout = imgp[0:M,0:N]   #截取 imgp 左上角与原图像大小相等的区域作为输出
imgout = np. uint8(np. clip(imgout,0,255))   #把输出图像的数据类型转换为 uint8
#显示结果(略)
#-----------------------------------------
```

4.3.2 高斯低通滤波器

二维高斯低通滤波器的传递函数定义为:

$$H(u, v) = \mathrm{e}^{-D^2(u, v)/2D_0^2} \tag{4-41}$$

其中,D_0 是截止频率,相当于高斯函数的标准差 σ,是滤波器的尺度因子;$D(u, v)$ 是频率点 (u, v) 到频域平面中心零频率点 $(P/2, Q/2)$ 的距离,仍按式(4-40)计算。P 和 Q 是滤波函数 $H(u, v)$ 的高宽大小,与图像 $f(x, y)$ 扩展填充后的尺寸相同。当 $D(u, v) = D_0$ 时,高斯低通滤波器 $H(u, v)$ 的值由 1 下降为 0.607。图 4-8 给出了高斯低通滤波器传递函数的二维视图、三维图像及其径向剖面图。

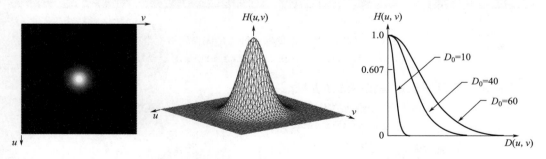

图 4-8　高斯低通滤波器传递函数的二维图像、三维视图及径向剖面图

对比图 4-6 二阶巴特沃斯低通滤波器与高斯低通滤波器的剖面图,在截止频率 D_0 相同的情况下,高斯低通滤波器的过渡带更平缓,对低频通带和高频阻带的控制不如二阶巴

特沃斯低通滤波器那样"紧凑",导致平滑效果差些。但高斯低通滤波器不会发生振铃现象。

示例［4-5］采用高斯低通滤波器的图像频域平滑

图 4-9 给出了采用式(4-41)定义的高斯低通滤波器,实现图像频域平滑的结果。可以看到,图像平滑后的模糊程度随截止频率增大而减弱,因为较大的截止频率保留了更多的高频成分。

(a)　　　　　　　(b)　　　　　　　(c)　　　　　　　(d)

图 4-9　采用高斯低通滤波器的图像频域平滑

(a) 原图;(b) $D_0=30$;(c) $D_0=50$;(d) $D_0=100$

＃采用高斯低通滤波器的图像频域平滑

```
img = io. imread('. \imagedata\cameraman. tif')    ＃读入一幅灰度图像
M,N = img. shape    ＃获取图像高/宽大小
＃采用'reflect'方式扩展图像(下面扩展 M 行,右面扩张 N 列)
imgex = np. pad(img,((0,M),(0,N)),mode = 'reflect')
Fp = fftshift(fft2(imgex))    ＃计算扩展图像的 DFT,并中心化


D0 = 30    ＃初始化高斯低通滤波器的截止频率
＃计算高斯低通滤波器频域传递函数
＃构建频域平面坐标网格数组,v 列向/u 行向
v = np. arange(-N,N)
u = np. arange(-M,M)
Va,Ua = np. meshgrid(v,u)
Da2 = Ua * * 2 + Va * * 2
HGlpf = np. exp(-Da2/(2 * D0 * * 2))


＃计算图像 DFT 与高斯低通滤波器频域传递函数的乘积
Gp = Fp * HGlpf
Gp = ifftshift(Gp)    ＃去中心化
imgp = np. real(ifft2(Gp))    ＃DFT 反变换,并取实部
imgout = imgp[0:M,0:N]＃截取 imgp 左上角与原图像大小相等的区域作为输出
imgout = np. uint8(np. clip(imgout,0,255))＃把输出图像的数据类型转换为 uint8
```

```
# 显示结果(略)
# —————————————————
```

4.4　频域图像锐化

图像锐化（Image Sharpening）通过补偿图像的轮廓细节，增强图像的边缘及灰度跳变部分，使图像变得更清晰。图像锐化突出了图像中物体的边缘、轮廓，提高了物体边缘与周围像素之间的反差，因此也被称为边缘增强。第3章给出了图像锐化的空域滤波实现方法，本节介绍图像锐化的频域实现方法。

高通滤波器是图像锐化的关键环节，它抑制或衰减图像中的低频成分，保留其高频成分，滤波后的图像因损失低频分量导致整体变暗，仅边缘、轮廓部分可见。如果把高通滤波提取的边缘、轮廓，以某种方式叠加到原图像上，就可以得到通常意义上的锐化图像。

本节主要介绍巴特沃斯高通滤波器（Butterworth High Pass Filter，BHPF）和高斯高通滤波器（Gaussian High Pass Filter，GHPF）、拉普拉斯算子、钝化掩膜、同态滤波器等图像锐化的频域实现方法。一般而言，高通滤波器可以由低通滤波器按下式得到：

$$H_{HP}(u, v) = 1 - H_{LP}(u, v) \tag{4-42}$$

式中，$H_{LP}(u, v)$ 为低通滤波器的传递函数。

4.4.1　巴特沃斯高通滤波器

二维 n 阶巴特沃斯高通滤波器的传递函数定义为：

$$H(u, v) = \frac{1}{1 + [D_0/D(u, v)]^{2n}} \tag{4-43}$$

式中，D_0 是截止频率；$D(u, v)$ 是频点 (u, v) 与频域平面中心零频点 $(P/2, Q/2)$ 的距离，由式（4-40）给出。图 4-10 第 1 行给出了巴特沃斯高通滤波器传递函数的二维图像、三维视图及径向剖面图。

4.4.2　高斯高通滤波器

二维高斯高通滤波器的传递函数定义为：

$$H(u, v) = 1 - e^{-D^2(u, v)/2D_0^2} \tag{4-44}$$

式中，D_0 为截止频率，相当于高斯函数的标准差 σ，是滤波器的尺度因子；$D(u, v)$ 是频率点 (u, v) 与频域平面中心零频率点 $(P/2, Q/2)$ 的距离，由式（4-40）给出。图 4-10 第 2 行给出了高斯高通滤波器传递函数的二维视图、三维图像及径向剖面图。

示例［4-6］采用巴特沃斯高通滤波器对图像频域滤波

图 4-11 给出了采用式（4-43）定义的巴特沃斯高通滤波器对图像滤波的结果。可以看到，经高通滤波后，图像低频分量衰减，突出了图像中的边缘、轮廓等纹理特征。滤波后的边缘强度随截止频率的增大而减弱，但同时也变得更细致。图 4-11（b）、图 4-11（c）

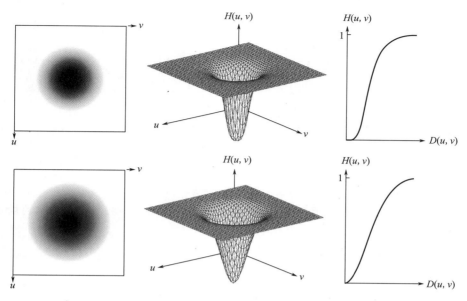

图 4-10　巴特沃斯高通滤波器、高斯高通滤波器传递函数图示

(a)　　　　　　　　(b)　　　　　　　　(c)

图 4-11　采用巴特沃斯高通滤波器的图像频域滤波

(a) 原图 cameraman；(b) $n=2$，$D_0=30$；(c) $n=2$，$D_0=100$

分别为二阶巴特沃斯高通滤波器截止频率 $D_0=30$、100 时的滤波结果。

♯采用巴特沃斯高通滤波器的图像频域滤波

img = io. imread('. \imagedata\cameraman. tif')　♯读入一幅灰度图像

M,N = img. shape　♯获取图像高/宽大小

♯采用'reflect'方式扩展图像(下面扩展 M 行,右面扩张 N 列)

imgex = np. pad(img,((0,M),(0,N)),mode = 'reflect')

Fp = fftshift(fft2(imgex))　♯计算扩展图像的 DFT 并中心化

n = 2　♯初始化巴特沃斯高通滤波器的阶次

D0 = 30　♯初始化巴特沃斯高通滤波器的截止频率

♯计算巴特沃斯低通滤波器频域传递函数

♯构建频域平面坐标网格数组,v 列向/u 行向

```
v = np. arange(-N,N)
u = np. arange(-M,M)
Va,Ua = np. meshgrid(v,u)
Da2 = Ua ** 2 + Va ** 2
HBhpf = 1-1/(1 + (Da2/D0 ** 2) ** n)


# 计算图像 DFT 与巴特沃斯高通滤波器频域传递函数的乘积
Gp = Fp * HBhpf
Gp = ifftshift(Gp)    # 去中心化
imgp = np. real(ifft2(Gp))    # DFT 反变换,并取实部
imgout = imgp[0:M,0:N]    # 截取 imgp 左上角与原图像大小相等的区域作为输出
# 显示结果(略)
# -------------------------
```

示例 [4-7] 采用高斯高通滤波器的图像频域滤波

图 4-12 给出了采用式（4-44）定义的高斯高通滤波器，对图像频域滤波的结果。可以看到，经高通滤波后，图像低频分量衰减，突出了图像中的边缘、轮廓等纹理特征。滤波后的边缘强度随截止频率的增大而减弱，但同时也变得更细致。图 4-12（b）、图 4-12（c）分别为高斯高通滤波器截止频率 D_0＝30、100 时的滤波结果。

(a)　　　　　　　　　(b)　　　　　　　　(c)

图 4-12　采用高斯高通滤波器的图像频域滤波

(a) 原图 cameraman；(b) D_0＝30；(c) D_0＝100

 # 采用高斯高通滤波器的图像频域滤波

```
img = io. imread('. \imagedata\cameraman. tif')    # 读入一幅灰度图像
M,N = img. shape    # 获取图像高/宽大小


# 采用'reflect'方式扩展图像(下面扩展 M 行,右面扩张 N 列)
imgex = np. pad(img,((0,M),(0,N)),mode = 'reflect')
Fp = fftshift(fft2(imgex))    # 计算扩展图像的 DFT 并中心化
D0 = 30    # 初始化高斯高通滤波器的截止频率
# 计算高斯高通滤波器频域传递函数
```

```
#构建频域平面坐标网格数组,v 列向/u 行向
v = np. arange(-N,N)
u = np. arange(-M,M)
Va,Ua = np. meshgrid(v,u)
Da2 = Ua * * 2 + Va * * 2
HGhpf = 1-np. exp(-Da2/(2 * D0 * * 2))


#计算图像 DFT 与高斯高通滤波器频域传递函数的乘积
Gp = Fp * HGhpf
Gp = ifftshift(Gp)      #去中心化
imgp = np. real(ifft2(Gp))        #DFT 反变换,并取实部
imgout = imgp[0:M,0:N]        #截取 imgp 左上角与原图像大小相等的区域
#显示结果(略)
#—————————————————————————————
```

4.4.3 拉普拉斯算子图像锐化的频域实现

第 3 章介绍了拉普拉斯算子空域滤波图像锐化方法,先用拉普拉斯算子对图像 $f(x, y)$ 进行空域滤波,得到其拉普拉斯边缘图像,然后从原图像中减去（或加上）用强度因子 α 加权的拉普拉斯边缘图像:

$$g(x, y) = \begin{cases} f(x, y) - \alpha \nabla^2 f(x, y), & \text{拉普拉斯模板中心系数为负} \\ f(x, y) + \alpha \nabla^2 f(x, y), & \text{拉普拉斯模板中心系数为正} \end{cases} \tag{4-45}$$

式中,强度因子 α 用于控制图像锐化的强度。

拉普拉斯边缘图像 $\nabla^2 f(x, y)$,也可使用如下滤波器在频域实现:

$$H(u, v) = -4\pi^2 D^2(u, v) \tag{4-46}$$

式中,$D(u, v)$ 是频率点 (u, v) 与频域平面中心零频率点 $(P/2, Q/2)$ 的距离。由下式得到 $f(x, y)$ 的拉普拉斯边缘图像 $\nabla^2 f(x, y)$:

$$\nabla^2 f(x, y) = \text{IDFT}[F(u, v)H(u, v)] \tag{4-47}$$

式中,$F(u, v)$ 是 $f(x, y)$ 的 DFT 变换,IDFT 表示 DFT 反变换。由于 DFT 变换引入了标定因子,有可能使式（4-47）计算得到的拉普拉斯边缘图像 $\nabla^2 f(x, y)$ 的值,与 $f(x, y)$ 不在同一个数量级,导致锐化后的图像异常。解决此问题的方法是:

（1）把图像 $f(x, y)$ 的灰度值归一化到区间 $[0, 1]$,再计算其 DFT 变换 $F(u, v)$。

（2）拉普拉斯边缘图像 $\nabla^2 f(x, y)$ 除以 $\nabla^2 f(x, y)$ 绝对值的最大值,将 $\nabla^2 f(x, y)$ 映射到 $[-1, 1]$ 之间。

（3）按式（4-45）计算锐化后的图像 $g(x, y)$,并对 $g(x, y)$ 饱和处理,将小于 0 的值置为 0、大于 1 的值置为 1,然后把图像的数据类型转换到与原图像 $f(x, y)$ 一致。

示例 [4-8] 频域拉普拉斯算子的图像锐化

采用式（4-46）定义的频域拉普拉斯算子,对图 4-13（a）中图像 moon 进行频域锐化。图 4-13（b）为按式（4-45）把拉普拉斯边缘图像叠加到原图像后的锐化结果,可见

边缘和轮廓等纹理细节得到突出，锐化后的图像视觉上明显比原图像清晰。图 4-13 （c）
为拉普拉斯边缘图像。

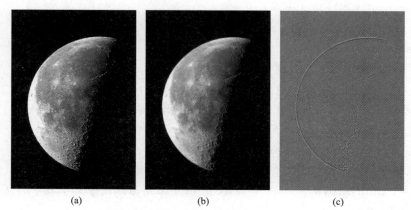

图 4-13　采用频域拉普拉斯算子的图像锐化

（a）原图像 moon；（b）频域拉普拉斯算子锐化；（c）拉普拉斯边缘图像$\nabla^2 f(x，y)$

♯采用频域拉普拉斯算子的图像锐化

```
img = io. imread('. /imagedata/moon. tif')    ♯读入一幅灰度图像
img = util. img_as_float(img)    ♯将图像数据类型转换为浮点型[0,1]
M,N = img. shape    ♯获取图像高/宽大小

♯采用'reflect'方式扩展图像（下面扩展 M 行,右面扩张 N 列）
imgex = np. pad(img,((0,M),(0,N)),mode = 'reflect')
Fp = fftshift(fft2(imgex))    ♯计算扩展图像的 DFT 并中心化

alpha = 1；♯初始化叠加强度控制因子
♯计算频域拉普拉斯算子的传递函数
♯构建频域平面坐标网格数组,v 列向/u 行向
v = np. arange(-N,N)
u = np. arange(-M,M)
Va,Ua = np. meshgrid(v,u)
Da2 = Ua * * 2 + Va * * 2
HLap = -4 * np. pi * np. pi * Da2
♯计算图像 DFT 与拉普拉斯算子传递函数的乘积
Gp = Fp * HLap
Gp = ifftshift(Gp)              ♯去中心化
imgp = np. real(ifft2(Gp))      ♯DFT 反变换,并取实部
imgLap = imgp[0:M,0:N]          ♯截取 imgp 左上角与原图像大小相等的区域作为输出
♯将拉普拉斯边缘图像 imgLap 的值映射到[-1,1]之间
imgLap = imgLap/(np. max(np. abs(imgLap)))
```

imgout = img-alpha * imgLap　#把拉普拉斯边缘图像 fL 叠加到原图像上

#将 imgout 中小于 0 的值置为 0,大于 1 的值置为 1,并将数据格式转换为 uint8

imgout = util. img_as_ubyte(np. clip(imgout,0,1))

#显示结果(略)

#————————————————

4.4.4　钝化掩膜图像锐化的频域实现

第 3 章 3.5.2 节介绍的钝化掩膜(USM,Unsharp Masking)图像锐化方法,实质上是先提取图像中的边缘,再叠加到原图像上,相当于增强或提升了图像中的高频成分,重写如下:

$$f_e(x,\ y)=f(x,\ y)-f_s(x,\ y) \tag{4-48}$$

式中,$f_s(x,\ y)$ 为空域低通滤波平滑后的模糊图像,$f_e(x,\ y)$ 为提取的边缘图像,即图像的高频成分,然后用强度因子 α 加权叠加到图像 $f(x,\ y)$ 上,得到锐化结果 $g(x,\ y)$:

$$\begin{aligned} g(x,\ y)&=f(x,\ y)+\alpha f_e(x,\ y)\\ &=f(x,\ y)+\alpha[f(x,\ y)-f_s(x,\ y)] \end{aligned} \tag{4-49}$$

式中,平滑模糊图像 $f_s(x,\ y)$ 可以采用频域低通滤波来计算,即:

$$f_s(x,\ y)=\mathrm{IDFT}[F(u,\ v)H_{LP}(u,\ v)] \tag{4-50}$$

利用 DFT 的线性性质,可以得到式(4-49)完整的频域实现表达式,即:

$$g(x,\ y)=\mathrm{IDFT}\{[1+\alpha[1-H_{LP}(u,\ v)]]F(u,\ v)\} \tag{4-51}$$

当然,也可以根据式(4-42),将上式写成高通滤波器形式:

$$g(x,\ y)=\mathrm{IDFT}\{[1+\alpha H_{HP}(u,\ v)]F(u,\ v)\} \tag{4-52}$$

示例 [4-9] 钝化掩膜图像锐化的频域实现

采用式(4-52)定义的频域 USM 锐化算法,对图 4-14(a)中图像 moon 进行频域锐化,选用频域高斯高通滤波器。图 4-14(b)给出了锐化结果,加权强度因子 $\alpha=2$,高斯高通滤波器的截止频率 $D_0=80$。可见,边缘和轮廓等纹理细节得到突出,锐化后的图像视觉上明显比原图像清晰。

#采用高斯高通滤波器的 USM 频域锐化

img = io. imread('. /imagedata/moon. tif')　#读入一幅灰度图像

M,N = img. shape　#获取图像高/宽大小

alpha = 2　#叠加强度控制因子

D0 = 80　#高斯低通滤波器的截止频率

#采用'reflect'方式扩展图像(下面扩展 M 行,右面扩张 N 列)

imgex = np. pad(img,((0,M),(0,N)),mode = 'reflect')

Fp = fftshift(fft2(imgex))　#计算扩展图像的 DFT,并中心化

#计算高斯低通滤波器频域传递函数

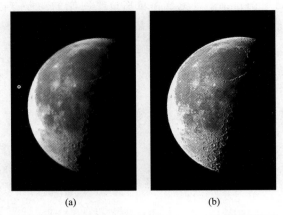

(a)   (b)

图 4-14　采用高斯高通滤波器的频域 USM 图像锐化

(a) 原图像 moon；(b) USM 频域锐化

```
♯构建频域平面坐标网格数组,v列向/u行向
v = np. arange(-N,N)
u = np. arange(-M,M)
Va,Ua = np. meshgrid(v,u)
Da2 = Ua * * 2 + Va * * 2
HGlpf = np. exp(-Da2/(2 * D0 * * 2))
♯计算 USM 锐化图像的频谱
Gp = Fp * (1 + alpha * (1-HGlpf))
Gp = ifftshift(Gp)    ♯去中心化
imgp = np. real(ifft2(Gp))    ♯DFT 反变换,并取实部
imgout = imgp[0:M,0:N]    ♯截取 imgp 左上角与原图像大小相等的区域
imgout = np. uint8(np. clip(imgout,0,255))    ♯把输出图像的数据格式转换为 uint8
♯显示结果(略)
♯----------------------------
```

4.4.5　同态滤波器

图像处理经常遇到灰度值动态范围很大且暗区域细节不清楚的图像，希望增强暗区域细节的同时不损失亮区域细节。

在成像过程中，图像 $f(x,y)$ 可以表示为其照射分量 $i(x,y)$ 和反射分量 $r(x,y)$ 的乘积，即：

$$f(x,y)=i(x,y) \cdot r(x,y) \tag{4-53}$$

图像中自然光照通常具有均匀渐变的特点，照射分量 $i(x,y)$ 一般具有一致性，表现为低频分量。然而不同材料或物体的表面反射特性差异很大，常引起反射分量 $r(x,y)$ 急剧变化，从而使图像的灰度值发生突变，这种变化与高频分量有关。对式（4-53）取自然对数，可使图像 $f(x,y)$ 的照射分量 $i(x,y)$ 和反射分量 $r(x,y)$ 分离，由相乘转化为相加：

$$z(x, y) = \ln f(x, y) \doteq \ln i(x, y) + \ln r(x, y) \tag{4-54}$$

　　然后使用同态滤波器（Homomorphic Filter）对这个取自然对数后的图像 $z(x, y)$ 进行频域滤波。同态滤波器能压缩图像低频分量的动态范围，同时扩展提升图像高频分量的动态范围，这样就可以减少图像中的光照变化，降低图像的明暗反差，增加暗区域亮度，突出其边缘细节。图 4-15 给出了同态滤波器传递函数曲面的径向剖面图。

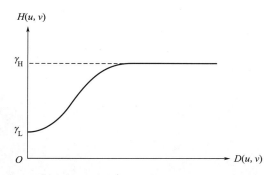

图 4-15　同态滤波器传递函数曲面的径向剖面图

　　同态滤波器的传递函数可由下式给出：

$$\begin{aligned}
H(u, v) &= \gamma_L + (\gamma_H - \gamma_L) H_{HP}(u, v) \\
&= \gamma_L [1 - H_{HP}(u, v)] + \gamma_H H_{HP}(u, v) \\
&= \gamma_L H_{LP}(u, v) + \gamma_H H_{HP}(u, v)
\end{aligned} \tag{4-55}$$

式中，$0 < \gamma_L < 1$，$\gamma_H > 1$，用于控制滤波器的幅度范围。$H_{HP}(u, v)$ 为高通滤波器，可以选择巴特沃斯高通滤波器、高斯高通滤波器等，$H_{LP}(u, v)$ 为对应的低通滤波器。可见，同态滤波器也可以视为一个高通滤波器和一个低通滤波器的加权和。下面给出的同态滤波器传递函数，采用式（4-43）定义的巴特沃斯高通滤波器，并令巴特沃斯高通滤波器的阶次 $n = 2$。

$$H(u, v) = \gamma_L + \frac{\gamma_H - \gamma_L}{1 + [D_0 / D(u, v)]^{2n}} \tag{4-56}$$

　　上式定义的同态滤波器有 4 个控制参数，调整有一定难度。一般而言，截止频率 D_0 应足够大，可取滤波器高、宽最大值或至少一半，即 $D_0 > 0.5 \times \max (P, Q)$，让足够的图像低频分量被保留，保证图像的整体视觉效果不会被过度改变。从式（4-55）可以看出，参数 γ_L 用于衰减滤波后图像中的低频分量，大的 γ_L 会过多保留原图像的光照特点，因此不宜太大，通常 $\gamma_L \leqslant 0.5$。参数 γ_H 用于提升滤波后图像中的高频分量，也不宜过大。

同态滤波的一般步骤

　　（1）对图像 $f(x, y)$ 取对数，得到 $z(x, y)$。为避免因 $f(x, y)$ 中 0 灰度值导致出现 ln（0）情况，令 $z(x, y) = \ln (f(x, y) + 1)$；

　　（2）计算 $z(x, y)$ 的 DFT 变换 $Z(u, v)$；

　　（3）计算 $S(u, v) = Z(u, v) H(u, v)$；

　　（4）对 $S(u, v)$ 作反变换，即 $s(x, y) = \text{IDFT} [S(u, v)]$；

　　（5）对 $s(x, y)$ 取指数，得到处理后的图像 $g(x, y) = e^{s(x, y)} - 1$。由于之前使用

$z(x, y) = \ln(f(x, y) + 1)$，此处将 $s(x, y)$ 取指数后的结果减 1。

示例［**4-10**］采用同态滤波器增强光照不均匀图像

采用式（4-56）定义的同态滤波器算法，对图 4-16（a）中光照反差强烈的隧道图像 tunnel 进行频域增强。图 4-16（b）为同态滤波增强结果，控制参数取值为：$n=2$，$\gamma_L = 0.3$，$\gamma_H = 1.5$，$D_0 = 0.6 \times \max(P, Q)$。图 4-16（c）为另一组参数的同态滤波增强结果，控制参数取值为：$n=2$，$\gamma_L = 0.5$，$\gamma_H = 1.5$，$D_0 = 0.6 \times \max(P, Q)$。可见，隧道内部暗处的墙壁边缘等纹理细节得到突出，不均匀光照得到明显改善，图像反差也得到适当调整。加大 γ_L 后，原图像的光照特点保留较为明显。

(a)	(b)	(c)

图 4-16 采用同态滤波器增强光照不均匀图像

（a）原图像 tunnel；（b）增强后的图像，$\gamma_L = 0.3$；（c）增强后的图像，$\gamma_L = 0.5$

♯同态滤波器（Homomorphic Filter）增强不均匀光照图像

```
♯采用巴特沃斯滤波器
img = io. imread('. /imagedata/tunnel. jpg')    ♯读入一幅灰度图像
img = np. float32(img)    ♯转换图像数据类型为浮点型
imgz = np. log(img + 1)    ♯图像 img 取对数,得到 imgz
M,N = img. shape          ♯获取图像高/宽大小
Zp = fftshift(fft2(imgz,s = (2 * M,2 * N)))    ♯计算对数图像的 DFT 并中心化


♯初始化同态滤波器参数
rL = 0.5
rH = 1.0
n = 2    ♯巴特沃斯滤波器的阶次
D0 = 0.6 * np. max((2 * M,2 * N))    ♯滤波器的截止频率
♯计算同态滤波器频域传递函数
♯构建频域平面坐标网格数组,v 列向/u 行向
v = np. arange(-N,N)
u = np. arange(-M,M)
Va,Ua = np. meshgrid(v,u)
Da2 = Ua * * 2 + Va * * 2
HBlpf = 1/(1 + (Da2/D0 * * 2) * * n)
```

```
Hof =    rL * HBlpf + rH * (1-HBlpf)
# 计算同态滤波后的图像频谱并去中心化
Sp = ifftshift(Zp * Hof)
imgp = np.real(ifft2(Sp))              # DFT 反变换,并取实部
imgp1 = imgp[0:M,0:N]                  # 截取 imgp 左上角 M * N 的区域
imgout = np.exp(imgp1)-1               # 取 imgp1 自然指数,并减 1 补偿
imgout = util.img_as_ubyte(imgout/np.max(imgout))    # 数据类型转换为 uint8
# 显示结果(略)
# -----------------------------
```

4.5　Python 扩展库中的图像傅里叶频域分析与滤波函数

为便于学习,下表列出了 SciPy、OpenCV 等库中与图像频域滤波相关的常用函数及其功能。

函数名		功能描述
SciPy	导入方式:**from scipy. fft import fft,ifft,fft2,ifft2,fftshift,ifftshift**	
	fft	一维快速傅里叶变换,计算一维离散傅里叶变换 DFT,1-D fast Fourier transform.
	ifft	一维快速傅里叶反变换,1-D inverse fast Fourier transform.
	fft2	二维快速傅里叶变换,计算二维离散傅里叶变换 DFT,2-D fast Fourier transform.
	ifft2	二维快速傅里叶反变换,2-D inverse fast Fourier transform.
	fftshift	频谱中心化,Shift zero-frequency component to center of spectrum.
	ifftshift	频谱去中心化,对函数 fftshift 结果的反操作,Inverse FFT shift.
OpenCV	导入方式:**import cv2 as cv**	
	dft	快速傅里叶变换,Performs a forward or inverse Discrete Fourier transform of a 1D or 2D floating-point array.
	idft	快速傅里叶反变换 Calculates the inverse Discrete Fourier Transform of a 1D or 2D array.
	magnitude	计算向量幅值,Calculates the magnitude of 2D vectors.
	cartToPolar	同时返回幅度和相位,Calculates the magnitude and angle of 2D vectors.
NumPy	导入方式:**import numpy as np**	
	angle	计算复数的相角,Return the angle of the complex argument.
	arange	返回一个指定起点、终点及固定步长的排列数组,Return evenly spaced values within a given interval.
	meshgrid	生成网格点坐标矩阵,Return coordinate matrices from coordinate vectors.

 **习题** ▶▶▶

4.1 频域滤波的本质是什么？

4.2 简述线性卷积与循环卷积的异同及联系。

4.3 证明图像 $f(x, y)$ 二维 DFT 变换 $F(u, v)$ 的 0 频点 $F(0, 0)$ 的幅值与图像灰度值的平均值成正比。若令 $F(0, 0) = 0$ 再进行反变换，图像会发生什么变化？

4.4 在频域用二维空域滤波器对图像滤波时，滤波后的图像周边也会出现黑边等问题，分析产生这种现象的原因。请选择一种图像扩展方案，让滤波后的图像周边更自然些。

4.5 为什么理想低通（高通）滤波器的滤波效果并不理想？怎样让巴特沃斯低通（高通）滤波器趋向理想低通（高通）滤波器？

4.6 证明连续和离散傅里叶变换的平移性质和旋转不变性质。

💻 **上机练习** ▶▶▶

E4.1 打开本章 Jupyter Notebook 可执行记事本文件"Ch4 频域滤波.ipynb"，逐单元（Cell）运行示例程序，注意观察分析运行结果。熟悉示例程序功能，掌握相关函数的使用方法。

E4.2 计算一幅图像 $f(x, y)$ 二维 DFT 变换 $F(u, v)$，将频谱 $F(u, v)$ 所有系数的相角加上一$\pi(u+v)$，然后再计算 $F(u, v)$ 的 DFT 反变换。请用 Python 及有关扩展库编程实现，观察图像发生的变化，并解释原因。

E4.3 请采用高斯高通滤波器实现同态滤波器功能，给出同态滤波器的频域传递函数，编程实现，并和本章采用巴特沃斯高通滤波器实现的同态滤波器做对比。

E4.4 查找资料，给出带阻滤波器和带通滤波器的频域传递函数，编程实现。

E4.5 本章涉及的示例图像都是灰度图像，如何对彩色图像进行平滑和锐化？请查阅后续章节相关内容，编程尝试对彩色图像进行平滑或锐化。

第5章

彩色图像处理

我们身处的世界五彩缤纷，眼睛已习惯于通过颜色分辨物体、获取信息。彩色图像比灰度图像能提供更贴近自然的视觉效果和更有效的信息表达能力。颜色视觉是一个非常复杂的物理、生理和心理现象，数百年来吸引了大量科学家、心理学家、哲学家和艺术家的兴趣。本章首先介绍色度学基础、颜色模型等概念，然后讨论彩色图像增强技术。

5.1 颜色的感知

颜色视觉机理非常复杂，涉及人类视觉系统、颜色的物理本质等。17 世纪英国物理学家牛顿通过三棱镜色散实验，发现白光可被分解为从红到紫的不同颜色，证明白光是由不同颜色的光混合而成，为颜色理论奠定了基础。

5.1.1 人眼视网膜结构与三原色

人眼球大致可分为屈光系统和感光系统。屈光系统由角膜、房水、晶状体和玻璃体四部分组成，其作用是将来自物体的光线会聚成清晰的光影像。感光系统则由视网膜组成，视网膜上分布有锥状细胞和杆状细胞两大类光敏细胞，在光刺激下形成神经脉冲，经视神经传递到大脑视觉中枢，从而产生有关物体形状、明暗和颜色等视知觉。

1. 锥状细胞

锥状细胞主要分布在视网膜中心区域，大约有 600 万～700 万个，这些锥状细胞又分为 L、M、S 三类。每类锥状细胞能感知可见光谱中特定波长范围的电磁波，且在某一波长处敏感度达到峰值，分别产生红、绿、蓝彩色视觉，如表 5-1 所示。人脑主要依据这三类锥状细胞接收到的光刺激，产生不同的颜色感觉。我们看到的颜色，实际上是红、绿、蓝三种光刺激的各种组合，所以把红、绿、蓝称为三原色（Primary Color）或三基色。锥状细胞既能辨别光的强弱，又能辨别颜色。

2. 杆状细胞

视网膜上分布的杆状细胞数量约有 7500 万～15000 万个，数量远超锥状细胞，但只有一类。杆状细胞比锥状细胞对光线更敏感，但没有彩色感觉，仅产生明暗不同的灰度视觉。在低照度环境下（如夜晚），人类主要靠杆状细胞来辨别环境的明暗。

人眼视网膜中感光细胞分类及其光谱吸收特性　　　　　　表 5-1

感光细胞类型	感知电磁波长范围(nm)	敏感度达到峰值波长(nm)	大脑感知的颜色
锥状细胞(Type L)	400～680	564	红(Red)
锥状细胞(Type M)	400～650	534	绿(Green)
锥状细胞(Type S)	370～530	420	蓝(Blue)
杆状细胞	400～600	498	黑/灰/白

5.1.2　物体的光谱吸收特性与颜色感觉

可见光是一种电磁辐射，处在电磁波谱相对狭窄的范围内，其是否可见与到达视网膜的辐射功率和观察者的敏感度有关。可见光的波长范围下限一般在 360～400nm 之间，上限在 760～830nm 之间。不同波长的光呈现不同的颜色，随着波长由长变短，呈现的颜色依次为红、橙、黄、绿、青、蓝、紫。各种颜色之间渐变平滑过渡到另一种颜色，没有明确的界线。

进入眼睛的可见光大致分为光源的辐射光、物体的反射光、穿过透明物体的透射光等。物体之所以呈现缤纷多彩的颜色，取决于光源辐射光的光谱分布，以及物体对光谱的选择性吸收特性。

1. 光源

光源是指通过能量转换而发出一定波长范围电磁波的物体，以可见光为主，也包括紫外线、红外线、X 光线等不可见光，分为自然光源和人造光源。

太阳是人类赖以生存的自然光源，人类视觉功能也正是伴随太阳光得以进化形成。太阳辐射电磁波的波长范围覆盖了从 X 射线到无线电波的整个电磁波谱，其中 99.9% 的能量集中在红外区、可见光区和紫外区。经大气层过滤后到地面，太阳辐射的可见光谱能量近乎均匀分布，呈现为白光的视觉效应。日光的可见光谱分布特性从早到晚，以及不同气象条件下会发生很大变化，引起的整体视觉效应也大不相同。譬如，早晚日光偏暖色、中午日光偏冷色。

白炽灯、荧光灯、LED 灯等人造光源，发出的光谱特性与日光相去甚远，在研究人造光源的光谱及其彩色视觉特性时，多以日光为参照。

光源辐射的光谱分布，不仅决定了其自身的光色，还影响着被照射物体的颜色感觉。因此，对光电成像技术而言，要准确复现物体颜色，有必要了解光源的光谱特性及其度量方法。

2. 物体的光谱吸收特性

自然界大部分物体本身并不发光，因此在黑暗中是不可见的，物体的颜色只有在光存在时才显示出来。当光照射到物体上，物体选择性吸收某一波长范围内的光，而将其余波长的光反射或透射出来作用于人眼，就产生了不同的颜色感觉。

例如，当阳光照射在绿叶上，绿叶主要反射了绿色光谱成分，而吸收了阳光中其余光谱成分，被反射的绿光进入人眼引起绿色视觉效应。如果物体在阳光照射下较多地吸收了青色光（蓝＋绿），则此物体呈现为红色。一般来讲，物体的颜色是该物体在特定光源照射下，所反射（或透射）的可见光作用于人眼而引起的视觉效果。如果某一物体将光全部吸收，没有反射光，则呈现黑色；如果物体对各种波长的光均匀地部分吸收，则呈现灰色；如果物体对各种波长的光都不吸收，全部反射，则呈现白色。

　　显然，我们对物体的颜色感觉，取决于光源辐射光中所含的光谱成分以及物体材料对光谱的选择性吸收特性，即反射、吸收或透射光谱的特性。所以，同一物体在不同光源照射下呈现的颜色也有所不同。例如，在白炽灯光下看蓝色衣物，其颜色就不如在自然光下那样鲜艳，这是由于白炽灯光中的蓝光成分较少的缘故。总之，人的颜色感觉是主观（人眼的视觉功能）和客观（物体属性与照明条件的综合效果）相结合的生理—物理过程。

🗒 光源的色温、显色性

1. 色温

　　为了表征光源的光谱能量分布和表观颜色，引入了色温概念。当光源发出光的颜色与黑体在某一温度下辐射光的颜色相同时，黑体温度就称为该光源的颜色温度，简称色温（Color Temperature），用绝对温标表示，单位是开尔文（K）。例如，一个钨丝灯泡的温度保持在 2800K 时所发出的白光，与温度为 2854K 的黑体所辐射的光谱能量分布一致，就称该白光的色温为 2854K。可见，色温并非光源本身的实际温度，而是用来表征其光谱能量分布特性的参数。

　　黑体在绝对零度以上就存在热辐射，温度较低的黑体产生较长波长的红外辐射，随着黑体温度的提高，不仅亮度增大，其发光颜色也随之变化，较短波长的可见光辐射也逐渐增加，黑体颜色呈现由红→橙红→黄→黄白→白→蓝白的渐变过程，同时紫外光辐射也逐渐增加。白炽灯、卤钨灯等都属热致发光，称热辐射光源。

2. 相关色温

　　某些非热辐射光源，如日光灯、白色 LED 灯等，主要是线光谱气体放电光源，又称冷光源，它们发出的光颜色和各种温度下黑体辐射光的颜色都不完全相同，这时就不能用一般的色温概念来描述它的颜色，但是为了便于比较，还是用了相关色温概念。如果光源辐射的光与黑体在某一温度下辐射的光颜色最接近，则此时黑体的温度就称为该光源的相关色温（correlated color temperature）。显然，相关色温所表示的颜色是粗糙的，但它在一定程度上表达了颜色，如果和显色指数结合起来，就可在一定程度上表达光源的颜色特性。

3. 显色性

　　光源的显色性，是指在该光源照射下物体表面呈现的颜色，与标准光源照射下呈现颜色的符合程度，通常用显色指数来表征，显色指数是照明光源的一项重要性能指标。显色指数是定量分析颜色样品在照明光源下与其真实颜色的符合程度，显色指数最大值为 100，它表示颜色样品在照明光源下所呈现的颜色与其真实颜色的色差为零，即完全相符。

5.1.3　颜色的视觉属性

　　颜色分为彩色（Chromatic Color）和无彩色（Achromatic Color）两类。无彩色通常指那些用白色、黑色和各种深浅不一的灰色等名称来描述的光感觉，对于透明物体，则称无色或中性色。无彩色以外的各种颜色统称为彩色，可用彩色名称来描述，例如：黄色、橙色、棕色、红色、粉色、绿色、蓝色、紫色等。由于人眼看到的彩色是红、绿、蓝三种色光刺激的各种组合，所以常把红、绿、蓝光色称为三原色。

我们日常看到的各种颜色，是由彩色和无彩色成分的任意组合构成的，常用色调（Hue）、饱和度（Saturation）和亮度（Intensity）等**视觉属性**来区分和描述，如图 5-1 所示。色调与饱和度合称为**色度**（Chromaticity），所以颜色也可以用色度和亮度共同表示。注意，**无彩色**只有亮度属性，而没有色调和饱和度这两个属性。

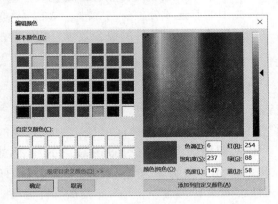

图 5-1　Windows 画笔编辑颜色时的颜色视觉属性选项

1. 色调

色调是指彩色彼此相互区分的特性。光的波长不同，呈现的颜色也不同，具有不同的色调。可见光的波长有无数种，颜色的色调也可认为有无数种，但实际上相近波长的单色光肉眼很难区分它们的颜色差别。

只含有单一波长成分的光称为**单色光**，其颜色称为光谱色。含有两种或两种以上波长成分的光称为**复合光**，人们在自然界接触较多的是复合光。复合光中不同波长的相对功率分布，决定了人们对它的色调感觉。但是，一种颜色感觉对应不止一种光谱组合，两种不同光谱组合的复合光可能引起完全相同的颜色感觉，这就是所谓的"**异谱同色**"效应。

为了能用文字描述不同的颜色，通常把各种光谱色归纳成有限种色调名称，如红、橙、黄、绿、蓝、紫等。其中，红、绿、蓝和黄四种色调，称为单一色调。由两种单一色调的组合来描述的色调称为二元色调，例如，橙色是淡黄色与红色或淡红色与黄色混合的色调，紫色是淡红色与蓝色混合的色调。

2. 饱和度

饱和度是颜色色调的表现程度，它反映了构成该颜色的光线频率范围的大小。频率范围越窄，说明颜色越纯，饱和度越高。因白光具有最宽频谱，因此高饱和度的彩色光因掺入白光而被冲淡，变成低饱和度的彩色光。例如，把一束高饱和度的红光投射到一张白纸上，人们看到白纸呈现为深红色。如果再将一束白光投射到这张白纸上，并叠加到红光区域，人眼虽然仍感觉到红色色调，但已变成了淡红色，即饱和度降低了，投射的白光越强，则感到红色越淡。显然，光谱色最纯，饱和度也就最高。

饱和度表现为颜色的深浅、浓淡程度。如果说某种颜色的饱和度高，指的是这种颜色深，例如深红、深绿等。反之，若饱和度低，则颜色浅，例如浅红、浅绿等。

3. 亮度

亮度指颜色的明暗程度，是光作用于人眼时所引起的明亮程度的感觉，与光辐射的能量强弱有关。观察两个具有同样频谱分布的光源，光通量越大感觉上就越明亮。不同波长的光视效率不同，人眼对黄绿光最灵敏，对红和蓝光灵敏度较低。同样的辐射通量，黄绿光感觉会更亮些。

5.2　CIE 标准色度系统

色度学要解决的是颜色的度量问题，它应用心理——物理学方法，对光刺激和人类色知觉量之间的关系进行定量研究，用测量光物理量来间接测得色知觉量。在大量实验的基础上，经国际照明委员会 CIE（Commission Internationale de l'Eclairage）协调和规范，建立了 CIE 标准色度学系统，为颜色的分解与复现奠定了理论基础。

由人眼视觉机制可知，我们感受到的各种颜色可看作是红、绿、蓝三种光不同强度组合刺激视网膜的结果，这就有可能通过把适量的红、绿、蓝三种原色叠加混合在一起产生指定颜色，使混合色与指定颜色具有相同的色调、饱和度和亮度等视觉特征，称为**颜色匹配**（Color Matching）。

颜色混合可以是颜色光相加，称为**加法颜色匹配**（Additive Color Matching）；也可以相减，称为**减法颜色匹配**（Subtractive Color Matching），如图 5-2 所示。例如，彩色电视机就是基于加法颜色匹配来再现彩色图像，而彩色打印机、印刷机则是采用减法颜色匹配来再现彩色图像。

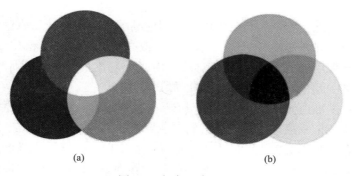

(a)　　　　　　　　　　(b)

图 5-2　颜色混合示例

（a）光三原色加法混合；（b）颜料三原色减法混合

注：光三原色为红 Red、绿 Green、蓝 Blue，颜料三原色为青 Cyan、品红 Magenta、黄 Yellow

5.2.1　CIE 1931-RGB 色度系统

光加法颜色匹配所需的三原色，要便于物理实现、相互独立，任何一种原色不能由其余两种原色相加混合得到，且尽量选取纯单色光（或窄谱光），以便混出更多的高饱和度颜色。1931 年国际照明委员会 CIE 选择波长 700nm 的红色、546.1nm 的绿色和 435.8nm

的蓝色作为原色光，同时采用在可见光谱范围内具有等能量光谱分布的**标准照明体 E** 作为基准白光（Reference White），建立了 CIE 1931-RGB 标准色度系统。**标准照明体**是指一种规定的光谱能量分布的光源模型，不一定是物理可实现的实际光源。

图 5-3 给出了光加法颜色匹配实验示意图。图 5-3 的左方是一块具有均匀漫反射特性的白色屏幕，分成上下两部分。屏幕的下方为红、绿、蓝三原色光源，上方为待测颜色光源。三原色光照射白色屏幕的下半部，待测颜色光照射白色屏幕的上半部。白色屏幕反射光通过小孔抵达右方观察者的眼内，人眼看到的视场范围在 2°左右，被分成上下两部分。

给定一种待测色光，然后调节下方三种原色光的强度，当观察到视场中上、下两部分光色（色调、饱和度和亮度）在感觉上相同时，视场分界线消失，上、下两部分合为同一视场，此时认为三原色的混合色与待测光的颜色达到匹配。

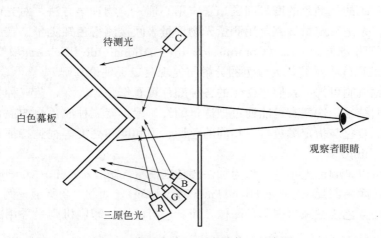

图 5-3　加法颜色匹配实验装置示意图

在光颜色加法匹配实验中，与待测色光达到色匹配时所需要的三原色的强度值，可用绝对物理量来记录，如光通量（单位：流明 lm）或亮度（单位：坎德拉/米^2，cd/m^2，又称尼特 nit），但更常用的方法是采用相对量，用匹配基准白光所需三原色的亮度值作参照，来规定匹配某一颜色时所需三原色的相对数量。

令 [W] 表示基准白光，[R]、[G]、[B] 分别表示红、绿、蓝三原色，按照上述光加法颜色匹配实验，把一束基准白光投射到白色屏幕的上半部，调整红、绿、蓝三原色光的强度，直到混合色与基准白光匹配为止，记录下基准白光和三原色光的亮度值（或光通量），分别用 L_W、L_R、L_G、L_B 表示。经实验和计算确定，匹配等能基准白光 E 所需三原色 [R]、[G]、[B] 的亮度之比为：

$$L_R : L_G : L_B = 1.0000 : 4.5907 : 0.0601 \tag{5-1}$$

这一匹配结果可表示为下述颜色匹配方程：

$$L_W[W] \equiv L_R[R] + L_G[G] + L_B[B] \tag{5-2}$$

式中，符号"≡"表示左右两边的颜色视觉上相同，不是某种数量的相等关系。

令 [C] 表示待测光，亮度为 F_C，按上述方法进行颜色匹配实验，记录下颜色匹配时所需要红、绿、蓝光的强度值，记为 F_R、F_G 和 F_B，相应的用颜色匹配方程为：

$$F_C[C] \equiv F_R[R] + F_G[G] + F_B[B] \tag{5-3}$$

以上述匹配基准白光得到的三原色光亮度值 L_R、L_G、L_B 为参照，按下式对 F_R、F_G 和 F_B 做相对规整化处理：

$$R = \frac{F_R}{L_R},\ G = \frac{F_G}{L_G},\ B = \frac{F_B}{L_B}$$

$$C = R + G + B \tag{5-4}$$

称 R、G、B 为颜色 [C] 的**三刺激值**，对应的匹配方程（5-3）改写为：

$$C[C] \equiv R[R] + G[G] + B[B] \tag{5-5}$$

上式表明，用 R 单位的红光 [R]、G 单位的绿光 [G]、B 单位的蓝光 [B] 混合后，得到 C 单位的待测光 [C]。这样，一种颜色与一组 R、G、B 刺激值相对应，颜色知觉可通过三刺激值来定量表示。

显然，基准白光 E 的三原色刺激值满足 R＝G＝B＝1，此时，我们称等量三原色光混合得到基准白光。应注意，所谓等量三原色混合得到白色，是指三原色刺激值相等，而不是等量的光通量混合。实际上，要通过原色混合得到基准白光 E，所需三原色 [R]、[G]、[B] 的光通量（或亮度）之比应保持 1.0000∶4.5907∶0.0601。例如，我们可以用 1 流明的红光（R＝1）、4.5907 流明绿光（G＝1）和 0.0601 流明的蓝光（B＝1）混合，得到 5.6508 流明的基准白光。另外，当一种彩色光的三原色刺激值同时扩大或缩小若干倍时，混合颜色的色度（色调和饱和度）不变，而仅仅是亮度发生改变。

对于具有确定三原色光源的实际物理装置，比如彩色显示器，只能再现大部分自然色。通常把一个彩色显示系统能够产生的颜色总和称为**色域**，如图 5-4（c）所示。色域越大，系统所能表现的颜色越丰富，色彩也就越自然艳丽。

5.2.2　CIE 1931-XYZ 标准色度系统

CIE 1931-RGB 标准色度系统是从光加法颜色匹配实验得出的，由于表达某些颜色三刺激值会出现负值，用起来不方便，又不易理解。1931 年国际照明委员会在 CIE 1931-RGB 标准色度系统的基础上，选用三个假想原色 X、Y、Z 建立一个新的色度系统，使得匹配一个颜色的所有三原色刺激值都是正值，其中原色 Y 的亮度（绝对物理量）等于被匹配色的亮度，这一系统称作 CIE 1931 XYZ 标准色度系统，相应的颜色匹配方程可表示为：

$$C[C] \equiv X[X] + Y[Y] + Z[Z] \tag{5-6}$$

CIE 1931 XYZ 与 CIE 1931 RGB 之间的变换

确定假想三原色 XYZ 时，令原色 [Y] 的刺激值 Y 等于待匹配颜色的亮度值。在选定具有等能量光谱分布的标准照明体 E 作为基准白光时，CIE 1931-RGB 系统的三刺激值 R、G、B 与 CIE 1931 XYZ 标准色度系统的三刺激值 X、Y、Z 之间的转换，可由下式给出：

$$\begin{bmatrix} X \\ Y \\ Z \end{bmatrix} = \begin{bmatrix} 0.49018626 & 0.30987954 & 0.19993420 \\ 0.17701522 & 0.81232418 & 0.01066060 \\ 0.00000000 & 0.01007720 & 0.98992280 \end{bmatrix} \begin{bmatrix} R \\ G \\ B \end{bmatrix} \tag{5-7}$$

$$\begin{bmatrix} R \\ G \\ B \end{bmatrix} = \begin{bmatrix} 2.36353918 & -0.89582361 & -0.46771557 \\ -0.51511248 & 1.42643694 & 0.08867553 \\ 0.00524373 & -0.01452082 & 1.00927709 \end{bmatrix} \begin{bmatrix} X \\ Y \\ Z \end{bmatrix} \tag{5-8}$$

注意： 当采用不同的 RGB 三原色和参考基准白光时，由 RGB 到 XYZ 刺激值的转换公式也不同。

5.2.3 色度坐标与色度图

在光加颜色匹配实验中，如果将某一颜色光的三原色刺激值同时扩大或缩小若干倍，混合色的色度（色调和饱和度）不变，而仅仅是亮度发生改变。这样，我们可以对三刺激值 R、G、B 进一步做归一化处理，用三刺激值各自在刺激值总量（R+G+B）中所占的比例，来定义匹配某一颜色时三原色的相对数量，用 r、g、b 表示，即：

$$r = \frac{R}{R+G+B}, \; g = \frac{G}{R+G+B}, \; b = \frac{B}{R+G+B} \tag{5-9}$$

由于 $r+g+b=1$，三个比例系数实质上只有两个独立量，因此描述一个颜色匹配只需两个原色比例系数，一般选 r 和 g。

用 r、g 作为直角坐标绘制出一个二维直角坐标平面图，称为**色度图**，r、g 称为**色度坐标**，图 5-4（a）给出了据 CIE 1931-RGB 标准色度系统绘出的 r-g 色度图，图中马蹄形曲线是由所有光谱色（单色光）色度坐标点连接起来的轨迹，称为**光谱轨迹**。图 5-4（a）CIE 1931-RGB 色度图，给出了基准白光 E 的位置，同时也给出了假想三原色 X、Y、Z 的 r-g 色度坐标点；图 5-4（b）CIE 1931-XYZ 色度图，同样也给出了基准白光 E 的位置，三原色 R、G、B 的 x-y 色度坐标点及其包围的色域；图 5-4（c）几种颜色模型的色域。

CIE 1931-XYZ 标准色度系统，对匹配某一颜色的三刺激值 X、Y、Z 做归一化处理，用三刺激值各自在刺激值总量（X+Y+Z）中所占的比例，来定义匹配某一颜色所需三原色的相对数量，用 x、y、z 表示，即：

$$x = \frac{X}{X+Y+Z}, \; y = \frac{Y}{X+Y+Z}, \; z = \frac{Z}{X+Y+Z} \tag{5-10}$$

式中，有 $x+y+z=1$，三个比例系数实质上也只有两个独立，因此描述一个颜色匹配只需两个原色比例系数，一般选择 x、y，称 x、y 为色度坐标。以 x、y 为直角坐标绘制出一个直角坐标平面图，就得到了 CIE 1931-XYZ 系统的 x-y 色度图，如图 5-4（b）所示。

x-y 色度图的特点

（1）所有亮度不同但色度相同的彩色，在色度图中具有相同的 x-y 坐标，对应同一个点。

（2）在此色度图中马蹄形曲线是所有光谱色（单色光）色度坐标点连接起来的轨迹，称为光谱轨迹。三原色 [X]、[Y]、[Z] 的色度坐标点（1，0）、（0，1）、（0，0）都落在光谱轨迹的外面，在光谱轨迹外面的所有颜色都是物理上不能实现的。光谱轨迹曲线以及连接光谱两端点的直线所构成的马蹄形区域，包括了一切物理上能实现的颜色。

（3）光谱轨迹上的颜色饱和度最高。色度图上的点 E 代表 CIE 标准照明体白光 E，越靠近 E 点的颜色饱和度就越低。

（4）如果有两个不同的颜色 C_1、C_2，它们在色度图上对应坐标点分别为（x_1，y_1）和（x_2，y_2）。如果将 C_1 和 C_2 混合，得到颜色的色度坐标点一定位于连接 C_1 和 C_2 的直线段上，且位于 C_1 和 C_2 之间。

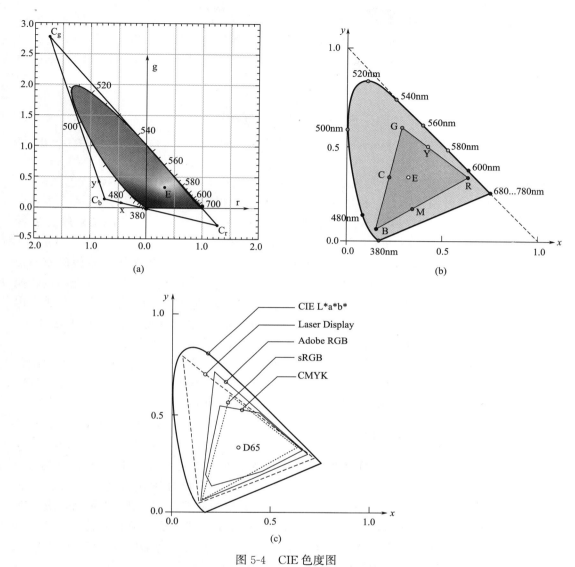

图 5-4　CIE 色度图

（a）CIE 1931-RGB 色度图；（b）CIE 1931-XYZ 色度图；（c）几种颜色模型的色域

（5）对于各种颜色再现系统，其选定的三原色对应于色度图中三个色度坐标点，以这三点为顶点的三角形区域内的颜色，是该物理装置可再现的颜色范围，称为**色域**，如图 5-4（c）所示。

5.2.4　减法颜色匹配

日常看到的颜色绝大多数是通过减法混色而得到，如印刷品、服装等。例如，日光通过红色滤色片，除去了波长为 494nm 的蓝绿光，视觉感受到的是蓝绿光的补色—红色。相反，如滤去了红光，则透过的是蓝绿光。之所以称为减法颜色匹配，是因为它吸收了部分光谱，减少了反射到人眼中的光谱成分。

减法混色除了前面讲的滤光片减法混色外，还有染色过程中染料的混合。减法混色中的三原色为青 Cyan、品红 Magenta 和黄 Yellow，如图 5-2（b）所示。混合后样品的亮度与加法混色相反，亮度是降低的。由于彩色墨水和颜料的化学特性，用三种染料原色混合得到的黑色不是纯黑色，因此在印刷术中，常常加一种真正的黑色（Black Ink），称四色印刷。

5.3　颜色模型

颜色模型规定了颜色度量与表达方式的标准，上节介绍的 CIE 1931-RGB 色度系统、CIE 1931-XYZ 色度系统都是一种颜色模型。由于颜色模型中每种颜色一般需要三个与原色相关的基本量来描述，所以常把颜色模型看作是一个多维坐标系统，又称**颜色空间**（Color Space），空间中每一个点都代表一种可能的颜色。

RGB 颜色模型具有设备相关性，真彩色图像通常来源于彩色摄像机、照相机或扫描仪，这些成像装置含有对红、绿和蓝光敏感的传感器，将接收到的红、绿、蓝光能量转换为与其呈线性关系的红、绿、蓝分量，称为**线性** RGB 值，它是各种颜色模型的基础。由于选用不同的**三原色**和**参考基准白色**，出现了多种 RGB 色度系统，如 CIE 1931-RGB、NTSC RGB、sRGB、Adobe RGB 等。

除了各种 RGB 颜色模型外，在色度学的研究中，基于不同应用目的建立了多种颜色模型，如 CIE 1931-XYZ、CIE 1976-L*a*b*、HSI、HSV、YIQ（NTSC）、YUV、YCbCr、CMY 等，本节将介绍几种常用的颜色模型及其之间的转换方法。

5.3.1　CIE RGB 颜色模型

5.2 节介绍的 CIE 1931-RGB 色度系统，是国际照明委员会 CIE 于 1931 年建立的首个标准原色参考系统。它选用三个单色光作为三原色，波长分别是红色 700nm、绿色 546nm、蓝色 435.8nm，并采用等能量标准照明体 E 作为基准白光。利用匹配等能光谱色的三原色的数量，即光谱三刺激值，又称为颜色匹配函数，来定义该原色系统。这些数据是通过对众多观察者进行颜色匹配实验间接获得，故把这些观察者集体性的颜色匹配响应称为 CIE 标准观察者。尽管 CIE RGB 颜色空间实际应用较少，但它是颜色空间或色度系统的开山鼻祖。

5.3.2　sRGB 颜色模型

sRGB（standard RGB）是微软与惠普、爱普生等公司联合开发的颜色模型，简称 sRGB 或标准三原色，是大多数显示器、扫描仪、打印机、数码相机等设备和应用软件默认的颜色模型，具有良好的通用性，JPEG 和 PNG 等图像文件格式也采用 sRGB 颜色模型。尽管 sRGB 的色域相对小些，但非常适合一般的非专业用途照片或网上交流。

1. sRGB 颜色模型的三原色和基准白光

为便于实现 sRGB 与其他颜色模型之间的转换，sRGB 采用 CIE-XYZ 颜色模型的色度坐标来定义其三原色和基准白光。表 5-2 给出了 sRGB 三原色 RGB 和基准白光 W 标准照明体 D65 在 CIE-XYZ 颜色空间中的三刺激值和色度坐标。

sRGB 三原色 RGB 和基准白光 W（D65）在 CIE-XYZ 颜色空间中的三刺激值和色度坐标　表 5-2

颜色	R	G	B	X	Y	Z	x	y
红（R）	1.0	0.0	0.0	0.4125	0.2127	0.0193	0.6400	0.3300
绿（G）	0.0	1.0	0.0	0.3576	0.7152	0.1192	0.3000	0.6000
蓝（B）	0.0	0.0	1.0	0.1804	0.0722	0.9502	0.1500	0.0600
白（W,D65）	1.0	1.0	1.0	0.9505	1.0000	1.0886	0.3127	0.3290

2. 线性 RGB 与非线性 RGB

数码相机图像传感器将接收到的红、绿、蓝光，转换为与光强度成线性比例的红、绿和蓝分量信号，每一个像素的红、绿、蓝分量值都与一种颜色的三原色刺激值成线性比例，称为线性 RGB 值，经过伽马校正后的图像 RGB 分量值称为非线性 RGB。

sRGB 除了上述定义的三原色和基准白色之外，另一个关键技术是对线性 RGB 值进行伽马校正（Gamma≈2.2），以便普通 CRT 显示器不需额外的变换便能正确再现彩色图像。从彩色图像文件或数码相机接收的图像 RGB 数据，实际上多是非线性 RGB 值。

3. RGB 彩色立方体

RGB 颜色模型中，每种颜色的红、绿、蓝三原色刺激值 R、G、B 可视为三个变量，用笛卡儿坐标系的三个坐标轴来表示，构成一个三维颜色空间，每种颜色对应空间中的一个点。如果将 R、G、B 值归一化处理，所有颜色的 R、G、B 值都在 ［0，1］ 内取值，RGB 模型所能再现的颜色构成一个单位立方体，如图 5-5 所示。

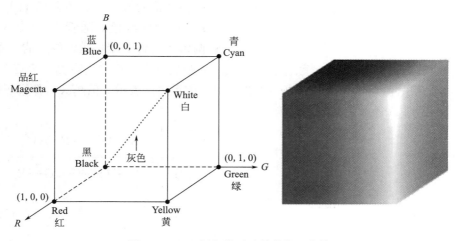

图 5-5　RGB 颜色模型及其单位立方体

在单位立方体中，原点对应黑色，离原点最远的顶点对应白色，二者之间的连线对应着从黑到白的灰度变化，这意味着只要 R＝G＝B，该颜色就是黑、白或明暗程度不同的灰色。

RGB 图像离散数字化后，每个原色刺激值多用 8 比特（bit）无符号整数来表示，每种颜色需用 3 个原色分量共 24 比特，所能描述的颜色总数为 $(2^8)^3 = 2^{24} = 16777216$ 种。

5.3.3　面向视觉感知的颜色模型 HSI、HSV

面向视觉感知的颜色模型较多，如 HSI（Hue，Saturation，Intensity）、HSV（Hue，Saturation，Value）、HSB（Hue，Saturation，Brightness）、HLS 或 HSL（Hue，Lightness，Saturation）等，这些颜色模型都是非线性的，用接近人类颜色视觉感知特点的分量来描述颜色的属性。其中 HLS 或 HSL 与 HSI 等同，在 OpenCV 中称为 HLS。

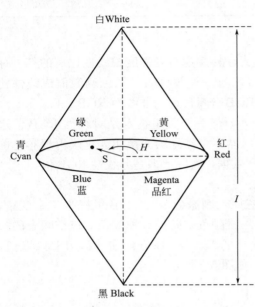

图 5-6　HSI 颜色空间各分量的含义

1. HSI 颜色模型

颜色是由彩色和无彩色成分的任意组合所构成的视知觉属性，尽管彩色视觉是大脑视中枢综合三种锥状细胞对红、绿、蓝三色光刺激形成的，但通常使用色调 H（Hue）、饱和度 S（Saturation）和亮度 I（Intensity）等视觉感知量来区分或描述颜色的特征。

HSI 颜色模型中，色度分量（色调 H、饱和度 S）与亮度分量 I 是分离的。另外，色调 H 和饱和度 S 彼此独立，且与人类视觉系统对颜色感知的自然描述一致，这些特点使得 HSI 颜色模型非常适合那些与人类视觉系统颜色感知相关的图像分析与处理应用。

图 5-6 以圆锥体的形式展示了 HSI 颜色空间中各分量的含义，其中色调 H 用角度表示，H＝0°对应红色，随着 H 值增大，对应的色调依次为红、橙、黄、绿、青、蓝、紫，

再到红。饱和度 S 用半径表示，颜色点到中轴线的距离越大，饱和度越高。亮度 I 用连接黑色点 Black 和白色点 White 的垂直中轴线上的一段距离来表示，值越大，像素越明亮。

（1）RGB 到 HSI 颜色空间的转换

$$H = \begin{cases} \theta, & if\ B \leqslant G \\ 360 - \theta, & if\ B > G \end{cases},\ 其中,\ \theta = \cos^{-1} \left\{ \frac{\frac{1}{2}\left[(R-G)+(R-B)\right]}{\left[(R-G)^2+(R-B)(G-B)\right]^{\frac{1}{2}}} \right\}$$

$$S = 1 - \frac{3}{(R+G+B)}\min(R,\ G,\ B) \tag{5-11}$$

$$I = \frac{1}{3}(R+G+B)$$

式中，RGB 值应归一化到区间 [0，1]，此时，转换后得到的饱和度 S 和亮度 I 也在区间 [0，1] 内取值。色调 H 具有角度的量纲，在区间 [0，360] 内取值，可除以 360 将其归一化到区间 [0，1]。

如果颜色为无彩色（黑、白和明暗程度不同的灰色），即三刺激值 R＝G＝B，此时饱和度 S＝0，色调 H 没有定义（计算时一般令其为 0），为奇异点，而且在奇异点附近，R、G、B 值的微小变化会引起 H、S、I 值产生明显的变化，这是 HSI 模型的一个缺点。

（2）HSI 到 RGB 颜色空间的转换

在计算之前，要先将色调 H 的值映射到区间 [0，360] 内，饱和度 S、亮度 I 的值映射在区间 [0，1] 内，并根据 H 的大小选择下面的一组公式完成颜色空间的转换计算，转换后的 R、G、B 在区间 [0，1] 内取值。

① 当 $0° \leqslant H < 120°$：

$$B = I \cdot (1 - S)$$
$$R = I \cdot \left[1 + \frac{S \cdot \cos(H)}{\cos(60° - H)}\right]$$
$$G = 3I - (R + B)$$

（5-12）

② 当 $120° \leqslant H < 240°$：

$$R = I \cdot (1 - S)$$
$$G = I \cdot \left[1 + \frac{S \cdot \cos(H - 120°)}{\cos(180° - H)}\right]$$
$$B = 3I - (R + G)$$

（5-13）

③ 当 $240° \leqslant H < 360°$：

$$G = I \cdot (1 - S)$$
$$B = I \cdot \left[1 + \frac{S \cdot \cos(H - 240°)}{\cos(300° - H)}\right]$$
$$R = 3I - (G + B)$$

（5-14）

2. HSV 颜色模型

HSV 颜色模型比 HSI 颜色模型更接近人类对颜色的感知，H 为色调、S 为饱和度，V 是 Value 的缩写，一般称为明度，表示颜色明亮的程度。对于光源表色，明度值与发光体的光亮度有关；对于物体色，此值和物体的透射比或反射比有关。图 5-7 以圆柱体的形式展示了 HSV 颜色空间中各分量的含义，其中色调 H 用角度表示，H＝0°对应红色，随着 H 值增大，对应的色调依次为红、橙、黄、绿、青、蓝、紫，再到红。饱和度 S 用半径表示，颜色点到中轴线的距离越大，饱和度越高；亮度 V 用连接黑色点和白色点的垂直中轴线上的一段距离来表示，值越大，像素越明亮。

图 5-7 HSV 颜色模型
各分量的含义

（1）RGB 到 HSV 颜色空间的转换

RGB 值应归一化到区间 [0，1]，此时转换后得到的色调 H、饱和度 S 和明度 V 也在区间 [0，1] 内取值。色调 H 可乘以 360°转换到区间 [0，360°]，具有角度的量纲。先按下式计算明度 V 和饱和度 S：

$$V = \max(R, G, B)$$
$$S = \begin{cases} \dfrac{\max(R, G, B) - \min(R, G, B)}{\max(R, G, B)}, & \max(R, G, B) \neq 0 \\ 0, & \max(R, G, B) = 0 \end{cases}$$

（5-15）

然后，根据饱和度 S 计算出一个色调值 H'。如果 $\max(R, G, B) = 0$ 或 $\max(R, G, B) - \min(R, G, B) = 0$，饱和度 S＝0，此时 R＝G＝B，表明该像素为灰色，色调无定义，为

处理方便，可令 H′=0。

$$H' = \begin{cases} 0, & S=0 \\ \dfrac{G-B}{\max(R,\ G,\ B) - \min(R,\ G,\ B)}, & S\neq 0 \text{ 且 } \max(R,\ G,\ B)=R \\ \dfrac{B-R}{\max(R,\ G,\ B) - \min(R,\ G,\ B)} + 2, & S\neq 0 \text{ 且 } \max(R,\ G,\ B)=G \\ \dfrac{R-G}{\max(R,\ G,\ B) - \min(R,\ G,\ B)} + 4, & S\neq 0 \text{ 且 } \max(R,\ G,\ B)=B \end{cases}$$

(5-16)

将色调值 H′归一化到区间 [0，1]，得到最终的色调值 H。

$$H = \begin{cases} \dfrac{H'}{6} + 1, & H' < 0 \\ \dfrac{H'}{6} & H' \geqslant 0 \end{cases}$$

(5-17)

（2）HSV 到 RGB 颜色空间的转换

$$H' = 6 \times H$$
$$K = \text{floor}(H')$$
$$F = H' - K$$
$$a = V \cdot (1-S)$$
$$b = V \cdot (1-S \cdot F)$$
$$c = V \cdot (1-S \cdot (1-F))$$

$$(R,\ G,\ B) = \begin{cases} (V,\ c,\ a), & \text{若 } K=0 \\ (b,\ V,\ a), & \text{若 } K=1 \\ (a,\ V,\ c), & \text{若 } K=2 \\ (a,\ b,\ V), & \text{若 } K=3 \\ (c,\ a,\ V), & \text{若 } K=4 \\ (V,\ a,\ b), & \text{若 } K=5 \end{cases}$$

(5-18)

式中，函数 floor(x) 表示取不大于 x 的最大整数。色调 H、饱和度 S 和明度 V 都在区间 [0，1] 内取值，转换后的 R、G、B 也在区间 [0，1] 内取值。

5.3.4 视频颜色模型 YCbCr

欧洲广播联盟 EBU（European Broadcasting Union）在制定 PAL 电视制式彩色传输标准时提出了 YUV 颜色模型，其中 Y 代表亮度分量，U 和 V 称为色度分量，分别正比于色差（B-Y）和（R-Y），二者一起表示颜色的色调和饱和度。后来美国国家电视标准委员会 NTSC（National Television Standards Committee）用 YIQ 取代了 YUV，其中 Y 代表亮度分量，I 和 Q 为色度分量，二者联合表示一种颜色的色调和饱和度。

YUV 颜色模型和 YIQ 颜色模型中的色度分量可能取负值，为了保证亮度和色度分量大于零，以便采用 8 比特编码时均在 0～255 之间取值，国际无线电咨询委员会 CCIR（International Radio Consultative Committee）标准 601（ITU-R BT.601-5）制订了 YCbCr 颜色模型，其中 Y 代表亮度分量，Cb 和 Cr 分别正比于色差（B-Y）和（R-Y），称为色度分量，二者共同描述颜色的色调和饱和度属性。YCbCr 颜色模型是在计算机系统中应用最多的成员，其应用领域很广泛，如 JPEG、MPEG 均采用此格式。YCbCr 颜色空间与 RGB 颜色空间的转换公式有多个版本，下面给出其中的两个。

1. ITU-R BT. 601-5 标准

$$\begin{bmatrix} Y \\ Cb \\ Cr \end{bmatrix} = \begin{bmatrix} 0.257 & 0.504 & 0.098 \\ -0.148 & -0.291 & 0.439 \\ 0.439 & -0.368 & -0.071 \end{bmatrix} \begin{bmatrix} R \\ G \\ B \end{bmatrix} + \begin{bmatrix} 16 \\ 128 \\ 128 \end{bmatrix} \tag{5-19}$$

$$\begin{bmatrix} R \\ G \\ B \end{bmatrix} = \begin{bmatrix} 1.164 & 0.000 & 1.596 \\ 1.164 & -0.392 & -0.813 \\ 1.164 & 2.017 & 0.000 \end{bmatrix} \begin{bmatrix} Y-16 \\ Cb-128 \\ Cr-128 \end{bmatrix} \tag{5-20}$$

式中，R、G、B 在 [0，255] 之间取值，转换后的 Y 分量在 [16，235] 间取值，Cb 和 Cr 分量在 [16，240] 之间取值。

2. JPEG 版本

$$\begin{bmatrix} Y \\ Cb \\ Cr \end{bmatrix} = \begin{bmatrix} 0.299 & 0.587 & 0.114 \\ -0.169 & -0.331 & 0.500 \\ 0.500 & -0.419 & -0.081 \end{bmatrix} \begin{bmatrix} R \\ G \\ B \end{bmatrix} + \begin{bmatrix} 0 \\ 128 \\ 128 \end{bmatrix} \tag{5-21}$$

$$\begin{bmatrix} R \\ G \\ B \end{bmatrix} = \begin{bmatrix} 1.000 & 0.000 & 1.403 \\ 1.000 & -0.344 & -0.714 \\ 1.000 & 1.773 & 0.000 \end{bmatrix} \begin{bmatrix} Y \\ Cb-128 \\ Cr-128 \end{bmatrix} \tag{5-22}$$

式中，Y、Cb、Cr 和 R、G、B 均在 [0，255] 之间取值。

5.3.5　用于印刷技术的颜色模型 CMY 和 CMYK

彩色打印和彩色摄影处理采用 CMY 减法颜色模型，C、M 和 Y 分别表示青 Cyan、品红 Magenta 和黄 Yellow 染料色。在彩色打印中，RGB 颜色分量被转换为青 C、品红 M 和黄色 Y 墨汁用量，这些墨汁覆盖在白纸上再现彩色图像。RGB 三原色值与 CMYK 之间的简单转换关系为：

$$\begin{aligned} C &= 1.0 - R \\ M &= 1.0 - G \\ Y &= 1.0 - B \\ K &= \min(C, M, Y) \end{aligned} \tag{5-23}$$

由 CMY 到 RGB：

$$\begin{aligned} R &= 1.0 - C \\ G &= 1.0 - M \\ B &= 1.0 - Y \end{aligned} \tag{5-24}$$

式中，R、G、B 三原色值与 C、M、Y 均在 [0，1] 之间取值。在高质量的打印系统中，关键是要解决从 RGB 到 CMY 转换时色彩成分的交叉耦合和点的非线性化问题。

为了不使用过多的 CMY 墨汁获得较暗的深色打印，通常加入黑色墨汁成分，用 K（black）表示，又称为关键成分（Key），常用欠色移除方法（Under-color Removal Method）完成较复杂的从 RGB 到 CMY 的转换。

5.3.6 颜色空间转换的编程实现

Scikit-image 扩展库中的 color 模块，提供了丰富的颜色空间转换函数，如：convert_colorspace()、rgb2hsv()、hsv2rgb()、rgb2ycbcr()、ycbcr2rgb()、rgb2gray()、gray2rgb()等。OpenCV 提供了颜色空间转换函数 cvtColor()。

 Scikit-image 颜色空间转换函数

convert_colorspace

函数功能	颜色空间转换，Convert an image array to a new color space.	
函数原型	skimage. color. convert_colorspace(arr,fromspace,tospace)	
输入参数	参数名称	描述
	arr	多维数组，待转换彩色图像。
	fromspace	字符串类型，指定输入图像的颜色空间类型，可选值有：'RGB' 'HSV' 'RGB CIE' 'XYZ' 'YUV' 'YIQ' 'YPbPr' 'YCbCr' 'YDbDr'，也可用小写字母给出。
	tospace	字符串类型，指定转换目的颜色空间类型，可选值有：'RGB' 'HSV' 'RGB CIE' 'XYZ' 'YUV' 'YIQ' 'YPbPr' 'YCbCr' 'YDbDr'，也可用小写字母给出。
返回值	多维数组，与输入图像数组维数相同，数据类型取决于转换前/后的颜色空间类型。	

rgb2hsv

函数功能	RGB 转换到 HSV 颜色空间，RGB to HSV color space conversion.	
函数原型	skimage. color. rgb2hsv(rgb)	
输入参数	参数名称	描述
	rgb	多维数组，RGB 真彩色图像。
返回值	多维数组，HSV 颜色空间格式图像，与输入图像数组维数相同。HSV 均在[0,1]之间取值。	

hsv2rgb

函数功能	从 HSV 转换到 RGB 颜色空间，HSV to RGB color space conversion.	
函数原型	skimage. color. hsv2rgb(hsv)	
输入参数	参数名称	描述
	hsv	多维数组，HSV 颜色空间格式图像。
返回值	多维数组，RGB 颜色空间格式图像，与输入图像数组维数相同。RGB 均在[0,1]之间取值。	

rgb2ycbcr

函数功能	从 RGB 转换到 YCbCr 颜色空间，RGB to YCbCr color space conversion.	
函数原型	skimage. color. rgb2ycbcr(rgb)	
输入参数	参数名称	描述
	rgb	多维数组，RGB 真彩色图像。
返回值	多维数组，YCbCr 颜色空间格式图像，与输入图像数组维数相同，其中 Y 分量在[16,235]间取值，Cb 和 Cr 分量在[16,240]间取值，浮点数。	

ycbcr2rgb

函数功能	从 YCbCr 转换到 RGB 颜色空间，YCbCr to RGB color space conversion.	
函数原型	skimage. color. ycbcr2rgb(ycbcr)	
输入参数	参数名称	描述
	ycbcr	多维数组，YCbCr 颜色空间格式图像。
返回值	多维数组，RGB 颜色空间格式图像，与输入图像数组维数相同，RGB 均在[0,1]之间取值，但因受计算精度影响，有可能出现极小负值。	

rgb2gray

函数功能	将 RGB 彩色图像转换为灰度图像，Compute luminance of an RGB image.	
函数原型	skimage. color. rgb2gray(rgb)	
输入参数	参数名称	描述
	rgb	多维数组，RGB 真彩色图像。
返回值	二维数组 ndarray，在[0,1]之间取值。	

OpenCV 颜色空间转换函数

cvtColor

函数功能	颜色空间转换，Converts an image from one color space to another.	
函数原型	dst = cv. cvtColor(src,code[,dst[,dstCn]])	
输入参数	参数名称	描述
	src	多维数组，待转换彩色图像。
	code	整数类型，颜色空间转化内代码，用于指定源颜色空间及目标颜色空间类型，如：cv. COLOR_BGR2HLS、cv. COLOR_HLS2BGR，cv. COLOR_BGR2HSV、cv. COLOR_HSV2BGR，cv. COLOR_BGR2RGB、cv. COLOR_RGB2BGR，cv. COLOR_BGR2YCrCb、cv. COLOR_YCrCb2BGR，cv. COLOR_BGR2GRAY 等，详见 OpenCV 手册中的 ColorConversionCodes。
	dst	多维数组，可选，转换输出结果，数组维数及大小同输入 src。
	dstCn	整数，可选，用于指定输出图像的颜色通道数。
返回值	dst-多维数组，与输入图像数组维数相同，数据类型取决于转换前/后的颜色空间类型。	

注意： 在使用 Python 各类扩展库提供的函数之前，需先导入这些扩展库或模块。下面程序导入本章示例所用到的扩展库包和模块，使用本章示例之前，先运行一次本段程序。后续示例程序中，不再列出此段程序。

♯导入本章示例所用到的包

```
import numpy as np
import cv2 as cv
from skimage import color,io,util,exposure,filters
from PIL import Image,ImageEnhance
from scipy import ndimage
from scipy. fft import fft2,ifft2,fftshift,ifftshift
import matplotlib. pyplot as plt
```

```
% matplotlib inline
# ------------------------------------
```

示例〔5-1〕彩色图像的颜色空间转换

```
# OpenCV 颜色空间转换--RGB 到 HLS、HSV、YCbCr
# RGB 值应归一化到区间[0,1],转换得到的 S 和 L、V 已归一化到区间[0,1]
# 色调 H 具有角度的量纲,在区间[0,360]内取值,可除以 360 将其归一化到区间[0,1]
# 读入一幅 RGB 真彩色图像,注意图像数组色序为 BGR
img = cv.imread('./imagedata/fruits.jpg',cv.IMREAD_COLOR)
# 转换到 HLS(HSI)颜色空间
imghls = cv.cvtColor(img.astype(np.float32)/255,cv.COLOR_BGR2HLS)
# 转换到 HSV 颜色空间
imghsv = cv.cvtColor(img.astype(np.float32)/255,cv.COLOR_BGR2HSV)
# 转换到 YCbCr 颜色空间
# RGB 在[0,255]之间取值,转换后的 YCbCr 分量在[0,255]间取值
# 注意得到的分量存储顺序为 Y、Cr、Cb
imgycbcr = cv.cvtColor(img,cv.COLOR_BGR2YCrCb)
# 由 HSV 颜色空间转换到 RGB 空间,注意图像数组色序为 RGB
imgrgb = cv.cvtColor(imghsv,cv.COLOR_HSV2RGB)
# 由 YCbCr 颜色空间转换到 RGB 空间,注意图像数组色序为 BGR
imgBGR = cv.cvtColor(imgycbcr,cv.COLOR_YCrCb2BGR)
# 显示结果(略,详见本章 Jupyter Notebook 可执行笔记本文件)
# ------------------------------------
```

```
# Scikit-image 颜色空间转换--RGB 到 HSV、YCbCr
# 转换后得到的 H、S、V 分量已归一化到区间[0,1]
img = io.imread('./imagedata/fruits.jpg')   # 读入一幅 RGB 彩色图像
# 将图像颜色空间由 RGB 转换到 HSV
imghsv = color.convert_colorspace(img,'RGB','HSV')
# 再由 HSV 转换到 RGB 颜色空间
imgrgb = color.hsv2rgb(imghsv)
# 将 RGB 图像数据类型转换为 uint8
imgrgb = util.img_as_ubyte(imgrgb)
# 将图像颜色空间由 RGB 转换到 YCbCr
# RGB 在[0,255]之间取值,转换后的 Y 分量在[16,235]间取值
# Cb 和 Cr 分量在[16,240]之间取值
imgycbcr = color.rgb2ycbcr(img)
# 显示结果(略)
# ------------------------
```

5.4　彩色图像的表达

RGB 颜色模型被广泛应用于彩色图像的采集、传输、表示和存储，如电视、计算机、数字摄像机、数字相机和扫描仪。基于这个原因，许多图像和图形处理程序都将 RGB 颜色空间作为彩色图像的内部表示。

5.4.1　RGB 真彩色图像

RGB 真彩色图像的颜色，用红 R、绿 G、蓝 B 三个分量来描述，各分量通常数字化为 8 位无符号整数，共 24 位组合，能够产生 $(2^8)^3 = 2^{24} = 16777216$ 种不同颜色。像素的颜色分量（Color Component），又称为颜色通道（Color Channel）、颜色平面（Color Plane）。

Python 语言中，OpenCV、Matplotlib、Scikit-image、SciPy 用一个 $M \times N \times 3$ 的 NumPy ndarray 型三维数组来保存 RGB 真彩色图像数据。第 1 维是数组的行序，M 是数组的行数，对应图像的高度；第 2 维是数组的列序，N 是数组的列数，对应图像的宽度。前两维构成了一个二维数组，形成了图像的网格结构，每对行、列下标 $(x，y)$ 对应图像的一个像素。由于二维数组每个元素只能保存对应像素的一个颜色分量，这样，就需要 3 个二维数组来分别保存 RGB 真彩色图像每个像素的 R、G、B 分量，然后按 R、G、B 分量顺序依次排列形成第 3 维，称为色序，类似于一本书的页码。这样就可以用数组的行序、列序和色序 3 个下标，来读、写像素的三个分量值。改写图像数组元素值，就可以改变该像素的颜色。

需要注意的是，OpenCV 函数 cv.imread() 以彩色方式读取图像时，返回 NumPy 三维数组的颜色分量顺序为 BGR。

示例 [5-2] RGB 彩色图像及其分量
读入一幅 JPEG 格式的彩色图像，如图 5-8（a）所示。图中水果主要是红色和黄色，也

（a）　　　　　　　（b）　　　　　　　（c）　　　　　　　（d）

（e）　　　　　　　（f）　　　　　　　（g）

图 5-8　RGB 真彩色图像及其 RGB 分量

（a）RGB 真彩色图像；（b）R 分量灰度显示；（c）G 分量灰度显示；（d）B 分量灰度显示；

（e）R 分量的彩色显示；（f）G 分量彩色显示；（g）B 分量彩色显示

有蓝紫色和绿叶。可以将彩色图像的各个分量，视为一幅灰度图像显示出来，明暗程度代表了每个像素各分量的大小，如图 5-8（b）～图 5-8（d）所示。然后，仅保留彩色图像中一个分量的值，把其余两个分量设为 0，以红、绿、蓝单色彩色图像的方式显示，如图 5-8（e）～图 5-8（g）所示。图中的水果主要是红色和黄色，因此，可以看出 R 分量和 G 分量较大，B 分量值较小。由于背景为白色，所以背景部分各个分量值都非常大，多数为 255。

＃**RGB 真彩色图像及其分量**

```
img = io. imread('. /imagedata/fruits.jpg')   ＃读入一幅 RGB 真彩色图像
＃显示图像
plt. figure(figsize = (16,6)); plt. gray()
＃RGB 彩色图像
plt. subplot(2,4,1); plt. imshow(img)
plt. title('Original RGB Color Space'); plt. axis('off')
＃以灰度图像方式显示 RGB 各分量
plt. subplot(2,4,2); plt. imshow(img[:,:,0],vmin = 0,vmax = 255)   ＃R 分量
plt. title('R'); plt. axis('off')
plt. subplot(2,4,3); plt. imshow(img[:,:,1],vmin = 0,vmax = 255)   ＃G 分量
plt. title('G'); plt. axis('off')
plt. subplot(2,4,4); plt. imshow(img[:,:,2],vmin = 0,vmax = 255)   ＃B 分量
plt. title('B'); plt. axis('off')
＃以彩色图像方式显示 RGB 分量
img_r = img. copy()
img_r[:,:,1:3] = 0
img_g = img. copy()
img_g[:,:,0] = 0; img_g[:,:,2] = 0
img_b = img. copy()
img_b[:,:,0:2] = 0
plt. subplot(2,4,6); plt. imshow(img_r)   ＃R 分量
plt. title('R'); plt. axis('off')
plt. subplot(2,4,7); plt. imshow(img_g)   ＃G 分量
plt. title('G'); plt. axis('off')
plt. subplot(2,4,8); plt. imshow(img_b)   ＃B 分量
plt. title('B'); plt. axis('off')
plt. show()
＃----------------------
```

5.4.2 索引图像

索引图像（Indexd Color Image，Palette Image）为每个像素分配一个颜色索引值，同时构造一个颜色映射表（Colormap），又称调色板（Color Palette）。颜色映射表是一个 $P \times 3$ 二维数组，P 为颜色映射表的行数，也是其能提供的颜色数。每种颜色占用一行，

以红 R、绿 G、蓝 B 分量来定义该种颜色。根据颜色索引值就可以从颜色映射表中找到该像素实际颜色的 RGB 分量。例如，图像索引序号为 8 bit 无符号整数，那么索引图像最多有 256 种颜色，相应调色板最多有 256 个有效行。

因此，索引图像的数据包含两个二维数组，一个 $M \times N$ 二维数组，用于保存每个像素颜色索引值，另一个 $P \times 3$ 二维数组用于保存颜色索引值对应颜色的 RGB 分量值。像素的颜色索引值必须是整数，数据类型可以是 single、double 型、uint8 或 uint16 型。颜色映射表 colormap 中的 R、G、B 分量为 uint8 型或 double 型，在 [0, 255] 或 [0, 1] 内取值。颜色索引值最小为 0，对应颜色映射表 colormap 的第 1 行，以此类推。

可以把 RGB 彩色图像转换为索引图像，但这一过程涉及最优化颜色缩减问题，也就是颜色量化问题。颜色量化的任务就是选择和指定一个有限的颜色集合，以便最逼真地表示一幅给定的彩色图像。在处理索引图像时，不能仅根据像素的颜色索引值对图像做解释，或者把为灰度图像处理设计的滤波操作直接应用于索引图像。一般应先将索引图像转换为 RGB 彩色图像，然后进行各种处理，之后再将 RGB 彩色图像转换为索引图像。

Python 的多数图像处理扩展库，如 OpenCV、Scikit-image 等，在读取索引图像时将其转换为 RGB 彩色图像，一般不能分别读入颜色索引值数组和调色板。扩展库 Pillow 对索引图像文件的读写有很好的支持，它将索引图像像素的颜色索引值保存在一个 $M \times N$ 二维数组中，颜色表保存到一个称作"palette"的列表（list）中，也可以保存在一个 $P \times 3$ 的二维数组中。有关索引图像的读写，请参看"第 1 章 1.2.2 节"相关内容。

5.5　彩色图像的点处理增强

类似灰度变换，彩色图像的点处理，又称彩色变换，按照指定的函数关系，将输入彩色图像像素的颜色值映射为输出图像对应像素的颜色值，这种映射完全取决于输入图像中各像素颜色值和所选择的变换函数，而与邻域像素无关。不同于灰度变换，彩色图像的点处理需要处理每个像素的多个颜色分量，这些颜色分量可以是 RGB，或 HSI、HSV、YCbCr、CMYK 等其他颜色空间。

为了优化彩色图像在不同显示媒介上的颜色还原能力和视觉效果，经常需要调整彩色图像的亮度、饱和度、对比度、色调、色温、锐度等视觉感知特性。有时也通过改变图像的色调和颜色分布，以获得某种特殊视觉效果，如各种图像编辑软件提供的特效"滤镜"功能。

5.5.1　饱和度调整

对于 RGB 真彩色图像，降低或增强其颜色饱和度，可以在 RGB 颜色空间通过像素颜色点（R，G，B）与其对应灰度点（Y，Y，Y）之间的线性插值来获得，即：

$$\begin{bmatrix} R_a \\ G_a \\ B_a \end{bmatrix} = \begin{bmatrix} Y \\ Y \\ Y \end{bmatrix} + s_c \begin{bmatrix} R - Y \\ G - Y \\ B - Y \end{bmatrix} \tag{5-25}$$

式中，（R_a，G_a，B_a）为饱和度调整后像素的 RGB 分量，Y 是对应像素的亮度值，系数

因子 s_c 用来控制降低或增强颜色饱和度的程度。当 s_c 在［0，1］之间取值时，降低颜色饱和度；$s_c=0$，将所有的颜色消除，得到无彩色图像；$s_c=1$，不改变输入图像的颜色饱和度。当 $s_c>1$，增强颜色饱和度，得到的图像颜色较鲜艳，s_c 过大时可能会出现伪轮廓。

图像饱和度的调整也可以在 HSI 或 HSV 颜色空间中进行，先把 RGB 彩色图像转换到 HSI 或 HSV 颜色空间，然后按式（5-26）调整图像饱和度分量 S 的大小，最后再转换到 RGB 颜色空间。

$$S_a = s_c \cdot S \tag{5-26}$$

示例 [5-3] RGB 彩色图像的饱和度调整

以图 5-9（a）中的水果彩色图像为例，利用式（5-25）和式（5-26）给出的方法，分别在 RGB 和 HSV（或 HLS）颜色空间中调整图像的颜色饱和度。在 RGB 颜色空间，需要同时处理三个颜色分量，而在 HSV（或 HLS）颜色空间，仅对饱和度分量 S 做线性运算。图 5-9（b）、图 5-9（d）增大饱和度，控制因子 $s_c=2$；图 5-9（c）、图 5-9（e）降低饱和度，控制因子 $s_c=0.5$。

(a) (b) (c)

(d) (e)

图 5-9 RGB 彩色图像的饱和度调整

（a）原图像；（b）在 RGB 颜色空间增大饱和度；（c）在 RGB 颜色空间减小饱和度；
（d）在 HSI 颜色空间增大饱和度；（e）在 HSI 颜色空间减小饱和度

♯RGB 彩色图像的饱和度调整

```
img = io.imread('./imagedata/fruits.jpg')    ♯读入一幅 RGB 彩色图像
♯定义饱和度控制因子的大小
sc = 2
♯在 RGB 颜色空间调整饱和度
imggray = np.mean(img.astype(np.float),2)    ♯转换为灰度图像
imggray3 = np.dstack((imggray,imggray,imggray))    ♯构造三维数组
imgse1 = imggray3 + sc * (img.astype(np.float) - imggray3)
imgse1 = np.clip(imgse1,0,255)    ♯对计算结果作饱和处理,限制在[0,255]之间
```

imgse1 = np.uint8(imgse1)　＃将结果 RGB 图像数据类型转换为 uint8

＃在 HSV 颜色空间调整饱和度

imghsv = color.rgb2hsv(img)

imghsv[:,:,1] = sc * imghsv[:,:,1]

imghsv[:,:,1] = np.clip(imghsv[:,:,1],0,1)　＃对计算结果作饱和处理

imgse2 = color.hsv2rgb(imghsv)　　　＃转换到 RGB 颜色空间

imgse2 = util.img_as_ubyte(imgse2)　　　＃将结果 RGB 图像数据类型转换为 uint8

＃在 HLS(HSI)颜色空间调整饱和度

imghls = cv.cvtColor(img.astype(np.float32)/255,cv.COLOR_RGB2HLS)

imghls[:,:,2] = sc * imghls[:,:,2]

imghls[:,:,2] = np.clip(imghls[:,:,2],0,1)　＃对计算结果作饱和处理

imgse3　= cv.cvtColor(imghls,cv.COLOR_HLS2RGB)　＃将图像转换到 RGB 颜色空间

imgse3　= util.img_as_ubyte(imgse3)＃将 RGB 图像数据类型转换为 uint8

＃显示结果(略)

＃-----------------------------

5.5.2　亮度和对比度调整

通常期望一幅彩色图像的亮度呈现维均匀分布，如同灰度图像一样具有较宽的动态范围，这样的图像才具有良好的对比度和颜色渲染能力。因此，类似灰度变换，可以通过对图像亮度动态范围的调整（压缩或拉伸），来改善图像的对比度和颜色表现力。为避免改变图像的色调 Hue，在 RGB 颜色空间处理时，R、G、B 三个分量应采用相同的变换函数。

示例〔5-4〕调整彩色图像的亮度和对比度

Scikit-image 的 exposure 模块提供的具有饱和处理的线性灰度变换函数 rescale_intensity()，也可用于增强彩色图。为了尽量不改变图像的色调（Hue），输入参数 in_range 中三个分量 R、G、B 灰度值范围应相同，可采用百分位数（Percentile）来选择参数 in_range 的下限 r_{low} 和上限 r_{high}。

图 5-10（a）整体偏亮、图 5-10（b）整体亮度中等、图 5-10（c）整体偏暗，三幅图

(a)　　　　　　　　(b)　　　　　　　　(c)

图 5-10　使用 Scikit-image 函数 rescale_intensity（）调整彩色图像的亮度和对比度（一）

(a) chalk_bright；(b) flower_flat；(c) stream_dark

(d)   (e)   (f)

图 5-10 使用 Scikit-image 函数 rescale_intensity（）调整彩色图像的亮度和对比度（二）

(d)、(e)、(f) 为相应处理结果

像的对比度低都偏低。图 5-10（d）、图 5-10（e）、图 5-10（f）给出了采用百分位数为 5%
对上述三幅彩色图像的亮度和对比度调整后的结果，视觉效果明显改善。

♯**Scikit-image：增强彩色图像的亮度和对比度**

♯读入 RGB 彩色图像

```
img1 = io. imread('. /imagedata/chalk_bright. tif')
img2 = io. imread('. /imagedata/flower_flat. tif')
img3 = io. imread('. /imagedata/stream_dark. tif')
＃采用百分位数(percentile)来选择 rlow 和 rhigh
rlow,rhigh = np. percentile(img1,(5,95))
img1_rescale = exposure. rescale_intensity(img1,in_range = (rlow,rhigh))
＃采用百分位数(percentile)来选择 rlow 和 rhigh
rlow,rhigh = np. percentile(img2,(5,95))
img2_rescale = exposure. rescale_intensity(img2,in_range = (rlow,rhigh))
＃采用百分位数(percentile)来选择 rlow 和 rhigh
rlow,rhigh = np. percentile(img3,(5,95))
img3_rescale = exposure. rescale_intensity(img3,in_range = (rlow,rhigh))
＃显示结果(略)
＃————————————————
```

示例 [5-5] 采用直方图均衡化增强彩色图像的亮度和对比度

Scikit-image 中 exposure 模块所提供的全局直方图均衡化函数 equalize_hist()，也
可用于增强彩色图像，图 5-11 第 1 行为原图像。第一种方法是将彩色图像的颜色空间
由 RGB 转换到 HSV，仅对 V 分量进行直方图均衡化，然后再由 HSV 转换到 RGB 颜色
空间，结果如图 5-11 第 2 行所示。第二种方法是把图像中所有像素三个颜色分量值视
为一个数据集，然后直接对该数据集进行直方图均衡化，这样就可以保证三个颜色分量
都采用相同的变换函数，结果如图 5-11 第 3 行所示。通过观察对比，第二种方法效果
更好些。

图 5-11　使用 Scikit-image 的全局直方图均衡化函数 equalize _ hist()
调整彩色图像的亮度和对比度

♯Scikit-image 彩色图像的全局直方图均衡化

♯读入 RGB 彩色图像

```
imgchalk = io. imread('. /imagedata/chalk_bright. tif')
imgflower = io. imread('. /imagedata/flower_flat. tif')
imgstream = io. imread('. /imagedata/stream_dark. tif')
```

♯对亮度分量直方图均衡化

♯chalk_bright

```
imgchalk_hsv = color. rgb2hsv(imgchalk)
imgchalk_hsv[:,:,2] = exposure. equalize_hist(imgchalk_hsv[:,:,2])
imgchalk_heq = color. hsv2rgb(imgchalk_hsv)
imgchalk_heq = util. img_as_ubyte(imgchalk_heq)
```

♯flower_flat

```
imgflower_hsv = color. rgb2hsv(imgflower)
imgflower_hsv[:,:,2] = exposure. equalize_hist(imgflower_hsv[:,:,2])
imgflower_heq = color. hsv2rgb(imgflower_hsv)
imgflower_heq = util. img_as_ubyte(imgflower_heq)
```

```
#stream_dark
imgstream_hsv = color.rgb2hsv(imgstream)
imgstream_hsv[:,:,2] = exposure.equalize_hist(imgstream_hsv[:,:,2])
imgstream_heq = color.hsv2rgb(imgstream_hsv)
imgstream_heq = util.img_as_ubyte(imgstream_heq)
#所有分量视为同一个数据集的全局直方图均衡化
imgc_heq = exposure.equalize_hist(imgchalk)
imgf_heq = exposure.equalize_hist(imgflower)
imgs_heq = exposure.equalize_hist(imgstream)
#显示结果(略)
#------------------------------
```

采用下式可以连续单独（或同时）调整彩色图像的亮度和对比度：

$$s = [r - 127.5 \cdot (1 - b)] \cdot k + 127.5 \cdot (1 + b)$$
$$其中，k = \tan(45° + 44° \cdot c)$$

(5-27)

式中，r 是输入图像像素的 R、G、B 分量值，s 是变换后的 R、G、B 分量值；参数 b 在区间 [−1，1] 内取值，用于控制亮度的增减程度：b=0，不改变；b<0，降低亮度；b>0，提高亮度；参数 c 在区间 [−1，1] 内取值，用于控制对比度的增减程度：c=0，不改变；c<0，降低对比度；c>0，提高对比度。

示例 [5-6] 连续单独（或同时）调整 RGB 彩色图像的亮度和对比度

首先按式（5-27）编写一个彩色图像亮度和对比度调整的自定义函数 adjust _ bright _ contrast()，然后调用该函数调整图 5-12 第 1 行三幅图像的亮度和对比度，结果如图 5-12

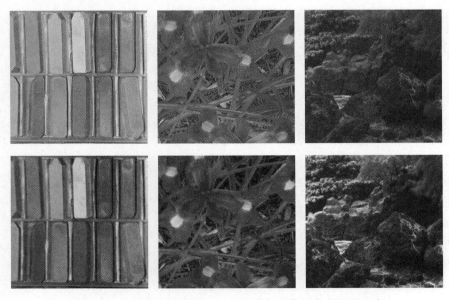

图 5-12　连续单独（或同时）调整彩色图像的亮度和对比度

第 2 行所示。同时改变控制参数 b 和 c 可以得到满意的处理结果，对图 5-12 第 1 行三幅图像调整的控制参数从左至右分别为 $b=-0.2$、$c=0.3$，$b=-0.1$、$c=0.2$，$b=0.4$、$c=0.5$。

＃定义连续单独或同时调图像的亮度和对比度

```
def adjust_bright_contrast(image,b,c):
    """
    输入参数：image-图像数组,灰度或彩色图像,数据类型 uint8;
             b-在区间[-1,1]内取值.b<0,降低亮度;b>0,提高亮度;
             c-在区间[-1,1]内取值.c<0,降低对比度;c>0,提高对比度;
    返回参数：img_out-灰度变换结果,数组,数据类型 uint8;
    """
    k = np.tan((45 + 44 * c) * np.pi/180)
    img_out = (image.astype(np.float) - 127.5 * (1-b)) * k + 127.5 * (1 + b)
    #将输出图像数据类型转换为 uint8 型
    img_out = np.clip(img_out,0,255).astype(np.uint8)
    #返回结果
    return img_out
#----------------------------
#使用自定义函数 adjust_bright_contrast 调整图像的亮度和对比度
#读入 RGB 彩色图像
img1 = io.imread('./imagedata/chalk_bright.tif')
img2 = io.imread('./imagedata/flower_flat.tif')
img3 = io.imread('./imagedata/stream_dark.tif')
#调整图像亮度和对比度
img1_out = adjust_bright_contrast(img1,-0.2,0.3)
img2_out = adjust_bright_contrast(img2,-0.1,0.2)
img3_out = adjust_bright_contrast(img3,0.4,0.5)
#显示结果(略)
#---------------------
```

5.5.3 色调调整

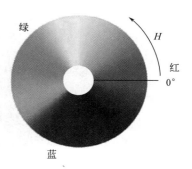

图 5-13 色相环，色调 H 从 0°变化到 360°颜色色调的变化

HSV（或 HSI）颜色模型中，色调 H 对应一个角度且以 360°为模，如图 5-13 色相环所示，"色相"是色调 hue 的别称。如果对图像中每一个像素的色调分量 H 加一个正（或负）的常数值（角度值），将会使每个像素的颜色在色相环上沿逆时针（或顺时针）方向移动，当这个常数较小时，一般会导致图像的色调变成"暖"或"冷"色调，而当这个数比较大时，则有可能会使图像的色彩发生较显著的变化，如图 5-14 所示。在调整图像色调时，

应将色调分量 H 的值变换到区间 [0，360°] 内，并以 360 为模取余数，然后再归一化到区间 [0，1]。

(a)　　　　　　　　(b)

图 5-14　加减 H 分量改变彩色图像的色调

(a) 原图像；(b) 色调改变后的图像

注：原图像色调分量 H 加 180°，注意彩色铅笔及背景的颜色变化

♯通过增大或减小 H 分量改变彩色图像的色调

```
img = io.imread('./imagedata/colorpencil.png')   ♯读入 RGB 彩色图像
imghsv = color.rgb2hsv(img)   ♯将图像转换到 HSV 颜色空间
hdeg = 180   ♯设定色调增加的度数
♯先将色调分量 H 从[0,1]映射到[0,360]，加上度数 hdeg,360 取模再归一化
imghsv[:,:,0] = np.mod((imghsv[:,:,0] * 360 + hdeg),360)/360
imgrgb = color.hsv2rgb(imghsv)   ♯将图像转换到 RGB 颜色空间
imgrgb = util.img_as_ubyte(imgrgb)   ♯将图像数据类型转换为 uint8
♯显示结果(略)
♯--------------------------------
```

深度揭秘：怀旧滤镜

通过色调调整，让一幅照片呈现褪色泛黄的老旧照片的视觉效果，增强图片的历史韵味。图像编辑软件一般都提供一种称为"滤镜"的图像处理工具，实现诸如怀旧、复古、清新等功能。下式给出了实现怀旧"滤镜"功能的变换公式，图 5-15 给出了怀旧"滤镜"处理效果。

(a)　　　　　　　　(b)

图 5-15　彩色图像的"怀旧滤镜"处理

(a) 原彩色照片；(b) 怀旧处理之后的效果

$$\begin{bmatrix} R_{old} \\ G_{old} \\ B_{old} \end{bmatrix} = \begin{bmatrix} 0.393 & 0.769 & 0.189 \\ 0.349 & 0.686 & 0.168 \\ 0.272 & 0.534 & 0.131 \end{bmatrix} \begin{bmatrix} R \\ G \\ B \end{bmatrix} \qquad (5\text{-}28)$$

```
＃彩色图像的怀旧滤镜处理
＃定义怀旧滤镜变换矩阵
Filter_olddays = np.array([[0.393,0.769,0.189],
                           [0.349,0.686,0.168],
                           [0.272,0.534,0.131]])
＃读取一幅 RGB 彩色图像
img = io.imread('./imagedata/boats.jpg')
＃矩阵运算
img_olddays = img.astype(np.float) @ Filter_olddays.T　＃矩阵转置.T
＃将图像数据转换为 uint8
img_olddays = np.uint8(np.clip(img_olddays,0,255))
＃显示结果(略)
＃----------------------------
```

示例［5-7］彩色图像的直方图匹配

通过彩色直方图匹配调整图像色调，让一幅彩色照片呈现与参考图像类似的视觉风格。图 5-16 为调用 Scikit-image 中 exposure 模块提供的直方图匹配函数 match_histograms()，对彩色图像匹配处理的结果。第 1 行由左至右分别为原图像、参考图像、匹配结果，第 2 行分别为这 3 幅图像 RGB 颜色分量的灰度直方图。注意观察，直方图匹配得到的输出图像无论是直方图、还是视觉效果，都具有参考图像的风格。有关直方图匹配，详见"第 2 章 灰度变换"相关内容。

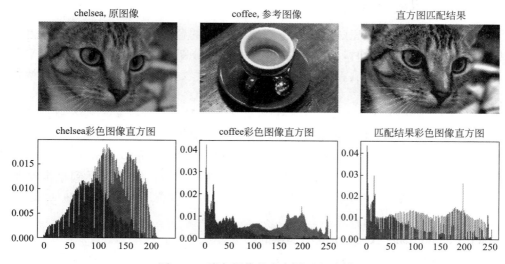

图 5-16　彩色图像的直方图匹配示例

♯**Scikit-image 彩色图像直方图匹配 match _ histograms**

♯读取两幅彩色图像

img = io. imread('. /imagedata/chelsea. png')　♯原图像

imgref = io. imread('. /imagedata/coffee. png')　♯参考图像,指定匹配目标

♯进行直方图匹配

imgmatched = exposure. match_histograms(img,imgref,multichannel = True)

♯显示结果(略)

♯——————————

5.6　彩色图像的滤波处理

彩色图像的滤波处理,在确定每个像素颜色分量的滤波输出时,其邻域像素将起重要作用。"第 3 章 空域滤波""第 4 章 频域滤波"中介绍的灰度图像滤波方法,大多可以用于彩色图像滤波。

彩色图像的滤波多在 RGB 颜色空间中实施。将 RGB 真彩色图像的每个颜色分量视为一幅灰度图像,然后用同样的滤波模板,使用灰度图像的滤波方法单独处理 R、G、B 分量图像,再把处理后的三个颜色分量组合起来,就完成了彩色图像的滤波处理。

对于索引图像,不能直接应用为灰度图像的滤波方法。应先将索引图像转换为 RGB 真彩色图像,按照上述方法处理完之后再将其转换为索引图像。

OpenCV 的空域滤波函数,如 cv. filter2D()、cv. blur()、cv. medianBlur() 等,可以直接用于彩色图像。但 SciPy、Scikit-image 中的多数空域滤波函数,如 ndimage. convolve()、ndimage. median _ filter() 等,不能直接用于彩色图像,应使用同样的滤波模板,分别处理每个颜色分量。

5.6.1　彩色图像的平滑与降噪

不同于灰度图像,除了亮度外,彩色图像中颜色的色调差异也同样会形成边缘和轮廓,因此,对彩色图像平滑时,需用同样的滤波模板分别对 R、G、B 分量进行平滑,这样可以减弱对图像色调的影响。当然,当滤波模板尺度较大时,图像边缘处的色调仍会发生不同程度的改变。

示例 [5-8] 用均值滤波器在空域滤波平滑彩色图像

图 5-17 (a) 是大眼猴的 RGB 彩色图像,调用 SciPy 的 ndimage. uniform _ filter() 函数,用 9×9 均值滤波器对其 R、G、B 分量分别进行平滑,组合后得到平滑结果,如图 5-17 (b) 所示,注意观察动物毛发的细节变化。也可以调用 OpenCV 的 cv. blur() 函数,将彩色图像数组作为输入直接进行滤波。

♯**SciPy 的 ndimage 以及 OpenCV 提供的均值滤波函数**

img = io. imread('. /imagedata/bigeyemonkey. jpg')　♯读入 RGB 彩色图像

♯SciPy,对彩色图 RGB 颜色通道分别施加 9×9 均值滤波

(a)   (b)

图 5-17 彩色图像的空域滤波平滑

（a）RGB 彩色图像；（b）9×9 均值滤波器平滑结果

```
imgblur_r = ndimage. uniform_filter(img[:,:,0],size = 9)
imgblur_g = ndimage. uniform_filter(img[:,:,1],size = 9)
imgblur_b = ndimage. uniform_filter(img[:,:,2],size = 9)
＃把处理后的 RGB 三个颜色通道组合起来
imgblur_sc = np. dstack((imgblur_r,imgblur_g,imgblur_b))

＃OpenCV,直接将彩色图像数组作为输入
imgblur_cv = cv. blur(img,(9,9))
＃显示结果(略)
＃--------------------------------
```

示例 [5-9] 用高斯低通滤波器在频域滤波平滑彩色图像

图 5-18（a）是大眼猴的 RGB 真彩色图像，用高斯低通滤波器在频域滤波对大眼猴彩色图像的 R、G、B 分量分别进行平滑，得到平滑后的彩色图像，如图 5-18（b）所示。

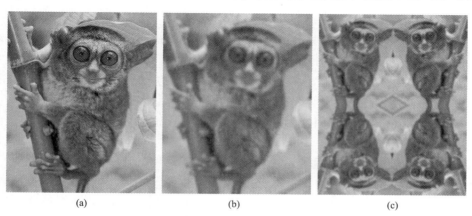

(a)   (b)   (c)

图 5-18 彩色图像的频域高斯低通滤波平滑

（a）RGB 彩色图像；（b）高斯低通滤波器频域滤波；（c）裁剪前的频域滤波输出

＃用高斯低通滤波器频域滤波平滑 **RGB** 彩色图像

```
img = io. imread('. /imagedata/bigeyemonkey. jpg')  ＃读入 RGB 彩色图像
M,N = img. shape[0:2]  ＃获取图像高/宽大小
＃采用'reflect'方式扩展图像(下面扩展 M 行,右面扩张 N 列)
imgex = np. pad(img,((0,M),(0,N),(0,0)),mode = 'reflect')
＃计算扩展图像的 DFT 并中心化(分别对 RGB 三个颜色分量做 DFT)
Fp = fft2(imgex,axes = (0,1))
Fp = fftshift(Fp,axes = (0,1))


D0 = 50  ＃初始化高斯低通滤波器的截止频率
＃计算高斯低通滤波器频域传递函数
＃构建频域平面坐标网格数组,v 列向/u 行向
v = np. arange(-N,N)
u = np. arange(-M,M)
Va,Ua = np. meshgrid(v,u)
Da2 = Ua * * 2 + Va * * 2
HGlpf = np. exp(-Da2/(2 * D0 * * 2))
＃把高斯低通滤波器串成一个 2M * 2N * 3 的三维数组,分别处理 RGB 颜色通道
HGlpf_3D = np. dstack((HGlpf,HGlpf,HGlpf))
＃计算图像 DFT 与高斯低通滤波器频域传递函数的乘积
Gp = Fp * HGlpf_3D
Gp = ifftshift(Gp,axes = (0,1))          ＃去中心化
imgp = np. real(ifft2(Gp,axes = (0,1)))    ＃DFT 反变换,并取实部
imgp = np. uint8(np. clip(imgp,0,255))    ＃数据格式转换为 uint8
imgout = imgp[0:M,0:N]    ＃截取 imgp 左上角与原图像大小相等的区域
＃显示结果(略)
＃----------------------------
```

示例 [5-10] 用中值滤波器去除彩色图像中的脉冲噪声

先用 Scikit-image 的 util. random_noise() 向图 5-19 (a) 大眼猴图像中添加"椒盐"噪声,结果如图 5-19 (b) 所示。然后调用 SciPy 的中值滤波函数 ndimage. median_filter(),用 5×5 中值滤波器对其 R、G、B 分量分别滤波降噪,最终得到中值降噪后的彩色图像,如图 5-19 (c) 所示。也可以调用 OpenCV 的 cv. medianBlur() 函数,将彩色图像数组作为输入直接进行中值滤波。

＃用中值滤波器去除 **RGB** 彩色图像中的脉冲噪声

```
＃SciPy 及 OpenCV 的彩色图像中值滤波
img = io. imread('. /imagedata/bigeyemonkey. jpg')    ＃读入 RGB 彩色图像
＃向图像中添加椒盐噪声,密度为 0.2
img_noise = util. random_noise(img,mode = 's&p',amount = 0.2)
```

(a)　　　　　　　　　　(b)　　　　　　　　　　(c)

图 5-19　彩色图像去除脉冲噪声

（a）原图像；（b）添加"椒盐"噪声图像；（c）5×5 中值滤波结果

```
img_noise = util.img_as_ubyte(img_noise)
imgresult1 = img.copy()   #复制图像数组,初始化输出数组
#SciPy,分别对 RGB 颜色通道进行 5×5 中值滤波
imgresult1[:,:,0] = ndimage.median_filter(img_noise[:,:,0],size = 5)
imgresult1[:,:,1] = ndimage.median_filter(img_noise[:,:,1],size = 5)
imgresult1[:,:,2] = ndimage.median_filter(img_noise[:,:,2],size = 5)
#OpenCV,直接将彩色图像数组作为输入
imgresult2 = cv.medianBlur(img_noise,5)
#显示结果(略)
#------------------------
```

5.6.2　彩色图像的锐化

"第 3 章 空域滤波"已详细介绍了灰度图像的锐化原理，同彩色图像平滑一样，对彩色图像的锐化时，将 R、G、B 分量看作灰度图像，分别锐化，再组合起来，得到最终锐化结果。

1. 用拉普拉斯算子锐化彩色图像

首先用拉普拉斯算子模板对图像 $f(x, y)$ 的 RGB 分量滤波，得到其拉普拉斯边缘图像，然后用原图像各分量减去用强度因子 α 加权的各分量拉普拉斯边缘图像，即：

$$g(x, y) = f(x, y) - \alpha \nabla^2 f(x, y) \tag{5-29}$$

式中，强度因子 α 用于控制图像锐化的强度。如果使用的拉普拉斯算子滤波模板中心系数为正，那么，式中的减号"一"就要改为加号"十"。对于 8 位 256 级灰度图像而言，$g(x, y)$ 中某些像素灰度值可能超出 [0，255] 取值范围，需进行饱和处理，方法是将 $g(x, y)$ 中小于 0 的像素灰度值强制为 0，大于 255 的像素灰度值强制为 255。

示例 [5-11] 用拉普拉斯算子锐化彩色图像

图 5-20（a）显示了一幅彩色图片，图 5-20（b）显示了用拉普拉斯滤波模板对该图像

锐化的结果。由于增强了图像中颜色边缘即轮廓的对比度，梨子表面上的斑点和轮廓等细节比原始图像更加清晰，同时也较好保留了原图像的背景色调。

(a)　　　　　　　　　　　　　　　　(b)

图 5-20　采用拉普拉斯算子的彩色图像锐化

(a) 原图像；(b) 强度因子 $\alpha = 1.5$ 时的锐化结果

＃采用 8-邻域拉普拉斯算子锐化彩色图像

img = io. imread('. /imagedata/pears. png')　＃读入一幅彩色图像

＃构造 8-邻域拉普拉斯算子

klap8 = np. array([[1,1,1],[1,-8,1],[1,1,1]])

alpha = 1.5　＃强度因子

＃采用高斯低通滤波器对原图像滤波,降低噪声

img_smooth = ndimage. gaussian_filter(img,sigma = 1,output = np. float64)

＃计算 RGB 各颜色通道 8-邻域拉普拉斯算子边缘图像

imgedge_r = ndimage. convolve(img_smooth[:,:,0],klap8,output = np. float64)

imgedge_g = ndimage. convolve(img_smooth[:,:,1],klap8,output = np. float64)

imgedge_b = ndimage. convolve(img_smooth[:,:,2],klap8,output = np. float64)

＃把处理后的 RGB 三个颜色通道边缘组合起来

imgedge = np. dstack((imgedge_r,imgedge_g,imgedge_b))

＃将边缘叠加到原图像上

img_sharpen = img. astype(np. float64) - alpha * imgedge

＃对结果数据做饱和处理并转换为 uint8

img_sharpen = np. uint8(np. clip(img_sharpen,0,255))

＃显示结果(略)

＃─────────────────────

2. 采用钝化掩膜 USM 方法锐化彩色图像

采用钝化掩膜 USM（Unsharp Masking）锐化彩色图像时，若对彩色图像的 RGB 各个颜色分量单独锐化，可能会导致图像出现颜色扩散现象。如果把图像从 RGB 转换到 HSV、HSI 或 YCbCr 颜色空间，仅对亮度分量进行 USM 锐化，然后再转换到 RGB 颜色空间，就可以获得更令人满意的视觉效果。

示例［**5-12**］钝化掩膜（USM）锐化彩色图像

采用 Scikit-image 的 filters. unsharp_mask() 函数，对彩色图像进行钝化掩膜锐化。图 5-21（a）为原图像，图 5-21（b）显示了用钝化掩膜 USM 锐化后结果。注意与图 5-20（b）中采用拉普拉斯算子的图像锐化作对比。由于增强了图像中颜色边缘即轮廓的对比度，梨子表面上的斑点和轮廓等细节比原始图像更加清晰，同时也较好保留了原图像的背景色调。

(a)　　　　　　　　　　　　　　　　　　(b)

图 5-21　采用 USM 的彩色图像锐化（高斯低通滤波器标准差 $\sigma=1.5$、强度因子 $\alpha=2$）
（a）原图像；（b）USM 锐化结果

♯采用 **Scikit-image** 函数对彩色图像进行钝化掩膜（USM）锐化

img = io. imread('. /imagedata/pears. png')　♯读入一幅彩色图像

img_hsv = color. rgb2hsv(img)　♯将彩色图像转换到 HSV 颜色空间

♯仅对亮度分量 V 进行 USM 锐化

img_hsv[:,:,2] = filters. unsharp_mask(img_hsv[:,:,2], radius = 1.5, amount = 2.0)

img_usm = color. hsv2rgb(img_hsv)　　　♯将彩色图像转换回 RGB 颜色空间

img_usm = util. img_as_ubyte(img_usm)　♯将数据类型转换为 uint8

♯显示结果(略)

♯————————————————

3. 采用同态滤波器增强光照不均匀彩色图像

同态滤波器能压缩图像低频分量的动态范围，同时扩展提升图像高频分量的动态范围，这样就可以减少图像中的光照变化，降低图像的明暗反差，增加暗区域亮度、并突出其边缘或轮廓等细节。下面将"第 4 章 频域滤波"中介绍的同态滤波器传递函数，重写如下：

$$H(u, v)=\gamma_{\mathrm{L}}+\frac{\gamma_{\mathrm{H}}-\gamma_{\mathrm{L}}}{1+[D_{0}/D(u, v)]^{2n}} \tag{5-30}$$

式（5-30）定义的同态滤波器有 4 个控制参数，调整有一定难度。通常令巴特沃斯高通滤波器的阶次 $n=2$，截止频率 D_{0} 应足够大，可取滤波器高、宽最大值或至少一半，即 $D_{0}>0.5\times\max(P, Q)$，让足够的图像低频分量被保留，保证图像的整体视觉效果不会被过度改变。参数 γ_{L} 用于衰减滤波后图像中的低频分量，大的 γ_{L} 会过多保留原图像的光照特点，因此不宜太大，通常 $\gamma_{\mathrm{L}}\leqslant0.5$。参数 γ_{H} 用于提升滤波后图像中的高频分量，也不宜过大。

示例 [5-13] 同态滤波器增强光照不均匀彩色图像

采用式（5-30）定义的同态滤波器算法，对一幅光照反差强烈的山谷庙宇彩色图像进行频域增强。图 5-22（a）为原图，图 5-22（b）为增强图像，控制参数取值为：$n=2$，$\gamma_L=0.4$，$\gamma_H=1.5$，$D_0=\max(P, Q)$。可见，图片中暗处的庙宇、树木等景物的纹理细节及颜色得到回复和突出，不均匀光照得到明显改善，图像反差也得到适当调整。

先调用 Scikit-image 函数 color.rgb2hsv() 函数将图像从 RGB 颜色空间转换到 HSV 颜色空间，然后仅对明度分量 V 进行同态滤波，再用函数 color.hsv2rgb() 把图像从 HSV 变换到 RGB 颜色空间。需要注意的是，由于明度 V 在 [0, 1] 之间取值，为了保证对数运算计算精度，先将明度 V 映射到 [0, 255] 之间，待同态滤波后，再将其映射到 [0, 1] 之间。

(a)　　　　　　　　　　　　　　　(b)

图 5-22　同态滤波器（Homomorphic Filter）增强不均匀光照彩色图像

(a) 原图像 temple；(b) 增强后的图像

＃同态滤波器（**Homomorphic Filter**）增强不均匀光照彩色图像

```
img = io.imread('./imagedata/temple.jpg')   ＃读入一幅彩色图像
M,N = img.shape[0:2]   ＃获取图像高/宽大小
img_hsv = color.rgb2hsv(img)   ＃将彩色图像转换到 HSV 颜色空间
＃仅对亮度分量 V 进行同态滤波处理
imgV = 255 * img_hsv[:,:,2]
imgz = np.log(imgV + 1)   ＃图像 img 取对数,得到 imgz
Zp = fftshift(fft2(imgz,s=(2*M,2*N)))   ＃计算 imgz 的 DFT 并中心化

＃初始化同态滤波器参数
rL = 0.4
rH = 1.5
n = 2   ＃巴特沃斯滤波器的阶次
D0 = 1.0 * np.max((2*M,2*N))＃滤波器的截止频率
＃计算同态滤波器频域传递函数
＃构建频域平面坐标网格数组,v 列向/u 行向
v = np.arange(-N,N)
```

```
u = np. arange( - M,M)
Va,Ua = np. meshgrid(v,u)
Da = np. sqrt(Ua * * 2 + Va * * 2)
HBlpf = 1/(1 + (Da/D0) * * (2 * n))
Homf = rL * HBlpf + rH * (1 - HBlpf)
#计算同态滤波后的图像频谱,并去中心化
Sp = ifftshift(Zp * Homf)
imgp = np. real(ifft2(Sp))   #DFT 反变换,并取实部
#截取 imgp 左上角 M * N 的区域,取自然指数,并减 1 补偿
imgV_enh = np. exp(imgp[0:M,0:N]) - 1
#把输出图像 V 分量的数据映射到[0,1]之间
imgV_enh = (imgV_enh-np. min(imgV_enh))/(np. max(imgV_enh) - np. min(imgV_enh))
img_hsv[:,:,2] = imgV_enh
img_homf = color. hsv2rgb(img_hsv)     #将彩色图像转换回 RGB 颜色空间
img_homf = util. img_as_ubyte(img_homf)   #将数据类型转换为 uint8
#显示结果(略)
# ---------------------------
```

5.7　图像的伪彩色处理

人类视觉对微小的灰度变化不敏感,而对彩色的微小差别极为敏感。伪彩色图像处理(Pesudo-color Image Processing) 利用这个特性把灰度图像变换为彩色图像,以增强人对图像细微差别的分辨力,广泛应用于 X 射线安检图像、医学图像、红外图像、遥感图像等领域。常用的伪彩色图像处理方法有灰度分层、灰度变换、合成等。

5.7.1　灰度分层

灰度分层是最简单的伪彩色图像处理方法,其基本思想是把图像的灰度级分成若干个区间,并为每个区间定义一种颜色,然后按照每个像素灰度值所属的区间,赋予该像素对应的颜色值。

假定图像的灰度级为 $[0, L-1]$,令 P 表示对灰度图像编码的颜色数量,$1 < P \leqslant L$;选取 $P-1$ 个阈值 T_1、T_2、……, T_{P-1},把灰度级 $[0, L-1]$ 划分为 P 个区间 V_k:$[0, T_1)$、$[T_1, T_2)$、……, $[T_{P-1}, L-1]$,并为每个区间定义一种颜色 $C_k = (r_k, g_k, b_k)$,$k = 0, 2, ……, P-1$,建立颜色表(调色板)。灰度图像到彩色图像的变换规则为:如果某像素的灰度值 $r \in V_k$,那么该像素被赋予颜色 C_k,得到的彩色图像可以用 RGB 彩色格式或索引图像格式保存。

灰度分层的关键是灰度级区间的划分和编码颜色的选择。灰度级区间的划分可以是等间隔均匀划分,也可以非均匀划分。在确定编码颜色方案时,一般按照简单(Simplicity)、一致(Consistency)、清晰(Clarity)的原则选择颜色,例如,如果用 4 种颜色,一

般选择红、黄、绿、蓝四色。确定的编码颜色用该颜色的 R、G、B 分量给出，按照对应区间依次保存到一个 $P\times 3$ 的数组中，每行保存一种颜色的 R、G、B 分量，形成类似于索引图像的颜色表。像素灰度值到彩色变换时，先确定像素灰度值所属的区间序号 k，然后通过查表法从颜色表第 k 行获取对应颜色的 R、G、B 分量。

OpenCV 提供的函数 cv.applyColorMap() 可以把预定义颜色表应用于灰度图像上，产生伪彩色图像。如果要使用自定义颜色表，则需采用查表函数 LUT。也可以调用 Pillow 的 Image 模块函数，先把灰度图像转换为 PIL 类图像对象，然后调用类成员函数，把图像转换为索引图像，附加上自定义的颜色表（调色板），即可完成伪彩色图像处理，并用 png 图像文件格式加以保存。

示例 [5-14] 行李 X 射线安检图像的伪彩色处理

X 射线为高频电磁波，其波长很短、能量较大，能穿透一些物体。安检使用的 X 射线属软 X 射线（波长 10～100nm 范围内），相对于短波长的硬 X 射线，其穿透力弱些。输送带将行李送入 X 射线检查通道，触发 X 射线源发射扇形 X 射线束。X 射线束穿过输送带上的被检物品，最后轰击安装在通道内的双能量半导体探测器的靶面。因被检物品的材质和密度不同，对 X 射线能量的衰减程度也不同，探测器接收到的 X 射线强弱不同，通过信号处理模块把接收到的 X 射线强弱空间分布，转换为一幅灰度图像的明暗变化，借此来判断行李中是否有违禁物品。图 5-23 (a) 是行李包裹通过 X 射线安检时产生的灰度图像。

采用 OpenCV 预定义的颜色表 cv.COLORMAP_JET，采用 cv.applyColorMap() 对灰度图像进行为伪彩色处理，结果如图 5-23 (b) 所示。接下来，将 256 灰度级等间隔均匀划分为 4 个区间，用红、黄、绿、蓝 4 色构建一个颜色表，然后通过查表函数 cv.LUT() 生成伪彩色图像，结果如图 5-23 (c) 所示。最后使用 Pillow 库函数将灰度图像数据与自定义颜色表结合，得到索引图像格式的伪彩色图像。

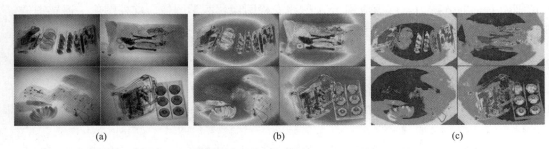

(a)　　　　　　　　　　(b)　　　　　　　　　　(c)

图 5-23　X-射线安检图像的灰度分层伪彩色处理

(a) X 射线安检包裹灰度图像；(b) OpenCV 预定义颜色表伪彩色；(c) 自定义 4 色颜色表伪彩色

#灰度分层法伪彩色图像处理
#调用 OpenCV、Pillow 函数实现灰度分层方式的伪彩色处理
img_gray = io. imread('. /imagedata/Xraysecuritycheck. jpg')　#读入一幅灰度图像
#采用 OpenCV 预定义颜色表
img_color1 = cv. applyColorMap(img_gray,cv. COLORMAP_JET)
#自定义颜色表,把 256 划分为 4 个颜色区间,依次赋值

```
usercolormap = np. zeros((1,256,3),dtype = np. uint8)
usercolormap[0,0:64,:] =      [255,0,0]    # red
usercolormap[0,64:128,:] =    [255,255,0]  # yellow
usercolormap[0,128:192,:] =   [0,255,0]    # green
usercolormap[0,192:256,:] =   [0,0,255]    # blue
#OpenCV 采用查表法转换为伪彩色图像
#先将灰度图像转换为具有 3 个颜色通道的消色图像
img_gray_3C = color. gray2rgb(img_gray)
#查表得到 RGB 伪彩色图像
img_color2 = cv. LUT(img_gray_3C,usercolormap)


#采用 Numpy 数组操作查表得到 RGB 伪彩色图像
#去掉颜色表第一维
usercmap = np. squeeze(usercolormap)
img_color3 = usercmap[img_gray]


#调用 Pillow 函数,以索引图像格式实现伪彩色图像处理
img_ind = Image. fromarray(img_gray)   #将灰度图像转换为 PIL 格式
img_ind. convert('P')   #将图像转换为索引图像
img_ind. putpalette(list(usercmap. flatten()))   #把颜色表附加到索引图像中
img_ind. save('Xraysecuritycheck_pc. png')   #保存索引图像
#显示结果(略)
#---------------------------
```

OpenCV 提供的伪彩色图像处理函数

applyColorMap

函数功能	伪彩色图像处理,灰度分层,Apply a colormap on a given image.	
函数原型	dst = cv. applyColorMap(src,colormap[,dst])	
输入参数	参数名称	描述
	src	多维数组,灰度或彩色图像,数据类型为 CV_8UC1 或 CV_8UC3,即 uint8。
	colormap	整数,OpenCV 预定义颜色表(调色板)代码,可在 0～21 之间取值,依次对应 cv. COLORMAP_ AUTUMN、cv. COLORMAP_ DEEPGREEN 等 22 种颜色表。
返回值	dst-多维数组,转换后的伪彩色图像,颜色通道顺序为 BGR。	

LUT

函数功能	查表变换函数,Performs a look-up table transform of an array.
函数原型	dst = cv. LUT(src,lut[,dst])

参数名称		描述
输入参数	src	多维数组,可以是单颜色通道也可是 3 颜色通道,数据类型为 8 位整数(uint8 或 int8)。
	lut	数组,256 个单元的查找表,可以是单通道,也可以是 3 通道。如果输入图像为单通道,那查找表必须为单通道,若输入图像为 3 通道,查找表可以为单通道,也可以为 3 通道,若为单通道则表示对图像 3 个通道都应用这个表,若为 3 通道则分别应用。
返回值		dst-多维数组,数组大小和颜色通道数与输入数组 src 相同,数据类型与查找表 lut 相同。

5.7.2　灰度变换-合成方法

灰度变换-合成方法的基本思想是将灰度图像每个像素的灰度值,通过三个不同的变换函数得到三个值,把这三个值看作是该像素颜色的 R、G、B 分量,合成得到一幅 RGB 彩色图像。即:

$$\begin{cases} R = T_R(r) \\ G = T_G(r) \\ B = T_B(r) \end{cases} \tag{5-31}$$

式中,$T_R(\ )$、$T_G(\ )$、$T_B(\ )$ 分别表示获取 R、G、B 分量值的变换函数,r 表示输入灰度图像的灰度值。

灰度变换-合成方法的关键是根据应用选择合适的变换函数。对于上例的 X-射线安检图像,可以选择三个相位不同的正弦函数作为变换函数,即:

$$\begin{aligned} R &= |\sin(2\pi \cdot f \cdot r)| \\ G &= |\sin(2\pi \cdot f \cdot r + 0.25 \cdot p)| \\ B &= |\sin(2\pi \cdot f \cdot r + 0.5 \cdot p)| \end{aligned} \tag{5-32}$$

式中,r 表示输入图像的灰度值,在 [0,1] 之间取值;f 为频率,p 为初相位控制参数,取不同的值可以控制得到的伪彩色图像效果。

示例 [5-15] 行李 X 射线安检图像的灰度变换-合成法伪彩色图像处理

采用式(5-32)给出的一组正弦函数,对行李 X 射线安检图像进行伪彩色处理,图 5-24(b)给出了控制参数 $f=0.5$、$p=\pi/4$ 时得到伪彩色图像,图像中硬质物体用区别度较大的颜色显示,提高了物体的区别度。

```
#灰度变换-合成法伪彩色图像处理
img_gray = io.imread('./imagedata/Xraysecuritycheck.jpg')    #读入一幅灰度图像
#将图像数据类型转换为[0,1]之间取值的浮点型
img_gray_f = util.img_as_float(img_gray)

#定义变换函数的控制参数
freq = 0.5   #Frequency
```

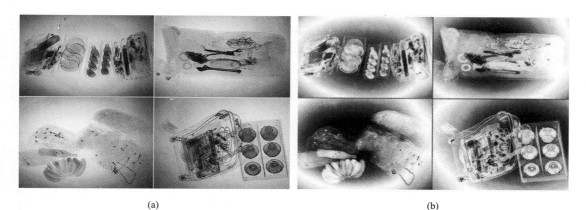

（a）　　　　　　　　　　　　　（b）

图 5-24　X-射线安检图像的灰度变换-合成伪彩色处理

（a）X 射线安检包裹灰度图像；（b）灰度变换-合成得到的伪彩色图像

```
phase = 0.25 * np.pi    #Phase
#采用相位不同的正弦函数，计算 RGB 分量的变换值
img_r = np.abs(np.sin(2 * np.pi * freq * img_gray_f))
img_g = np.abs(np.sin(2 * np.pi * freq * img_gray_f + 0.25 * phase))
img_b = np.abs(np.sin(2 * np.pi * freq * img_gray_f + 0.5 * phase))
#把处理后的 RGB 三个颜色通道边缘组合起来
img_pesc = np.dstack((img_r,img_g,img_b))
img_pesc = util.img_as_ubyte(img_pesc)    #将数据类型转换为 uint8
#显示结果（略）
#------------------------
```

5.8　Python 扩展库中的彩色图像处理函数

为便于学习，下表列出了 SciPy、OpenCV、Pillow 等库中与彩色图像处理相关的函数及其功能。

函数名	功能描述
Scikit-image　　**导入方式：from skimage import color，util**	
convert_colorspace	颜色空间转换，Convert an image array to a new color space.
rgb2hsv	RGB 转换到 HSV 颜色空间，RGB to HSV color space conversion.
hsv2rgb	HSV 转换到 RGB 颜色空间，HSV to RGB color space conversion.
rgb2ycbcr	RGB 转换到 YCbCr 颜色空间，RGB to YCbCr color space conversion.
ycbcr2rgb	YCbCr 转换到 RGB 颜色空间，YCbCr to RGB color space conversion.
rgb2gray	RGB 彩色图像转换为灰度图像，Convert RGB image to grayscale image.
gray2rgb	将灰度图像转换为具有 RGB 颜色通道的消色图像，Create an RGB representation of a gray-level image.

续表

函数名	功能描述
OpenCV 　　　**导入方式：import cv2 as cv**	
cvtColor	颜色空间转换，Converts an image from one color space to another.
applyColorMap	伪彩色图像处理，灰度分层，Apply a colormap on a given image.
LUT	查表变换函数，Performs a look-up table transform of an array.
Pillow 　　　**导入方式：from PIL import Image**	
fromarray	将 NumPy 数组 array 转换成 Pillow image，convert a NumPy array to a Pillow image.
Image. convert	图像文件格式转换，Returns a converted copy of this image.
Image. putpalette	将调色板(颜色表)附加到此图像，Attaches a palette to this image.
Image. save	将此图像以指定文件名保存为图像文件，Saves this image under the given filename.

 习题 ▶▶▶

> 5.1　三原色是何含义？与颜色的视觉属性有何关系？
>
> 5.2　什么是色域？色域大小受哪些因素影响？试举例说明。
>
> 5.3　色度学和亮度学的研究内容是什么？
>
> 5.4　颜色模型（或颜色空间）有何作用？
>
> 5.5　对彩色图像进行变换和滤波处理时，应遵循哪些原则？
>
> 5.6　简述伪彩色图像处理的常用方法。

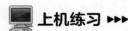 **上机练习** ▶▶▶

　　E5.1　打开本章 Jupyter Notebook 可执行记事本文件"Ch5 彩色图像处理 . ipynb"，逐单元（Cell）运行示例程序，注意观察分析运行结果。熟悉示例程序功能，掌握相关函数的使用方法。

　　E5.2　请利用互联网搜索一幅"森林火险气象等级预报"的伪彩色图像并保存，然后按照图中所给颜色图例将图像转换为灰度图像，再将该灰度图像用不同的颜色表转换为伪彩色图像。注意观察灰度图像和彩色图像信息表示的有效性差异。

　　E5.3　根据 5.5 节介绍的彩色图像饱和度调整方法，编程实现只对彩色图像中用户选择的兴趣区域 ROI 进行饱和度调整，譬如一个矩形、圆形区域或移动鼠标绘制的封闭区域。

第6章

图像几何变换

图像几何变换（Image Geometric Transformation）通过改变像素的位置来改变图像中物体的形状或图像的大小，广泛应用于图像配准（Image Registration）、计算机图形学（Computer Graphics）、计算机视觉（Computer Vision）、视觉特效（Visual Effects）等领域。

6.1 图像几何变换原理

图像几何变换由空间坐标变换（Coordinate Transformation）和灰度插值（Intensity Interpolation）两个基本步骤组成。

6.1.1 空间坐标变换

图像几何变换首先要建立像素坐标变换函数，又称坐标映射函数，以描述源图像（输入图像）与目标图像（输出图像）像素坐标之间的对应关系，然后利用坐标变换函数将源图像像素坐标 (x, y)，映射到目标图像中一个新位置 (x', y')。

1. 前向映射

从源图像到目标图像的坐标变换，称为**前向映射**（Forward Mapping），坐标变换函数可表示为：

$$\begin{cases} x' = T_x(x, y) \\ y' = T_y(x, y) \end{cases} \tag{6-1}$$

式中，源图像像素坐标 (x, y) 为整数值，但变换结果 (x', y') 不一定是整数值。如果 (x', y') 的值是整数，那么，将源像素 (x, y) 的灰度值或颜色值直接赋给目标像素 (x', y') 即可。如果 (x', y') 为非整数，则表明其位于几个像素中间，如图 6-1 所示，此时就不能直接对目标图像像素赋值。

前向映射的另一个问题是，目标图像中的一些像素可能根本没有被赋值，从而产生一些空洞。另外，还可能出现目标像素和多个源像素对应的情况。鉴于这些复杂问题，图像

179

几何变换一般不采用前向映射方法。源图像像素 $(x，y)$，通过坐标变换函数 T 得到对应目标位置 $(x'，y')$。坐标 $(x'，y')$ 有可能为非整数，表明位于几个像素之间。

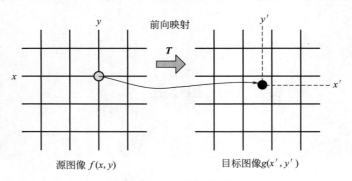

图 6-1 前向映射（由源图像到目标图像）

2. 后向映射

从目标图像到源图像的坐标变换，称**后向映射**（Backward Mapping），它将目标图像像素的离散整数坐标 $(x'，y')$，经式（6-2）的逆函数，映射为对应源图像像素坐标 $(x，y)$，即：

$$\begin{cases} x = T_x^{-1}(x'，y') \\ y = T_y^{-1}(x'，y') \end{cases} \tag{6-2}$$

式中，目标像素坐标 $(x'，y')$ 为整数值，但变换结果 $(x，y)$ 的值有可能为非整数，则坐标 $(x，y)$ 点位于几个像素之间，如图 6-2 所示。后向映射主要优点是，对目标图像中每一像素都进行一次坐标变换和赋值，不会产生空洞和重叠。因此，被广泛应用于图像几何变换。目标图像各像素坐标 $(x'，y')$，经逆变换函数 T^{-1} 计算得到其在源图像中的对应位置 $(x，y)$。坐标 $(x，y)$ 有可能是非整数，位于几个像素之间。因此，需要利用坐标 $(x，y)$ 周围相邻像素信息，估计 $(x，y)$ 处的灰度值或颜色值，然后把该估计值赋给目标像素 $(x'，y')$。

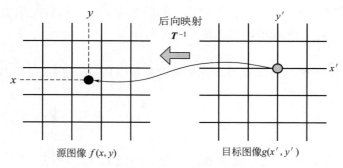

图 6-2 后向映射（目标图像到源图像）

6.1.2 灰度插值

　　灰度插值是对目标像素进行赋值的过程，是影响图像几何变换计算速度和输出图像质量的关键。数字图像像素坐标是离散整数值，而坐标变换函数及其逆变换函数一般是连续函数，计算得到的坐标不一定是整数。

后向映射时，对于目标像素 (x', y')，如果坐标变换得到的源图像坐标 (x, y) 是整数坐标值，那么只需把源图像 (x, y) 处的像素灰度值或颜色值赋给目标像素 (x', y') 即可。如果坐标 (x, y) 不是整数值，那就意味着没有一个确定的源图像像素与之对应，就必须利用坐标 (x, y) 周围像素，来估计 (x, y) 处的灰度值或颜色值，然后把该估计值赋给目标像素 (x', y')。如果坐标 (x, y) 不在源图像范围内时，一般将目标像素 (x', y') 的值设为常数（如 0，255 或其他值）。

常用的灰度插值方法有：最近邻插值（Nearest Neighborhood Interpolation）、双线性插值（Bilinear Interpolation）、双三次插值（Bicubic Interpolation）等。

灰度插值也是常用的图像重采样方法，用于增加或减少数字图像像素的数量。例如，数码相机常用灰度插值方法创造出比传感器实际像素更多的图像，或对图像局部放大实现数码变焦。灰度插值应尽可能保留图像细节，避免产生视觉上的人工痕迹，如振铃或者莫尔条纹现象。

6.2　灰度插值

插值是从离散样本点重建原始连续函数的方法。目标像素坐标 (x', y') 经后向映射得到其在源图像中的对应坐标 (x, y)，再通过灰度插值为目标像素 (x', y') 赋值。

6.2.1　一维插值

为了说明图像灰度插值原理，首先介绍一维插值方法。一维插值问题可以描述为：

假定 $f(x)$ 是定义在区间 $[a, b]$ 上的未知实函数，已知其在区间 $[a, b]$ 内 n 个不同点 x_0，x_1，x_2，……，x_{n-1} 的函数值 $f(x_0)$，$f(x_1)$，$f(x_2)$，……，$f(x_{n-1})$，要求估计在区间 $[a, b]$ 内任意一点 x^* 的函数值 $f(x^*)$。

求解一维插值问题的基本思路是构造一个连续实函数 $\hat{f}(x)$ 逼近 $f(x)$，且满足条件 $\hat{f}(x_j) = f(x_j)$，$j = 0, 1, 2, ……, n-1$。此处，x_j 称为插值节点，即样本点，$\hat{f}(x)$ 称为插值函数，$\hat{f}(x_j) = f(x_j)$ 称为插值条件。利用插值条件求出插值函数 $\hat{f}(x)$ 的参数，然后就可以利用该插值函数 $\hat{f}(x)$ 估计插值点 x^* 的函数值 $\hat{f}(x^*)$。当插值点 x^* 属于包含 x_0，x_1，x_2，……，x_{n-1} 的最小闭区间内时，相应的插值称为内插，否则称为外插。

图 6-3（a）是一个一维连续函数 $f(x)$，图 6-3（b）是对 $f(x)$ 采样得到的离散序列。图 6-3（c）为对离散序列进行最近邻插值的结果，它选择距插值点 x^* 最近节点 x_j 的函数值 $f(x_j)$，作为 x^* 函数值 $\hat{f}(x^*)$ 的估计。图 6-3（d）为对离散序列进行线性插值的结果，它用连接相邻样本值 $f(x_j)$ 和 $f(x_{j+1})$ 的一个分段线性函数作为插值函数。显然，线性插值要比最近邻插值更接近图 6-3（a）中的连续函数 $f(x)$。图 6-3 目的是估计任意位置 x^* 的函数值 $f(x^*)$。

1. 最近邻插值

最近邻插值（Nearest Neighborhood Interpolation）是最简单的插值方法，把离插值

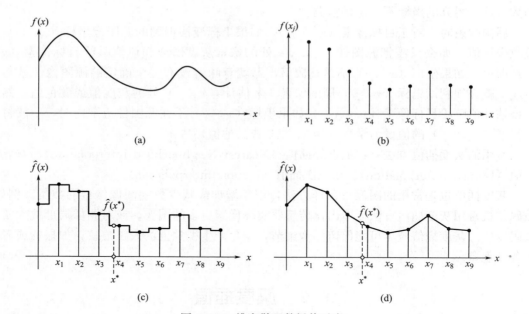

图 6-3　一维离散函数插值示意

（a）连续函数；（b）离散序列；（c）最近邻插值结果；（d）线性插值结果

点 x^* 最近的节点 x_j 的函数值 $f(x_j)$ 作为插值函数 $\hat{f}(x^*)$ 的估计值，即：

$$\hat{f}(x^*) = f(x_j) \tag{6-3}$$

其中，x_j 是对插值点 x^* 四舍五入取整的结果，或写成：

$$x_j = \lfloor x^* + 0.5 \rfloor \tag{6-4}$$

式中，符号 $\lfloor x \rfloor$ 的功能是"向下取整"，即取不大于 x 的最大整数（向下取整是取数轴上最接近 x 的左边的整数值）。

2. 线性插值

线性插值（Linear Interpolation）函数 $\hat{f}(x)$ 可表示为：

$$\hat{f}(x) = a_1 + a_2 x \tag{6-5}$$

其中，a_1、a_2 为系数。找到距插值点 x^* 最近的两个节点 $[x_j, f(x_j)]$ 和 $[x_{j+1}, f(x_{j+1})]$，其中 $x_j = \lfloor x^* \rfloor$，代入上式，得到两个方程：

$$\begin{cases} \hat{f}(x_j) = a_1 + a_2 x_j \\ \hat{f}(x_{j+1}) = a_1 + a_2 x_{j+1} \end{cases} \tag{6-6}$$

联立解得：

$$a_1 = \frac{x_{j+1} \cdot f(x_j) - x_j \cdot f(x_{j+1})}{x_{j+1} - x_j}, \quad a_2 = \frac{f(x_j) - f(x_{j+1})}{x_{j+1} - x_j} \tag{6-7}$$

代入式（6-5），得到一维线性插值函数 $\hat{f}(x)$：

$$\begin{aligned} \hat{f}(x) &= \frac{x_{j+1} \cdot f(x_j) - x_j \cdot f(x_{j+1})}{x_{j+1} - x_j} + \frac{f(x_{j+1}) - f(x_j)}{x_{j+1} - x_j} \cdot x \\ &= \frac{x_{j+1} - x}{x_{j+1} - x_j} \cdot f(x_j) + \frac{x - x_j}{x_{j+1} - x_j} \cdot f(x_{j+1}) \end{aligned} \tag{6-8}$$

也可利用直线方程的两点式，得到上述结果。如果采样间隔为 1（节点间距为 1），即 $x_{j+1} = x_j + 1$，上式可简化为：

$$\hat{f}(x) = (x_j + 1 - x) \cdot f(x_j) + (x - x_j) \cdot f(x_j + 1) \tag{6-9}$$

可见，点 x^* 的线性插值是距其最近的两个节点样本值 $f(x_j)$ 和 $f(x_{j+1})$ 的加权和，样本节点的权重与其到插值点 x^* 的距离相关，距离越近，权值越大。线性插值的本质是用通过过节点 $[x_j, f(x_j)]$ 和 $[x_{j+1}, f(x_{j+1})]$ 的直线段来近似函数 $f(x)$。

3. 三次插值

三次插值因采用**三次多项式**作为插值核函数而得名，又称立方插值（Cubic Interpolation）。离散序列 $f(x)$ 的插值函数 $\hat{f}(x)$，可表示为离散序列 $f(x)$ 和一个连续插值核函数 $w(x)$ 的线性卷积，即：

$$\hat{f}(x) = w(x) * f(x) = \sum_{m=-\infty}^{\infty} w(x-m) f(m) \tag{6-10}$$

式中，插值核函数 $w(x)$ 相当于一个权值函数，$(x-m)$ 为插值点 x 到样本节点 m 的距离。因此，三次插值本质上也是将节点样本值的加权和，作为插值点 x^* 函数值的估计。

常用的三次插值核函数 $w(x)$ 是对 Sinc 函数的截短近似，定义为一个分段三次多项式：

$$w(x) = \begin{cases} (a+2)|x|^3 - (a+3)|x|^2 + 1, & \text{当 } |x| < 1 \\ a|x|^3 - 5a|x|^2 + 8a|x| - 4a, & \text{当 } 1 \leqslant |x| < 2 \\ 0, & \text{其他} \end{cases} \tag{6-11}$$

式中，参数 a 用于控制 $w(x)$ 的陡峭程度，影响插值函数在信号变化处的"过冲"程度，进而影响插值信号边缘变化的锐度，一般取 $a = -0.5$、-0.75 或 -1，图 6-4 给出了插值函核函数 $w(x)$ 在控制参数 $a = -0.25$（短划线）、$a = -1$（实线）、$a = -1.75$（点虚线）的曲线形状。注意，当 $x = 0$ 时，$w(0) = 1$；当 x 为其他非 0 整数时，$w(x) = 0$。这样就保证了采用式（6-9）得到的插值函数满足插值条件 $\hat{f}(x_i) = f(x_i)$。

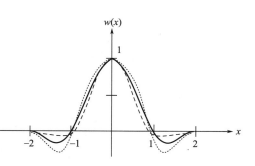

图 6-4　一维三次插值核函数 $w(x)$

三次插值核函数 $w(x)$ 的延展范围较小，当 $|x| \geqslant 2$ 时，$w(x) = 0$，所以对任意位置 x^* 插值时，式（6-10）的运算只需要四个离散值：

$$f(x_0 - 1)，f(x_0)，f(x_0 + 1)，f(x_0 + 2)；其中：x_0 = \lfloor x^* \rfloor$$

这样，就可以把式（6-10）的三次插值函数可简化为：

$$\hat{f}(x^*) = \sum_{u = x_0 - 1}^{x_0 + 2} w(x^* - u) f(u) \tag{6-12}$$

6.2.2　二维插值

数字图像是二维离散信号，图像的灰度插值和一维插值方法很相似，可以分解为多次一维插值来实现，如双线性插值、双三次插值等。

1. 最近邻插值

如图 6-5 所示，最近邻插值把距离插值点（x，y）最近像素（x_n，y_n）的灰度值或颜色值 $f(x_n, y_n)$，作为插值点（x，y）的估计值，即：

$$\hat{f}(x, y) = f(x_n, y_n)，其中：x_n = \lfloor x + 0.5 \rfloor，y_n = \lfloor y + 0.5 \rfloor \qquad (6\text{-}13)$$

式中，符号 $\lfloor x \rfloor$ 的功能是"向下取整"，即取不大于 x 的最大整数。最近邻插值计算量小，但插值后的图像有很强的块状效应，锯齿波现象明显。

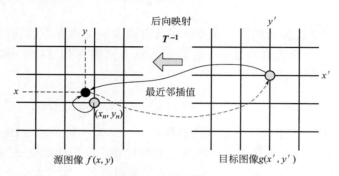

图 6-5　最近邻插值

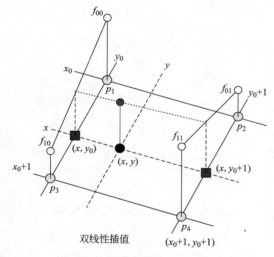

双线性插值

图 6-6　双线性插值原理

2. 双线性插值

双线性插值（Bilinear Interpolation）把二维线性插值分解为两个维度上的一维线性插值。给定插值点（x，y），利用其周围最近的四个像素 p_1、p_2、p_3、p_4 通过两步一维线性插值得到其灰度值的估计值，如图 6-6 所示。这四个像素的坐标由下式给出：

$$p_1 = (x_0, y_0)，p_2 = (x_0, y_0 + 1)，$$
$$p_3 = (x_0 + 1, y_0)，p_4 = (x_0 + 1, y_0 + 1) \qquad (6\text{-}14)$$

其中，（x_0，y_0）是插值点坐标值（x，y）"向下取整"的结果，即：$x_0 = \lfloor x \rfloor$，$y_0 = \lfloor y \rfloor$。

为简单起见，分别用 f_{00}、f_{01}、f_{10}、f_{11} 表示像素 p_1、p_2、p_3、p_4 的灰度值。首先沿 x 方向进行插值，利用 p_1、p_3 这两个像素，得到点（x，y_0）的插值 $\hat{f}(x, y_0)$，利用 p_2、p_4 这两个像素，得到点（x，$y_0 + 1$）的插值 $\hat{f}(x, y_0 + 1)$。然后，再利用（x，y_0）和（x，$y_0 + 1$）这两点，沿 y 方向插值，最终得到插值点（x，y）的估计值。由于插值过程分解为沿 x、y 坐标轴方向的两个一维线性插值，因此称为双线性插值。

步骤如下：

（1）沿 x 方向进行插值，采用一维线性插值公式（6-9），利用像素 p_1、p_3 计算点（x，y_0）的插值 $\hat{f}(x, y_0)$，用 p_2、p_4 计算点（x，$y_0 + 1$）的插值 $\hat{f}(x, y_0 + 1)$，即：

$$\hat{f}(x,\ y_0)=(x_0+1-x)\cdot f_{00}+(x-x_0)\cdot f_{10}$$
$$\hat{f}(x,\ y_0+1)=(x_0+1-x)\cdot f_{01}+(x-x_0)\cdot f_{11} \tag{6-15}$$

（2）利用上述 $(x,\ y_0)$、$(x,\ y_0+1)$ 两点，沿 y 方向作一维线性插值，最终得到 $(x,\ y)$ 的估计值：

$$
\begin{aligned}
\hat{f}(x,\ y)&=(y_0+1-y)\cdot \hat{f}(x,\ y_0)+(y-y_0)\cdot \hat{f}(x,\ y_0+1)\\
&=(x_0+1-x)(y_0+1-y)\cdot f_{00}+(x-x_0)(y_0+1-y)\cdot f_{10} \quad(6\text{-}16)\\
&\quad+(x_0+1-x)(y-y_0)\cdot f_{01}+(x-x_0)(y-y_0)\cdot f_{11}
\end{aligned}
$$

由上式可见，点 $(x,\ y)$ 的双线性插值，是距其最近的周围四个像素灰度值的加权和，节点像素离插值点 $(x,\ y)$ 距离越近，其权值就越大。双线性插值对变换后的输出图像具有平滑作用，可能导致图像细节产生模糊，这种现象在进行图像放大时尤其明显。

3. 双三次插值

又称双立方插值（Bicubic Interpolation），它把二维三次插值过程分解为沿 x 方向和 y 方向的一维三次插值，用到了插值点 $(x,\ y)$ 周围最接近的 4×4 邻域中的 16 个像素，如图 6-7 所示。源图像像素位置用淡灰色圆表示，插值点 $(x,\ y)$ 用黑色圆表示，中间点用矩形表示。第一步，沿 x 方向用第 j 列的四个像素进行一维三次插值得到的中间结果 p_j，共处理四列，得到四个中间点 p_0、p_1、p_2、p_3。利用这四个中间点 p_0、p_1、p_2、p_3，沿 y 方向进行一维三次插值，得到插值点 $(x,\ y)$ 的最终结果 $\hat{f}(x,\ y)$。

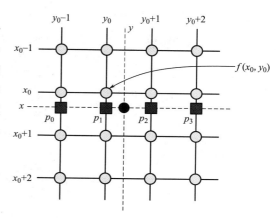

图 6-7　双三次插值的计算步骤

二维三次插值的卷积核定义为两个一维三次插值卷积核的乘积：

$$w_{bic}(x,\ y)=w(x)\cdot w(y) \tag{6-17}$$

由于 x 和 y 不相关，因此，双三次插值函数可表示为：

$$
\begin{aligned}
\hat{f}(x,\ y)&=\sum_{n=y_0-1}^{y_0+2}\Big[\sum_{m=x_0-1}^{x_0+2}\big[w_{bic}(x-m,\ y-n)f(m,\ n)\big]\Big]\\
&=\sum_{n=y_0-1}^{y_0+2}\Big[w(y-n)\sum_{m=x_0-1}^{x_0+2}\big[w(x-m)f(m,\ n)\big]\Big],\text{其中：}x_0=\lfloor x\rfloor,\ y_0=\lfloor y\rfloor
\end{aligned}
$$

$$\tag{6-18}$$

插值点 $(x,\ y)$ 的双三次插值，本质上是其周围最近的 16 个像素灰度值的加权平均。因此，双三次插值是一种更加复杂的插值方式，它能产生比最近邻插值和双线性插值更平滑的图像边缘，同时所需计算量也大。

双三次插值的计算步骤如下：

（1）沿 x 方向用第 j 列的四个像素进行一维三次插值得到的中间结果 p_j，共处理四列，得到四个中间点 p_0、p_1、p_2、p_3。

（2）再利用这四个中间点 p_0、p_1、p_2、p_3，沿 y 方向进行一维三次插值，得到插值点 (x, y) 的最终结果 $\hat{f}(x, y)$。

6.3 图像的基本几何变换

图像的基本几何变换包括平移变换、比例变换、旋转变换和剪切变换等。为叙述方便，本书约定图像左上角为坐标系的原点，x 轴垂直向下、y 轴水平向右，图像坐标向量用列向量表示。

OpenCV、SciPy、Scikit-image 等中的图像坐标系约定为：图像左上角为坐标系的原点，x 轴水平向右、y 轴垂直向下。

6.3.1 平移变换

图像平移变换（Translation Transformation）把图像沿 x 方向或/和 y 方向，移动给定的偏移量 Δx、Δy，如图 6-8（a）所示。其坐标变换函数定义为：

$$\begin{cases} x' = x + \Delta x \\ y' = y + \Delta y \end{cases} \tag{6-19}$$

或写成向量形式

$$\begin{bmatrix} x' \\ y' \end{bmatrix} = \begin{bmatrix} 1 & 0 \\ 0 & 1 \end{bmatrix} \begin{bmatrix} x \\ y \end{bmatrix} + \begin{bmatrix} \Delta x \\ \Delta y \end{bmatrix} \tag{6-20}$$

6.3.2 缩放变换

图像缩放变换（scale transformation）将图像沿 x 方向或/和 y 方向分别缩小或放大 s_x 和 s_y 倍，如图 6-8（b）所示。其坐标变换函数定义为：

$$\begin{cases} x' = s_x \cdot x \\ y' = s_y \cdot y \end{cases} \tag{6-21}$$

或写成向量形式：

$$\begin{bmatrix} x' \\ y' \end{bmatrix} = \begin{bmatrix} s_x & 0 \\ 0 & s_y \end{bmatrix} \begin{bmatrix} x \\ y \end{bmatrix} \tag{6-22}$$

例如，把一幅宽×高为 300×200 像素的图像缩放为 600×100，那么，x 方向（高度）的比例因子 $s_x = 100/200 = 0.5$，y 方向（宽度）的比例因子 $s_y = 600/300 = 2$。这意味着源图像中位于 $(x, y) = (100, 100)$ 处的像素，被映射到输出图像中的一个新位置 $(x', y') = (100 \times 0.5, 100 \times 2) = (50, 200)$。

6.3.3 旋转变换

图像旋转变换（Rotation Transformation）将图像绕坐标原点旋转角度 θ，如图 6-8（c）所示。逆时针方向旋转时，θ 取正值；顺时针方向旋转，θ 取负值。其坐标变换函数

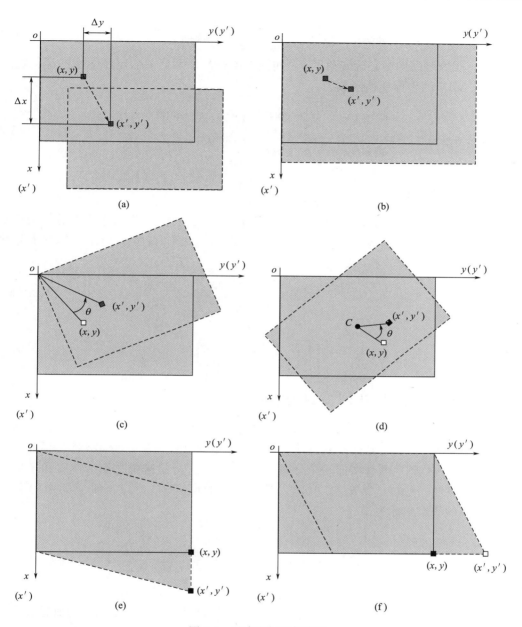

图 6-8　基本空间坐标变换

（a）平移变换；（b）缩放变换；（c）旋转变换（绕图像左上角坐标系原点）；

（d）旋转变换（绕图像中心 C 旋转）；（e）剪切变换（沿 x 方向，$bx=0.25$）；

（f）剪切变换（沿 y 方向，$by=0.25$）

注：本图给出了典型像素之间的坐标映射关系，原图用实线表示，变换后的图像边界用虚线表示。

定义为：

$$\begin{cases} x' = x \cdot \cos\theta - y \cdot \sin\theta \\ y' = x \cdot \sin\theta + y \cdot \cos\theta \end{cases} \tag{6-23}$$

或写成向量形式

$$\begin{bmatrix} x' \\ y' \end{bmatrix} = \begin{bmatrix} \cos\theta & -\sin\theta \\ \sin\theta & \cos\theta \end{bmatrix} \begin{bmatrix} x \\ y \end{bmatrix} \tag{6-24}$$

如果将图像绕图像中心旋转角度 θ，如图 6-8（d）所示，并假定源图像的高、宽分别为 H、W，相应的坐标变换函数为：

$$\begin{cases} x' = \left(x - \dfrac{H}{2}\right) \cdot \cos\theta - \left(y - \dfrac{W}{2}\right) \cdot \sin\theta + \dfrac{H}{2} \\ y' = \left(x - \dfrac{H}{2}\right) \cdot \sin\theta + \left(y - \dfrac{W}{2}\right) \cdot \cos\theta + \dfrac{W}{2} \end{cases} \tag{6-25}$$

6.3.4 剪切变换

图像剪切变换（Shear Transformation）又称"错切变换"，将图像像素沿 x 方向或 y 方向产生不等量移动而引起的图像变形，如图 6-8（e）、图 6-8（f）所示。位移量分别用因子 b_x 和 b_y 给出。其变换函数为：

$$\begin{cases} x' = x + b_x \cdot y \\ y' = y + b_y \cdot x \end{cases} \tag{6-26}$$

或写成向量形式：

$$\begin{bmatrix} x' \\ y' \end{bmatrix} = \begin{bmatrix} 1 & b_x \\ b_y & 1 \end{bmatrix} \begin{bmatrix} x \\ y \end{bmatrix} \tag{6-27}$$

6.3.5 齐次坐标与几何变换矩阵

齐次坐标（Homogeneous Coordinates）提供了一种用矩阵运算，把二维、三维甚至高维空间中的点，从一个坐标系变换到另一个坐标系的有效运算方法。齐次坐标在笛卡尔直角坐标向量的基础上额外增加一个分量 h，用 $n+1$ 个分量来描述笛卡尔直角坐标系中的 n 维坐标向量。例如，当 $h \neq 0$ 时，二维平面上的点（x，y）、三维空间中的点（x，y，z）对应的齐次坐标为：

$$\begin{bmatrix} x \\ y \end{bmatrix} \xrightarrow[\text{笛卡尔坐标}]{\text{齐次坐标}} \begin{bmatrix} h \cdot x \\ h \cdot y \\ h \end{bmatrix}, \quad \begin{bmatrix} x \\ y \\ z \end{bmatrix} \xrightarrow[\text{笛卡尔坐标}]{\text{齐次坐标}} \begin{bmatrix} h \cdot x \\ h \cdot y \\ h \cdot z \\ h \end{bmatrix} \tag{6-28}$$

由上式可以看出，一个笛卡尔坐标向量的齐次坐标不是唯一的，当 h 取不同值时表示的都是笛卡尔坐标系中同一个点。例如，笛卡尔坐标（1，2），对应的齐次坐标可以是（1，2，1）或（2，4，2）。如果已知点的齐次坐标向量（x，y，h），相应的笛卡尔坐标可以用齐次坐标前 n 个分量除以最后一个分量来获得，即（x/h，y/h）。当 h 取 1 时，称规范化齐次坐标。特别地，齐次坐标向量（x，y，0）或（x，y，z，0），则表示了笛卡尔坐标系中无穷远处的一个点。

$$\begin{bmatrix} x \\ y \end{bmatrix} \xrightarrow[\text{笛卡尔坐标}]{\text{规范化齐次坐标}} \begin{bmatrix} x \\ y \\ 1 \end{bmatrix}, \quad \begin{bmatrix} x \\ y \\ z \end{bmatrix} \xrightarrow[\text{笛卡尔坐标}]{\text{规范化齐次坐标}} \begin{bmatrix} x \\ y \\ z \\ 1 \end{bmatrix} \tag{6-29}$$

采用规范化齐次坐标，就可以将平移、旋转、缩放和剪切等坐标变换函数，统一为矩阵和向量相乘的简洁表达式：

（1）平移变换：

$$\begin{bmatrix} x' \\ y' \\ 1 \end{bmatrix} = \begin{bmatrix} 1 & 0 & \Delta x \\ 0 & 1 & \Delta y \\ 0 & 0 & 1 \end{bmatrix} \begin{bmatrix} x \\ y \\ 1 \end{bmatrix} \tag{6-30}$$

（2）缩放变换：

$$\begin{bmatrix} x' \\ y' \\ 1 \end{bmatrix} = \begin{bmatrix} s_x & 0 & 0 \\ 0 & s_y & 0 \\ 0 & 0 & 1 \end{bmatrix} \begin{bmatrix} x \\ y \\ 1 \end{bmatrix} \tag{6-31}$$

（3）旋转变换：

$$\begin{bmatrix} x' \\ y' \\ 1 \end{bmatrix} = \begin{bmatrix} \cos\theta & -\sin\theta & 0 \\ \sin\theta & \cos\theta & 0 \\ 0 & 0 & 1 \end{bmatrix} \begin{bmatrix} x \\ y \\ 1 \end{bmatrix} \text{（绕图像原点）} \tag{6-32}$$

$$\begin{bmatrix} x' \\ y' \\ 1 \end{bmatrix} = \begin{bmatrix} 1 & 0 & \dfrac{H}{2} \\ 0 & 1 & \dfrac{W}{2} \\ 0 & 0 & 1 \end{bmatrix} \begin{bmatrix} \cos\theta & -\sin\theta & 0 \\ \sin\theta & \cos\theta & 0 \\ 0 & 0 & 1 \end{bmatrix} \begin{bmatrix} 1 & 0 & -\dfrac{H}{2} \\ 0 & 1 & -\dfrac{W}{2} \\ 0 & 0 & 1 \end{bmatrix} \begin{bmatrix} x \\ y \\ 1 \end{bmatrix} \text{（绕图像中心）} \tag{6-33}$$

（4）剪切变换：

$$\begin{bmatrix} x' \\ y' \\ 1 \end{bmatrix} = \begin{bmatrix} 1 & b_x & 0 \\ b_y & 1 & 0 \\ 0 & 0 & 1 \end{bmatrix} \begin{bmatrix} x \\ y \\ 1 \end{bmatrix} \tag{6-34}$$

（5）组合变换

图像的组合变换，是指对给定的图像连续施行若干次平移、比例、旋转或剪切等基本变换所形成的级联变换。假设对给定的图像依次进行基本变换 F_1，F_2，……，F_n，相应的坐标变换矩阵分别为 T_1，T_2，……，T_n，那么对图像实施的组合变换矩阵 T，等于各基本变换矩阵按顺序依次左乘，即：

$$T = T_n \cdot T_{n-1} \cdots\cdots T_2 \cdot T_1 \tag{6-35}$$

绕图像中心的旋转变换过程可以看作是一种组合变换，即先做一次平移变换，将图像中心平移到坐标原点，再进行绕图像原点的旋转变换，最后把旋转后的图像再平移变换回来。

6.3.6　图像基本几何变换的编程实现

OpenCV 视觉库提供了常用的图像几何变换函数，如图像缩放 cv. resize()、计算二维旋转仿射变换矩阵 cv. getRotationMatrix2D()、利用 3 组控制点对计算仿射变换矩阵 cv. getAffineTransform()、利用 4 组控制点对计算投影变换矩阵 cv. getPerspectiveTransform()、计算仿射变换矩阵的拟矩阵 cv. invertAffineTransform()、仿射变换 cv. warpAffine()、投影变换 cv. warpPerspective() 等。

OpenCV 图像几何变换函数

resize

函数功能	图像缩放，Resizes the image src down to or up to the specified size.
函数原型	dst ＝ cv. resize(src,dsize[,dst[,fx[,fy[,interpolation]]]])

输入参数	参数名称	描述
	src	输入图像，ndarray 型数组，灰度或彩色图像。
	dsize	输出图像大小，二元元组，如(width,height)，若为(0,0)，输出图像大小则由缩放比例因子 fx、fy 决定。
	fx	水平方向缩放比例因子，double 类型；若为 0，图像宽度由 dsize 决定。
	fy	垂直方向缩放比例因子，double 类型；若为 0，图像高度由 dsize 决定。
	interpolation	灰度插值方法，int 类型，默认为双线性插值 cv. INTER_LINEAR，可选有最近邻 cv. INTER_NEAREST、双三次 cv. INTER_CUBIC 等。

返回值	dst-输出图像，ndarray 型数组，图像类型同输入图像 src。

getRotationMatrix2D

函数功能	计算二维旋转仿射变换矩阵，Calculates an affine matrix of 2D rotation.
函数原型	retval＝cv. getRotationMatrix2D(center,angle,scale)

输入参数	参数名称	描述
	center	图像旋转中心点，二元元组，如(cols/2, rows/2)。
	angle	图像旋转角度(单位度)，double 类型，正值为逆时针、负值为顺时针方向。
	scale	各向同性缩放比例因子，double 类型。

返回值	retval-仿射变换矩阵，ndarray 型数组。

getAffineTransform

函数功能	利用 3 组控制点对计算仿射变换矩阵，Calculates an affine transform from three pairs of the corresponding points.
函数原型	retval ＝ cv. getAffineTransform(src,dst)

输入参数	参数名称	描述
	src	源图像中三角形顶点坐标，ndarray 型二维数组，np. float32 类型，水平坐标(列)为 x，垂直坐标(行)为 y。例如 np. float32([[x1,y1],[x2,y2],[x3,y3]])。
	dst	目标图像中与源图像三角形顶点相对应的像素坐标，ndarray 型二维数组，np. float32 类型，水平坐标(列)为 x，垂直坐标(行)为 y。

返回值	retval-仿射变换矩阵，ndarray 型数组。

getPerspectiveTransform

函数功能	利用 4 组控制点对计算投影变换矩阵，Calculates a perspective transform from four pairs of the corresponding points.
函数原型	retval ＝cv. getPerspectiveTransform(src,dst[,solveMethod])

	参数名称	描述
输入参数	src	源图像中四边形顶点坐标,ndarray 二维数组,np.float32 类型,水平(列)为 x,垂直(行)为 y。例如 np.float32([[x1,y1],[x2,y2],[x3,y3],[x4,y4]])。
	dst	目标图像中与源图像四边形顶点相对应的像素坐标,ndarray 二维数组,np.float32 类型,水平(列)为 x,垂直(行)为 y。
	solveMethod	求解线性问题或者最小二乘问题的方法,默认为 cv.DECOMP_LU。
返回值	retval-投影变换矩阵,ndarray 型数组。	

invertAffineTransform

函数功能	仿射变换矩阵求逆,Inverts an affine transformation.	
函数原型	iM＝cv.invertAffineTransform(M[,iM])	
输入参数	参数名称	描述
	M	原仿射变换矩阵。
返回值	iM-得到的逆矩阵。	

warpAffine

函数功能	对图像实施仿射变换,Applies an affine transformation to an image.	
函数原型	dst = cv.warpAffine(src,M,dsize[,dst[,flags[,borderMode[,borderValue]]]])	
输入参数	参数名称	描述
	src	源图像,ndarray 型数组,灰度或彩色图像。
	M	仿射变换矩阵,ndarray 型数组。
	dsize	输出图像大小,二元元组,如(width,height)。
	flags	灰度插值方法及映射方式联合标志,int 类型,默认为双线性插值 cv.INTER_LINEAR 和后向映射 cv.WARP_INVERSE_MAP。
	borderMode	像素外插方式,默认为填充常值 cv.BORDER_CONSTANT。
	borderValue	当 borderMode＝cv.BORDER_CONSTANT 时,指定填充的像素值,默认为 0。
返回值	dst-输出图像,ndarray 型数组,图像类型同输入图像 src。	

warpPerspective

函数功能	对图像实施投影变换,Applies a perspective transformation to an image.	
函数原型	dst = cv.warpPerspective(src,M,dsize[,dst[,flags[,borderMode[,borderValue]]]])	
输入参数	参数名称	描述
	src	源图像,ndarray 型数组,灰度或彩色图像。
	M	投影变换矩阵,ndarray 型多维数组。
	dsize	输出图像大小,二元元组,如(width,height)。
	flags	灰度插值方法及映射方式联合标志,int 类型,默认为双线性插值 cv.INTER_LINEAR 和后向映射 cv.WARP_INVERSE_MAP。
	borderMode	像素外插方式,默认为填充常值 cv.BORDER_CONSTANT。
	borderValue	当 borderMode＝cv.BORDER_CONSTANT 时,指定填充的像素值,默认为 0。
返回值	dst-输出图像,ndarray 型数组,图像类型同输入图像 src。	

　　Scikit-image 扩展库的 transform 模块，也提供了常用的图像几何变换函数，如图像缩放 rescale()、resize()、图像旋转 rotate()、图像变形 warp()、2D 仿射变换类的构造函数 AffineTransform()、2D 投影变换类的构造函数 ProjectiveTransform() 等。

 Scikit-image 图像几何变换函数

rescale

函数功能	按给定的比例因子缩放图像，Scale image by a certain factor.	
函数原型	skimage. transform. rescale(image,scale,order=None,mode='reflect',cval=0,clip=True, preserve_range=False, multichannel=False, anti_aliasing=None, anti_aliasing_sigma=None)	
输入参数	**参数名称**	**描述**
	image	输入图像，ndarray 型数组，灰度或彩色图像。
	scale	比例因子，float 浮点数。scale 可为单个浮点数，用相同的比例因子缩放图像的高度和宽度，以维持输入图像的纵横比不变；也可用元组定义高、宽缩放单独的比例因子，如(row_scale,col_scale)。
	order	灰度插值的阶次，整数，对于二值图像，默认值为 order =0(最近邻插值)，其他格式图像为 order =1(双线性插值)。order 可在 0~5 之间取值，分别对应：0-最近邻，Nearest-neighbor；1-双线性，Bi-linear (default)；2-双二次，Bi-quadratic；3-双三次，Bi-cubic；4-双四次，Bi-quartic；5-双五次，Bi-quintic。
	mode	边界扩展填充方式，字符串，默认值为'reflect'，可选值有'constant''edge''symmetric''reflect''wrap'，含义与 numpy. pad 函数相同。
	cval	填充的灰度值，浮点数，默认值为 0，当参数 mode = 'constant'时指定边界扩展区域的像素灰度值。
	clip	灰度值饱和处理，bool 型，指定是否将输入图像的灰度值限制在输入图像灰度级范围内，默认值为 True。
	preserve_range	保持与源图像相同的灰度值范围，bool 型，默认值为 False，即，若输入图像为 uint8 型，输出图像数据范围将为[0,1]；如果 preserve_range=True，则输出图像灰度值为[0,255]之间的浮点数。
	multichannel	多颜色通道选择，bool 型，默认值为 False，用于指定输入图像数组 image 的最后一个轴(last axis)是颜色通道，还是另一个空间维。输入图像 image 若为灰度图像，采用默认值 False；若为彩色图像，则令 multichannel=True。
	anti_aliasing	抗混叠(抗锯齿、边缘柔化)，bool 型，指定是否在缩小图像前采用高斯平滑滤波器。
	anti_aliasing_sigma	抗混叠滤波器标准差，可选，默认值为{float,tuple of floats}
返回值	缩放后的图像，ndarray 型数组，与输入图像数组维数相同，数据类型为浮点数。	

resize

函数功能	将图像缩放到给定的图像尺寸，Resize image to match a certain size.
函数原型	skimage. transform. resize(image,output_shape,order=None,mode='reflect',cval=0,clip=True, preserve_range=False,anti_aliasing=None,anti_aliasing_sigma=None)

续表

输入参数	参数名称	描述
	image	输入图像,ndarray 型数组,灰度或彩色图像。
	output_shape	输出图像的尺寸,元组或数组,如(rows,cols[,…][,dim]),如果 dim 没有给出,则保持与输入图像 image 相同的颜色通道数。
	order,mode,cval,clip,preserve_range,anti_aliasing,anti_aliasing_sigma	含义与函数 rescale()相同。
返回值	缩放后的图像,ndarray 型数组,与输入图像数组维数相同,数据类型为浮点数。	

rotate

函数功能	图像旋转,绕中心点将图像旋转给定角度,Rotate image by a certain angle around its center.	
函数原型	skimage. transform. rotate(image,angle,resize=False,center=None,order=None,mode='constant',cval=0,clip=True,preserve_range=False)	
输入参数	参数名称	描述
	image	输入图像,ndarray 型数组,灰度或彩色图像。
	angle	旋转角度,浮点数。angle 大于 0,逆时针旋转;小于 0,则顺时针旋转。
	resize	输出图像是否缩放,bool 型,默认值为 False,保持图像尺寸不变;若 resize=True,则自动计算输出图像尺寸,以便容纳旋转后的图像。
	center	旋转中心,整数二元组或数组,如:(col,row),默认值为图像中心。
	order,mode,cval,clip,preserve_range	含义与函数 rescale()相同。
返回值	旋转后的图像,ndarray 型数组,与输入图像数组维数相同,数据类型为浮点数。	

AffineTransform

函数功能	2D 仿射变换类的构造函数,2D affine transformation.	
函数原型	class skimage. transform. AffineTransform(matrix=None,scale=None,rotation=None,shear=None,translation=None)	
输入参数	参数名称	描述
	matrix	齐次变换矩阵,3×3 数组,可选。
	scale	比例因子,float 浮点数。scale 可为单个浮点数,用相同的比例因子缩放图像的高度和宽度;也可用元组定义高、宽缩放单独的比例因子,如(sx,sy)。
	rotation	旋转角度,弧度,大于 0,逆时针旋转;小于 0,则顺时针旋转,可选。
	shear	剪切变换角,弧度,大于 0,逆时针旋转;小于 0,则顺时针旋转;可选。
	translation	平移量,用形式(tx,ty)的数组、列表或元组方式给出,可选。
返回值	初始化得到的 2D 仿射变换类对象,2D affine transformation object.	
类属性	**params**,齐次变换矩阵,3×3 数组。	
类方法	**estimate(self,src,dst)**,从 3 组控制点对估计仿射变换矩阵。	

ProjectiveTransform

函数功能	2D 投影变换类的构造函数, 2D Projective transformation。	
函数原型	class skimage. transform. ProjectiveTransform(matrix＝None)	
输入参数	参数	描述
	matrix	齐次变换矩阵, 3×3 数组, 可选。
返回值	初始化得到的 2D 投影变换类对象, 2DProjective transformation object。	
类属性	params, 齐次变换矩阵, 3×3 数组。	
类方法	estimate(self, src, dst), 根据至少 4 组控制点对估计投影变换矩阵。	

warp

函数功能	按给定坐标变换映射进行图像变形, Warp an image according to a given coordinate transformation。	
函数原型	skimage. transform. warp(image, inverse_map, map_args＝{}, output_shape＝None, order＝None, mode＝'constant', cval＝0. 0, clip＝True, preserve_range＝False)	
输入参数	参数名称	描述
	image	输入图像, ndarray 型数组, 灰度或彩色图像。
	inverse_map	后向映射, 将输出图像坐标变换到输入图像坐标的映射关系, 可以是构建的变换对象、描述坐标映射关系的可调函数或 ndarray 型数组(如: 齐次坐标变换矩阵)。
	map_args	传递给 inverse_map 的词典类型参数。
	output_shape	指定输出图像尺寸, 元组形式给出, 如(rows, cols), 默认与输入图像大小相同。
	order, mode, cval, clip, preserve_range	含义与函数 rescale()相同。
返回值	变形后的图像, ndarray 型数组, 与输入图像数组维数相同, 数据类型为浮点数。	

示例［6-1］图像缩放

调用 OpenCV 函数 cv. resize() 对图 6-9 (a) 中图像进行缩放变换。先按给定的缩放比例因子调整图像大小, 灰度插值采用默认的双线性插值方法, 结果如图 6-9 (b) 所示。然后按给定的图像宽/高调整图像大小, 采用最近邻插值方法, 结果如图 6-9 (c) 所示。注意图像大小的变化。

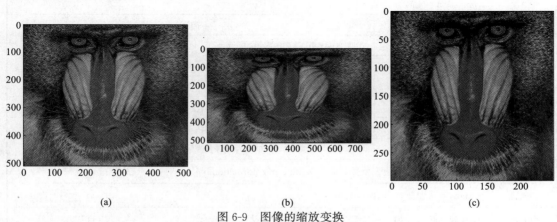

(a)   (b)   (c)

图 6-9　图像的缩放变换

(a) 源图像；(b) 按给定的缩放比例因子；(c) 按给定的图像宽/高

注意：在使用 Python 各类扩展库提供的函数之前，需先导入这些扩展库或模块。下面程序导入了本章示例所用到的扩展库包和模块，使用本章示例之前，先运行一次本段代码。后续示例程序中，不再列出此段程序。

♯导入本章示例用到的包

```
import numpy as np
import cv2 as cv
from skimage import color,io,util,transform
from scipy import ndimage
import matplotlib.pyplot as plt
% matplotlib inline
#----------------------------
```

♯**OpenCV：缩放图像**

```
img = io.imread('./imagedata/baboon.jpg')   #读取一幅彩色图像
#按给定的缩放比例因子调整图像大小,默认双线性插值 cv.INTER_LINEAR
imgbig = cv.resize(img,dsize=(0,0),fx=1.5,fy=1)
#按给定的图像尺寸调整图像大小,采用最近邻插值 cv.INTER_NEAREST
width = 250;height = 300
imgsmall = cv.resize(img,dsize=(width,height),interpolation=cv.INTER_NEAREST)
#显示结果(略,详见本章 Jupyter Notebook 可执行笔记本文件)
#----------------------------------------
```

示例 [6-2] 图像旋转

先调用 OpenCV 函数 cv.getRotationMatrix2D() 构造旋转变换矩阵，再调用函数 cv.warpAffine() 对图 6-10（a）中图像施加仿射变换，实现图像旋转。绕图像中心，将图像逆时针旋转 45°，不改变输出图像大小，结果如图 6-10（b）所示。绕图像中心，将图像顺时针旋转 60°，改变输出图像大小以容纳图像内容，结果如图 6-10（c）所示。注意图

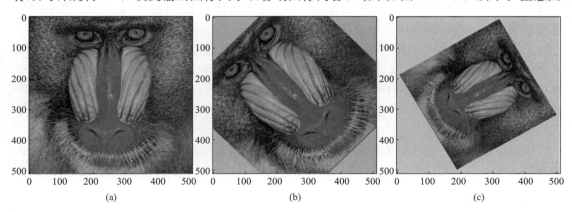

图 6-10　图像的旋转变换

（a）源图像；（b）逆时针绕图像中心旋转 45°；（c）顺时针绕图像中心旋转 60°

像大小的变化。

#**OpenCV：图像旋转**

#读入一幅彩色图像

img = cv.imread('./imagedata/baboon.jpg',cv.IMREAD_COLOR)

img = cv.cvtColor(img,cv.COLOR_BGR2RGB) #将色序有 BGR 调整为 RGB

rows,cols = img.shape[0:2]   #获取图像的高、宽

#构建旋转变换矩阵,指定旋转中心,旋转角度,旋转后的缩放因子

#绕图像中心,将图像逆时针旋转 45°,不改变输出图像大小

M1 = cv.getRotationMatrix2D(center = (cols/2,rows/2),angle = 45,scale = 1)

#采用仿射变换进行图像旋转,边缘处背景设为亮灰色

imgdst1 = cv.warpAffine(img,M1,dsize=(cols,rows),borderValue =(200,200,200))

#绕图像中心,将图像顺时针旋转 60°,改变输出图像大小

M2 = cv.getRotationMatrix2D(center = (cols/2,rows/2),angle = -60,scale = 0.7)

#采用仿射变换进行图像旋转,边缘处背景设为亮灰色

imgdst2 = cv.warpAffine(img,M2,dsize=(cols,rows),borderValue =(220,220,220))

#显示结果(略)

#--------------------------

6.4　采用控制点的图像几何变换

图像控制点（Image Control Point），又称约束点，是在图像上选取的用于建立图像几何变换关系的参考点，也就是在源图像平面上选取一组点，并确定它们在目标图像平面上的对应点，又称为**控制点对**。每个控制点对包含两组坐标数据：源图像上的坐标和目标图像上的坐标。

图像控制点是图像几何校正、图像配准和图像变形等几何变换中常用的方法，它可以通过手动交互式，或自动方式在源图像和目标图像上选择一定数量的控制点对。然后利用这些控制点对，估计图像所实施的几何变换函数。

采用图像控制点建立的几何变换函数可以是**全局函数**，应用于整幅图像中所有像素见图 6-11、图 6-12。也可以是**局部函数**，对图像实施局部变换或者分段变换，由控制点为顶点构成控制点网格，将图像划分为很多不连续的小块，每一小块都应用各自的变换函数进行独立的变换。实际应用中，通常将图像分成很多三角形或者四边形网格，见图 6-16。

描述控制点对之间映射关系的坐标变换函数，可以采用**仿射变换**、**投影变换**、**多项式拟合**等方法来建立和估计。

6.4.1　仿射变换

利用齐次坐标，可将二维平面上的平移、比例、旋转和剪切变换函数表示为变换矩阵

和齐次坐标向量的乘积：

$$\begin{bmatrix} x' \\ y' \\ 1 \end{bmatrix} = \begin{bmatrix} a_{11} & a_{12} & a_{13} \\ a_{21} & a_{22} & a_{23} \\ 0 & 0 & 1 \end{bmatrix} \begin{bmatrix} x \\ y \\ 1 \end{bmatrix}，或者 \mathbf{P}' = \mathbf{T} \cdot \mathbf{P} \tag{6-36}$$

　　上述变换矩阵共有六个参数，其中的 a_{13}、a_{23} 确定了平移变换的偏移量（相当于 Δx、Δy），另外四个参数 a_{11}、a_{12}、a_{21}、a_{22} 合起来共同确定比例、旋转和剪切变换关系。

　　式（6-36）描述的二维坐标变换称为"仿射变换"（Affine Transformation），或"仿射映射"（Affine Mapping）。仿射变换后图像中的直线仍为直线、三角形仍为三角形，矩形则被变换为平行四边形。仿射变换不改变直线上点与点之间距离比例、保持直线的平行性，但是会改变两直线间的夹角，如图 6-11 所示。仿射变换将直线变换为直线、三角形变换为三角形，矩形变换为平行四边形。平行直线保持平行，直线上点之间的距离比保持不变。一个二维仿射变换可由三组非共线控制点对 (p_1, p_1')、(p_2, p_2') 和 (p_3, p_3') 唯一确定，图中虚线矩形经全局仿射变换为平行四边形。

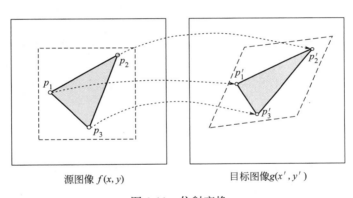

源图像 $f(x, y)$　　　　　　　　目标图像 $g(x', y')$

图 6-11　仿射变换

1. 仿射变换矩阵参数的确定

　　仿射变换矩阵共有六个参数，需要三组非共线**控制点对**来确定。设 $p_1 = (x_1, y_1)$、$p_2 = (x_2, y_2)$、$p_3 = (x_3, y_3)$ 是位于源图像上三个非共线像素的坐标，它们各自位于目标图像上的对应点为 $p_1' = (x_1', y_1')$、$p_2' = (x_2', y_2')$、$p_3' = (x_3', y_3')$。将这三组控制点对的坐标值代入式（6-36），得到以下方程组：

$$\begin{cases} a_{11} \cdot x_1 + a_{12} \cdot y_1 + a_{13} = x_1' \\ a_{11} \cdot x_2 + a_{12} \cdot y_2 + a_{13} = x_2' \\ a_{11} \cdot x_3 + a_{12} \cdot y_3 + a_{13} = x_3' \\ a_{21} \cdot x_1 + a_{22} \cdot y_1 + a_{23} = y_1' \\ a_{21} \cdot x_2 + a_{22} \cdot y_2 + a_{23} = y_2' \\ a_{21} \cdot x_3 + a_{22} \cdot y_3 + a_{23} = y_3' \end{cases} \tag{6-37}$$

写成矩阵形式：

$$\begin{bmatrix} x_1 & y_1 & 1 & 0 & 0 & 0 \\ x_2 & y_2 & 1 & 0 & 0 & 0 \\ x_3 & y_3 & 1 & 0 & 0 & 0 \\ 0 & 0 & 0 & x_1 & y_1 & 1 \\ 0 & 0 & 0 & x_2 & y_2 & 1 \\ 0 & 0 & 0 & x_3 & y_3 & 1 \end{bmatrix} \begin{bmatrix} a_{11} \\ a_{12} \\ a_{13} \\ a_{21} \\ a_{22} \\ a_{23} \end{bmatrix} = \begin{bmatrix} x'_1 \\ x'_2 \\ x'_3 \\ y'_1 \\ y'_2 \\ y'_3 \end{bmatrix}, \text{ 或 } \mathbf{Ma=x} \tag{6-38}$$

其中，**M** 称系数矩阵，**x** 为常数向量，**a** 表示未知参数向量。采用标准的数值计算方法求得数值解：

$$\mathbf{a = M^{-1}x} \tag{6-39}$$

如果控制点对多于 3 组，那么代入式（6-36）后，得到的方程个数将大于未知参数个数 6，为超定方程组，就是说给定的约束条件过于严格，导致解不存在，通常采用最小二乘法估计出一个最接近的解：

$$\mathbf{a = (M^T M)^{-1} M^T x} \tag{6-40}$$

式中，M^T 是 M 的转置矩阵。

2. 仿射变换的逆变换

对式（6-36）中的变换矩阵求逆，可得到用于后向映射的逆变换函数：

$$\begin{bmatrix} x \\ y \\ 1 \end{bmatrix} = \begin{bmatrix} a_{11} & a_{12} & a_{13} \\ a_{21} & a_{22} & a_{23} \\ 0 & 0 & 1 \end{bmatrix}^{-1} \begin{bmatrix} x' \\ y' \\ 1 \end{bmatrix} \tag{6-41}$$

6.4.2　投影变换

投影变换（Projective Transformation），又称透视变换（Perspective Transformation），是将图像投影到一个新的视平面（Viewing Plane）的几何变换方法。与仿射变换类似，投影变换也可表示为变换矩阵和齐次坐标向量的乘积，只是变换矩阵比仿射变换多了两个参数 a_{31}，a_{32}，所以仿射变换可以看作是透视变换的特殊形式。投影变换函数定义为：

$$\begin{bmatrix} h \cdot x' \\ h \cdot y' \\ h \end{bmatrix} = \begin{bmatrix} a_{11} & a_{12} & a_{13} \\ a_{21} & a_{22} & a_{23} \\ a_{31} & a_{32} & 1 \end{bmatrix} \begin{bmatrix} x \\ y \\ 1 \end{bmatrix} \tag{6-42}$$

式中 $h \neq 1$，不是规范化齐次坐标。

经投影变换直线还是直线，圆和椭圆会被变换为另一个二次曲线（即圆锥曲线，不保证仍是圆或椭圆）。然而，与仿射变换不同的是，投影变换一般不会保持直线的平行性，也不会保持直线上点之间的距离比例不变。因此，图像中的矩形经投影变换后，一般不再是一个平行四边形，如图 6-12 所示。投影变换将直线变换为直线，三角形变换为三角形，矩形变换为四边形。一般情况下，不会保持两直线间的平行关系和距离比。一个二维投影变换可由 4 组非共线控制点对唯一确定，如图中的 (p_1, p'_1)、(p_2, p'_2)、(p_3, p'_3) 和 (p_4, p'_4)。

1. 投影变换矩阵参数的确定

投影变换矩阵共有 8 个参数，需要四组非共线控制点对来确定。设 $p_i = (x_i, y_i)$ 为位于源图像上的像素点（$i = 1 \sim 4$），这 4 个非共线点构成了一个四边形，它们位于目标图像上

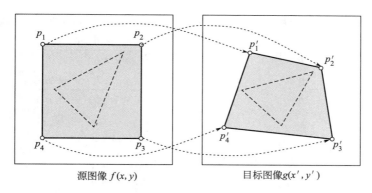

源图像 $f(x, y)$　　　　　　目标图像 $g(x', y')$

图 6-12　投影变换

的对应点为 $p'_i = (x'_i, y'_i)$。将每一对控制点的坐标代入式（6-42），得到两个线性方程：

$$x'_i = a_{11}x_i + a_{12}y_i + a_{13} - a_{31}x_ix'_i - a_{32}y_ix'_i$$
$$y'_i = a_{21}x_i + a_{22}y_i + a_{23} - a_{31}x_iy'_i - a_{32}y_iy'_i$$

(6-43)

4 组控制点对可以得到 8 个方程，将这八个方程联立并表示为以下矩阵形式：

$$\begin{bmatrix} x_1 & y_1 & 1 & 0 & 0 & 0 & -x_1x'_1 & -y_1x'_1 \\ x_2 & y_2 & 1 & 0 & 0 & 0 & -x_2x'_2 & -y_2x'_2 \\ x_3 & y_3 & 1 & 0 & 0 & 0 & -x_3x'_3 & -y_3x'_3 \\ x_4 & y_4 & 1 & 0 & 0 & 0 & -x_4x'_4 & -y_4x'_4 \\ 0 & 0 & 0 & x_1 & y_1 & 1 & -x_1y'_1 & -y_1y'_1 \\ 0 & 0 & 0 & x_2 & y_2 & 1 & -x_2y'_2 & -y_2y'_2 \\ 0 & 0 & 0 & x_3 & y_3 & 1 & -x_3y'_3 & -y_3y'_3 \\ 0 & 0 & 0 & x_4 & y_4 & 1 & -x_4y'_4 & -y_4y'_4 \end{bmatrix} \begin{bmatrix} a_{11} \\ a_{12} \\ a_{13} \\ a_{21} \\ a_{22} \\ a_{23} \\ a_{31} \\ a_{32} \end{bmatrix} = \begin{bmatrix} x'_1 \\ x'_2 \\ x'_3 \\ x'_4 \\ y'_1 \\ y'_2 \\ y'_3 \\ y'_4 \end{bmatrix} \quad \text{或 } \mathbf{Ma} = \mathbf{x}$$

(6-44)

其中，$\mathbf{M}$ 称系数矩阵，$\mathbf{x}$ 为常数向量，$\mathbf{a}$ 表示未知参数向量。采用标准的数值计算方法求得数值解：

$$\mathbf{a} = \mathbf{M}^{-1}\mathbf{x}$$

(6-45)

　　同仿射变换一样，如果控制点对多于 4 组，将所有控制点对代入式（6-42），得到的方程个数大于未知量个数 8，也为超定方程组，可采用最小二乘法估计变换矩阵的一个最优近似解。

2. 投影变换的逆变换

　　式（6-42）中目标像素的齐次坐标不是规范化齐次坐标，不能像仿射变换一样直接通过变换矩阵求逆来得到后向映射逆变换函数。式（6-42）等号两边同乘以变换矩阵的逆矩阵得到：

$$\begin{bmatrix} x \\ y \\ 1 \end{bmatrix} = \begin{bmatrix} a_{11} & a_{12} & a_{13} \\ a_{21} & a_{22} & a_{23} \\ a_{31} & a_{32} & 1 \end{bmatrix}^{-1} \begin{bmatrix} h \cdot x' \\ h \cdot y' \\ h \end{bmatrix} = \begin{bmatrix} b_{11} & b_{12} & b_{13} \\ b_{21} & b_{22} & b_{23} \\ b_{31} & b_{32} & b_{33} \end{bmatrix} \begin{bmatrix} h \cdot x' \\ h \cdot y' \\ h \end{bmatrix}$$

(6-46)

$$= \begin{bmatrix} h(b_{11}x' + b_{12}y' + b_{13}) \\ h(b_{21}x' + b_{22}y' + b_{23}) \\ h(b_{31}x' + b_{32}y' + b_{33}) \end{bmatrix}$$

其中 $h = 1/(b_{31}x' + b_{32}y' + b_{33})$，消去因子 h，得到投影变换的逆变换函数：

$$\begin{cases} x = \dfrac{1}{h}(b_{11}x' + b_{12}y' + b_{13}) = \dfrac{b_{11}x' + b_{12}y' + b_{13}}{b_{31}x' + b_{32}y' + b_{33}} \\[3mm] y = \dfrac{1}{h}(b_{21}x' + b_{22}y' + b_{23}) = \dfrac{b_{21}x' + b_{22}y' + b_{23}}{b_{31}x' + b_{32}y' + b_{33}} \end{cases} \tag{6-47}$$

式中：

$$\begin{bmatrix} b_{11} & b_{12} & b_{13} \\ b_{21} & b_{22} & b_{23} \\ b_{31} & b_{32} & b_{33} \end{bmatrix} = \begin{bmatrix} a_{11} & a_{12} & a_{13} \\ a_{21} & a_{22} & a_{23} \\ a_{31} & a_{32} & 1 \end{bmatrix}^{-1}$$

示例 [6-3] 采用控制点的图像几何变换

采用图像控制点方法，使用仿射变换、投影变换对一个合成图案进行几何变换。图 6-13（a）为源图像，图 6-13（b）为仿射变换所需的三个对应点的位置；图 6-13（c）为投影变换所需的四个对应点的位置；图 6-13（d）是采用图 6-13（b）中 1-1′，2-2′，3-3′三组控制点对得到的仿射变换结果，注意，顶点 4 已被映射到目标图像外部；图 6-13（e）是采用图 6-13（c）中 1-1′，2-2′，3-3′，4-4′四组控制点对得到的投影变换结果。为方便观察变换前后图像内容的变化，采用灰色填充。

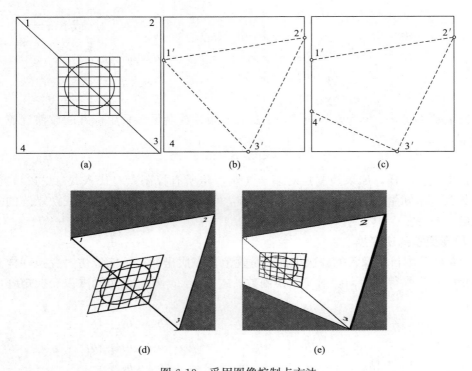

图 6-13　采用图像控制点方法

（a）源图像；（b）仿射变换 3 个对应点位置；（c）投影变换 4 个对应点位置；

（d）仿射变换结果；（e）投影变换结果

♯OpenCV：采用控制点的图像几何变换-仿射变换/投影变换

```
♯读入图像
imgdst_af = cv.imread('. /imagedata/square_circle_af. bmp',0)
imgdst_pe = cv.imread('. /imagedata/square_circle_pe. bmp',0)
img = cv.imread('. /imagedata/square_circle. bmp',0)
rows,cols = img. shape    ♯获取源图像高/宽
♯确定仿射变换的 3 组控制点对,注意:水平(列)为 x,垂直(行)为 y
♯源图像中标为 1,2,3 顶点像素的坐标
src1 = np. float32([[0,0],[cols-1,0],[cols-1,rows-1]])
♯源图像中标为 1,2,3 顶点像素,在期望输出图像中的对应坐标
dst1 = np. float32([[0,160],[cols-1,80],[360,rows-1]])
Mat_af = cv. getAffineTransform(src1,dst1)    ♯估计仿射变换矩阵
♯施加仿射变换,采用后向映射
img_af = cv. warpAffine(img,Mat_af,(cols,rows),borderValue = 125)


♯确定投影变换的 4 组控制点对
♯源图像中标为 1,2,3,4 顶点像素的坐标
src2 = np. float32([[0,0],[cols-1,0],[cols-1,rows-1],[ 0,rows-1]])
♯源图像中标为 1,2,3,4 顶点像素,在期望输出图像中的对应坐标
dst2 = np. float32([[0,160],[cols-1,80],[360,rows-1],[ 0,320]])
Mat_pe = cv. getPerspectiveTransform(src2,dst2)    ♯估计投影变换矩阵
♯施加投影变换,采用后向映射
img_pe = cv. warpPerspective(img,Mat_pe,(cols,rows),borderValue = 125)
♯显示结果(略)
♯----------------------
```

示例 [6-4] 采用投影变换矫正图像畸变

假设要识别照片上的字母，但它不是从正面拍摄的，而是以一定角度拍摄，字母产生了投影扭曲变形，识别非常困难。解决这个问题的一种方法是选择一组对应点，对图像进行投影变换以便消除失真。图 6-14 中左图是源图像，4 个标"X"的像素是选择的控制点，对应点为输出图像的 4 个顶点。右图为选中区域矫正后的结果。

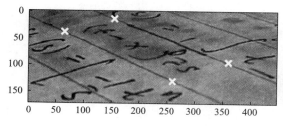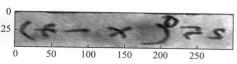

图 6-14 采用控制点对的投影变换矫正图像畸变

201

♯OpenCV：采用控制点矫正图像的投影畸变

img_text = cv. imread('. /imagedata/text. png',0)

♯确定投影变换的 4 组控制点对

♯源图像中 4 个标"X"像素的坐标

src = np. float32([[155,15],[65,40],[260,130],[360,95]])

♯标"X"控制点在期望输出图像中的对应坐标

dst = np. float32([[0,0],[0,50],[300,50],[300,0]])

♯估计投影变换矩阵

Mat_pe = cv. getPerspectiveTransform(src,dst)

♯施加投影变换，采用后向映射，输出图像宽 300/高 50

img_pe = cv. warpPerspective(img_text,Mat_pe,(300,50))

♯显示结果（略）

♯————————————

示例［6-5］QR 二维码扫码识别

QR 二维码（Quick Response code）已得到广泛应用。OpenCV 提供了图像中 QR 二维码的检测和解码函数。示例程序首先调用函数 cv. QRCodeDetector() 创建 QR 二维码检测器，然后调用其成员函数 detectAndDecode() 检测指定图像中存在的 QR 二维码并解码，返回解码信息、检测到的二维码四边形顶点下标以及矫正后的二维码区域二值图像。图 6-15（a）显示了检测到的二维码及解码信息，叠加绘出了二维码区域及顶点位置。图 6-15（b）为采用投影变换矫正后的二维码二值图像。

图 6-15　QR 二维码扫码识别

（a）检测到的二维码及解码信息；（b）投影变换矫正后的二维码二值图像

♯QR 二维码扫码识别

img = cv. imread(". /imagedata/qrcode_image. jpg")　♯读入一幅图像

qrcode_detector = cv. QRCodeDetector()　♯创建 QR 二维码检测器

♯检测图像中的二维码并解码

♯返回解码信息,检测到的二维码四边形顶点下标以及矫正后的二维码区域二值图像

data,vertices,rectified_qrcode_binarized = qrcode_detector. detectAndDecode(img)

```
# 显示二维码检测及解码结果
if len(data) > 0:
    print("解码信息：'{}'".format(data))  # 显示解码信息
    # 在输入图像上绘制检测到的二维码四边形
    pts = np.int32(vertices).reshape(-1,2)
    img = cv.polylines(img,[pts],True,(0,255,0),5)
    # 用圆环标出二维码区域的四个顶点
    for j in range(pts.shape[0]):
        cv.circle(img,(pts[j,0],pts[j,1]),10,(0,0,255),-1)

    plt.figure(figsize=(12,6))  # 创建显示窗口
    plt.suptitle("QR code detection",fontsize=14,fontweight='bold')
    plt.gray()
    # 显示检测到的二维码及解码信息
    plt.subplot(1,2,1),plt.imshow(img[:,:,::-1])
    plt.title("decoded data：" + data); plt.axis('off')
    # 显示矫正后的二维码区域二值图像
    plt.subplot(1,2,2),plt.imshow(np.uint8(rectified_qrcode_binarized))
    plt.title("Rectified QR code"); plt.axis('off')
        plt.show()
else:
    print("QR Code not detected")
# -------------------------
```

6.4.3　图像分片局部坐标变换

前面讨论的所有的几何变换都是全局的，即相同的映射函数应用于给定图像中的所有像素。也可以用控制点为顶点构成控制点网格，将图像划分为很多线性区域块（piece-wise-linear regions），每一小块都应用各自的变换函数进行独立的变换，对图像实施局部变换或者分段变换。实际应用中，通常将图像分成很多错综复杂的三角形或者四边形网格，如图 6-16 所示。

对于一个三角形网格分割，如图 6-16（a），每一对三角形之间的变换 $D_i \rightarrow D_i'$，可以采用仿射变换分别完成，当然对于每一对三角形，需要分别计算其仿射变换矩阵参数。类似地，每一对四角形之间的变换 $Q_i \rightarrow Q_i'$，可以采用投影变换来完成，如图 6-16（b）。由于仿射变换和投影变换都能够保证将直线映射为直线，所以，不会有空洞或者重叠现象，并且图像形变在相邻的网格之间保持连续。

图像几何局部变换应用广泛，比如航空和卫星图像的配准，或者校正扭曲图像以进行全景拼接。在计算机图形学中，也应用类似的技术，如在绘制 2D 图像中将纹理图像映射到多边形 3D 表面。这项技术的另一个广泛的应用是"渐变动画"（Morphing），即从一幅图像到另一幅图像逐步进行几何变换，与此同时调节其亮度（或者颜色）值。

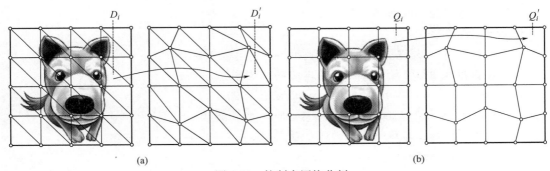

图 6-16　控制点网格分割

（a）局部仿射变换；（b）局部投影变换

示例〔6-6〕采用 Scikit-image 的分片仿射变换类 PiecewiseAffineTransform 扭曲图像

采用分片局部坐标变换，对图 6-17（a）中图像的行坐标上施加正弦波动扭曲，结果如图 6-17（b）所示。

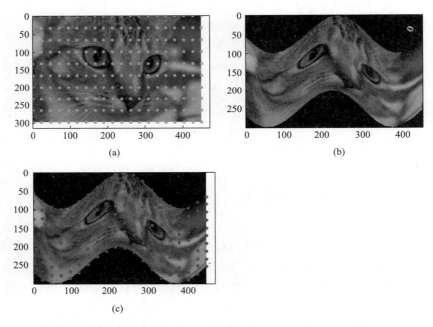

图 6-17　采用 Scikit-image 的分片仿射变换类 PiecewiseAffineTransform 扭曲图像

（a）源图像（叠加了网格点）；（b）分片仿射变换正弦波动扭曲结果；

（c）正弦波动扭曲结果（叠加扭曲后的网格点）

采用 Scikit-image 分片仿射变换函数实现图像变形

```
img = io. imread('. /imagedata/chelsea. png')　#读入图像
rows,cols = img. shape[0:2]　#获取图像的高/宽
#产生源图像三角化网格及其顶坐标,作为控制点
src_cols = np. linspace(0,cols,20)
```

```
src_rows = np.linspace(0,rows,10)
src_rows,src_cols = np.meshgrid(src_rows,src_cols)
src = np.dstack([src_cols.flat,src_rows.flat])[0]
#对行坐标施加正弦波动,扭曲三角化网格,生成对应点
dst_rows = src[:,1]-np.sin(np.linspace(0,3 * np.pi,src.shape[0])) * 50
dst_cols = src[:,0]
dst_rows = 1.5 * dst_rows
dst_rows = dst_rows-1.5 * 50
dst = np.vstack([dst_cols,dst_rows]).T
#定义分片仿射变换类对象
tform = transform.PiecewiseAffineTransform()
tform.estimate(src,dst)   #调用类成员函数估计后向映射矩阵
img_out = transform.warp(img,tform)   #对图像施加分片仿射变换
#显示结果(略)
#-----------------------
```

6.5　图像的非线性几何变换

非线性几何变换能扭曲图像,达到某种特殊效果。对于非线性变换,通常很难获取从源图像到目标图像的前向映射变换函数。一般采用后向映射,直接给出从目标图像到源图像的坐标变换函数。

6.5.1　涡旋变换

涡旋变换(Swirl Transformation),将图像围绕一个中心点 $p_c = (x_c,\ y_c)$,以一个随位置变化的角度 θ 进行旋转,使得输出图像呈现漩涡效果,如图 6-18 所示。角度 θ 在接近中心点 p_c 处有一个最大值 α,称为涡旋强度,并且 θ 随着像素离中心点 p_c 距离的增大而变小。同时,在限定半径 r_{max} 之外,图像保持不变。实现涡旋变换的坐标后向映射函数定义为:

$$x = \begin{cases} x_c+r \cdot \cos\theta, & r \leqslant r_{max} \\ x', & r > r_{max} \end{cases}$$
$$y = \begin{cases} y_c+r \cdot \sin\theta, & r \leqslant r_{max} \\ y', & r > r_{max} \end{cases} \tag{6-48}$$

其中:

$$r = \sqrt{d_x^2+d_y^2},\ \theta = \tan^{-1}\left(\frac{d_y}{d_x}\right)+\alpha \cdot \left(\frac{r_{max}-r}{r_{max}}\right)$$
$$d_x = x'-x_c,\ d_y = y'-y_c$$

或采用以下表达式,让涡旋变换强度约以 1/1000 速率衰减:

$$x = x_c+r \cdot \cos\theta$$

$$y = y_c + r \cdot \sin\theta \tag{6-49}$$

其中:

$$r = \sqrt{d_x^2 + d_y^2}, \quad \theta = \tan^{-1}\left(\frac{d_y}{d_x}\right) + \alpha \cdot \exp\left(\frac{-r}{r_a}\right)$$

$$r_a = \ln 2 \cdot r_{\max}/5$$

$$d_x = x' - x_c, \quad d_y = y' - y_c$$

式中,角度 θ 和 α 均采用弧度。

🔍 深度揭秘—涡旋变换的编程实现

图 6-18 (a) 为源图像,图 6-18 (b) 和图 6-18 (c) 分别给出了最大旋转角 $\alpha = 10$ 弧度时的涡旋变换结果分别采用最近邻插值和双线性插值,其中固定点 p_c 位于图像的中心,限制半径 $r_{\max}$ 等于 350。

图 6-18　涡旋变换
(a) 源图像; (b) $\alpha = 10$, $r_{\max} = 350$, 最近邻插值; (c) $\alpha = 10$, $r_{\max} = 350$, 双线性邻插值

♯ 涡旋变换 swirl transformation

```
# 涡旋变换 swirl transformation
# 读入图像
img = io. imread('. /imagedata/coffee. png') # chessboard. png
rows,cols = img. shape[0:2]  # 获取图像的高/宽
# 设置变换参数
center = [cols/2,rows/2] # 旋转中心坐标
strength = 10      # 最大涡旋强度(弧度)
radius = 350      # 影响半径


# * * * * * * * * 坐标变换 * * * * * * * * *
# 构造 x,y 坐标数组(x-列序,y-行序)
xy = np. indices((cols,rows),dtype = np. float32). reshape(2,-1). T
x,y = xy. T
x0,y0 = center
rho = np. sqrt((x - x0) * * 2 + (y - y0) * * 2)
# 确保在涡旋效应在影响半径内以大约 1/1000 速度衰减
radius = np. log(2) * radius / 5
theta = strength * np. exp( - rho / radius) + np. arctan2(y - y0,x - x0)
```

```
#计算坐标变换结果
xy[:,0] = x0 + rho * np.cos(theta)
xy[:,1] = y0 + rho * np.sin(theta)


# * * * * * * * *灰度插值* * * * * * * * * * *
#最近邻插值
xy = np.int16(np.floor(xy + 0.5))
#计算图像边缘扩展参数
x_min,y_min = np.maximum(-np.min(xy,0),0)
x_max,y_max = np.maximum(np.max(xy,0)-(cols,rows)+1,0)
if img.ndim == 2:
    pad_width = ((y_min,y_max),(x_min,x_max))
elif img.ndim == 3:
    pad_width = ((y_min,y_max),(x_min,x_max),(0,0))
#采用'edge'方式扩展图像
imgex = np.pad(img,pad_width,'edge')
#计算最近邻插值插值
img_result1 = imgex[xy[:,1] + y_min,xy[:,0] + x_min].reshape(img.shape,order = 'F')
#双线性插值
xy_0 = np.int16(np.floor(xy))
#计算图像边缘扩展参数
x_min,y_min = np.maximum(-np.min(xy_0,0),0)
x_max,y_max =np.maximum(np.max(xy_0,0)-(cols,rows)+2,0)
if img.ndim == 2:
    pad_width = ((y_min,y_max),(x_min,x_max))
elif img.ndim == 3:
    pad_width = ((y_min,y_max),(x_min,x_max),(0,0))
#采用'edge'方式扩展图像
imgex = np.pad(img,pad_width,'edge')
#计算双线性插值
dx = xy[:,0]-xy_0[:,0]
dy = xy[:,1]-xy_0[:,1]
if img.ndim == 3:
    dx = np.dstack((dx,dx,dx))
    dy = np.dstack((dy,dy,dy))
f00 = imgex[xy_0[:,1] + y_min,xy_0[:,0] + x_min].astype(np.float)
f10 = imgex[xy_0[:,1] + y_min,xy_0[:,0] + x_min + 1].astype(np.float)
f01 = imgex[xy_0[:,1] + y_min + 1,xy_0[:,0] + x_min].astype(np.float)
```

$$f11 = imgex[xy\_0[:,1] + y\_min + 1, xy\_0[:,0] + x\_min + 1].astype(np.float)$$

$$img\_result2 = (1 - dx) * (1 - dy) * f00 + dx * (1 - dy) * f10 + (1 - dx) * dy * f01 + dx * dy * f11$$

将数据类型由浮点型转换为 uint8

img_result2 = np.uint8(img_result2.reshape(img.shape, order = 'F'))

显示结果(略)

——————————————

示例 [6-7] 调用 Scikit-image 中 swirl 函数实现涡旋变换

Scikit-image 给出了一个涡旋变换函数 swirl，在涡旋变换的同时，可以叠加给定角度的旋转变换。调用 Scikit-image 的涡旋变换函数 swirl 实现涡旋变换。图 6-19 (a)、图 6-19 (b) 为源图像，图 6-19 (c) 给出了最大旋转角 $\alpha = 10$ 弧度、附加逆时针旋转 $\pi/6$、影响半径 350 时的涡旋变换结果；图 6-19 (d) 给出了最大旋转角 $\alpha = 10$ 弧度、无附加旋转、影响半径 350 时的涡旋变换结果，涡旋中心均采用默认的图像中心。

(a)　　　　　　　　　　　　　(b)

(c)　　　　　　　　　　　　　(d)

图 6-19　采用 Scikit-image 函数 swirl 实现涡旋变换

(a) 源图像 checkerboard; (b) 源图像 coffee; (c) 涡旋变换结果 (附加旋转); (d) 涡旋变换结果 (无附加旋转)

旋涡变换 swirl transformation，调用 swirl 函数实现

img_gray = io.imread('./imagedata/chessboard.png')　# 读入一幅灰度图像

旋涡变换

img_gray_swirled = transform.swirl(img_gray, rotation = np.pi/6, strength = 10, radius = 350)

img_gray_swirled = util.img_as_ubyte(img_gray_swirled) # 将数据类型转换为 uint8

```
img_rgb = io. imread('./imagedata/coffee.png')    #读入一幅 RGB 彩色图像
#旋涡变换
img_rgb_swirled = transform. swirl(img_rgb,rotation = 0,strength = 10,radius =
350,mode = 'edge')
img_rgb_swirled = util. img_as_ubyte(img_rgb_swirled)    #将数据类型转换为
uint8
#显示结果(略)
#----------------------------
```

 swirl

函数功能	涡旋变换,Perform a swirl transformation.	
函数原型	skimage. transform. swirl(image,center＝None,strength＝1,radius＝100,rotation＝0,output_shape＝None,order＝None,mode＝'reflect',cval＝0,clip＝True,preserve_range＝False)	
输入参数	参数	描述
	image	输入图像,ndarray 型数组,灰度或彩色图像。
	center	涡旋中心,整数二元组或数组,如:(col,row),默认值为图像中心。
	strength	涡旋强度,浮点数,默认值为1,弧度。
	radius	影响半径,浮点数,默认值为100。
	rotation	旋转角度,弧度,大于 0,逆时针旋转;小于 0,则顺时针旋转;可选。
	output_shape	输出图像的尺寸,用元组(rows,cols)给出,默认与输入图像同。
	order,mode,cval, clip,preserve_range	含义与函数 rescale()相同。
返回值	输出图像,ndarray 型数组,与输入图像数组维数相同,数据类型为浮点数。	

6.5.2　球面变换

球面变换（Spherical Transformation）模拟通过一个透明的半球看图像或者在图像上放置一个凸透镜时的效果，如图 6-20 所示。该变换的参数包括透镜中心位置 $p_c = (x_c, y_c)$，透镜半径 r_{max} 和透镜折射率 n。相应的后向映射函数定义如下：

$$x = \begin{cases} x' - t \cdot \tan\alpha_x, & r \leqslant r_{max} \\ x', & r > r_{max} \end{cases}$$

$$y = \begin{cases} y' - t \cdot \tan\alpha_y, & r \leqslant r_{max} \\ y', & r > r_{max} \end{cases} \tag{6-50}$$

式中：

$$r = \sqrt{d_x^2 + d_y^2}, \quad t = \sqrt{r_{max}^2 + r^2}$$

$$\alpha_x = \left(1 - \frac{1}{n}\right) \cdot \sin^{-1}\left(\frac{d_x}{\sqrt{d_x^2 + t^2}}\right), \quad \alpha_y = \left(1 - \frac{1}{n}\right) \cdot \sin^{-1}\left(\frac{d_y}{\sqrt{d_y^2 + t^2}}\right)$$

$$d_x = x' - x_c, \quad d_y = y' - y_c$$

Python数字图像处理

示例［6-8］球面变换的编程实现

图 6-20（a）为源图像，图 6-20（b）给出了透镜半径 $r_{max}=150$、折射率 $n=2.8$ 时的变换效果。透镜中心 p_c 位于图像人脸部（rowc $=179$，colc$=298$）。

(a)   (b)

图 6-20　球面变换
（a）源图像；（b）$r_{max}=150$，$n=2.8$

♯球面变换 Spherical Transformation

```
img = io.imread('.\imagedata\Bridewedding.jpeg')   ♯读入图像
rows,cols = img.shape[0:2]   ♯获取图像的高/宽
♯设定透镜参数,x-列序,y-行序
xc = 292; yc = 179 ♯透镜中心位置
rmax = 150           ♯透镜半径
n = 2.8              ♯透镜折射率


♯*＊*＊*＊*坐标变换*＊*＊*＊*＊*
♯构造 x,y 坐标数组(x-列序,y-行序)
xy = np.indices((cols,rows),dtype = np.float32).reshape(2,-1).T
x,y = xy.T
dx = x-xc;  dx2 = dx * dx
dy = y-yc;  dy2 = dy * dy
rsq = (x-xc) ** 2 + (y-yc) ** 2
rho = np.sqrt(rsq)
alphax = np.zeros(x.shape)
alphay = np.zeros(x.shape)
t = np.zeros(x.shape)
♯计算透镜半径范围内的像素坐标变换结果
pixsel = rho<rmax
alphax[pixsel] = (1-1/n) * np.arcsin(dx[pixsel]/np.sqrt(rmax * rmax - dy2
[pixsel]))
    alphay[pixsel] = (1-1/n) * np.arcsin(dy[pixsel]/np.sqrt(rmax * rmax - dx2
```

```
[pixsel]))
    #计算坐标变换结果
    t[pixsel] = np. sqrt(rmax * rmax - rsq[pixsel])
    xy[pixsel,0] = x[pixsel] - t[pixsel] * np. tan(alphax[pixsel])
    xy[pixsel,1] = y[pixsel] - t[pixsel] * np. tan(alphay[pixsel])

    # * * * * * * * * 灰度插值 * * * * * * * * * * * *
    #最近邻插值
    xy = np. int16(np. floor(xy + 0. 5))
    #计算图像边缘扩展参数
    x_min,y_min = np. maximum( - np. min(xy,0),0)
    x_max,y_max = np. maximum(np. max(xy,0) - (cols,rows) + 1,0)
    if img. ndim = = 2:
        pad_width = ((y_min,y_max),(x_min,x_max))
    elif img. ndim = = 3:
        pad_width = ((y_min,y_max),(x_min,x_max),(0,0))
    #采用'edge'方式扩展图像
    imgex = np. pad(img,pad_width,'edge')
    #计算最近邻插值插值
    img_result = imgex[xy[:,1] + y_min,xy[:,0] + x_min]. reshape(img. shape,order
= 'F')
    #显示结果(略)
    #————————————
```

6.5.3　波浪扭曲变换

波浪扭曲变换（Ripple Transformation）用正弦函数对图像进行局部扭曲，使图像在 x 和 y 方向局部波浪化，如图 6-21 所示。波浪扭曲变换函数的参数包括用于控制 x 和 y 方向波浪波动频率的正弦波周期长度 t_x、t_y（单位为像素，其值不能为 0），和用于控制两个方向上波动幅度的参数 a_x、a_y（单位为像素）。波浪扭曲的后向映射函数定义为：

$$x = x' + a_x \sin\left(2\pi \frac{y'}{t_x}\right)$$
$$y = y' + a_y \sin\left(2\pi \frac{x'}{t_y}\right)$$

(6-51)

示例 [6-9] 波浪扭曲的编程实现

图 6-21（a）为源图像，图 6-21（b）给出了 $a_x = 20$，$a_y = 30$，$t_x = 50$，$t_y = 20$ 的变换效果。

#波浪扭曲变换 Ripple Transformation
```
img = io. imread('. \imagedata\Bridewedding. jpeg')　#读入图像
```

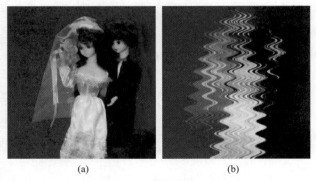

(a)　　　　　　　　　　(b)

图 6-21　波浪扭曲变换

(a) 源图像；(b) $a_x=20$，$a_y=30$，$t_x=50$，$t_y=20$

```
rows,cols = img.shape[0:2]   #获取图像的高/宽
#设定波浪变换参数
ax = 20; ay = 30; tx = 50; ty = 20


# * * * * * * * * 坐标变换 * * * * * * * *
#构造x,y坐标数组(x-列序,y-行序)
xy = np.indices((cols,rows),dtype = np.float32).reshape(2,-1).T
#计算坐标变换结果
x,y = xy.T
xy[:,0] = x + ax * np.sin(2 * np.pi * y/tx)
xy[:,1] = y + ay * np.sin(2 * np.pi * x/ty)


# * * * * * * * * * 灰度插值 * * * * * * * * * * *
#最近邻插值
xy = np.int16(np.floor(xy + 0.5))
#计算图像边缘扩展参数
x_min,y_min = np.maximum(-np.min(xy,0),0)
x_max,y_max =  np.maximum(np.max(xy,0)-(cols,rows)+1,0)
if img.ndim == 2:
    pad_width = ((y_min,y_max),(x_min,x_max))
elif img.ndim == 3:
    pad_width = ((y_min,y_max),(x_min,x_max),(0,0))
#采用'edge'方式扩展图像
imgex = np.pad(img,pad_width,'edge')
#计算最近邻插值插值
img_result = imgex[xy[:,1]+y_min,xy[:,0]+x_min].reshape(img.shape,order = 'F')
#显示结果(略)
#------------------------
```

6.6　Python 扩展库中的图像几何变换函数

为便于学习，下表列出了 Scikit-image、OpenCV 等库中与图像几何变换相关的常用函数及其功能。需要注意的是，这些函数定义图像坐标系的原点位于图像左上角，x 轴正方向水平向右（列序）、y 轴正方向垂直向下（行序）。

函数名	功能描述
Scikit-image　　导入方式：**from skimage import transform, util**	
rescale	按给定的比例因子缩放图像，Scale image by a certain factor.
resize	将图像缩放到给定的图像尺寸，Resize image to match a certain size.
rotate	绕中心点将图像旋转给定角度，Rotate image by a certain angle around its center.
warp	对图像施加给定的几何变换，Warp an image according to a given coordinate transformation.
AffineTransform	2D 仿射变换类的构造函数，2D affine transformation.
ProjectiveTransform	2D 投影变换类的构造函数，2D Projective transformation.
PiecewiseAffineTransform	2D 分片仿射变换类的构造函数，2D piecewise Affine transformation.
swirl	涡旋变换，Perform a swirl transformation.
OpenCV　　导入方式：**import cv2 as cv**	
resize	将图像缩放到给定的尺寸或比例，Resizes an image.
getRotationMatrix2D	计算 2D 旋转变换矩阵，Calculates an affine matrix of 2D rotation.
getAffineTransform	根据 3 组对应点计算仿射变换矩阵，Calculates an affine transform from three pairs of the corresponding points.
warpAffine	仿射变换，Applies an affine transformation to an image.
getPerspectiveTransform	根据 4 组对应点计算透视变换矩阵，Calculates a perspective transform from four pairs of the corresponding points.
warpPerspective	投影变换，Applies a perspective transformation to an image.
QRCodeDetector	创建 QR 二维码检测器，Constructor.
detectAndDecode	QR 二维码检测器成员函数，检测并解码，Detects and decodes QR code in image.

习题 ▶▶▶

6.1　简述图像几何变换的基本原理。

6.2　一幅图像中 4 个像素的坐标及其灰度值为：$f(10, 10) = 120$，$f(10, 11) = 150$，$f(11, 10) = 200$，$f(11, 11) = 180$。若采用后向映射将目标图像 g 像素坐标 $(100, 100)$ 映射到源图像 f 的坐标为 $(10.3, 10.8)$，请分别采用最近邻、双线性插值，计算目标图像 g 中坐标 $(100, 100)$ 处像素的灰度值。

6.3　请解释前向映射和后向映射的机理。

6.4　说明仿射变换与投影变换的特点。

上机练习 ▶▶▶

E6.1　打开本章 Jupyter Notebook 可执行记事本文件"Ch6 图像的几何变换. ipynb",逐单元（Cell）运行示例程序,注意观察分析运行结果。熟悉示例程序功能,掌握相关函数的使用方法。

E6.2　如何实现绕图像中任意点的图像旋转变换?给出实现程序代码。

E6.3　二维码移动支付已得到广泛应用。在识别二维码时,一般不是从正面拍摄,而是以一定角度拍摄,导致二维码图像产生扭曲变形,通常需对图像进行投影变换以便消除失真。请用手机从倾斜角度拍摄一张二维码图像,使用投影变换编程对图像进行几何校正。

E6.4　编写一个具有图形用户界面的程序,通过按钮选择能读入一幅图像,设计球面变换的参数,然后在图像上拖动鼠标时,能以鼠标指针位置为中心对图像实施球面变换并显示。

E6.5　请选择一幅图片,编程对其进行几何变换,然后完美地贴到图 E6.5 中的广告牌上。

图 E6.5　广告牌 billboard. jpg

第
7
章

图像复原

成像过程中，可能因传感器噪声、照相机镜头失焦、照相机与目标之间的相对运动、航空拍摄时大气湍流的随机扰动、雾霾、水下拍摄时水流的干扰等原因导致图像模糊，称为图像退化（Image degradation）。图像退化将影响后续处理过程，增加图像计算、分析、特征提取及目标识别的难度，降低图像数据的应用价值。相机通常都配备光学防抖（OIS，Optical Image Stabilization）与自动对焦技术（Auto Focus），一定程度上能够缓解相机抖动与对焦不准带来的图像退化问题。但当相机出现较大幅度的抖动、成像场景中的物体运动以及其他各种因素叠加时，仍会导致图像模糊。

根据图像退化过程的先验知识，建立图像退化过程的数学模型，对退化图像进行修复或者重建，称为图像复原（Image restoration），如图 7-1 所示。

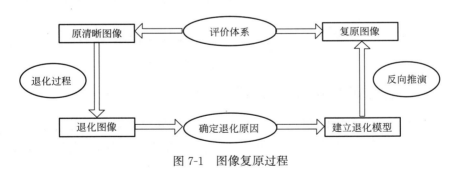

图 7-1　图像复原过程

7.1　图像退化过程及其模型化方法

7.1.1　图像退化模型

精确的图像退化模型是图像复原的关键。为有效复原图像，必须先将建立图像退化过程的数学模型，然后反向推演执行其逆过程。假设图像 $f(x,y)$ 经退化过程及加性噪声

215

$n(x，y)$ 的共同作用，产生退化图像 $g(x，y)$，如图 7-2 所示。

图 7-2　图像退化过程

假定这个退化过程是一个线性移不变系统（Linear Shift-invariant System），其退化函数可以用二维系统的单位冲激响应 $h(x，y)$ 来表征，那么图像 $f(x，y)$ 的退化过程可表示为以下线性卷积形式：

$$g(x，y)=h(x，y)*f(x，y)+n(x，y) \tag{7-1}$$

在光学研究中，单位冲激函数是一个光点，通过光学系统后会扩散为一个模糊光斑，其模糊程度由光学部件的质量决定，通常把光学系统的单位冲激响应 $h(x，y)$ 称为点扩散函数（PSF，Point Spread Function）。依据"第 4 章 频域滤波"中讨论的卷积定理，可以得到图像退化过程的频域表示：

$$G(u，v)=H(u，v)F(u，v)+N(u，v) \tag{7-2}$$

式中，$G(u，v)$ 为退化图像的傅里叶变换，$F(u，v)$ 为理想图像的傅里叶变换，$H(u，v)$ 是退化过程点扩散函数 $h(x，y)$ 的傅里叶变换，即退化过程的传递函数，$N(u，v)$ 是加性噪声的傅里叶变换。

在上述假定的基础上，如果已知退化过程的点扩散函数 $h(x，y)$、加性噪声 $n(x，y)$ 或它们的傅里叶变换等有关图像退化过程的先验知识，就可以解决图像的复原问题。事实上，许多图像退化过程为非线性过程，或其点扩散函数 PSF 未知，使得图像复原变得异常困难。

由式（7-1）可知，图像退化过程是理想图像与退化函数的卷积（Convolution），因此，图像复原又常被称为去卷积、解卷积、反卷积（Deconvolution）。

7.1.2　图像退化过程的机理建模

在图像复原中，通常用图像观察法、实验法和机理建模法来估计退化过程的点扩散函数 $h(x，y)$ 或者其傅里叶变换 $H(u，v)$。所谓机理建模，就是根据退化过程的作用机制推导其数学模型。

1. 大气湍流图像模糊退化模型

大气作为成像过程中光线的传输介质，受外界诸多因素影响，如太阳辐射不均下的气温差异、热岛效应下的大气对流，地表风速、湿度及磁场变化等，这些因素会使大气分布不均、密度改变，进而导致其光线折射率发生变化。当光线通过不均匀的传输介质时会发生折射或衍射，由光线会聚而成的像点将发生偏移，导致图像模糊，这种模糊退化对航空遥感、天文观测、太空探索等成像系统产生较大影响。Hufnagel 等人根据大气湍流的物理特性与成像质量之间的关系，提出了大气湍流图像模糊退化模型，其点扩散函数 PSF 的傅里叶变换为：

$$H(u, v) = e^{-k(u^2+v^2)^{5/6}} \tag{7-3}$$

式中，k 为与大气湍流常数，用于控制模糊退化程度，k 越大，大气湍流越剧烈，导致图像越模糊。

示例 [7-1] 模拟大气湍流的图像模糊退化过程

采用式（7-3）定义的大气湍流图像退化模型，对一幅航拍图像进行模拟退化。图 7-3（a）为原图像，图 7-3（b）为 $k = 0.001$ 时的模拟退化结果；图 7-3（c）为 $k = 0.0025$ 时的模拟退化结果。

(a)　　　　　　　　　(b)　　　　　　　　　(c)

图 7-3　利用大气湍流模型模拟图像退化过程
（a）原图像；（b）中等湍流，$k = 0.001$；（c）剧烈湍流，$k = 0.0025$

　注意： 在使用 Python 各类扩展库提供的函数之前，需先导入这些扩展库或模块。下面的程序代码导入了本章示例所用到的扩展库包和模块，使用本章示例之前，先运行一次本段代码。后续示例程序中，不再列出此段程序。

```
♯导入本章示例用到的包
import numpy as np
from scipy.fft import fft,ifft,fft2,ifft2,fftshift,ifftshift
import cv2 as cv
from skimage import io,util,filters,restoration
import matplotlib.pyplot as plt
% matplotlib inline
♯-----------------------------------
```

下面先给出模拟大气湍流图像模糊退化自定义函数 AtmoTurbulenceSim 的程序代码，然后调用该自定义函数对图 7-3（a）中的航拍图像进行模拟退化。

```
def AtmoTurbulenceSim(image,k):
    """
    模拟大气湍流图像模糊退化 AtmoTurbulenceSim
    输入参数：
            image-原图像,灰度图像或 RGB 彩色图像
            k-大气湍流模型的系数,k 越大,大气湍流越剧烈,导致图像越模糊
    输出： imgout-大气湍流影响的退化图像
            Hatm-大气湍流模糊退化函数
```

```
    """
    rows,cols = image. shape[0:2]    #获取图像高/宽
    #采用'reflect'方式扩展图像(下面扩展 rows 行,右面扩张 cols 列)
    if image. ndim = = 3:    #彩色图像
        imgex = np. pad(image,((0,rows),(0,cols),(0,0)),mode = 'reflect')
    elif image. ndim = = 2:    #灰度图像
        imgex = np. pad(image,((0,rows),(0,cols)),mode = 'reflect')
    #计算扩展图像的 DFT 并中心化
    img_dft = fftshift(fft2(imgex,axes = (0,1)),axes = (0,1))
    #生成大气湍流模糊退化函数
    #构建频域平面坐标网格数组,坐标轴定义 v 列向/u 行向
    v = np. arange(-cols,cols)
    u = np. arange(-rows,rows)
    Va,Ua = np. meshgrid(v,u)
    D2 = Ua * * 2 + Va * * 2
    Hatm = np. exp(-k * (D2 * * (5.0/6.0)))
    if image. ndim = = 3:
            #彩色图像把 H 串接成三维数组
            Hatm = np. dstack(( Hatm,Hatm,Hatm))
    #计算图像 DFT 与大气湍流模糊退化函数的点积
    Gp = img_dft * Hatm
    Gp = ifftshift(Gp,axes = (0,1))    #去中心化
    #DFT 反变换并取实部
    imgp = np. real(ifft2(Gp,axes = (0,1)))
    imgp = np. uint8(np. clip(imgp,0,255))#把图像数据格式转换为 uint8
    #截取 imgp 左上角与原图像大小相等的区域作为输出
    imgout = imgp[0:rows,0:cols]


    return imgout,Hatm
#------------------------------------
```

调用上述模拟大气湍流图像模糊退化函数 AtmoTurbulenceSim,对一幅航拍图片进行处理,程序如下:

```
#采用自定义函数 AtmoTurbulenceSim 模拟大气湍流模糊退化
img = io. imread('. /imagedata/aerial_image. png')    #读入一幅航拍图片
imgout1,Hatm1 = AtmoTurbulenceSim(img,0.001)    #令 k = 0.001
imgout2,Hatm2 = AtmoTurbulenceSim(img,0.0025)    #令 k = 0.0025
#显示退化结果(略,详见本章 Jupyter Notebook 可执行笔记本文件)
#---------------------------------------------
```

2. 运动模糊图像退化模型

采集图像时，由于曝光时间内成像设备与被摄物体或场景间发生相对运动，使物体像点在图像传感器靶面发生移位进而导致图像模糊，称为图像运动模糊。根据图像运动模糊的生成机理将其划分为局部运动模糊、全局运动模糊和混合运动模糊三类：

（1）局部运动模糊，即成像目标运动、成像设备静止，相对运动使采集到的图像背景清晰、目标模糊。如高速公路监控视频中的车辆、运动物体抓拍等。

（2）全局运动模糊，即成像目标静止、成像设备运动或光照条件影响致使曝光时间延长，相对运动使采集到的图像中背景与目标都模糊。如拍照持握相机不稳产生的抖动、无人机拍摄地面静止目标等。

（3）混合运动模糊，即成像目标与成像设备同时运动，相对运动使采集的图像出现多种图像模糊效果迭加。如无人机拍摄地面运动目标、车载或船载成像设备拍摄运动目标等。

假设场景在传感器靶面上沿水平和垂直方向做匀速直线运动，成像设备的曝光时间用 T 表示，在曝光时间 T 内像点在水平和垂直方向上的移动量分别用 a 和 b 表示，那么该情况下的运动模糊退化点扩散函数 PSF 的傅里叶变换为：

$$H(u,\ v)=\frac{T\sin\left[\pi(ua+vb)\right]}{\pi(ua+vb)}\mathrm{e}^{-\mathrm{j}\pi(ua+vb)} \tag{7-4}$$

上式仅是一种简单的运动模糊退化过程模型，实际成像过程中发生的运动要复杂得多。

示例［7-2］匀速直线运动引起的图像模糊

采用式（7-4）的匀速直线运动模糊图像退化模型，对一幅图像进行模拟退化。图 7-4（a）为原图像，图 7-4（b）为常数 $a=b=0.02$ 和 $T=1$ 时模拟退化结果，图 7-4（c）为匀速直线运动模糊退化函数的幅度谱，图 7-4（d）为从实际运动模糊图像中估计出的运动模糊退化函数的幅度谱，可见实际运动模糊图像退化过程的复杂性。

(a)　　　　　　　　(b)　　　　　　　　(c)　　　　　　　　(d)

图 7-4　模拟匀速直线运动图像模糊退化过程

(a) 原图像；(b) 匀速直线运动模糊退化结果，$T=1$，$a=b=0.02$；(c) 匀速直线运动模糊
退化函数的幅度谱；(d) 从实际运动模糊图像中估计出的运动模糊退化函数的幅度谱

下面给出了模拟匀速直线运动图像模糊退化自定义函数 MotionBlurSim 的程序代码，然后调用该自定义函数对图 7-4（a）进行模拟退化。

```
def MotionBlurSim(image,Te,xa,yb):
```

```
"""
模拟水平 x、垂直 y 方向匀速直线运动模糊退化
输入参数：
    image - 灰度图像或 RGB 彩色图像
       Te - 成像设备曝光时间
    xa,yb - 在曝光时间 T 内像点在水平和垂直方向上的移动量
输出参数：
    imgout - 退化图像
       Hmb  - 匀速直线运动模糊退化函数
"""
rows,cols = image.shape[0:2]   #获取图像高/宽
#采用'reflect'方式扩展图像(下面扩展 rows 行,右面扩张 cols 列)
if image.ndim == 3：   #彩色图像
    imgex = np.pad(image,((0,rows),(0,cols),(0,0)),mode = 'reflect')
elif image.ndim == 2：   #灰度图像
    imgex = np.pad(image,((0,rows),(0,cols)),mode = 'reflect')
#计算扩展图像的 DFT 并中心化
img_dft = fftshift(fft2(imgex,axes = (0,1)),axes = (0,1))

#生成运动模糊退化函数
#构建频域平面坐标网格数组,坐标轴定义 v 列向/u 行向
v = np.arange(-cols,cols)
u = np.arange(-rows,rows)
Va,Ua = np.meshgrid(v,u)
temp = np.pi * (Ua * yb + Va * xa)
#当 temp = 0,sin(temp)/temp = 1
Hmb = Te * np.ones((2 * rows,2 * cols)).astype(np.complex)
indx = np.nonzero(temp)
Hmb[indx] = np.exp(-1j * temp[indx]) * Te * np.sin(temp[indx])/temp[in-
dx]

if image.ndim == 3：
    #彩色图像把 H 串接成三维数组
    Hmb = np.dstack((Hmb,Hmb,Hmb))
#计算图像 DFT 与运动模糊退化函数的点积
Gp = img_dft * Hmb
Gp = ifftshift(Gp,axes = (0,1))   #去中心化
imgp = np.real(ifft2(Gp,axes = (0,1)))    #DFT 反变换并取实部
imgp = np.uint8(np.clip(imgp,0,255))   #把输出图像的数据格式转换为 uint8
#截取 imgp 左上角与原图像大小相等的区域作为输出
```

```
        imgout = imgp[0:rows,0:cols]
        return imgout,Hmb
    #--------------------------------
```

调用上述模拟匀速直线运动图像模糊退化自编函数 MotionBlurSim，对一幅图片进行
处理，程序代码如下：

＃采用自定义函数 MotionBlurSim 模拟匀速直线运动图像模糊退化

```
img = io.imread('./imagedata/cameraman.tif')  ＃读入一幅图片
＃运动模糊退化参数
Te = 1   ＃曝光时间
xa = 0.02；yb = 0.02  ＃运动速度
imgout,Hmb = MotionBlurSim(img,Te,xa,yb)
＃显示退化结果(略)
#----------------------------
```

相机防抖三剑客 OIS、EIS 和 AIS

1. OIS（Optical Image Stabilization）光学防抖，又称光学稳像，通过在镜片组中增
加一个使用磁力悬浮的镜片，配合陀螺仪工作，当机身发生震动时，能检测到轻微的抖动
从而控制镜片浮动对抖动进行一定的位移补偿，从而避免了光路发生抖动，实现光学防
抖。目前旗舰机型都采用 OIS 光学防抖。

2. EIS（Electronic Image Stabilization）电子防抖，又称电子稳像，利用检测到机身
抖动的程度来动态调整 ISO、快门或软件来做模糊修正。EIS 的优点是不需额外增加硬件，
成本较低且适合微型化设计，但通常牺牲影像的解析度，防抖效果取决于算法的设计与
效率。

3. AIS（AI Image Stabilization）智能防抖就是 OIS 光学防抖的升级。所谓 AIS 智能
防抖，实际上就是人工智能防抖，AIS 技术集成 OIS 以及 EIS 的优点，通过人工智能算法
来实现图像防抖的功能，在 CMOS 数据读写速度保证的条件下，效果更为明显。

7.1.3　噪声模型

噪声在图像上常表现为引起较强视觉效果的孤立像素点、像素块或纹理，扰乱图像的
可观测信息，降低了图像的清晰度，使得图像模糊，甚至淹没图像特征，给分析带来困
难。当图像仅因噪声污染而导致的退化，其复原方法请参照"第 3 章 空域滤波"和"第 4
章 频域滤波"中讨论的方法。

1. 图像噪声的成因

噪声主要来源于两个方面，一是图像的获取过程，图像传感器 CCD 和 CMOS 采集图
像过程中，由于受传感器材料属性、工作环境、电子元器件和电路结构等影响，会引入各
种噪声，如电阻引起的热噪声、场效应管的沟道热噪声、光子噪声、暗电流噪声、光响应
非均匀性噪声。二是图像传输过程，由于传输介质和记录设备等的不完善，数字图像在其
传输过程中往往会受到多种噪声的污染。另外，在图像处理的某些环节也会引入噪声。

2. 图像噪声的特征

图像噪声一般具有以下特点：

（1）噪声在图像中的分布和大小不规则，即具有随机性。

（2）噪声与图像之间一般具有相关性。例如，图像黑暗部分噪声大，明亮部分噪声小。又如，数字图像中的量化噪声与图像相位相关，图像内容接近平坦时，量化噪声呈现伪轮廓，但图像中的随机噪声会因为颤噪效应反而使量化噪声变得不很明显。

（3）噪声具有叠加性。在串联图像传输系统中，各部分窜入噪声若是同类噪声可以进行功率相加，依次信噪比要下降。

3. 图像噪声的分类

（1）加性噪声与乘性噪声

按噪声和信号之间的关系，图像噪声可分为加性噪声和乘性噪声。为了分析处理方便，往往将乘性噪声近似认为是加性噪声，而且总是假定信号和噪声是互相独立的。

假定信号为 $S(t)$，噪声为 $n(t)$，如果混合叠加波形是 $S(t)+n(t)$ 的形式，则称其为加性噪声。加性噪声和图像信号强度是不相关的，如图像在传输过程中引进的"信道噪声"、电视摄像机扫描图像的噪声等。

如果叠加波形为 $S(t)[1+n(t)]$ 的形式，则称其为乘性噪声。乘性噪声则与信号强度有关，往往随图像信号的变化而变化，如电视扫描光栅、胶片颗粒造成等。

（2）外部噪声与内部噪声

按照产生原因，图像噪声可分为外部噪声和内部噪声。外部噪声，即指系统外部干扰以电磁波或经电源串进系统内部而引起的噪声。如外部电气设备产生的电磁波干扰、天体放电产生的脉冲干扰等。由系统电气设备内部引起的噪声为内部噪声，如内部电路的相互干扰。

（3）平稳噪声与非平稳噪声

按照统计特性，图像噪声可分为平稳噪声和非平稳噪声。统计特性不随时间变化的噪声称为平稳噪声。统计特性随时间变化的噪声称为非平稳噪声。

4. 图像的噪声模型

实际图像中的噪声，看作是可用概率密度函数 PDF（Probability Density Function）或频谱表征的随机变量，根据其噪声分量灰度值的统计特性，用高斯噪声、高斯白噪声、瑞利噪声、伽马噪声、指数噪声、均匀噪声、脉冲噪声（"椒盐"噪声）、周期噪声等统计模型来描述。

7.2　逆滤波图像复原

7.2.1　直接逆滤波

已知图像退化过程的传递函数 $H(u, v)$、退化图像的傅里叶变换 $G(u, v)$，不考虑噪声因素，就可以依据式（7-2）所表达的退化过程，简单得到复原图像的傅里叶变换：

$$\hat{F}(u, v) = \frac{G(u, v)}{H(u, v)} \tag{7-5}$$

然后再对 $\hat{F}(u, v)$ 进行傅里叶拟变换，得到复原图像 $f(x, y)$。由于上述过程是式（7-2）所表达的退化卷积过程的逆过程，因而称式（7-5）为逆滤波图像复原。

考虑退化过程实际存在噪声，进一步将复原图像的傅里叶变换 $\hat{F}(u,v)$ 表示为：

$$\hat{F}(u,v)=\frac{G(u,v)}{H(u,v)}-\frac{N(u,v)}{H(u,v)} \tag{7-6}$$

通常，图像噪声的傅里叶变换 $N(u,v)$ 很难准确估计，即使已知退化函数 $H(u,v)$，也不能简单按式（7-5）或式（7-6）准确地复原图像。更糟糕的是，当退化函数 $H(u,v)$ $=0$ 或者值非常小时，由 $N(u,v)/H(u,v)$ 确定的噪声项将被极度放大，导致图像复原失败。

7.2.2　加窗逆滤波

许多情况下，$H(u,v)$ 会从零频点 $H(0,0)$ 开始快速递减，而噪声 $N(u,v)$ 几乎总是常数。为避免使用式（7-5）或式（7-6）时引起噪声的扩大，一般不直接将因子 $1/H(u,v)$ 作为滤波器，而是先将其加窗处理，在 $H(u,v)$ 变得太小或者达到第一个零值前，就将其在某一个频率 D_0 处截断：

$$\hat{F}(u,v)=\begin{cases}\dfrac{G(u,v)}{H(u,v)}, & u^2+v^2\leqslant D_0^2 \\ G(u,v), & u^2+v^2>D_0^2\end{cases} \tag{7-7}$$

其中，D_0 为截止频率，选择 D_0 使得 $H(u,v)$ 不包括任何零值点。当然也可以不采用上述矩形窗函数，而用其他窗函数，比如高阶巴特沃斯低通滤波器，使得 $1/H(u,v)$ 在 D_0 处有个平滑的过渡。

示例［7-3］逆滤波图像复原

首先采用式（7-3）定义的大气湍流图像退化模型，对一幅航拍图像进行模拟退化。图 7-5（a）为原图像，图 7-5（b）为 $k=0.001$ 时的大气湍流模拟退化结果。然后采用同样的退化函数，按式（7-5）对图 7-5（b）中的退化图像进行直接逆滤波复原（不加窗），结果如图 7-5（c）所示，完全失败。接下来采用式（7-7）给出的加窗逆滤波方法，再对上述退化图像进行加窗逆滤波复原，图 7-5（d）、图 7-5（e）为截止频率 D_0 分别为 120、180 时的复原结果。

如果在退化图像中加入均值为 0、方差为 0.001 的轻微高斯噪声，再进行加窗逆滤波复原，图 7-5（f）给出了截止频率 D_0 为 120 时的复原结果。显然，尽管加窗逆滤波复原一定程度上能抑制噪声影响，但直接逆滤波很难得到高质量复原图像。

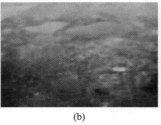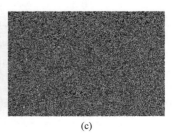

(a)　　　　　　　　(b)　　　　　　　　(c)

图 7-5　模拟大气湍流图像退化及逆滤波复原（一）

(a) 原图像；(b) 模拟退化图像，$k=0.001$；(c) 直接逆滤波

(d) (e) (f)

图 7-5　模拟大气湍流图像退化及逆滤波复原（二）

(d) 加窗逆滤波 $D_0=120$；（e）加窗逆滤波 $D_0=180$；（f）含噪加窗逆滤波 $D_0=120$

♯自定义加窗逆滤波函数 WinInvFilter

```python
def WinInvFilter(image,H,radius):
    """
    加窗逆滤波复原图像,Windowed inverse filtering
    输入参数:
        image -灰度图像或RGB彩色图像
            H -图像退化函数的DFT,行/列数是 image 的 2 倍
        radius-加窗半径(截止频率)
    输出参数:
        imgout-复原的图像
    """
    rows,cols = image.shape[0:2]    #获取图像高/宽
    #采用'reflect'方式扩展图像(下面扩展rows行,右面扩张cols列)
    if image.ndim = = 3:  #彩色图像
        imgex = np.pad(image,((0,rows),(0,cols),(0,0)),mode = 'reflect')
    elif image.ndim = = 2: #灰度图像
        imgex = np.pad(image,((0,rows),(0,cols)),mode = 'reflect')
    #计算扩展图像的DFT并中心化
    img_dft = fftshift(fft2(imgex,axes = (0,1)),axes = (0,1))
    #加窗逆滤波
    Gp = img_dft.copy()
    #构建频域平面坐标网格数组,坐标轴定义v列向/u行向
    v = np.arange( - cols,cols)
    u = np.arange( - rows,rows)
    Va,Ua = np.meshgrid(v,u)
    D2 = Ua * * 2 + Va * * 2
    #计算圆形窗区域内的元素索引
    indx = D2 < = radius * * 2
    Gp[indx] = img_dft[indx]/(Hatm[indx] + np.finfo(np.float32).eps)
    Gp = ifftshift(Gp,axes = (0,1))   #去中心化
```

```
imgp = np. real(ifft2(Gp,axes = (0,1)))  #DFT 反变换并取实部
imgp = np. uint8(np. clip(imgp,0,255))   #把输出图像的数据格式转换为 uint8
imgout = imgp[0:rows,0:cols]   #截取左上角与原图像大小相等的区域作为输出

    return imgout
#------------------------------------------------
```

调用上述自定义加窗逆滤波函数 WinInvFilter，对一幅大气湍流模拟退化图像进行逆滤波复原，程序代码如下：

#模拟大气湍流图像退化及逆滤波复原
```
img = io. imread('. /imagedata/aerial_image.png')   #读入一幅航拍图片
#令 k = 0. 001 模拟大气湍流模糊退化
img_deg,Hatm = AtmoTurbulenceSim(img,0. 001)
#向退化图像中添加向图像中添加均值为 0、方差为 0. 001 的高斯噪声
img_deg_noi = util. random_noise(img_deg,mode = 'gaussian',var = 0. 001)
img_deg_noi = util. img_as_ubyte(img_deg_noi)
#对不加噪退化图像进行直接逆滤波
#令窗口半径极大,相当于不加窗直接逆滤波
img_res1 = WinInvFilter(img_deg,Hatm,np. finfo(np. float32). max)
#对不加噪退化图像进行加窗逆滤波 Windowed inverse filtering
#截止频率分别 radius 为 120,180,220
img_res2 = WinInvFilter(img_deg,Hatm,120)
img_res3 = WinInvFilter(img_deg,Hatm,180)
img_res4 = WinInvFilter(img_deg,Hatm,220)
#对加噪退化图像进行加窗逆滤波 Windowed inverse filtering
img_res5 = WinInvFilter(img_deg_noi,Hatm,120)
img_res6 = WinInvFilter(img_deg_noi,Hatm,180)
#显示结果(略)
#----------------------------
```

7. 3　维纳滤波图像复原

逆滤波的主要局限在于对噪声敏感，维纳滤波（Wiener Filtering）能对存在噪声的退化图像进行复原。维纳滤波假定图像和噪声都是随机变量，目标是对于给定的退化图像 $g(x，y)$，找到其退化前原图像 $f(x，y)$ 的一个估计 $\hat{f}(x，y)$，使得二者之间的均方误差最小：

$$e^2 = E\{[f(x，y) - \hat{f}(x，y)]^2\} \tag{7-8}$$

式中，$E\{\cdot\}$ 表示随机变量的期望值，即条件均值。假定图像退化过程可由一个含加性噪声的线性移不变系统来模型化，即

$$g(x, y) = h(x, y) * f(x, y) + n(x, y) \tag{7-9}$$

其中，噪声 $n(x, y)$ 是一个与原图像 $f(x, y)$ 无关的平稳噪声序列，且要求 $n(x, y)$ 和 $g(x, y)$ 为零均值。基于上述条件，满足式（7-8）定义的均方误差最小的复原图像 $\hat{f}(x, y)$ 的频域表达为：

$$\hat{F}(u, v) = \left[\frac{H^*(u, v)}{|H(u, v)|^2 + S_n(u, v)/S_f(u, v)} \right] G(u, v) \tag{7-10}$$

其中，$H(u, v)$ 为退化函数，$H^*(u, v)$ 为 $H(u, v)$ 的复共轭；$|H(u, v)|^2$ 为退化函数的功率谱（幅度谱的平方）；$S_n(u, v) = |N(u, v)|^2$ 为噪声 $n(x, y)$ 的功率谱；$S_f(u, v) = |F(u, v)|^2$ 为退化前图像 $f(x, y)$ 的功率谱。

当无噪声时，即 $S_n(u, v) = 0$，式（7-10）变成：

$$\hat{F}(u, v) = \frac{G(u, v)}{H(u, v)}$$

这就是前面讨论过的直接逆滤波形式，因此，直接逆滤波可以看作是维纳滤波的一种特殊情况。式（7-10）分母中的 $S_n(u, v)/S_f(u, v)$ 项是在噪声存在时，在统计意义上对退化函数进行修正。

除了退化函数外，计算式（7-10）还要知道噪声 $n(x, y)$ 以及退化前图像 $f(x, y)$ 的功率谱 $S_n(u, v)$、$S_f(u, v)$。对随机噪声统计特性的了解非常困难，一般假设为白噪声，其功率谱 $S_n(u, v)$ 为常数，而退化前图像功率谱 $S_f(u, v)$ 无法获知。在 $S_n(u, v)$、$S_f(u, v)$ 未知或无法估计时，维纳滤波图像复原可近似为：

$$\hat{F}(u, v) = \left[\frac{H^*(u, v)}{|H(u, v)|^2 + NSR} \right] G(u, v) \tag{7-11}$$

式中，NSR（noise-to-signal power ratio）为图像信噪比，一个待定常数，可通过交互方式试探找到最好视觉效果的 NSR 值。在一定意义上，图像噪声越严重，NSR 值就要取大些。

示例［7-4］ 维纳滤波复原图像

首先采用式（7-3）定义的大气湍流图像退化模型，常数 $k = 0.0025$，对一幅航拍图像进行模拟退化，如图 7-6（a）所示。然后采用同样的退化函数，按式（7-11）对上述退化图像进行维纳滤波复原。图 7-6（b）是退化图像未添加人工噪声时的复原结果，$NSR = 0.0001$。如果在退化图像中加入均值为 0、方差为 0.001（归一化）的轻微高斯噪声，再进行维纳滤波复原，图 7-6（c）给出了 $NSR = 0.005$ 时的维纳滤波复原结果。

  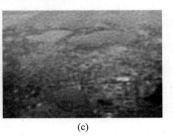

(a)   (b)   (c)

图 7-6　大气湍流模拟退化图像的维纳滤波复原

(a) 退化图像，$k = 0.0025$；(b) 无噪声，$NSR = 0.0001$；(c) 含噪声，$NSR = 0.005$

＃采用维纳滤波复原图像 Deblur image using Wiener filter

```
img = io. imread('. /imagedata/aerial_image. png')　＃读入一幅航拍图片
rows,cols = img. shape[0:2]　＃获取退化图像的高/宽
img_deg,Hatm = AtmoTurbulenceSim(img,0. 0025)　＃令 k = 0.0025 模拟大气湍流模
糊退化
＃向退化图像中添加向图像中添加均值为 0、方差为 0.001 的高斯噪声
img_deg_noi = util. random_noise(img_deg,mode = 'gaussian',var = 0. 001)
img_deg_noi = util. img_as_ubyte(img_deg_noi)
＃采用'reflect'方式扩展图像(下面扩展 rows 行,右面扩张 cols 列)
if img. ndim = = 3:　＃彩色图像
    imgex = np. pad(img_deg_noi,((0,rows),(0,cols),(0,0)),mode = 'reflect')
elif img. ndim = = 2:　＃灰度图像
    imgex = np. pad(img_deg_noi,((0,rows),(0,cols)),mode = 'reflect')
＃计算扩展图像的 DFT 并中心化
img_dft = fftshift(fft2(imgex,axes = (0,1)),axes = (0,1))
＃计算维纳滤波复原图像的频谱
NSR = 0. 005
Gp = img _ dft * np. conj (Hatm)/(np. abs (Hatm) * * 2 + NSR + np. finfo
(np. float32). eps)
Gp = ifftshift(Gp,axes = (0,1))　＃去中心化
imgp = np. real(ifft2(Gp,axes = (0,1)))　＃DFT 反变换并取实部
imgp = np. uint8(np. clip(imgp,0,255))　＃把输出图像的数据格式转换为 uint8
img_res = imgp[0:rows,0:cols]　＃截取左上角与原图像大小相等的区域作为输出
＃显示结果(略)
＃————————————
```

7.4　约束最小二乘滤波图像复原

考虑式（7-1）给出的线性移不变图像退化模型，约束最小二乘滤波对退化前图像 $f(x, y)$ 的复原估计 $\hat{f}(x, y)$，是最小化以下准则函数 J 的结果：

$$J \equiv \| p(x, y) * \hat{f}(x, y) \|^2 \tag{7-12}$$

约束条件为：

$$\| g(x, y) - h(x, y) * \hat{f}(x, y) \|^2 \leqslant \varepsilon^2,\text{ 其中 } \varepsilon^2 \geqslant 0 \tag{7-13}$$

符号 $\| \mathbf{w} \|^2 = \mathbf{w}^T \mathbf{w}$ 表示向量 $\mathbf{w}$ 的 $L\text{-}2$ 范数的平方，即向量 $\mathbf{w}$ 的内积。

式（7-12）中，$p(x, y)$ 是一个度量 $\hat{f}(x, y)$ 粗糙度的空域算子，例如，若 $p(x, y)$ 为一个高通滤波器算子，最小化 J 意味着对高频或粗糙边缘进行平滑。$p(x, y)$ 通常选择拉普拉斯算子：

$$p(x,y)=\begin{bmatrix} 0 & 1 & 0 \\ 1 & -4 & 1 \\ 0 & 1 & 0 \end{bmatrix} \tag{7-14}$$

采用 Lagrange 乘子法，得到上述约束最小二乘优化问题的频域解：

$$\hat{F}(u,v)=\left[\frac{H^*(u,v)}{|H(u,v)|^2+\gamma|P(u,v)|^2}\right]G(u,v) \tag{7-15}$$

式中，γ 是 Lagrange 乘子，一个待定参数，其选择应满足式（7-13），可根据复原效果交互试探选择，也可通过迭代计算。$P(u,v)$ 是拉普拉斯算子 $p(x,y)$ 的傅里叶变换。

示例［7-5］约束最小二乘滤波复原图像

首先采用式（7-4）定义的匀速直线运动模糊图像退化模型，取 $T=1$，$a=b=0.02$，对一幅图像进行运动模拟退化。然后采用同样的退化函数，对上述退化图像进行维纳滤波复原和约束最小二乘滤波复原。图 7-7（a）是原图像，图 7-7（b）是退化图像，图 7-7（c）是添加 0 均值、方差为 0.001 轻微高斯噪声的退化图像。图 7-7（d）是约束最小二乘滤波对无噪退化图像的复原结果，$\gamma=0.005$，图 7-7（e）是维纳滤波对无噪退化图像的复原结果，$NSR=0.001$。图 7-7（f）是约束最小二乘滤波对加噪退化图像的复原结果，$\gamma=0.01$。图 7-7（g）是维纳滤波对加噪退化图像的复原结果，$NSR=0.01$。

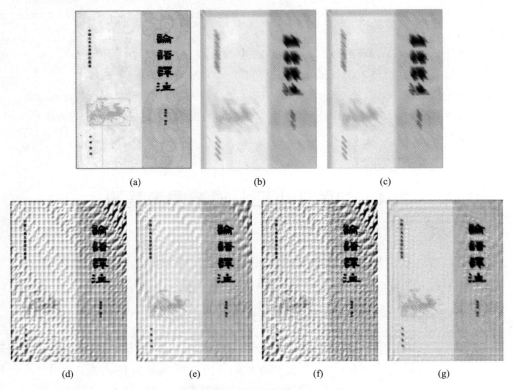

(a)　　　　　　　(b)　　　　　　　(c)

(d)　　　　　(e)　　　　　(f)　　　　　(g)

图 7-7　模拟匀速直线运动模糊退化

（a）原图像；（b）运动模糊图像；（c）加噪运动模糊图像；（d）不加噪，约束最小二乘；

（e）不加噪，维纳；（f）加噪，约束最小二乘；（g）加噪，维纳

♯约束最小二乘滤波图像复原 Constrained least squares filtering

```
img = io. imread('. /imagedata/book_lunyu. jpg')    ♯读入一幅图片
rows,cols = img. shape[0:2]   ♯获取图像高/宽
♯运动模糊退化参数
Te = 1   ♯曝光时间
xa = 0. 02；yb = 0. 02   ♯运动速度
img_deg,Hmb = MotionBlurSim(img,Te,xa,yb)   ♯模拟运动模糊退化
♯向退化图像中添加向图像中添加均值为 0、方差为 0. 001 的高斯噪声
img_deg = util. random_noise(img_deg,mode = 'gaussian',var = 0. 001)
img_deg = util. img_as_ubyte(img_deg)
♯Laplace 算子
lp = np. array([[0,1,0],[1, − 4,1],[0,1,0]])
lpex = np. pad(lp,((0,2 ∗ rows − 3),(0,2 ∗ cols − 3)),mode = 'constant')
♯计算扩展 Laplace 算子的 DFT 并中心化
lpex_dft = fftshift(fft2(lpex,axes = (0,1)),axes = (0,1))
if img_deg. ndim = = 3：   ♯彩色图像把 H 串接成三维数组
    lpex_dft = np. dstack((lpex_dft,lpex_dft,lpex_dft))
♯采用'reflect'方式扩展图像(下面扩展 rows 行,右面扩张 cols 列)
if img_deg. ndim = = 3：   ♯彩色图像
    imgex = np. pad(img_deg,((0,rows),(0,cols),(0,0)),mode = 'reflect')
elif img_deg. ndim = = 2：   ♯灰度图像
    imgex = np. pad(img_deg,((0,rows),(0,cols)),mode = 'reflect')
♯计算扩展图像的 DFT 并中心化
img_dft = fftshift(fft2(imgex,axes = (0,1)),axes = (0,1))
♯计算约束最小二乘滤波复原图像的频谱
gama = 0. 01
Gp = img_dft ∗ np. conj(Hmb)/(np. abs(Hmb) ∗ ∗ 2 + gama ∗ np. abs(lpex_dft) ∗
∗ 2 + np. finfo(np. float32). eps)
Gp = ifftshift(Gp,axes = (0,1))        ♯去中心化
imgp = np. real(ifft2(Gp,axes = (0,1)))   ♯DFT 反变换并取实部
imgp = np. uint8(np. clip(imgp,0,255))   ♯把输出图像的数据格式转换为 uint8
img_res = imgp[0:rows,0:cols]   ♯截取左上角与原图像大小相等的区域作为输出
♯计算维纳滤波复原图像的频谱
NSR = 0. 01
Gpw = img_dft ∗ np. conj(Hmb)/(np. abs(Hmb) ∗ ∗ 2 + NSR + np. finfo
(np. float32). eps)
Gpw = ifftshift(Gpw,axes = (0,1))         ♯去中心化
imgpw = np. real(ifft2(Gpw,axes = (0,1)))    ♯DFT 反变换并取实部
imgpw = np. uint8(np. clip(imgpw,0,255))   ♯把输出图像的数据格式转换为 uint8
```

img_resw = imgpw[0:rows,0:cols]　＃截取左上角与原图像大小相等的区域作为输出
＃显示结果(略)
＃————————————————

7.5　图像修复

图像修复（Image Inpainting）是对图像中各类瑕疵失真的恢复，包括块状遮挡、文本遮挡、噪声、目标遮挡、划痕等。图像修复算法大致可分成三类，基于序列的方法、基于卷积神经网络 CNN（Convolutional Neural Network）的方法、基于生成对抗网络 GAN（Generative Adversarial Networks）的方法等。

基于序列的方法包括基于图像块（Patch）的方法和基于扩散（Diffusion）的方法。基于图像块的方法基本思想是在原图上寻找相似图像块，将其填充到要修补的位置。基于扩散的方法是修补位置边缘的像素按照与正常图像区域的性质向内生长，扩散填充整个待修补区域。OpenCV 提供的 inpaint 函数，就是采用基于序列的方法修复图像中指定区域的划痕。

示例［7-6］修复图像划痕

图 7-8（a）是一幅山水风景照片，照片中有人工涂抹划痕。图 7-8（b）是提取的划痕区域掩膜，图 7-8（c）、图 7-8（d）为调用 cv. inpaint() 函数分别采用 INPAINT_NS、INPAINT_TELEA 方法的修复结果，图 7-8（e）是调用 Scikit-image 函数的修复结果。

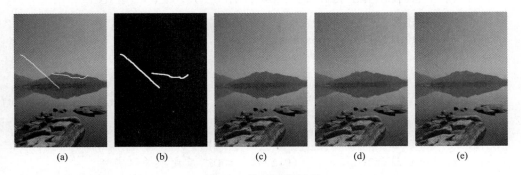

　　(a)　　　　　　　(b)　　　　　　　(c)　　　　　　　(d)　　　　　　　(e)

图 7-8　修复图像划痕

(a) 原图像；(b) 划痕区域掩膜；(c) 采用 NS 方法；(d) 采用 TELEA；(e) 采用 Scikit-image 函数

＃OpenCV: 图像修复

```
img = io. imread('. \imagedata\lake_crack. png')          ＃读入瑕疵图像
mask = io. imread('. \imagedata\lake_crack_mask. png')  ＃读入划痕区域掩膜图像
img_ns = cv. inpaint(img,mask,5,cv. INPAINT_NS)     ＃采用 INPAINT_NS方式
img_telea = cv. inpaint(img,mask,5,cv. INPAINT_TELEA)   ＃采用 INPAINT_TELEA
image_sk = restoration. inpaint_biharmonic(img,mask)       ＃采用 Scikit-image 函数
```

image_sk = util. img_as_ubyte(image_sk)　#把输出图像的数据格式转换为 uint8
#显示结果(略)
#------------------------

示例 [7-7] 采用图像修复方法去除图像中指定区域物体

要去除图 7-9 (a) 中右上角的小飞机区域。首先生成该区域的掩膜图像,如图 7-9 (b) 所示。然后调用函数 cv. inpaint ( ) 采用图像修复技术,去除掩膜区域对应的图像目标,结果如图 7-9 (c) 所示。

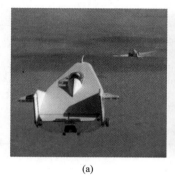  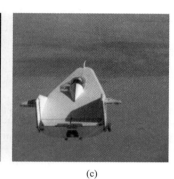
(a) (b) (c)

图 7-9　采用图像修复方法去除图像中指定区域物体
(a) 原图像;(b) 要去除区域的掩膜;(c) 处理结果

#OpenCV：调用图像修复函数去除图像中指定区域物体

img = io. imread('. \imagedata\liftingbody. png')　#读入图像
mask = io. imread('. \imagedata\liftingbody_mask. png')　#读入要去除区域的掩膜
img_rem = cv. inpaint(img,mask,5,cv. INPAINT_NS)　#采用 INPAINT_NS 方式
#显示结果(略)
#------------------------

inpaint

函数功能	修复图像中指定区域的划痕,Restores the selected region in an image using the region neighborhood.	
函数原型	dst=cv. inpaint(src,inpaintMask,inpaintRadius,flags[,dst])	
输入参数	参数	描述
	src	输入图像,ndarray 型数组,灰度或彩色图像。
	inpaintMask	划痕区域掩膜,单通道图像,大小跟原图像一致,inpaintMask 图像上除了需要修复的部分之外其他部分的像素值全部为 0。
	inpaintRadius	修复算法取的邻域半径,用于计算当前像素点的差值。
	flags	修复算法标志,有两种方法可选:cv. INPAINT_NS 和 cv. INPAINT_TELEA。
返回值	dst-修复后的图像,ndarray 型数组,与输入图像数组维数相同。	

7.6 Python 扩展库中的图像复原函数

为便于学习，下表列出了 Scikit-image、OpenCV 等库中与图像复原相关的常用函数及其功能。

函数名	功能描述
Scikit-image 　　导入方式：from skimage import restoration	
inpaint_biharmonic	用双调和方程修复图像中的掩膜区域瑕疵点，Inpaint masked points in image with biharmonic equations.
richardson_lucy	Richardson-Lucy 去卷积，Richardson-Lucy deconvolution.
unsupervised_wiener	无监督 Wiener-Hunt 去卷积，Unsupervised Wiener-Hunt deconvolution.
wiener	Wiener-Hunt 去卷积，Return the deconvolution with a Wiener-Hunt approach.
denoise_bilateral	采用双边滤波器去噪声，Denoise image using bilateral filter.
OpenCV 　　导入方式：import cv2 as cv	
inpaint	修复图像中指定区域的划痕，Restores the selected region in an image using the region neighborhood.

 习题 ▶▶▶

　　7.1　简述图像退化的各种因素及其退化图像的视觉表现，进一步说明针对这些退化因素，目前的成像设备采用哪些技术方案来降低它们对图像质量的影响？

　　7.2　说明逆滤波为何难以得到令人满意的图像复原结果。

　　7.3　除了本章介绍的图像复原经典方法外，近年来出现了大量基于深度学习的图像复原方案，如基于生成式对抗网络 GAN（Generative Adversarial Network）、基于卷积神经网络 CNN（Convolutional Neural Network）等，请查阅文献，简要介绍几种基于深度学习的图像复原方案的基本思想。

　　7.4　除了图像退化过程的数学机理建模外，还有哪些方法能估计图像退化过程的退化函数？

🖥 上机练习 ▶▶▶

　　E7.1　打开本章 Jupyter Notebook 可执行记事本文件"Ch7 图像复原.ipynb"，逐单元（Cell）运行示例程序，注意观察分析运行结果。熟悉示例程序功能，掌握相关函数的使用方法。

　　E7.2　利用鼠标交互选择某一区域，采用图像修复方法移除图像中指定的目标区域，编程实现。

　　E7.3　请查阅相关文献，了解图像去雾算法原理，并编程实现，给出程序代码及实验结果。

　　E7.4　在频域设计退化函数，模拟手持相机拍照时的随机"抖动"对图像进行模糊退化。

第8章

形态学图像处理

在生物学领域，形态学（Morphology）研究生物体各部分的形状和排列，以确定它们的功能、发育以及如何被进化所塑造。形态学在物种分类中尤为重要，因为它常常能揭示一个物种与另一个物种之间的亲缘关系。形态学也应用于天文学、地质学、语言学等领域的研究。数学形态学（Mathematical Morphology），又称数字形态学（Digital Morphology），是描述和分析数字化物体形状的一种方法，如数字图像中的物体形态。数学形态学与数字计算机相伴而生，是建立在集合论（拓扑学）基础之上的日益重要的图像分析工具。

数字图像由像素组成，属性相同的像素汇聚成具有特定形状的像素集合，即连通域（区域）。数学形态学常用于增强这些像素集合的某些形状特征，以便对其进行分析或识别。数学形态学的基本运算包括腐蚀、膨胀、开运算、闭运算等。本章首先以二值图像为处理对象，建立形态学图像处理的基本概念，然后推广到灰度图像。

8.1　形态学图像处理基础

二值图像的像素只能取两个离散值之一，一个代表"黑"、另一个代表"白"，这两个离散值可以为 bool 型的 0 和 1，也可用 8 位无符号整数 0 和 255 来表示。分析图像时，常称取值 1 的像素为前景、取值 0 的像素为背景。前景像素汇聚形成具有特定形状的区域，这些区域的形状结构及其相互位置关系，对目标的检测与识别至关重要，如图 8-1 所示。注意：硬件显示时将取值为 1 的像素显示为"白色"、0 显示为"黑色"，而印刷时常相反。取值为 1 的像素用白色或黑色显示，取决于事先的约定。

集合是由具有某种特定性质、具体或抽象的对象汇总而成的集体，集合中的每一个对象称为元素。前景像素取值为 1，像素彼此之间满足某种位置关系的约束，故常用"集合"概念描述由前景像素汇聚而成的区域，用"元素"来描述区域中的像素。为此，在介绍形态学图像处理之前，先回顾一下有关像素之间位置关系、区域和边界等概念的定义。

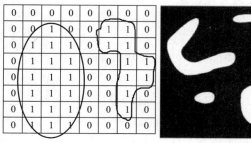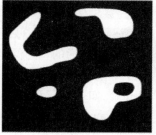

图 8-1　二值图像示例

8.1.1　连通性与区域

1. 邻域

设某像素 p 的坐标为 (x, y)，其邻域是指以坐标 (x, y) 为中心的一组相邻像素构成的集合。如：像素 p 的 **4-邻域**（4-neighbors），指的是其上、下、左、右四个相邻像素。像素 p 的 **4-对角邻域**，指的是其左上、右上、左下、右下四个相邻像素。像素 p 的 **8-邻域**（8-neighbors），指的是其周围八个相邻像素，如图 8-2 所示。

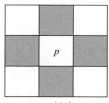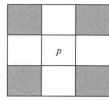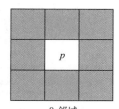

4-邻域　　　　　　　4-对角邻域　　　　　　　8-邻域

图 8-2　像素 p 的邻域（标为灰色的所有像素）

2. 连通性、连通域

对二值图像而言，连通性（Connectivities）用于描述取值为 1 的邻接像素之间的位置关系。

4-邻接和 4-连通：假定像素 p 和 q 的值均为 1，如果 q 是 p 的 4-邻域像素之一，那么称像素 p 和 q 彼此为 4-邻接（4-adjacency），且二者是相互连通的，其连通性称为 4-连通（4-connected）。

8-邻接和 8-连通：假定像素 p 和 q 的值均为 1，如果 q 是 p 的 8-邻域像素之一，那么称像素 p 和 q 彼此为 8-邻接（8-adjacency），且二者是相互连通的，其连通性称为 8-连通（8-connected）。

通路：假定像素 p 的坐标为 (x, y)，像素 q 的坐标为 (s, t)，二者之间存在一个像素序列：

$$(x, y), (x_1, y_2), \cdots\cdots, (x_n, y_n), (s, t)$$

序列中相邻两个像素彼此之间是连通的（4-连通或 8-连通），则称像素 p 和 q 之间存在一条通路，如图 8-3 所示。如果 p 和 q 是同一个像素，则称通路是闭合通路。

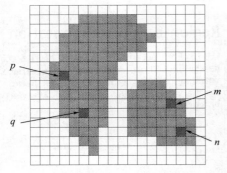

图 8-3　通路、连通分量、连通域示意

3. 连通分量、连通集

令 S 是图像中取值为 1 的像素子集，如果 S 中任意两个像素 p 和 q 之间存在一条通路，则称像素 p 和 q 是连通的。与像素 p 连通的所有像素构成的集合，称为 S 的一个连通分量（Connected component）。如果 S 仅存在一个连通分量，则称 S 为**连通集**（Connected Set），如图 8-3 所示。用灰色表示取值为 1 的前景像素。像素 p 和 q 之间，m 和 n 之间存在通路，但 p 或 q，与 m 或 n 之间不存在通路。图 8-3 中前景像素形成了两个连通域或连通分量。

4. 区域

令 R 是图像中取值为 1 前景像素的一个子集，如果 R 是**连通集**，则称 R 为一个**连通区域**（Connected Region），简称**连通域**、**区域**（Region）。如果像素之间的连通性为 4-连通，由此形成的连通域称 **4-连通域**（4-connected region）。如果像素之间的连通性为 8-连通，由此形成的连通域称 **8-连通域**（8-connected region）。

一幅二值图像中可能存在多个连通域，相邻的两个连通域之间是否连通，取决于所采用的连通性类型。例如，用 4-连通性定义的两个独立的 4-连通域，按 8-连通性定义则可能融合为一个 8-连通域，如图 8-4 所示。

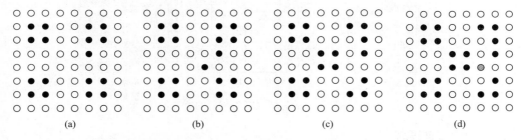

(a)　　　　　　(b)　　　　　　(c)　　　　　　(d)

图 8-4　采用不同连通性定义的连通域，用黑点表示取值为 1 的前景像素
注：图（a）中的前景像素形成了 4 个 4-连通域；图（b）中的前景像素形成了 5 个 4-连通域，
或 3 个 8-连通域；图（c）中的前景像素形成了 5 个 4-连通域，或 3 个 8-连通域；
图（d）中如果将图中灰色点改为前景像素，则融合为 1 个 8-连通域

5. 区域的边界

区域 R 的边界，也称边缘或轮廓，是区域 R 中某些像素的集合，构成边界的像素至少有一个邻域点不在区域 R 中。注意，采用 4-邻域或 8-邻域得到的边界一般不相同。上述定义的边界点因位于区域内部，故称**内边界**。如图 8-5 所示。

区域 R 的**外边界**，是区域 R 周边取值为 0 的某些背景像素的集合，构成外边界的背景像素至少有一个邻域点位于区域 R 中。同样，采用 4-邻域或 8-邻域得到的外边界一般也不相同。

8.1.2　集合运算

集合论（Set Theory）是形态学图像处理的数学基础。用"集合"来描述图像中的连

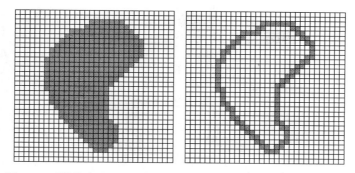

图 8-5　区域的内边界（8-邻域），用灰色表示取值为 1 的前景像素

通分量或连通域，用"元素"来描述连通域中的像素，每个元素都是一个二维坐标向量 $(x，y)$。这样就可以把图像中所有取值为 1 的前景像素看成全集，每个区域视为一个子集，常用大写字母 A，B，S 等表示，用小写字母 a，b，p，q 等表示其中的元素。

1. 元素与集合

令 A 为二值图像中的一个集合，如果像素 $a=$ $(x_1，y_1)$ 是集合 A 的一个元素，则称 a 属于 A，记为 $a \in A$；若像素 $b=(x_2，y_2)$ 不是集合 A 的元素，则称 b 不属于 A，记为 $b \notin A$。如果一个集合没有元素，则称其为空集，用符号 $\varnothing$ 表示。

从位置关系上来看，若 $a \in A$ 则意味着像素 a 在区域 A 内，若 $b \notin A$ 意味着像素 b 不在区域 A 内，如图 8-6 所示。

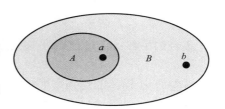

图 8-6　元素、集合与像素、区域之间的对应关系

2. 集合的基本运算（图 8-7）

两个集合 A 和 B 之间的基本运算，定义如下：

包含：如果集合 A 的每一个元素 $a \in A$，又是集合 B 的元素 $a \in B$，则称 A 包含于 B，记作 $A \subseteq B$。

并集：由集合 A 和 B 中所有元素构成的集合 C，称为 A 和 B 的并集，记作 $C=A \bigcup B$，即

$$A \bigcup B = \{a \mid a \in A \text{ 或 } a \in B\}$$

交集：由集合 A 和 B 中相同元素构成的集合 C，称为 A 和 B 的交集，记作 $C=A \bigcap B$，即

$$A \bigcap B = \{a \mid a \in A \text{ 且 } a \in B\}$$

补集：由不属于集合 A 的所有元素构成的集合称为 A 的补集，记作 A^C，即
$$A^C = \{b \mid b \notin A\}$$

差集：由属于集合 A 且不属于 B 的元素构成的集合 C，称为 A 和 B 的差集，记作 $C=A-B$，即

$$A-B = \{a \mid a \in A \text{ 且 } a \notin B\} = A \bigcap B^C$$

除了上述介绍的集合基本运算之外，数学形态学又引入了两个新的集合运算方法。

集合的反射：集合 B 的反射表示为 $\hat{B}$，定义为

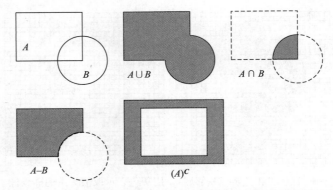

图 8-7　集合的并集、交集、补集、差集运算示意，灰色区域为运算结果

$$\hat{B} = \{w \mid w = -b, b \in B\}$$

如果集合 B 描述的是一个区域，其任一像素 b 的坐标为 (x, y)，则集合 $\hat{B}$ 是由坐标 $(-x, -y)$ 的像素构成的一个区域。可见，集合 B 与其反射 $\hat{B}$ 关于 B 的坐标系原点对称，如图 8-8（a）所示。

集合的平移： 将集合 B 平移到点 $p = (x_0, y_0)$，记作 $(B)_p$，定义为

$$(B)_p = \{a \mid a = p + b, b \in B\}$$

若集合 B 描述的是一个区域，其任一像素 b 的坐标为 (x, y)，则集合 $(B)_p$ 是由坐标为 $(x+x_0, y+y_0)$ 的像素构成的一个区域，如图 8-8（b）所示。可见，平移是移动集合 B 并将其原点（参考点）与点 p "对中"的结果。

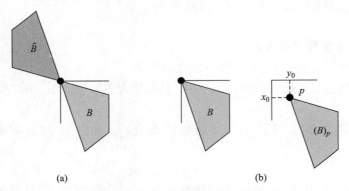

(a)　　　　　(b)

图 8-8　集合的反射与平移，图中黑点表示集合 B 的原点（参考点）
（a）集合的反射；（b）集合的平移

8.1.3　结构元素

形态学图像处理也是一种邻域处理，它用一个称为结构元素（Structure Element）的集合或子图块，以某种方式作用于每个像素，从而改变图像中区域的形状及其之间关系，实现图像区域特征的分析。

结构元素由取值 0 和 1 的点构成，所有取值 1 的点形成一个特定的形状结构，这类结构元素又称为平坦结构元素（Flat Structure Element），如图 8-9 所示。为便于显示，图 8-9

中灰色方格代表取值 1 的点，白色方格代表取值 0 的点。第 1 行自左向右，结构元素的类型依次为：十字形（Cross）、方形（Square）、线形（Line）、菱形（Diamond）。第 2 行自左向右，依次给出了对应结构元素的数组表示。

　　在构造一个结构元素时，要规定其尺寸大小，通过指定 0 和 1 的位置得到特定形状，同时还要指定一个原点，作为结构元素参与形态学运算的参考点。图 8-9 中标有黑点的方格位置，就是该结构元素的原点。在没有特殊说明时，通常以结构元素的对称中心为原点。

　　结构元素的尺寸和形状选择，取决于具体的问题。一般来说，矩形结构元素倾向于保留锐利的目标区域棱角，而圆盘形结构元素倾向于使围绕目标区域棱角变圆滑。

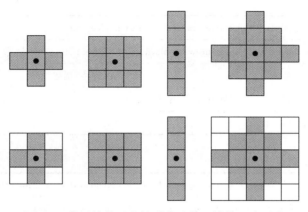

图 8-9　典型结构元素的形状及其二维数组表示法

　　OpenCV 提供的结构元素构造函数 cv. getStructuringElement()，可以创建矩形、十字形、椭圆形等三种结构元素。Scikit-image 在 morphology 模块中提供了 square、rectangle、diamond、disk、octagon、star 等二维结构元素，以及 cube、octahedron、ball 等三维结构元素创建函数。也可以直接通过构造 NumPy 数组、给指定元素赋值的方式创建结构元素。

⚙ getStructuringElement

函数功能	创建结构元素，Returns a structuring element of the specified size and shape for morphological operations.		
函数原型	retval ＝cv. getStructuringElement(shape,ksize[，anchor])		
输入参数	参数名称	描述	
	shape	指定结构元素形状，可选值有：cv. MORPH＿RECT、v. MORPH＿CROSS、cv. MORPH_ELLIPSE，分别对应：矩形、十字形、椭圆形等结构元素。	
	ksize	结构元素的尺寸大小。二元元组，形如：(width，height)。	
	anchor	指定结构元素锚点(参考点)，默认值为(−1,−1)，锚点位于结构元素中心。	
返回值	retval - 二维数组，ndarray 型。		

Scikit-image 结构元素创建函数

square

函数功能	创建一个平坦、正方形结构元素，Generates a flat, square-shaped structuring element.	
函数原型	skimage. morphology. square(width, dtype=<class 'numpy. uint8'>)	
输入参数	参数名称	描述
	width	正方形的边长，整数类型。
返回值	二维数组，ndarray 型。	

rectangle

函数功能	创建一个平坦、矩形结构元素，Generates a flat, rectangular-shaped structuring element.	
函数原型	skimage. morphology. rectangle(nrows, ncols, dtype=<class 'numpy. uint8'>)	
输入参数	参数名称	描述
	nrows, ncols	矩形的高、宽，整数类型。
返回值	二维数组，ndarray 型。	

diamond

函数功能	创建一个平坦、菱形结构元素，Generates a flat, diamond-shaped structuring element.	
函数原型	skimage. morphology. diamond(radius, dtype=<class 'numpy. uint8'>)	
输入参数	参数名称	描述
	radius	菱形的半径，整数类型。
返回值	二维数组，ndarray 型。	

disk

函数功能	创建一个平坦、圆盘形结构元素，Generates a flat, disk-shaped structuring element.	
函数原型	skimage. morphology. disk(radius, dtype=<class 'numpy. uint8'>)	
输入参数	参数名称	描述
	radius	圆盘的半径，整数。
返回值	二维数组，ndarray 型。	

octagon

函数功能	创建一个平坦、八边形结构元素，Generates a flat, disk-shaped structuring element.	
函数原型	skimage. morphology. octagon(m, n, dtype=<class 'numpy. uint8'>)	
输入参数	参数名称	描述
	m, n	m 为八边形的水平和垂直边长，整数。n 为八边形的斜边高或宽，整数类型。
返回值	二维数组，ndarray 型。	

8.2　腐蚀与膨胀

8.2.1　腐蚀

设 A 是二值图像中的集合，S 为结构元素。用 S 对 A 进行腐蚀（Erosion），或 A 被 S 腐蚀，记作 $A \ominus S$，定义为：

$$A \ominus S = \{ z \mid (S)_z \subseteq A \} \tag{8-1}$$

上式表明，A 被 S 腐蚀的结果，是由结构元素 S 平移到像素 z 后、S 仍包含在 A 中的所有 z 构成的集合。也可以简单地解释如下：平移结构元素 S，使其原点与图像中某像素 z 重合，如果此时结构元素 S 完全包含于集合 A 中，那么像素 z 就是集合 $A \ominus S$ 的一个元素，如图 8-10 所示。

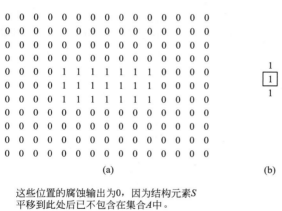

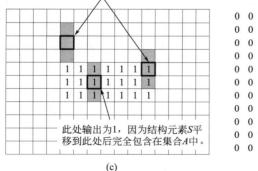

图 8-10　腐蚀运算

（a）集合 A；（b）线形结构元素 S；（c）结构元素 S 平移到的几个位置及其输出；（d）集合 A 被 S 腐蚀的结果

示例［8-1］二值图像的形态学腐蚀

顾名思义，形态学腐蚀能将图像中被腐蚀集合对应的前景区域收缩变小甚至消失、前景区域内孔洞变大。图 8-11（a）为二值图像，图 8-11（b）是用 3×3 方形结构元素对图像腐蚀的结果，可以看到图像中尺寸小于结构元素的白色区域消失，尺寸大于结构元素的区域收缩变小或变窄。图 8-11（c）是用大小为 15×15 圆形结构元素对图像腐蚀的结果，同样可以看到图像中大部分区域消失，只有尺寸大于结构元素的区域收缩变小，得以保留。对二值图像进行腐蚀时，可以把图像看作一个集合，将图像中的每个区域视为其子集。

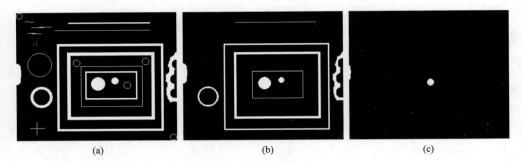

图 8-11　二值图像形态学腐蚀运算

(a) 二值图像；(b) 3×3 方形结构元素腐蚀结果；(c) 15×15 圆形结构元素腐蚀结果

注意： 在使用 Python 各类扩展库提供的函数之前，需先导入这些扩展库或模块。下面程序代码导入了本章示例所用到的扩展库包和模块，使用本章示例之前，先运行一次本段代码。后续示例程序中，不再列出此段程序。

```
# 导入本章示例用到的包
import numpy as np
import cv2 as cv
from skimage import io,color,util,morphology,filters,measure
from scipy import ndimage
import matplotlib.pyplot as plt
%matplotlib inline
# --------------------------------
# OpenCV：二值图像形态学腐蚀
img = cv.imread('./imagedata/blobs.png',0)   # 读入二值图像
# 创建 3×3 方形结构元素
kernel_square = cv.getStructuringElement(cv.MORPH_RECT,(3,3))
# kernel_square = np.ones((3,3),np.uint8)
# 对二值图像进行腐蚀
img_erode1 = cv.erode(img,kernel_square,iterations = 1)
# img_erode1 = cv.morphologyEx(img,cv.MORPH_ERODE,kernel_square)
# 创建大小为 15×15 圆形结构元素
kernel_ellipse = cv.getStructuringElement(cv.MORPH_ELLIPSE,(15,15))
# 对二值图像进行腐蚀
img_erode2 = cv.erode(img,kernel_ellipse)
# 显示结果(略,详见本章 Jupyter Notebook 可执行笔记本文件)
# --------------------------------
```

8.2.2　膨胀

设 A 是二值图像中的集合，S 为结构元素。用 S 对 A 进行膨胀（Dilation），或 A 被 S 膨胀，记作 $A \oplus S$，定义为：

$$A \oplus S = \{z \,|\, (\hat{S})_z \bigcap A \neq \varnothing\} \tag{8-2}$$

上式表明，A 被 S 膨胀的结果，是先对结构元素 S 做反射运算、然后平移到像素 z 后与 A 至少有一个元素重叠的所有位置 z 构成的集合。也可以简单地解释如下：对结构元素 S 做反射运算，然后平移并将原点放在二值图像中某位置 z 上，如果这时结构元素 S 与集合 A 至少有一个元素重叠，那么像素 z 就是集合 $A \oplus S$ 的一个元素，如图 8-12 所示。

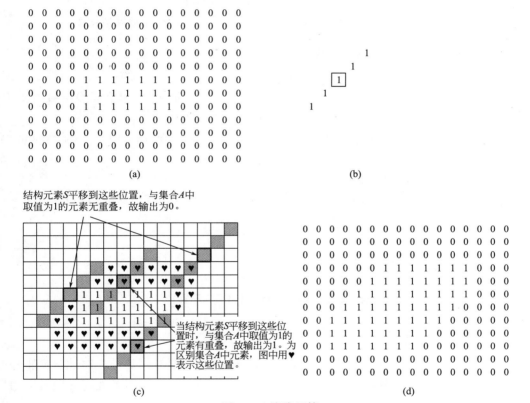

图 8-12　膨胀运算

（a）集合 A；（b）线形结构元素 S，原点对称，故有 $\hat{S} = S$；
（c）结构元素 S 平移到的几个位置及其输出；（d）集合 A 被 S 膨胀的结果

示例［8-2］二值图像形态学膨胀

二值图像形态学膨胀运算，能让图像中被膨胀集合对应的前景区域面积变大、区域内的孔洞收缩变小。图 8-13（a）为二值图像，图 8-13（b）是用高为 7 个像素的垂直线形结构元素（垂直线）对图像膨胀的结果，可以看到图像中所有白色区域在垂直方向都有所扩展。图 8-13（c）是用大小为 7×7 圆形结构元素对图像膨胀的结果，由于结构元素各向同性，可以看到图像中所有白色区域往各个方向均匀扩张。可见结构元素的形状和尺寸对膨胀结果影响很大。

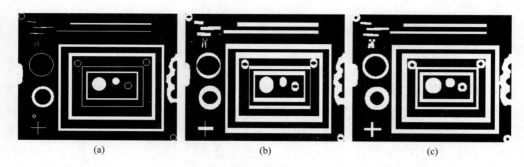

图 8-13　二值图像形态学膨胀运算

（a）二值图像；（b）垂直线形结构元素膨胀结果；（c）7×7 圆形结构元素膨胀结果

♯OpenCV：二值图像形态学膨胀

```
img = cv. imread('. /imagedata/blobs.png',0)   ♯读入二值图像
kernel_line = np. ones((7,1),np. uint8)     ♯创建高7像素垂直线形结构元素
img_dilate1 = cv. dilate(img,kernel_line)   ♯膨胀
♯img_dilate1 = cv. morphologyEx(img,cv. MORPH_DILATE,kernel_line,iterations
= 1)
♯创建7×7圆形结构元素
kernel_ellipse = cv. getStructuringElement(cv. MORPH_ELLIPSE,(7,7))
img_dilate2 = cv. dilate(img,kernel_ellipse)   ♯膨胀
♯显示结果(略)
♯----------------------
```

8.3　开运算和闭运算

由于腐蚀和膨胀运算的对偶性，常把它们串联起来形成复合运算，先腐蚀再膨胀称为开运算（Opening），先膨胀再腐蚀称为闭运算（Closing），二者是图像处理应用最多的形态学运算，又称形态学滤波。

8.3.1　开运算

设 A 是二值图像中的集合，S 为结构元素。用 S 对 A 进行开运算，记作 $A \bigcirc S$，定义为：

$$A \bigcirc S = (A \ominus S) \oplus S \tag{8-3}$$

即，用同一个结构元素 S 先对集合 A 腐蚀，再对结果进行膨胀。

开运算先用腐蚀运算去除图像中小于结构元素的前景区域，剩下的前景区域被随后的膨胀运算恢复到近似原始尺寸。因此，开运算一般能断开前景区域之间狭窄的连结，消除指定小尺寸的前景区域或前景区域中细的突出物，使区域的轮廓变得光滑，如图 8-14（b）

所示。

8.3.2　闭运算

设 A 是二值图像中的集合，S 为结构元素。用 S 对 A 进行闭运算，记作 $A \bullet S$，定义为：

$$A \bullet S = (A \oplus S) \ominus S \tag{8-4}$$

即，用同一个结构元素 S 先对集合 A 膨胀，再对结果进行腐蚀，尽可能恢复前景区域的形状。

闭运算可以填充前景区域中小于结构元素的孔洞和缝隙，或令前景区域中的孔洞和缝隙变小。因此，闭运算能弥合前景区域之间狭窄的间断，去除小的孔洞，并填补轮廓线中的断裂，如图 8-14（c）所示。

示例［8-3］二值图像形态学开运算和闭运算的形态学滤波去噪

图 8-14（a）为一幅二值图像，图 8-14（b）是用 25×25 方形结构元素对图像开运算的结果，黑色背景中的一些白色小噪块被清除。图 8-14（c）是用 25×25 方形结构元素对图像闭运算的结果，包含在白色前景中的一些黑色小孔洞被填充。图 8-14（d）是用 25×25 方形结构元素对原图像先进行开运算、再对结果进行闭运算的。开、闭运算是常用的形态学滤波去噪方法。

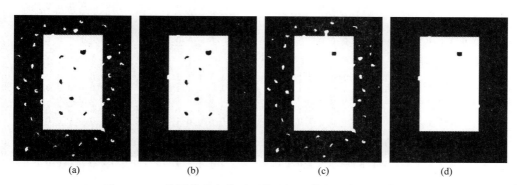

图 8-14　二值图像形态学开运算和闭运算的形态学滤波去噪
(a) 二值图像；(b) 开运算；(c) 闭运算；(d) 先开运算、再闭运算

♯OpenCV：开运算/闭运算的形态学滤波去噪

```
img = cv.imread('./imagedata/noisy_rectangle.png',0)    ♯读入二值图像
♯创建 25×25 正方形结构元素
kernel_square = cv.getStructuringElement(cv.MORPH_RECT,(25,25))
♯开运算
img_open = cv.morphologyEx(img,cv.MORPH_OPEN,kernel_square)
♯闭运算
img_close = cv.morphologyEx(img,cv.MORPH_CLOSE,kernel_square)
♯对图像先开运算再闭运算
img_oc = cv.morphologyEx(img,cv.MORPH_OPEN,kernel_square)
```

```
img_oc = cv.morphologyEx(img_oc,cv.MORPH_CLOSE,kernel_square)
#显示结果(略)
#-----------------------
```

8.4　击中/击不中变换

设 A 是二值图像中的集合，令 S 代表两个无重叠成员的结构元素（S_1，S_2），其中，结构元素 S_1 描述了与取值为 1 前景像素有关的特定结构形状；结构元素 S_2 描述了与 S_1 邻域取值为 0 背景像素定义的特定结构形状。用 S 对 A 做击中/击不中变换（hit-or-miss），记作 $A \circledast S$，定义为：

$$A \circledast S = (A \ominus S_1) \bigcap (A^c \ominus S_2) \tag{8-5}$$

击中/击不中变换常用来检测二值图像中由 1 和 0 组成的某一特殊结构模式，如图 8-15 所示。

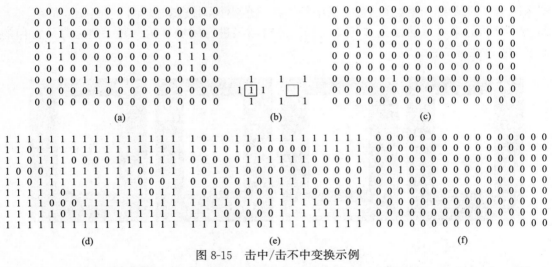

图 8-15　击中/击不中变换示例

（a）集合 A；（b）结构元素 S_1 和 S_2；（c）$A \ominus S_1$；（d）集合 A 的补集 A^c；（e）$A^c \ominus S_2$；（f）$(A \ominus S_1) \bigcap (A^c \ominus S_2)$

示例 ［8-4］用击中/击不中变换检测二值图像中的"十"字形结构

如图 8-15（a）所示，要检测图像中"十"字形前景结构的位置与数量，但同时要求符合条件的"十"字形前景结构的四对角邻域像素取值必须是 0。图 8-15（b）定义了"十"字形的前景结构元素 S_1 和背景结构元素 S_2。用结构元素 S_1 对 A 腐蚀，结果（$A \ominus S_1$）给出了与结构元素 S_1 匹配的位置，如图 8-15（c）所示。用结构元素 S_2 对图 8-15（d）所示 A 的补集 A^c（背景）腐蚀，用结构元素 S_2 对 A 的补集 A^c（背景）腐蚀，结果（$A^c \ominus S_2$）找到了背景中与结构元素 S_2 匹配的位置，如图 8-15（e）所示。二者的交集（$A \ominus S_1$）$\bigcap$（$A^c \ominus S_2$）就是同时满足前景和背景结构要求的位置，如图 8-15（f）所示，有两个位置存在所要求的"十"字形结构模式。

♯**OpenCV：形态学击中/击不中变换**

```python
#构造一幅二值图像
imgbw = np.array(
    [[0,0,0,0,0,0,0,0,0,0,0,0,0,0,0,0],
     [0,0,1,0,0,0,0,0,0,0,0,0,0,0,0,0],
     [0,0,1,0,0,0,1,1,1,1,0,0,0,0,0,0],
     [0,1,1,1,0,0,0,0,0,0,0,1,1,0,0,0],
     [0,0,1,0,0,0,0,0,0,0,0,1,1,1,0],
     [0,0,0,0,0,1,0,0,0,0,0,0,1,0,0],
     [0,0,0,0,1,1,1,0,0,0,0,0,0,0,0],
     [0,0,0,0,0,1,0,0,0,0,0,0,0,0,0],
     [0,0,0,0,0,0,0,0,0,0,0,0,0,0,0]]).astype(np.uint8)
#创建3×3十字形结构元素，-1为背景,1为前景
kernel = np.array([[-1,1,-1],
                   [ 1,1,1],
                   [-1,1,-1]])
#击中/击不中变换
imgout = cv.morphologyEx(imgbw,cv.MORPH_HITMISS,kernel)
#显示计算结果数组
print('hit_or_miss result:\n',imgout.astype(np.uint8))
#显示结果(略)
#--------------------------
```

 OpenCV 图像形态学运算函数

erode

函数功能	图像腐蚀，Erodes an image by using a specific structuring element.	
函数原型	dst＝cv.erode(src,kernel[,dst[,anchor[,iterations[,borderType[,borderValue]]]]])	
输入参数	src	输入图像,ndarray 型数组,可以是二值图像、灰度图像和彩色图像,数据类型为以下类型之一:CV_8U,CV_16U,CV_16S,CV_32F or CV_64F。
	dst	输出图像,ndarray 型数组,大小和数据类型同 src。
	kernel	结构元素,ndarray 型数组。
	anchor	指定结构元素锚点(参考点),默认值为(−1,−1),锚点位于结构元素中心。
	iterations	腐蚀运算执行次数,默认 iterations＝1。
	borderType	图像边界扩展方式,默认填充常值 borderType＝cv.BORDER_CONSTANT。
	borderValue	给定边界扩展填充的常值,默认由内部函数自动处理。
返回值	dst-输出图像,ndarray 型数组,大小和数据类型同 src。	

dilate

函数功能	图像膨胀,Dilates an image by using a specific structuring element.
函数原型	dst＝cv.dilate(src,kernel[,dst[,anchor[,iterations[,borderType[,borderValue]]]]])

续表

输入参数	src	输入图像,ndarray 型数组,可以是二值图像、灰度图像和彩色图像,数据类型为以下类型之一:CV_8U,CV_16U,CV_16S,CV_32F or CV_64F。
	dst	输出图像,ndarray 型数组,大小和数据类型同 src。
	kernel	结构元素,ndarray 型数组。
	anchor	指定结构元素锚点(参考点),默认值为(−1,−1),锚点位于结构元素中心。
	iterations	膨胀运算执行次数,默认 iterations=1。
	borderType	图像边界扩展方式,默认填充常值 borderType=cv. BORDER_CONSTANT。
	borderValue	给定边界扩展填充的常值,默认由内部函数自动处理。
返回值	dst-输出图像,ndarray 型数组,大小和数据类型同 src。	

morphologyEx

函数功能	通用形态学变换,Performs advanced morphological transformations。	
函数原型	dst=cv. morphologyEx(src,op,kernel[,dst[,anchor[,iterations[,borderType[,borderValue]]]]])	
输入参数	src	输入图像,ndarray 型数组,可以是二值图像、灰度图像和彩色图像,数据类型为以下类型之一:CV_8U,CV_16U,CV_16S,CV_32F or CV_64F。
	op	指定形态学运算类型,可以选择: cv. MORPH _ ERODE, cv. MORPH _ DILATE, cv. MORPH _ OPEN, cv. MORPH_CLOSE, cv. MORPH_GRADIENT, cv. MORPH_TOPHAT, cv. MORPH_BLACKHAT,cv. MORPH_HITMISS
	dst	输出图像,ndarray 型数组,大小和数据类型同 src。
	kernel	结构元素,ndarray 型数组。
	anchor	指定结构元素锚点(参考点),默认值为(−1,−1),锚点位于结构元素中心。
	iterations	膨胀运算执行次数,默认 iterations=1。
	borderType	图像边界扩展方式,默认填充常值 borderType=cv. BORDER_CONSTANT。
	borderValue	给定边界扩展填充的常值,默认由内部函数自动处理。
返回值	dst-输出图像,ndarray 型数组,大小和数据类型同 src。	

Scikit-image 的二值图像形态学运算函数

binary _ erosion

函数功能	二值图像腐蚀,Return fast binary morphological erosion of an image。	
函数原型	skimage. morphology. binary_erosion(image,selem=None,out=None)	
输入参数	参数名称	描述
	image	输入二值图像,ndarray 型数组。
	selem	结构元素,二维数组,如果缺省,将使用默认的十字形结构元素(cross-shaped)。
返回值	腐蚀后的图像,ndarray 型数组,数据类型为 bool 型,在[False,True]中取值。	

binary ＿ dilation

函数功能	二值图像膨胀，Return fast binary morphological dilation of an image.	
函数原型	skimage. morphology. binary_dilation(image,selem＝None,out＝None)	
输入参数	参数名称	描述
	image	输入二值图像，ndarray 型数组。
	selem	结构元素，二维数组，如果缺省，将使用默认的十字形结构元素（cross-shaped）。
返回值	膨胀后的图像，ndarray 型数组，数据类型为 bool 型，在[False,True]中取值。	

binary ＿ opening

函数功能	二值图像开运算，Return fast binary morphological opening of an image.	
函数原型	skimage. morphology. binary_opening(image,selem＝None,out＝None)	
输入参数	参数名称	描述
	image	输入二值图像，ndarray 型数组。
	selem	结构元素，二维数组，如果缺省，将使用默认的十字形结构元素（cross-shaped）。
返回值	开运算后的图像，ndarray 型数组，数据类型为 bool 型，在[False,True]中取值。	

binary ＿ closing

函数功能	二值图像闭运算，Return fast binary morphological closing of an image.	
函数原型	skimage. morphology. binary_closing(image,selem＝None,out＝None)	
输入参数	参数名称	描述
	image	输入二值图像，ndarray 型数组。
	selem	结构元素，二维数组，如果缺省，将使用默认的十字形结构元素（cross-shaped）。
返回值	闭运算后的图像，ndarray 型数组，数据类型为 bool 型，在[False,True]中取值。	

🅢 binary ＿ hit ＿ or ＿ miss

函数功能	二值图像击中/击不中变换，Finds the locations of a given pattern inside the input image.	
函数原型	scipy. ndimage. binary_hit_or_miss(input,structure1＝None,structure2＝None,output＝None,origin1＝0,origin2＝None)	
输入参数	参数名称	描述
	input	输入二值图像，ndarray 型数组。
	structure1	结构元素，二维数组，前景形状结构。
	structure2	结构元素，二维数组，背景形状结构。
返回值	击中/击不中变换结果图像，ndarray 型数组，数据类型为 bool 型，在[False,True]中取值。	

8.5 二值图像形态学处理应用

8.5.1 边界提取

区域 R 的内边界，是区域 R 中某些像素的集合，构成内边界的像素至少有一个邻域点不在区域 R 中。区域 R 的外边界，是区域 R 周边取值为 0 的某些背景像素的集合，构成外边界的背景像素至少有一个邻域点位于区域 R 中。

区域 R 内边界 的提取方法为：先用结构元素 S 对 R 腐蚀，然后用 R 减去上述腐蚀结果，即：

$$\beta(R) = R - (R \ominus S) \tag{8-6}$$

其中，结构元素 S 多采用 3×3 "+" 字形或 3×3 方形。

区域 R 外边界 的提取方法为，先用结构元素 S 对 R 膨胀，然后用膨胀结果减去 R，即：

$$\beta(R) = (R \oplus S) - R \tag{8-7}$$

其中，结构元素 S 多采用 3×3 "+" 字形或 3×3 方形。

示例〔8-5〕区域边界的提取

图 8-16（a）是一幅二值图像，图 8-16（b）为采用式（8-6）提取的区域内边界，图 8-16（c）为采用式（8-7）提取的区域外边界。为便于观察，采用反色显示。

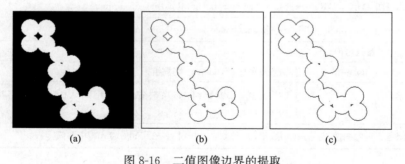

(a)   (b)   (c)

图 8-16 二值图像边界的提取

(a) 二值图像；(b) 提取的内边界；(c) 提取的外边界

```
#二值图像中区域边界的提取
img = io.imread('./imagedata/circles.png')   #读入二值图像
se = np.array([[0,1,0],[1,1,1],[0,1,0]]).astype(np.uint8)
#创建3×3十字形结构元素
#区域内边界
img_erode = morphology.binary_erosion(img,se)   #对图像腐蚀
#结果数据类型为 bool 型,将其转换为 uint8 型
img_erode = util.img_as_ubyte(img_erode)
```

♯从原图像中减去腐蚀结果得到区域内边界

img_Boundary1 = img − img_erode

♯区域外边界

img_dilate = morphology. binary_dilation(img,se)　♯对图像膨胀

♯结果数据类型为 bool 型，将其转换为 uint8 型

img_dilate = util. img_as_ubyte(img_dilate)

♯膨胀结果减去原图像得到区域外边界

img_Boundary2 = img_dilate − img

♯显示结果（略）

♯ —————————————

8.5.2　孔洞填充

　　二值图像中的孔洞，定义为被前景像素连接而成的边界所包围的背景区域，如图 8-17（b）所示。令 A 表示含有一个或多个孔洞的二值图像集合，S 为"＋"字形结构元素；构造一个与 A 尺寸相同的二维数组 X，并将 X 中对应于集合 A 中每一孔洞区域的任意一点的值置为 1，其余置为 0。然后按式（8-8）对 X 进行条件膨胀；经多次迭代直至 X 不再变化，X 与 A 的并集就是孔洞被填充后的二值图像。

$$
\begin{aligned}
&X_0 = X \\
&X_k = (X_k \oplus S) \bigcap A^C, \quad k = 1,\ 2,\ 3,\ \cdots \\
&\text{直到 } X_k = X_{k+1} \\
&\text{最终结果} = X_k \bigcup A
\end{aligned}
\tag{8-8}
$$

示例 [8-6] 孔洞填充

　　图 8-17（a）为硬币灰度图像，先调用 OpenCV 函数 cv. threshold() 对其进行阈值分割得到二值图像，如图 8-17（b）所示，图中硬币区域存在许多黑色孔洞。接下来调用漫水填充函数 cv. floodFill() 对上述二值图像进行孔洞填充，结果如图 8-17（c）所示。有关阈值分割请参看"第 10 章 图像分割"有关内容。

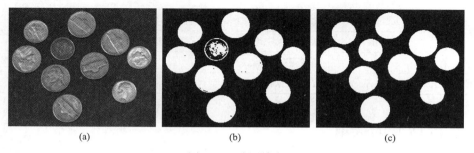

(a)　　　　　　　　　　(b)　　　　　　　　　　(c)

图 8-17　孔洞填充

(a) 灰度图像；(b) 阈值分割得到的二值图像；(c) 孔洞填充后的图像

♯ OpenCV：区域孔洞填充

img = cv. imread('. /imagedata/coins. jpg',0)　♯读取一幅灰度图像

```
#对灰度图像进行阈值分割得到二值图像
#采用 Otsu 方法得到最优阈值
th,imgbw = cv.threshold(img,0,255,cv.THRESH_OTSU|cv.THRESH_BINARY)
#复制二值图像
img_floodfill = imgbw.copy()
#创建 mask
rows,cols = img.shape[0:2]    #获取图像高/宽
mask = np.zeros([rows+2,cols+2],np.uint8)
#找到背景点,floodFill 函数中的 seedPoint 应是背景点
exit_flag = False
for i in range(imgbw.shape[0]):
    for j in range(imgbw.shape[1]):
        if(imgbw[i][j] == 0):
            seedPoint = (j,i)
            exit_flag = True
            break
    if exit_flag: break
cv.floodFill(img_floodfill,mask,seedPoint,255)    #采用漫水填充
img_floodfill_inv = cv.bitwise_not(img_floodfill)    #对填充结果取非
#将 imgbw 与 img_floodfill_inv 进行"或"运算,得到最终结果
img_filled = cv.bitwise_or(imgbw,img_floodfill_inv)
#显示结果(略)
#----------------------
```

Ⓢ **binary _ fill _ holes**

函数功能	二值图像的孔洞填充,Fill the holes in binary objects.	
函数原型	scipy. ndimage. binary_fill_holes(input,structure=None,output=None,origin=0)	
输入参数	参数名称	描述
	input	输入二值图像,ndarray 型数组。
	structure	结构元素,二维数组,ndarray 型数组。
	origin	结构元素的原点。
返回值	孔洞填充结果,ndarray 型数组,数据类型为 bool 型,在[False,True]中取值。	

8.5.3   连通域的提取

在 8.1.1 节"连通性与区域"中已给出了连通域的定义,从二值图像中提取连通域,是多数图像分析应用的核心步骤。连通域提取的计算过程如下:

令 A 表示一个含有多个连通域的二值图像集合,S 为结构元素;构造一个与 A 尺寸相同的二维数组 X,并将 X 中与集合 A 中某一连通域的任意一点相对应的元素值置为 1,

其余置为 0。然后按式（8-9）对 X 进行条件膨胀，经多次迭代直至 X 不再变化，此时 X 中所有取值为 1 的点就是集合 A 中的某一个连通域。重复上述过程，就可以提取集合 A 中所有连通域。

$$X_0 = X$$
$$X_k = (X_k \oplus S) \bigcap A , \quad k = 1, 2, 3, \cdots\cdots \tag{8-9}$$
$$直到 X_k = X_{k+1}$$

其中，结构元素 S 可采用 3×3 "+"字形，此时提取的是基于 4-连通性的连通域；若采用 3×3 方形结构元素，则提取的是基于 8-连通性的连通域。

OpenCV 中函数 cv. connectedComponents() 可以用于提取二值图像中的连通域，该函数对图像中连通域进行标记，赋给每个连通域内所有像素同一标号值，各个连通域的标号值不同且为连续整数，最大标号就是图像中连通域的个数。函数 cv. connectedComponentsWithStats() 对图像中每个连通域进行标记，同时计算每个区域（包括背景区域）的包围盒（Bounding Box，包含物体区域的一个紧致矩形框）及区域面积属性。

♯OpenCV：连通域的提取之标记

```
♯构造一幅二值图像
imgbw = np. array(
    [[0,0,0,0,0,0,0,0,0,0,0,0,0,0,0,0],
     [0,0,1,0,0,0,0,0,0,0,0,0,0,0,0,0],
     [0,0,1,0,0,0,1,1,1,1,0,0,0,0,0,0],
     [0,1,1,1,0,0,0,0,0,0,0,1,1,0,0,0],
     [0,0,1,0,0,0,0,0,0,0,0,1,1,1,0],
     [0,0,0,0,0,1,0,0,0,0,0,0,1,0,0,0],
     [0,0,0,0,1,1,1,0,0,0,0,0,1,0,0,0],
     [0,0,0,0,0,1,0,0,0,0,0,0,0,0,0,0],
     [0,0,0,0,0,0,0,0,0,0,0,0,0,0,0,0]]). astype(np. uint8)
♯对二值图像连通域进行标记
retval,img_labels = cv. connectedComponents(imgbw,connectivity = 8)
♯显示图像中前景区域数量,标记后的图像
print('Number of regions:',retval - 1)
print('Labeled image:\n',img_labels)
♯--------------------------------
```

输出结果为：
```
Number of regions: 4
Labeled image:
[[0 0 0 0 0 0 0 0 0 0 0 0 0 0 0 0]
 [0 0 1 0 0 0 0 0 0 0 0 0 0 0 0 0]
 [0 0 1 0 0 0 2 2 2 2 0 0 0 0 0 0]
 [0 1 1 1 0 0 0 0 0 0 0 3 3 0 0]
```

```
[0 0 1 0 0 0 0 0 0 0 0 0 3 3 3 0]
[0 0 0 0 0 4 0 0 0 0 0 0 0 3 0 0]
[0 0 0 0 4 4 4 0 0 0 0 0 0 0 0 0]
[0 0 0 0 0 4 0 0 0 0 0 0 0 0 0 0]
[0 0 0 0 0 0 0 0 0 0 0 0 0 0 0 0]]
```

示例 [8-7] 二值图像中连通域的标记与属性计算

先将图 8-18（a）中的硬币图像进行阈值分割得到二值图像，并进行孔洞填充，结果如图 8-18（b）所示。然后调用函数 cv. connectedComponentsWithStats（）对二值图像采用标记，并测量图像中每个连通域的基本属性，并将每个区域的包围盒叠加绘制到图像上，结果如图 8-18（c）所示。

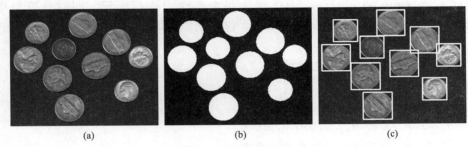

图 8-18　连通域的标记提取与属性测量
（a）二值图像；（b）孔洞填充后的图像；（c）叠加包围盒的连通域

＃OpenCV：二值图像中连通域的提取及区域属性计算

```
img = cv. imread('. /imagedata/coins. jpg',0)    ＃读取一幅灰度图像
rows,cols = img. shape[0:2]    ＃获取图像高/宽
＃采用 Otsu 方法对灰度图像进行阈值分割得到二值图像
th,imgbw = cv. threshold(img,0,255,cv. THRESH_OTSU|cv. THRESH_BINARY)
＃填充孔洞,采用 SciPy 函数
img_filled = ndimage. binary_fill_holes(imgbw)
＃结果数据类型为 bool 型,将其转换为 uint8 型
img_filled = util. img_as_ubyte(img_filled)
＃对二值图像进行标记,并计算图像中连通域的属性
retval,labels,stats,centroids = cv. connectedComponentsWithStats(img_filled)
＃将每个区域的包围盒叠加绘制到原图像上
＃返回区域属性 stats 为 retval×5 的二维数组,第 1 行为标号 0 的背景区域属性
＃[x,y,width,height,area]
imgresult = img. copy()
for rlabel in range(1,stats. shape[0]):   ＃画包围盒
    rect = stats[rlabel,0:4]
    imgresult = cv. rectangle(imgresult,rect,255,2)
```

＃显示结果(略)

＃————————————

OpenCV 连通域标记与属性计算函数

connectedComponents

函数功能	二值图像连通域标记,Computes the connected components labeled image of boolean image.	
函数原型	retval,labels ＝cv. connectedComponents(image[,labels[,connectivity[,ltype]]])	
输入参数	image	输入二值图像,ndarray 型数组。
	labels	输出的标记图像,ndarray 型数组。
	connectivity	指定区域连通方式,8 或 4,默认为 8-连通 connectivity＝8。
	ltype	输出图像标号数据类型,目前支持 CV_32S 和 CV_16U。
返回值	retval-输出图像中标号的数量,标号在[0,retval－1]取值,标号为 0 代表背景,连通域数＝retval－1。labels-标记图像,ndarray 型数组。	

connectedComponentsWithStats

函数功能	二值图像连通域标记并计算每个区域(包括背景区域)的包围盒参数及区域面积属性,Computes the connected components labeled image of boolean image and also produces a statistics output for each label.	
函数原型	retval,labels,stats,centroids ＝cv. connectedComponentsWithStats(image[,labels[,stats[,centroids[,connectivity[,ltype]]]]])	
输入参数	image	输入二值图像,ndarray 型数组。
	labels	输出的标记图像,ndarray 型数组。
	stats	每一标号区域的统计属性,包括背景区域,为 retval×5 二维数组,第 1 行为标号 0 的背景区域属性。区域属性格式为:包围盒(bounding box)左上角顶点的列坐标 x、行坐标 y、宽 width、高 height、区域面积 area,即[x,y,width,height,area]。
	centroids	每一标号区域的质心坐标,包括背景区域,为 retval×2 二维数组,第 1 行为标号 0 即背景区域的质心坐标。格式为:[列坐标 x,行坐标 y],数据类型为浮点数 CV_64F。
	connectivity	指定区域连通方式,8 或 4,默认为 8-连通 connectivity＝8。
	ltype	输出图像标号数据类型,目前支持 CV_32S 和 CV_16U。
返回值	retval,labels,stats,centroids 含义同上。	

Scikit-image 连通域标记与属性计算函数

label

函数功能	对图像连通域进行标记,Label connected regions of an integer array.	
函数原型	skimage. measure. label(input,neighbors＝None,background＝None,return_num＝False,connectivity＝None)	
输入参数	参数名称	描述
	input	输入图像,ndarray 型数组,数据类型为 int。
	background	指定背景像素值,整数类型,缺省值为 0,取该值的像素被标记为 0。

输入参数	参数名称	描述
	return_num	是否返回最大标号,bool 型,缺省值为 False,不返回。
	connectivity	区域连通性,整数类型,可在 1 到 input. ndim 之间取值,1 对应 4-连通,2 对应 8-连通。默认值等于 input. ndim。
返回值	标记后的图像,ndarray 型数组,数据类型为 int 型。	

regionprops

函数功能	计算二值图像中的连通域属性,Measure properties of labeled image regions.	
函数原型	skimage. measure. regionprops(label_image,intensity_image=None,cache=True,coordinates=None)	
输入参数	参数名称	描述
	label_image	输入图像,应为用函数 label 标记后的图像,(N,M)维 ndarray 型数组。
返回值	连通区域属性列表,详见 Scikit-image 帮助文档。	

8.6　灰度图像的形态学处理

　　本节将二值图像的形态学腐蚀、膨胀、开运算和闭运算等概念扩展到灰度图像,并对灰度图像的腐蚀、膨胀等运算进行重新定义。所用到的结构元素分为平坦(Flat)和非平坦(Non-flat)两类,如图 8-19 所示。平坦结构元素成员取值必须为 1 或 0,非平坦结构元素成员取值不受此限制。

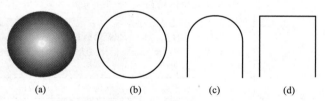

图 8-19　用于灰度图像形态学运算的圆盘形平坦和非平坦结构元素对比
(a) 非平坦结构元素;(b) 平坦结构元素;(c) 非平坦灰度值剖面示意;(d) 平坦灰度值剖面示意

8.6.1　灰度图像的腐蚀

　　令 f 表示一幅灰度图像、b 表示平坦结构元素,用 b 对图像 f 腐蚀,记作 $[f \ominus b]$,定义为:

$$[f \ominus b](x, y) = \min_{(s, t) \in b} \{f(x+s, y+t)\} \tag{8-10}$$

即,把结构元素 b 的原点平移到像素 (x, y) 处,该像素被腐蚀后的灰度值,为图像 f 与结构元素 b 重合区域内像素值的最小值。若采用非平坦结构元素 b_N 对图像 f 腐蚀,记作 $[f \ominus b_N]$,定义为:

$$[f \ominus b_N](x, y) = \min_{(s, t) \in b} \{f(x+s, y+t) - b_N(s, t)\} \tag{8-11}$$

用平坦结构元素 b 对像素 $(x，y)$ 腐蚀时，把与 b 中取值为 1 位置相对应的像素灰度值进行统计排序，取其最小值为腐蚀结果。若结构元素 b 为非平坦，与平坦结构元素运算过程的区别是，$(x，y)$ 及其邻域像素值与结构元素 b 的值对应相减，再统计排序取其最小值作为腐蚀运算输出。

对灰度图像的腐蚀，将导致图像整体变暗，较亮的纹理结构将收缩变小、甚至消失，暗的纹理结构将会扩大，程度取决于结构元素 b 的尺寸，如图 8-20（b）所示。灰度图像的腐蚀运算效果，与"第 3 章 空域滤波"介绍的最小值滤波器有相似之处。

8.6.2　灰度图像的膨胀

令 f 表示一幅灰度图像、b 表示平坦型结构元素，用 b 对图像 f 膨胀，记作 $[f \oplus b]$，定义为：

$$[f \oplus b](x，y) = \max_{(s，t) \in b} \{f(x-s，y-t)\} \tag{8-12}$$

即，先对结构元素 b 进行反射得到 $\hat{b} = b(-x，-y)$，然后把 $\hat{b}$ 的原点平移到像素 $(x，y)$ 处，该像素被膨胀后的灰度值，为图像 f 与 $\hat{b}$ 重合区域内像素值的最大值。若采用非平坦结构元素 b_N 对图像 f 膨胀，记作 $[f \oplus b_N]$，定义为：

$$[f \oplus b_N](x，y) = \max_{(s，t) \in b_N} \{f(x-s，y-t) + b_N(x，y)\} \tag{8-13}$$

用平坦结构元素 b 对像素 $(x，y)$ 膨胀时，把与 $\hat{b}$ 中取值为 1 位置相对应的像素灰度值，进行统计排序，取其最大值作为膨胀结果。若结构元素 b 为非平坦，与平坦结构元素运算过程的区别是，$(x，y)$ 及其邻域像素值与结构元素 $\hat{b}$ 的值对应相加，再统计排序取其最大值作为膨胀运算输出。

对灰度图像的膨胀，将导致图像整体变亮，较暗的纹理结构将收缩变小、甚至消失，亮的纹理结构将会扩大，程度取决于结构元素 b 的尺寸大小，如图 8-20（c）所示。对灰度图像的膨胀效果，与在"第 3 章 空域滤波"介绍的最大值滤波器有相似之处。

示例 [8-8] 灰度图像的腐蚀与膨胀

图 8-20（a）为一幅灰度图像，分别采用平坦型 5×5 圆形结构元素对其进行腐蚀和膨胀，结果如图 8-20（b）、图 8-20（c）所示，注意对比观察图像中明、暗纹理结构前后的变化。

（a）　　　　　　　　　　　（b）　　　　　　　　　　　（c）

图 8-20　灰度图像的腐蚀与膨胀

（a）原图像；（b）5×5 圆形结构元素腐蚀；（c）5×5 圆形结构元素膨胀

＃**OpenCV：灰度图像的腐蚀/膨胀**

img = cv. imread('. /imagedata/cameraman. tif',0)　＃读入一幅灰度图像

＃创建大小为 5×5 圆形结构元素

kernel_ellipse = cv. getStructuringElement(cv. MORPH_ELLIPSE,(5,5))

imgout1 = cv. erode(img,kernel_ellipse)　＃灰度腐蚀

imgout2 = cv. dilate(img,kernel_ellipse)　＃灰度膨胀

＃显示结果(略)

＃——————————————

8.6.3　灰度图像的开运算和闭运算

用结构元素 b 对图像 f 的开运算，定义为先对图像 f 进行腐蚀，再对结果进行膨胀，记为 $f \bigcirc b$，即：

$$f \bigcirc b = (f \ominus b) \oplus b \tag{8-14}$$

用结构元素 b 对图像 f 的闭运算，定义为先对图像 f 进行膨胀、再对结果进行腐蚀，记为 $f \bullet b$，即：

$$f \bullet b = (f \oplus b) \ominus b \tag{8-15}$$

开运算可以消除灰度图像中与结构元素相比尺寸较小的亮细节，而保持图像整体灰度值和大的亮区域基本不受影响，如图 8-21（b）所示。开运算第一步的腐蚀，去除了图像小的亮细节并同时降低了图像亮度；第二步的膨胀，增加了图像亮度，但又不重新引入前面去除的亮细节。

闭运算可以消除图像中与结构元素相比尺寸较小的暗细节，而保持图像整体灰度值和大的暗区域基本不受影响，如图 8-21（c）所示。闭运算第一步的膨胀，去除了图像小的暗细节并同时增加了图像亮度；第二步的腐蚀，降低了图像亮度但又不重新引入前面去除的暗细节。

示例［8-9］灰度图像的开运算和闭运算

图 8-21（a）为一幅灰度图像，采用平坦 3×3 方形结构元素对其进行开运算、闭运算、先开后闭运算，结果如图 8-21（b）～图 8-21（d）所示，注意对比观察图像中明、暗纹理细节结构前后的变化。尝试改变结构元素的形状和尺寸大小，重做实验，观察结构元素的选择对处理结果的影响。开、闭运算是最常用的形态学平滑滤波方法。

(a)　　(b)　　(c)　　(d)

图 8-21　灰度图像的开、闭运算

(a) 原图像；(b) 开运算；(c) 闭运算；(d) 先开后闭运算

♯OpenCV：灰度图像的开运算/闭运算示例

```
img = cv.imread('./imagedata/cameraman.tif',0)    ♯读入一幅灰度图像
♯创建 3×3 方形结构元素
kernel_square = cv.getStructuringElement(cv.MORPH_RECT,(3,3))
♯灰度开运算
img_open = cv.morphologyEx(img,cv.MORPH_OPEN,kernel_square)
♯灰度闭运算
img_close = cv.morphologyEx(img,cv.MORPH_CLOSE,kernel_square)
♯对图像先开运算再闭运算
img_oc = cv.morphologyEx(img,cv.MORPH_OPEN,kernel_square)
img_oc = cv.morphologyEx(img_oc,cv.MORPH_CLOSE,kernel_square)
♯显示结果(略)
♯----------------------------
```

Scikit-image 的灰度图像形态学运算函数

erosion

函数功能	灰度图像腐蚀,Return greyscale morphological erosion of an image.	
函数原型	skimage. morphology. erosion(image,selem＝None,out＝None,shift_x＝False,shift_y＝False)	
输入参数	参数名称	描述
	image	输入图像,ndarray 型数组,灰度或二值图像。
	selem	结构元素,二维数组,如果缺省,将使用默认的十字形结构元素(cross-shaped)。
	shift_x,shift_y	是否移动结构元素,bool 型,缺省值为 False。
返回值	ndarray 型数组,数据类型与输入 image 相同。	

dilation

函数功能	灰度图像膨胀,Return greyscale morphological dilation of an image.	
函数原型	skimage. morphology. dilation(image,selem＝None,out＝None,shift_x＝False,shift_y＝False)	
输入参数	参数名称	描述
	image	输入图像,ndarray 型数组,灰度或二值图像。
	selem	结构元素,二维数组,如果缺省,将使用默认的十字形结构元素(cross-shaped)。
返回值	ndarray 型数组,数据类型与输入 image 相同。	

opening

函数功能	灰度图像开运算,Return greyscale morphological opening of an image.
函数原型	skimage. morphology. opening(image,selem＝None,out＝None)

输入参数	参数名称	描述
	image	输入图像，ndarray 型数组，灰度或二值图像。
	selem	结构元素，二维数组，如果缺省，将使用默认的十字形结构元素（cross-shaped）。
返回值	ndarray 型数组，数据类型与输入 image 相同。	

closing

函数功能	灰度图像闭运算，Return greyscale morphological closing of an image.	
函数原型	skimage. morphology. closing(image,selem＝None,out＝None)	
输入参数	参数名称	描述
	image	输入图像，ndarray 型数组，灰度或二值图像。
	selem	结构元素，二维数组，如果缺省，将使用默认的十字形结构元素（cross-shaped）。
返回值	ndarray 型数组，数据类型与输入 image 相同。	

white _ tophat

函数功能	灰度图像顶帽变换，Return white top hat of an image.	
函数原型	skimage. morphology. white_tophat(image,selem＝None,out＝None)	
输入参数	参数名称	描述
	image	输入图像，ndarray 型数组，灰度图像。
	selem	结构元素，二维数组，如果缺省，将使用默认的十字形结构元素（cross-shaped）。
返回值	ndarray 型数组，数据类型与输入 image 相同。	

8.6.4　灰度图像形态学算法的应用

灰度图像的形态学处理应用非常广泛，如形态学滤波平滑、形态学梯度、顶帽变换和底帽变换、孔洞填充、粒度测定、纹理分割等，本节仅介绍顶帽变换、底帽变换和孔洞填充等应用。

1. 顶帽变换和底帽变换

用结构元素 b 对灰度图像 f 进行顶帽变换（Top-hat Transformation），或称白顶帽变换（White Top-hat Transformation），定义为灰度图像 f 减去用结构元素 b 对 f 的开运算结果，即：

$$T_{hat}(f) = f - (f \bigcirc b) \tag{8-16}$$

底帽变换（Bottom-hat Transformation），或称黑顶帽变换（Black Top-hat Transformation），定义为用结构元素 b 对 f 的闭运算结果，减去灰度图像 f，即：

$$B_{hat}(f) = (f \bullet b) - f \tag{8-17}$$

顶帽变换对一幅灰度图像进行开运算，可以从图像中去除亮物体，随后的求差运算就可以得到一幅仅保留上述被去除亮物体的图像。顶帽变换常用于提取暗背景上的亮物体。

底帽变换对一幅灰度图像进行闭运算，可以从图像中去除暗物体，随后的求差运算就可以得到一幅仅保留上述被去除暗物体的图像。底帽变换则适用于提取亮背景上的暗物体。

示例［8-10］用顶帽变换校正图像不均匀光照的影响

图 8-22（a）为一幅米粒图像，由于图像是在不均匀光照下采集的，导致图像底部及右侧发暗。要实现自动统计图像中的米粒数量及大小，首先对图像进行阈值分割将其转换为二值图像，然后提取其中的连通分量及其属性。采用"第 10 章　图像分割"中介绍的Otsu 最佳阈值方法对图 8-22（a）进行阈值分割，结果如图 8-22（b）所示。因光照不均匀，导致错误分割，一些较暗的米粒被错判为背景。

图 8-22（c）为采用 19×19 椭圆形结构元素对图 8-22（a）开运算的结果，米粒被全部去除，得到背景图像，此处要求结构元素的尺寸必须比图像中米粒大得多。图 8-22（d）是用原图像减去开运算得到的背景图像，即顶帽变换结果。图 8-22（e）是采用 Otsu 方法对图 8-22（d）阈值分割结果，所有米粒得以完整正确分割。

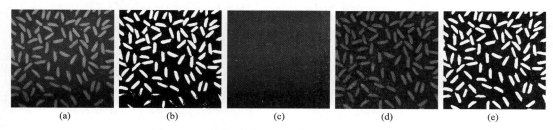

(a)　　　　　　　(b)　　　　　　　(c)　　　　　　　(d)　　　　　　　(e)

图 8-22　用顶帽变换校正图像不均匀光照的影响

（a）米粒图像；（b）原图 Otsu 阈值分割；（c）开运算提取的背景；（d）顶帽变换；（e）对变换后图像阈值分割

♯OpenCV：采用顶帽变换校正图像不均匀光照对阈值分割的影响

```
img = cv.imread('./imagedata/rice.png',0)   ♯读取一幅灰度图像
♯采用 Otsu 方法对灰度图像进行阈值分割得到二值图像
th,img_bw = cv.threshold(img,0,255,cv.THRESH_OTSU|cv.THRESH_BINARY)
♯创建大小为 19×19 椭圆形结构元素
kernel_ellipse = cv.getStructuringElement(cv.MORPH_ELLIPSE,(19,19))
♯灰度开运算
img_open = cv.morphologyEx(img,cv.MORPH_OPEN,kernel_ellipse)
imgres1 = cv.subtract(img,img_open)   ♯得到顶帽变换结果
♯直接进行顶帽变换
imgres2 =  cv.morphologyEx(img,cv.MORPH_TOPHAT,kernel_ellipse)
♯对背景光照校正后的图像进行阈值分割
th,img_bw2 = cv.threshold(imgres2,0,255,cv.THRESH_OTSU|cv.THRESH_BINARY)
♯显示结果(略)
♯------------------------
```

示例［8-11］利用顶帽变换去除灰度图像中的小目标区域

本例展示了如何从灰度图像中移除小目标区域。图 8-23（a）为哈勃望远镜（Hubble Telescope）拍摄的星云图像，图 8-23（b）是采用 9×9 的椭圆形结构元素对其进行顶帽变换的结果，通过选定合适的结构元素，利用顶帽变换可以从给定图像中提取小目标区域等细节。然后从原图像中减去顶帽变换结果，得到的图像就去除了小目标区域，如图 8-23（c）所示。

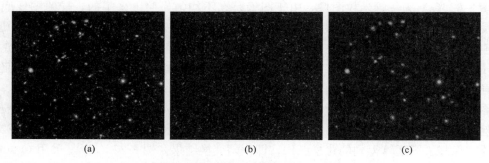

(a)   (b)   (c)

图 8-23　利用顶帽变换去除灰度图像中的小目标区域

（a）哈勃望远镜 Hubble 星云图像；（b）顶帽变换结果；（c）从原图像减去顶帽变换结果

♯OpenCV：利用顶帽变换去除灰度图像中的小目标区域

```
♯以灰度方式读取一幅彩色图像
img = cv. imread('. /imagedata/hubble_deep_field. jpg',0)
♯创建大小为 9×9 的椭圆形结构元素
kernel_ellipse = cv. getStructuringElement(cv. MORPH_ELLIPSE,(9,9))
♯顶帽变换
img_tophat =  cv. morphologyEx(img,cv. MORPH_TOPHAT,kernel_ellipse)
imgout = cv. subtract(img,img_tophat)  ♯原图像减去顶帽变换结果
♯显示结果(略)
♯————————————————
```

2. 漫水填充

漫水填充（Flood Fill）是一种用指定的灰度值或颜色填充连通区域，通过设置可连通像素的上、下限以及连通方式来达到不同的填充效果的方法。漫水填充经常被用来标记或分离图像的一部分以便对其进行进一步处理或分析，也可以用来从输入图像获取掩膜区域。掩膜会加速处理过程，或只处理掩膜指定的像素点，操作的结果总是某个连续的区域。漫水填充方法类似于图像处理软件中的"油漆桶"工具，用指定颜色填充一个密闭区域。

示例［8-12］图像的漫水填充

图 8-24（a）是一幅米粒图像，背景光照不均匀，图 8-24（b）是采用 Scikit-image 函数 morphology. flood_fill 对其背景像素值漫水填充为 0 的结果，种子点选择图像左上角 seed_point=（1，1）、灰度值上下限容差 tolerance=10，可见因背景明暗不均匀（类似

于地形的高矮不平），仅填充了部分区域。图 8-24（c）更换种子点位置为右下角 seed _ point =（250，250）、灰度值上下限容差 tolerance = 60，大部分背景区域被漫水填充为 0。

图 8-24（d）是一幅彩色图像，背景为蓝色，图 8-24（e）是采用 OpenCV 函数 cv. floodFill 对其背景满水填充为白色 newVal =（255，255，255）的结果，种子点选择图像左上角 seedPoint =（0，0），各颜色分量下限值容差 loDiff =（20，20，50）、上限值容差 upDiff =（20，20，50），因蓝色背景明暗不均匀，仍有部分区域没有被漫水填充。图 8-24（f）增大各颜色分量下限值容差 loDiff =（50，50，150）、上限值容差 upDiff =（50，50，150），得到了较为完美的漫水填充结果。

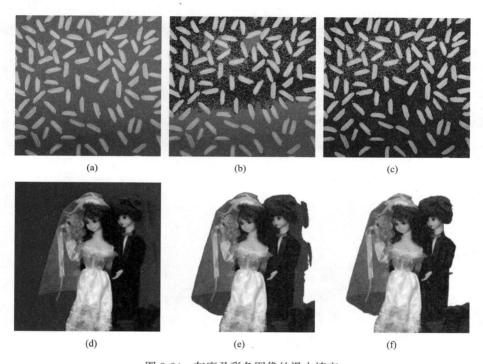

图 8-24　灰度及彩色图像的漫水填充
（a）原灰度图像；（b）漫水填充；（c）更换种子点及容差漫水填充；
（d）原彩色图像；（e）漫水填充；（f）更换颜色分量容差漫水填充

＃漫水填充示例，类似于图像处理软件中的"油漆桶"工具

img_g = io. imread('. /imagedata/rice. png')　＃读取一幅灰度图像

img_c = io. imread('. \imagedata\Bridewedding. jpeg')　＃读入一幅彩色图像

＃Scikit-image：对灰度图像的背景区域进行漫水填充

img_gfilled1 = morphology. flood_fill(img_g, seed_point = (1,1), new_value = 0, tolerance = 10)

　＃采用不同的种子点及灰度值容差

img_gfilled2 = morphology. flood_fill(img_g, seed_point = (250,250), new_value = 0, tolerance = 60)

＃OpenCV:将彩色图像的蓝色背景区域漫水填充为白色

rows,cols = img_c.shape[:2] ＃获取图像的尺寸

mask = np.zeros([rows+2,cols+2],np.uint8) ＃创建 mask

img_cfilled1 = img_c.copy() ＃复制图像数据

cv.floodFill(img_cfilled1,mask,(0,0),(255,255,255),(20,20,50),(20,20,50),
cv.FLOODFILL_FIXED_RANGE)

＃采用另一组颜色分量值容差

mask = np.zeros([rows+2,cols+2],np.uint8) ＃创建 mask

img_cfilled2 = img_c.copy() ＃复制图像数据

cv.floodFill(img_cfilled2,mask,(0,0),(255,255,255),(50,50,150),(50,50,
150),cv.FLOODFILL_FIXED_RANGE)

＃显示结果(略)

＃----------------------

灰度图像的漫水填充函数 morphology. flood _ fill

函数功能	漫水填充,Perform flood filling on an image.	
函数原型	skimage. morphology. flood_fill(image,seed_point,new_value, * , selem＝None,connectivity＝None, tolerance＝None,in_place＝False,inplace＝None)	
输入参数	参数名称	描述
	image	输入灰度图像,ndarray 型数组。
	seed_point	种子点位置,整数二元组 tuple。
	new_value	赋予填充区域像素的新灰度值,数据类型应与输入图像 image 相同。
	selem	结构元素,ndarray 型数组,用于确定漫水填充评估像素的邻域。
	connectivity	区域连通性,整数类型,用于确定漫水填充评估像素的邻域,若给定 selem,此值被忽略。
	tolerance	灰度值上下限容差,浮点数或整数 float or int。
	in_place	是否就地填充,bool 型,若为 True,将修改输入图像 image,缺省值为 False,不修改输入图像。
返回值	ndarray 型数组,数据类型与输入 image 相同。	

漫水填充函数 cv. floodFill

OpenCV

函数功能	漫水填充,Fills a connected component with the given color.	
函数原型	retval,image,mask,rect = cv. floodFill(image,mask,seedPoint,newVal[,loDiff[,upDiff[,flags]]])	
输入参数	参数名称	描述
	image	输入图像,ndarray 型数组,若 flags 没有设为 cv. FLOODFILL_MASK_ON-LY,输入图像将被漫水填充修改。

续表

	参数名称	描述
输入参数	mask	掩膜，ndarray 型数组，尺寸比 image 多 2 行、2 列，用于限定漫水填充范围。
	seedPoint	种子点位置，整数二元组 tuple。
	newVal	赋予填充区域像素的新值，数据类型应与输入图像 image 相同。
	loDiff	灰度值(或颜色分量)下限容差，浮点数或整数。
	upDiff	灰度值(或颜色分量)上限容差，浮点数或整数。
	flags	运算标志，cv. FLOODFILL_FIXED_RANGE 或 cv. FLOODFILL_MASK_ONLY。
返回值	retval，image，mask，rect，详见 OpenCV 帮助文档。	

8.7　Python 扩展库中的形态学图像处理函数

为便于学习，下表列出了 Scikit-image、OpenCV、SciPy 等库中与图像几何变换相关的常用函数及其功能。

函数名	功能描述
Scikit-image　　导入方式：**from skimage import morphology, measure**	
square	创建正方形结构元素，Generates a flat, square-shaped structuring element.
rectangle	创建矩形结构元素，Generates a flat, rectangular-shaped structuring element.
diamond	创建菱形结构元素，Generates a flat, diamond-shaped structuring element.
disk	创建圆盘形结构元素，Generates a flat, disk-shaped structuring element.
octagon	创建八边形结构元素，Generates a flat, disk-shaped structuring element.
binary_erosion	二值图像腐蚀，Return fast binary morphological erosion of an image.
binary_dilation	二值图像膨胀，Return fast binary morphological dilation of an image.
binary_opening	二值图像开运算，Return fast binary morphological opening of an image.
binary_closing	二值图像闭运算，Return fast binary morphological closing of an image.
erosion	灰度图像腐蚀，Return greyscale morphological erosion of an image.
dilation	灰度图像膨胀，Return greyscale morphological dilation of an image.
opening	灰度图像开运算，Return greyscale morphological opening of an image.
closing	灰度图像闭运算，Return greyscale morphological closing of an image.
white_tophat	灰度图像顶帽变换，Return white top hat of an image.
black_tophat	灰度图像底帽(黑顶帽)变换，Return black top hat of an image.
flood_fill	漫水填充，Perform flood filling on an image.
measure. label	图像标记，Label connected regions of an integer array.
measure. regionprops	计算二值图像中的连通区域属性，Measure properties of labeled image regions.

续表

函数名	功能描述
OpenCV 　　导入方式：import cv2 as cv	
getStructuringElement	创建结构元素，Returns a structuring element of the specified size and shape.
erode	图像腐蚀，Erodes an image by using a specific structuring element.
dilate	图像膨胀 Dilates an image by using a specific structuring element.
morphologyEx	通用形态学变换，如：腐蚀、膨胀、开/闭运算等，Performs advanced morphological transformations.
floodFill	漫水填充，Fills a connected component with the given color.
connectedComponents	二值图像连通域标记，Computes the connected components labeled image of boolean image.
connectedComponentsWithStats	二值图像连通域标记并计算每个区域（包括背景区域）的包围盒参数及区域面积属性，Computes the connected components labeled image of boolean image and also produces a statistics output for each label.
SciPy 　　导入方式：from scipy import ndimage	
binary_hit_or_miss	二值图像击中/击不中变换，Finds the locations of a given pattern inside the image.
binary_fill_holes	二值图像的孔洞填充，Fill the holes in binary objects.

 习题 ▶▶▶

8.1 结构元素在形态学图像处理中起何作用？

8.2 若用大于1个点的结构元素反复腐蚀或膨胀一幅二值图像的极限效果是什么？

8.3 形态学开运算、闭运算对二值图像和灰度图像有何效果？

8.4 什么是连通域？二值图像中连通域的提取是何含义？如何提取？

 上机练习 ▶▶▶

E8.1 打开本章 Jupyter Notebook 可执行记事本文件"Ch8 形态学图像处理.ipynb"，逐单元（Cell）运行示例程序，注意观察分析运行结果。熟悉示例程序功能，掌握相关函数的使用方法。

E8.2 本章第 8.6.4 节讨论的米粒图像 rice.png 中，有部分米粒与图像边界融合、部分彼此粘连。拟根据图像中米粒区域的面积，自动统计分析米粒大小的分布规律，例如：米粒区域均值、方差、面积直方图等。要准确统计图像中各米粒区域，需对图像进行阈值分割、清除与图像边界融合在一起的米粒区域、区分开粘连米粒。请按上述要求编程实现图像中米粒的自动统计分析。

第9章 边缘检测

图像灰度或色彩的显著变化，对感知和理解图像非常重要，通常把这些灰度或色彩显著变化的点称为边缘点，邻接连通的边缘点构成的线段，称为边缘（Edge）；位于不同物体区域之间的边缘称为边界（Boundary），由围绕一个物体区域的边界所形成的闭合通路称为轮廓（Contour）。边缘和轮廓对于人类视觉感知非常重要，如漫画或素描，寥寥数笔线条就可以清楚地描绘一个物体或者场景。图像锐化的实质就是检测并增强边缘，以提高图像中物体的可识别度。

物体检测与识别（Object Detection and Recognition）是图像分析和计算机视觉的研究重点。由于边缘是物体与背景之间、不同物体之间的边界，这意味着，如果能够准确地识别图像中的边缘，就可以定位并测量物体区域的面积、轮廓周长和形状等基本属性，进而对图像中的物体进行识别和分类。因此，边缘检测（Edge Detection）是图像分析必不可少的工具。

9.1 基于梯度的边缘检测

图像灰度或颜色的显著变化形成边缘，因此，图像像素值的导数可作为判断该像素是否为边缘点的依据。

9.1.1 图像梯度

对一元函数而言，一阶导数表征了函数随自变量的变化率。图像 $f(x, y)$ 是二元函数，其沿 x、y 坐标轴的导数称为偏导数，由 $f(x, y)$ 沿 x 轴和 y 轴的一阶偏导数所构成的二维向量，称为图像 $f(x, y)$ 在像素 (x, y) 处的梯度向量，简称**梯度**（Gradient），定义为：

$$\nabla f(x, y) \equiv \begin{bmatrix} \dfrac{\partial f(x, y)}{\partial x} \\ \dfrac{\partial f(x, y)}{\partial y} \end{bmatrix} = \begin{bmatrix} g_x \\ g_y \end{bmatrix} \tag{9-1}$$

1. 梯度的幅值，$f(x, y)$ 沿梯度向量方向的变化率，用 $M(x, y)$ 表示，在含义明确时把梯度的幅值简称为梯度，相应称 $M(x, y)$ 为梯度图像。即：

$$M(x, y) = \| \nabla f(x, y) \| = \sqrt{g_x^2 + g_y^2} \qquad (9\text{-}2)$$

2. 梯度的方向角，用相对于 x 轴正向度量的角度 $\alpha(x, y)$ 给出，如图 9-1 所示：

$$\alpha(x, y) = \arctan\left(\frac{g_y}{g_x}\right) \qquad (9\text{-}3)$$

3. 梯度的性质

（1）沿点 (x, y) 的梯度方向，函数 $f(x, y)$ 增加最快。换句话说，点 (x, y) 的梯度方向是函数在这点的方向导数取得最大值的方向，梯度幅值就是方向导数的最大值。所谓方向导数，就是函数 $f(x, y)$ 在点 (x, y) 处沿某一方向的函数变化率。

（2）函数 $f(x, y)$ 沿梯度的反方向减小最快，函数在这个方向的方向导数达到最小值，为梯度幅值的负值。

（3）沿梯度方向的正交方向，函数 $f(x, y)$ 的变化率为零。

性质（1）表明，像素 (x, y) 梯度幅值的大小反映了该像素的**边缘强度**，可据此判断该像素是否为边缘点。性质（3）表明，像素 (x, y) 处的边缘方向与该点处的梯度方向垂直，即梯度方向就是该点处边缘的法线方向，这一性质常被用于精确的边缘定位与连接。如图 9-1 所示。图中的每个方块表示一个像素。注意，某点处的边缘方向与该点的梯度方向垂直。

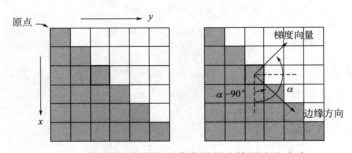

图 9-1　用梯度确定某个像素处的边缘强度和方向

9.1.2　梯度的计算

要得到一幅图像的梯度，就需计算像素的两个一阶偏导数 $\partial f / \partial x$ 和 $\partial f / \partial y$。由于图像是二维离散函数，因此，需用该点邻域内的像素值进行差分近似计算，称为梯度算子，或边缘检测算子。

梯度算子定义了一阶偏导数的近似计算方法，并用滤波器系数数组的方式指定参与计算的邻域像素及其权重。常用的梯度算子有基本梯度算子、Roberts 交叉、Prewitt、Sobel、Scharr 等，下面给出这些梯度算子的计算公式及其对应的滤波器系数数组。为便于理解公式中参与运算的各像素的位置，图 9-2 给出了像素 (x, y) 的 3×3 邻域像素的坐标。

（1）基本梯度算子

$$\begin{cases} g_x = f(x+1, y) - f(x, y) \\ g_y = f(x, y+1) - f(x, y) \end{cases} \qquad (9\text{-}4)$$

（2）Roberts 交叉梯度算子

$$\begin{cases} g_x = f(x+1,\ y+1) - f(x,\ y) \\ g_y = f(x+1,\ y) - f(x,\ y+1) \end{cases} \tag{9-5}$$

（3）Prewitt 梯度算子

$$\begin{cases} g_x = [f(x+1,\ y-1) + f(x+1,\ y) + f(x+1,\ y+1)] \\ \quad - [f(x-1,\ y-1) + f(x-1,\ y) + f(x-1,\ y+1)] \\ g_y = [f(x-1,\ y+1) + f(x,\ y+1) + f(x+1,\ y+1)] \\ \quad - [f(x-1,\ y-1) + f(x,\ y-1) + f(x+1,\ y-1)] \end{cases} \tag{9-6}$$

（4）Sobel 梯度算子

$$\begin{cases} g_x = [f(x+1,\ y-1) + 2f(x+1,\ y) + f(x+1,\ y+1)] \\ \quad - [f(x-1,\ y-1) + 2f(x-1,\ y) + f(x-1,\ y+1)] \\ g_y = [f(x-1,\ y+1) + 2f(x,\ y+1) + f(x+1,\ y+1)] \\ \quad - [f(x-1,\ y-1) + 2f(x,\ y-1) + f(x+1,\ y-1)] \end{cases} \tag{9-7}$$

（5）Scharr 梯度算子

$$\begin{cases} g_x = [3f(x+1,\ y-1) + 10f(x+1,\ y) + 3f(x+1,\ y+1)] \\ \quad - [3f(x-1,\ y-1) + 10f(x-1,\ y) + 3f(x-1,\ y+1)] \\ g_y = [3f(x-1,\ y+1) + 10f(x,\ y+1) + 3f(x+1,\ y+1)] \\ \quad - [3f(x-1,\ y-1) + 10f(x,\ y-1) + 3f(x+1,\ y-1)] \end{cases} \tag{9-8}$$

图 9-2 给出了上述梯度算子对应的滤波器系数数组，所有梯度算子中的系数之和为零，这样就可以保证在恒定灰度区域的响应为零。加 * 的系数所在位置为滤波器中心。g_x 用于计算 x 轴的梯度分量、g_y 用于计算 y 轴的梯度分量。注意：此处定义图像坐标系 x 轴垂直向下、y 轴水平向右。

Roberts 交叉梯度算子强调了对角线方向的边缘强度。Prewitt 梯度算子、Sobel 梯度算子用像素（x，y）邻域的三行或三列来计算平均的梯度分量，以抵消简单（单行/单列）梯度算子的噪声敏感性，同时获取关于边缘方向的更多信息。Sobel 梯度算子与 Prewitt 梯度算子的滤波器结构几乎相同，只是 Sobel 梯度算子给中间行和列分配了更大的权值，能更好地抑制噪声。尽管这两个梯度算子包含了较大的邻域，但它们仍计算相邻像素灰度值之差，具有一阶导数的性质。

Scharr 算子是对 Sobel 算子差异性的增强，两者之间在检测图像边缘的原理和使用方式上相同。Scharr 通过将滤波器中的权重系数放大来增大像素值间的差异，同时比 Sobel、Prewitt 具有较好的旋转不变性（Rotation Invariance）。

示例［9-1］图像梯度的计算

图 9-3（a）给出了 cameraman 图像，地面草、摄像机具有显著的纹理细节，调用 OpenCV 中的函数 cv. spatialGradient() 采用 Sobel 梯度算子计算图像的水平方向梯度分量 dx 和垂直方向梯度分量 dy。图 9-3（b）显示的是水平方向梯度分量 dx 的绝对值图像，诸如建筑物、人体、摄像机的垂直边缘较显著。与之形成对照的是图 9-3（c）垂直方向梯度分量 dy 的绝对值图像，水平边缘比其他边缘要强些。注意：OpenCV、Scikit-image 中图像坐标系的 x 轴水平向右、y 轴垂直向下。

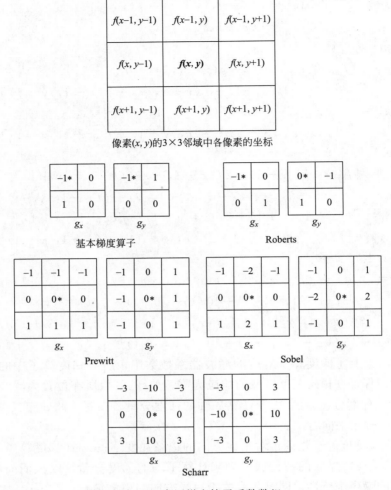

图 9-2　常用梯度算子系数数组

　　图 9-3（d）用图像方式显示了各像素梯度的方向角，图中明暗接近的区域近似对应原图像中的显著强边缘，这说明在这些区域中所有像素处的梯度方向大致相同。图 9-3（e）为 Sobel 算子得到的图像各像素的梯度幅值，显然，各个方向的边缘都得到了加强。用梯度幅值最大值的 0.2 倍为阈值对梯度幅值进行阈值分割处理，得到边缘图像如图 9-3（f）所示。与图 9-3（e）对比，得到的主要是图像中显著性结构的强边缘，一些弱边缘被消除，这也导致了一些边缘被断开，出现了缺口。

　　如果边缘检测的目的是获取图像中物体的显著结构边缘，那么地面草丛等纹理细节会形成干扰。减少局部纹理影响的一种方法是先对图像进行平滑滤波。图 9-3（g）是对原图像使用标准差 $\sigma=2$ 的高斯滤波器平滑后的结果，图 9-3（h）是平滑图像的 Scharr 算子梯度幅值图像，图 9-3（i）给出了用 Scharr 梯度幅值最大值的 0.2 倍为阈值进行阈值分割处理后得到的边缘图；注意，得到的结果几乎都是主要的边缘，在削弱地面草丛等纹理的同时，主要边缘也得到不同程度的加强，为便于观察，将边缘图像进行反色显示，边缘为黑色、背景为白色。

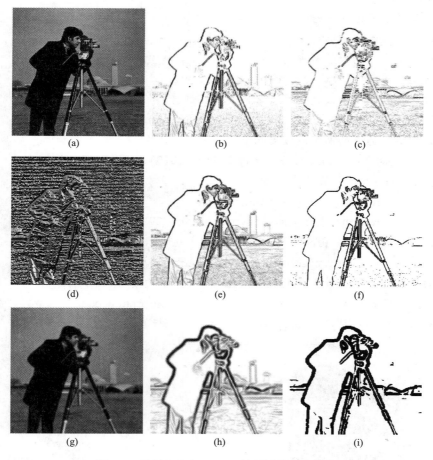

图 9-3　采用 Sobel、Scharr 算子计算图像梯度

（a）cameraman 图像；（b）梯度分量 dx 绝对值；（c）梯度分量 dy 绝对值
（d）梯度的方向角；（e）梯度幅值；（f）梯度幅值的阈值分割；（g）高斯平滑滤
波图像；（h）Scharr 梯度幅值；（i）Scharr 梯度幅值的阈值分割

　　注意： 在使用 Python 各类扩展库提供的函数之前，需先导入这些扩展库或模
块。下面的程序代码导入了本章示例所用到的扩展库包和模块，使用本章示例
之前，先运行一次本段代码。后续示例程序中，不再列出此段程序。

♯导入本章示例用到的包

```
import numpy as np
import cv2 as cv
from skimage import io,util,filters,feature,transform,draw,color,morphology
from scipy import ndimage
import matplotlib.pyplot as plt
% matplotlib inline
♯--------------------------------------------
```

♯**OpenCV：Sobel，Scharr 算子图像梯度的计算示例**

```
img = cv.imread('./imagedata/cameraman.tif',0)   ♯读入一幅灰度图像
```

♯计算图像水平方向 x,垂直方向 y 的梯度分量

dx,dy = cv. spatialGradient(img)

♯获取梯度向量的幅值和方向角

magnitude,angle = cv. cartToPolar(np. float32(dx),np. float32(dy))

♯用梯度幅度图像中最大值的 0.2 倍为阈值进行阈值分割

sobel_edgebw = magnitude > 0.20 * np. max(magnitude)

♯采用标准差为 2 的高斯滤波器平滑原图像

img_smooth = cv. GaussianBlur(img,ksize = (0,0),sigmaX = 2,sigmaY = 2)

♯采用 Scharr 算子计算梯度向量

scharr_x = cv. Scharr(img_smooth,ddepth = cv. CV_64F,dx = 1,dy = 0)

scharr_y = cv. Scharr(img_smooth,ddepth = cv. CV_64F,dx = 0,dy = 1)

♯Scharr 梯度向量幅值

scharr_edge = cv. sqrt(scharr_x * * 2 + scharr_y * * 2)

♯用梯度幅度图像中最大值的 0.2 倍为阈值进行阈值分割

scharr_edgebw = scharr_edge > 0.20 * np. max(scharr_edge)

♯显示结果(略,详见本章 Jupyter Notebook 可执行笔记本文件)

♯ ───

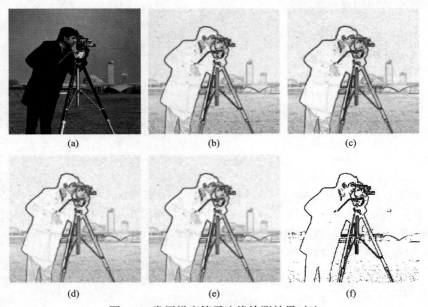

(a)　　　　　　　　　(b)　　　　　　　　　(c)

(d)　　　　　　　　　(e)　　　　　　　　　(f)

图 9-4　常用梯度算子边缘检测效果对比

(a) Cameraman 图像；(b) Roberts 交叉梯度幅值；(c) Prewitt 梯度幅值；

(d) Sobel 梯度幅值；(e) Scharr 梯度幅值；(f) Scharr 梯度幅值的阈值分割

示例 [9-2] Roberts 交叉、Prewitt、Sobel、Scharr 梯度算子边缘检测对比

♯几种常用梯度算子图像边缘强度比较

img = io. imread('. /imagedata/cameraman. tif')　♯读入一幅灰度图像

```
edge_roberts = filters.roberts(img)   #Roberts 交叉梯度算子
edge_prewitt = filters.prewitt(img)   #Prewitt 梯度算子
edge_sobel = filters.sobel(img)       # Sobel 梯度算子
edge_scharr = filters.scharr(img)     # Scharr 梯度算子
edge_scharr_bw = edge_scharr > 0.20 * np.max(edge_scharr)
#显示结果(略)
#------------------------
```

 OpenCV 梯度算子函数

spatialGradient

函数功能	采用 Sobel 算子计算图像 x 和 y 方向一阶导数,Calculates the first order image derivative in both x and y using a Sobel operator.	
函数原型	dx,dy= cv.spatialGradient(src[,dx[,dy[,ksize[,borderType]]]])	
输入参数	参数名称	描述
	src	输入图像,ndarray 型数组。
	dx	图像 x 方向(水平列方向)一阶导数数组,数据类型为 16 位整数 CV_16SC1。
	dy	图像 y 方向(垂直行方向)一阶导数数组,数据类型为 16 位整数 CV_16SC1。
	ksize	Sobel 算子尺寸大小,必须为 3,默认值。
	borderType	指定图像边界扩展方式。
返回值	dx,dy:含义同上述。	

Sobel

函数功能	采用 Sobel 算子计算图像的 1、2、3 阶或混合导数,Calculates the first,second,third,or mixed image derivatives using an extended Sobel operator.	
函数原型	dst = cv.Sobel(src,ddepth,dx,dy[,dst[,ksize[,scale[,delta[,borderType]]]]])	
输入参数	参数名称	描述
	src	输入图像,ndarray 型数组。
	ddepth	指定输出导数的数据类型,可选择−1/CV_16S/CV_32F/CV_64F,当 ddepth =−1 时,同输入图像数据类型。
	dx	指定 x 方向导数的阶次,0 表示这个方向上没有求导,一般为 0、1、2。
	dy	指定 y 方向导数的阶次,0 表示这个方向上没有求导,一般为 0、1、2。
	dst	输出数组,ndarray 型,数组大小和维数同输入图像 src,数据类型由 ddepth 指定。
	ksize	指定扩展 Sobel 算子的大小,其值必须为 1,3,5,或 7。
	scale	计算导数时的缩放因子,默认 scale=1。
	delta	可选的增量,将会加到最终的 dst 中,默认 delta=0。
	borderType	指定图像边界扩展方式。
返回值	dst,含义同上述。	

Scharr

函数功能	采用 Scharr 算子计算图像的 x 或 y 方向导数,Calculates the first x- or y- image derivative using Scharr operator.	
函数原型	dst = cv. Scharr(src,ddepth,dx,dy[,dst[,scale[,delta[,borderType]]]])	
输入参数	参数名称	描述
	src	输入图像,ndarray 型数组。
	ddepth	指定输出导数的数据类型,可选择 —1/CV_16S/CV_32F/CV_64F,当 ddepth =—1 时,同输入图像数据类型。
	dx	指定 x 方向导数的阶次,一般为 0、1;0 表示这个方向上没有求导。
	dy	指定 y 方向导数的阶次,一般为 0、1;0 表示这个方向上没有求导。
	dst	输出数组,ndarray 型,数组大小和维数同输入图像 src,数据类型由 ddepth 指定。
	scale	计算导数时的缩放因子,默认 scale=1。
	delta	可选的增量,将会加到最终的 dst 中,默认 delta=0。
	borderType	指定图像边界扩展方式。
返回值	dst,含义同上述。	

phase

函数功能	计算二维向量的方向角,Calculates the rotation angle of 2D vectors.	
函数原型	angle = cv. phase(x,y[,angle[,angleInDegrees]])	
输入参数	参数名称	描述
	x	二维向量的 x 分量,ndarray 型数组,数据类型为浮点数。
	y	二维向量的 y 分量,ndarray 型数组,数组大小和数据类型应与 x 同。
	angle	输出二维向量的方向角,ndarray 型数组,数组大小和数据类型应与 x 同。
	angleInDegrees	指定角度单位,默认弧度,即 angleInDegrees=False,当取值 True 时,采用度。
返回值	angle,含义同上述。	

cartToPolar

函数功能	计算二维向量的幅值和方向角,Calculates the magnitude and angle of 2D vectors.	
函数原型	magnitude,angle=cv. cartToPolar(x,y[,magnitude[,angle[,angleInDegrees]]])	
输入参数	参数名称	描述
	x	二维向量的 x 分量,ndarray 型数组,数据类型为浮点数。
	y	二维向量的 y 分量,ndarray 型数组,数组大小和数据类型应与 x 同。
	magnitude	输出二维向量的幅值,ndarray 型数组,数组大小和数据类型应与 x 同。
	angle	输出二维向量的方向角,ndarray 型数组,数组大小和数据类型应与 x 同。
	angleInDegrees	指定角度单位,默认弧度,即 angleInDegrees=False,当取值 True 时,采用度。
返回值	magnitude,angle:含义同上述。	

Scikit-image 图像梯度边缘检测函数

roberts

函数功能	Roberts 交叉梯度边缘检测，Find the edge magnitude using Roberts' cross operator.	
函数原型	skimage. filters. roberts(image, mask＝None)	
输入参数	参数名称	描述
	image	输入图像，ndarray 型数组。
	mask	掩膜数组，bool 型，指定图像处理区域，将 mask＝0 处对应输出置为 0。
返回值	边缘图像，ndarray 型数组，数据类型为浮点数。	

prewitt

函数功能	Prewitt 边缘检测，Find the edge magnitude using the Prewitt transform.	
函数原型	skimage. filters. prewitt(image, mask＝None, * , axis＝None, mode='reflect', cval＝0. 0)	
输入参数	参数名称	描述
	image	输入图像，ndarray 型数组。
	mask	掩膜数组，bool 型，指定图像处理区域，将 mask＝0 处对应输出置为 0。
	axis	指定要计算的梯度分量，整数标量或整数序列。axis＝0，计算垂直方向梯度分量；axis＝1，计算水平方向梯度分量；缺省时将计算梯度的幅值。
	mode	指定梯度算子卷积计算时的边界扩展填充方式，字符串，缺省为 mode='reflect'.
	cval	当 mode＝'constant'时，指定边界扩展填充值，浮点数，缺省值为 0。
返回值	边缘图像，ndarray 型数组，数据类型为浮点数。	

sobel

函数功能	Sobel 边缘检测，Find the edge magnitude using the Sobel transform.	
函数原型	skimage. filters. sobel(image, mask＝None, * , axis＝None, mode＝'reflect', cval＝0. 0)	
输入参数	参数名称	描述
	image	输入图像，ndarray 型数组。
	mask	掩膜数组，bool 型，指定图像处理区域，将 mask＝0 处对应输出置为 0。
	axis	指定要计算的梯度分量，整数标量或整数序列。axis＝0，计算垂直方向梯度分量；axis＝1，计算水平方向梯度分量；缺省时将计算梯度的幅值。
	mode	指定梯度算子卷积计算时的边界扩展填充方式，字符串，缺省为 mode='reflect'.
	cval	当 mode＝'constant'时，指定边界扩展填充值，浮点数，缺省值为 0。
返回值	边缘图像，ndarray 型数组，数据类型为浮点数。	

scharr

函数功能	Scharr 边缘检测，Find the edge magnitude using the Scharr transform.	
函数原型	skimage. filters. scharr(image,mask＝None, * ,axis＝None,mode='reflect',cval＝0. 0)	
输入参数	参数名称	描述
	image	输入图像，ndarray 型数组。
	mask	掩膜数组，bool 型，指定图像处理区域，将 mask＝0 处对应输出置为 0。
	axis	指定要计算的梯度分量，整数标量或整数序列。axis＝0，计算垂直方向梯度分量；axis＝1，计算水平方向梯度分量；缺省时将计算梯度的幅值。
	mode	指定梯度算子卷积计算时的边界扩展填充方式，字符串，缺省为 mode='reflect'.
	cval	当 mode='constant'时，指定边界扩展填充值，浮点数，缺省值为 0。
返回值	边缘图像，ndarray 型数组，数据类型为浮点数。	

9.2 基于二阶导数的边缘检测

　　边缘是由于图像灰度显著变化形成的，因此像素一阶导数的大小可作为判断该像素是否为边缘点的依据。同时，将灰度一阶导数的局部极值点，即二阶导数为零的像素作为边缘点定位的依据。二阶导数在过零点的邻域内发生符号改变，根据函数的凹凸性与二阶导数的关系，若某点的二阶导数大于零，那么该点邻域的函数图形是凹的，则该点位于图像局部较暗区域；若某点的二阶导数小于零，那么其邻域上的函数图形是凸的，则该点位于图像局部较亮区域。

　　图 9-5 显示了斜坡型边缘图像中一行像素的灰度变化曲线及相应的一阶、二阶导数。在灰度斜坡的起点和终点处的一阶导数均有一个阶跃，在斜坡上各点的一阶导数为正常数，在灰度值不变区域中各点的一阶导数为零。对应的二阶导数在灰度斜坡的起点产生一

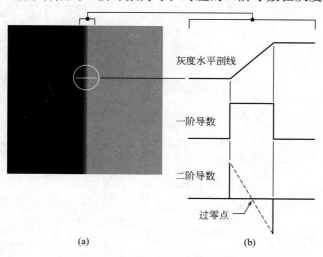

图 9-5　图像灰度变化及其导数

（a）由一条垂直边缘分开的两个恒定灰度区域；（b）边缘附近区域的水平方向灰度变化曲线以及相应的一阶与二阶导数

个正脉冲，在灰度斜坡的终点产生一个负脉冲，在灰度斜坡上以及灰度不变区域各点处的二阶导数均为零。如果用一条虚线连接二阶导数相邻两个正、负脉冲的端点，该虚线与零轴线的交点称为过零点（Zero-crossing Point）。过零点恰好对应于斜坡的中间位置，也是一阶导数的极值位置。

9.2.1　拉普拉斯算子

拉普拉斯算子（Laplacian Operator）由二元函数 $f(x，y)$ 的两个非混合二阶偏导数构成，具有各向同性，定义为：

$$\nabla^2 f(x，y) = \frac{\partial^2 f}{\partial x^2} + \frac{\partial^2 f}{\partial y^2} \tag{9-9}$$

拉普拉斯算子可以采用差分近似计算。为获得以像素 $(x，y)$ 为中心的计算表达，一阶采用后向差分，二阶采用前向差分，即：

$$\begin{aligned}
\frac{\partial^2 f}{\partial x^2} &= \frac{\partial f(x+1，y)}{\partial x} - \frac{\partial f(x，y)}{\partial x} \\
&= [f(x+1，y) - f(x，y)] - [f(x，y) - f(x-1，y)] \\
&= f(x+1，y) + f(x-1，y) - 2f(x，y)
\end{aligned} \tag{9-10}$$

$$\begin{aligned}
\frac{\partial^2 f}{\partial y^2} &= \frac{\partial f(x，y+1)}{\partial y} - \frac{\partial f(x，y)}{\partial y} \\
&= [f(x，y+1) - f(x，y)] - [f(x，y) - f(x，y-1)] \\
&= f(x，y+1) + f(x，y-1) - 2f(x，y)
\end{aligned} \tag{9-11}$$

得到离散拉普拉斯算子为：

$$\begin{aligned}
\nabla^2 f(x，y) &= \frac{\partial^2 f}{\partial x^2} + \frac{\partial^2 f}{\partial y^2} \\
&= f(x+1，y) + f(x-1，y) + f(x，y+1) + f(x，y-1) - 4f(x，y)
\end{aligned} \tag{9-12}$$

拉普拉斯算子可用滤波器系数数组表示，如图 9-6 所示：

0	1	0
1	-4*	1
0	1	0

图 9-6　拉普拉斯算子模板

注：加*的系数所在位置为模板中心

9.2.2　高斯拉普拉斯算子 LoG

拉普拉斯算子对噪声非常敏感，一般在使用拉普拉斯算子之前，先使用高斯低通滤波器对图像进行平滑降噪。由于拉普拉斯算子为线性运算，先高斯低通滤波平滑图像然后再施加拉普拉斯算子，等同于先计算高斯滤波函数的拉普拉斯二阶微分，再用该结果对图像做卷积。依据卷积的微分性质，这个过程可用下式表示：

$$\nabla^2 [G(x，y) * f(x，y)] = [\nabla^2 G(x，y)] * f(x，y) \tag{9-13}$$

式中 $G(x，y)$ 是标准差为 σ 的二维高斯函数：

$$G(x，y) = e^{-\frac{x^2+y^2}{2\sigma^2}} \tag{9-14}$$

对它施加拉普拉斯算子可表示为：

$$
\begin{aligned}
\nabla^2 G(x，y) &= \frac{\partial^2 G(x，y)}{\partial x^2} + \frac{\partial^2 G(x，y)}{\partial y^2} \\
&= \frac{\partial}{\partial x}\left[\frac{-x}{\sigma^2} e^{-\frac{x^2+y^2}{2\sigma^2}}\right] + \frac{\partial}{\partial y}\left[\frac{-y}{\sigma^2} e^{-\frac{x^2+y^2}{2\sigma^2}}\right] \\
&= \left[\frac{x^2}{\sigma^4} - \frac{1}{\sigma^2}\right] e^{-\frac{x^2+y^2}{2\sigma^2}} + \left[\frac{y^2}{\sigma^4} - \frac{1}{\sigma^2}\right] e^{-\frac{x^2+y^2}{2\sigma^2}}
\end{aligned} \tag{9-15}
$$

合并上式中的同类项，得到最终表达式：

$$\nabla^2 G(x，y) = \left[\frac{x^2 + y^2 - 2\sigma^2}{\sigma^4}\right] e^{-\frac{x^2+y^2}{2\sigma^2}} \tag{9-16}$$

上式定义了一个新的边缘检测算子，称为高斯拉普拉斯算子（LoG，Laplacian of Gaussian），由 Marr 和 Hildreth 提出，故又称 Marr-Hildreth（马尔-海尔德斯）边缘检测算子。标准差 σ 是 LoG 算子的空间尺度，决定了算子中高斯滤波器对图像平滑的模糊程度，在小尺度 σ 的情况下，边缘将包含大量细节信息。如果增大尺度 σ，细节就被抑制，小区域的边缘就会被丢弃。

高斯低通滤波器的尺度因子 σ 对边缘检测有实质性的影响。假设在一个恒定的背景上有一道狭窄的条纹，如果使用小于条纹宽度的尺度来平滑图像，那么条纹附近的图像变化得以保留，仍能够分辨出条纹的上升沿和下降沿。如果滤波器尺度过大，条纹将被平滑到背景中，一阶或二阶导数只产生很小的响应或完全没有响应。因此，当图像中有较多的精细细节，如果希望在更大范围内识别边缘的结构特征，就需要采用较大滤波器尺度因子 σ 对图像进行平滑。

示例［9-3］采用高斯拉普拉斯（LoG）算子检测图像边缘

图 9-7（a）为 cameraman 图像，图 9-7（b）是采用 OpenCV 函数 cv. Laplace（）得到

 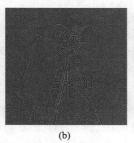  

(a)   (b)   (c)   (d)

图 9-7　采用 Laplace 算子和 LoG 算子检测图像边缘

（a）cameraman 原图；（b）Laplace 边缘；（c）LoG 边缘；（d）对 LoG 边缘绝对值二值化

的边缘图像，图 9-7（c）是采用 SciPy 函数 ndimage. gaussian _ laplace（）计算得到的 LoG 边缘图像（高斯滤波器标准差 sigma＝2），图 9-7（d）是对 LoG 图像取绝对值后，再以其最大值的 10％为阈值进行二值化结果。注意 LoG 算子的双边缘效应。

#**采用 Laplace 算子和 LoG 算子检测图像边缘**

```
img = cv. imread('. /imagedata/cameraman. tif',0) #读入一幅灰度图像
#OpenCV:Laplace 算子
edge_laplace1 = cv. Laplacian(img,ddepth = cv. CV_64F)
edge_laplace2 = filters. laplace(img)   #Scikit-image:Laplace 算子
#SciPy:LoG 算子
edge_log = ndimage. gaussian_laplace(np. float32(img),sigma = 2)
#对 edge_log 的绝对值进行阈值分割
edge_log_bw = np. abs(edge_log)>0. 1 * np. max(np. abs(edge_log))
#显示结果(略)
#-----------------------
```

Laplacian

函数功能	Laplace 算子,Calculates the Laplacian of an image.	
函数原型	dst = cv. Laplacian(src,ddepth[,dst[,ksize[,scale[,delta[,borderType]]]]])	
	参数名称	描述
输入参数	src	输入图像,ndarray 型数组。
	ddepth	指定输出数组的数据类型,ddepth＝ －1 与原图像同,可选参数有:－1/CV_16S/CV_32F/CV_64F。
	dst	输出,ndarray 型数组,数组大小和维数同输入图像 src,数据类型由 ddepth 指定。
	ksize	算子的大小,必须为 1、3、5、7,默认为 ksize=1。
	scale	计算导数时的缩放因子,默认 scale=1。
	delta	可选的增量,将会加到最终的 dst 中,默认 delta=0。
	borderType	指定图像边界扩展方式。
返回值	dst - 输出数组,ndarray 型,数组大小和维数同输入图像 src,数据类型由 ddepth 指定。	

laplace

函数功能	Laplace 边缘检测,Find the edges of an image using the Laplace operator.	
函数原型	skimage. filters. laplace(image,ksize=3,mask=None)	
	参数名称	描述
输入参数	image	输入图像,ndarray 型数组。
	ksize	指定 Laplacian 算子的尺寸,整数,默认值=3。
	mask	掩膜数组,bool 型,指定图像处理区域,将 mask=0 对应输出置为 0。
返回值	Laplace 边缘图像,二维数组,ndarray 型,数据类型为浮点数。	

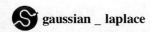

gaussian _ laplace

函数功能	LoG 边缘检测，Multidimensional Laplace filter using gaussian second derivatives.	
函数原型	scipy. ndimage. gaussian_laplace(input, sigma, output=None, mode='reflect', cval=0. 0, * * kwargs)	
输入参数	参数名称	描述
	input	输入图像，ndarray 型数组。
	sigma	Gaussian 滤波器标准差，标量或标量序列。
返回值	LoG 边缘图像，ndarray 型数组，数据类型与 input 相同。	

9.3　Canny 边缘检测算子

1986 年 John F. Canny 提出了一个多级边缘检测算法，它使用一系列不同尺寸的高斯滤波器对图像进行平滑滤波，然后从这些平滑后的图像中检测边缘，并将不同尺度的边缘融合起来形成最终的边缘图像。Canny 为找到最优的边缘检测算法，定义了三个主要准则：

（1）低错误率。非边缘点被错标为边缘点的数量最少。

（2）定位精确。标为边缘的点应尽可能靠近真实边缘的中心位置。

（3）单像素边缘宽度。在每个边缘点位置仅给出单个像素。

Canny 基于被高斯白噪声（White Gaussian Noise）污染的阶跃边缘模型，给出了上述 3 个准则的形式化表达，并基于这 3 个准则设计了一种实用的近似算法，算法的核心是高斯平滑滤波和梯度计算。通常只使用 Canny 算法中平滑滤波尺度因子（标准差 σ）可调的单一尺度版本，即便如此，Canny 边缘检测算子仍然优于大多数的边缘检测算子。Canny 边缘检测算子包括以下 4 个基本步骤：

（1）用一个高斯低通滤波器平滑输入图像；

（2）计算图像的梯度；

（3）对梯度幅值图像进行非最大值抑制（Non-maximum Suppression），得到局部最大值，作为边缘候选点；

（4）采用高低两个阈值并借助滞后阈值化方法确定最终边缘点。

9.3.1　图像平滑与梯度计算

先用高斯低通滤波器对灰度图像 $f(x, y)$ 进行平滑降噪，然后采用 9.1 节讨论的梯度算子计算图像的 x 方向梯度分量 $g_x(x, y)$、y 方向梯度分量 $g_y(x, y)$、梯度幅值 $M(x, y)$ 和方向角 $\alpha(x, y)$。

前面已经讨论过，标准差 σ 的大小对边缘检测非常重要，较小的 σ，图像模糊程度低，可以检测出细小的边缘；较大的 σ，图像模糊程度高，局部纹理细节被平滑掉，只能检测较大尺寸物体的边缘。另外，如果将标准差为 σ 的高斯函数离散为大小为 $n \times n$ 的滤波模板，其 n 值应取大于或等于 6σ 的最小奇数。

9.3.2　非最大值抑制

非最大值抑制用于定位和细化边缘。如果对梯度幅值 $M(x,y)$ 进行简单的全局阈值处理，得到的边缘一般会出现过宽和断裂现象，其宽度和断裂程度取决于阈值的大小。按照 Canny 给出的准则 3，要求得到单像素宽度边缘，这样，只有梯度幅值 $M(x,y)$ 中那些取得局部最大值的像素，其灰度值变化最为剧烈，才被视为边缘候选点。

边缘的宽度一般指边缘法线方向上像素的个数，边缘点的法线方向也就是该点的灰度梯度方向。非最大值抑制的目标，是保证边缘像素的梯度幅值应是其梯度方向上的局部最大值。方法是沿着每个像素的梯度方向，比较该像素梯度幅值与它前、后像素梯度幅值的大小，如果当前像素的梯度幅值大于或等于这两个像素的梯度幅值，那么该像素是一个局部最大值，就将其添加到候选边缘点集中，得到非最大值抑制后的梯度幅值图像 $g_N(x,y)$。

9.3.3　双阈值滞后阈值化处理

对梯度幅值图像 $g_N(x,y)$ 进行阈值处理，得到边缘图。Canny 算子通过使用双阈值滞后阈值化方法降低边缘点检测的错误率，即应用一个高阈值 T_H 和一个低阈值 T_L 来区分边缘像素。如果像素梯度幅值大于高阈值 T_H，则被认为是强边缘点。如果梯度幅值小于高阈值 T_H、大于低阈值 T_L，则标记为弱边缘点。梯度幅值小于低阈值 T_L 的像素点则被直接去除掉。

强边缘点可以认为是真实边缘，弱边缘点则可能是真实边缘，也可能是噪声引起的。为得到精确的结果，由噪声产生的弱边缘点也应该被去掉。通常认为真实边缘引起的弱边缘点和强边缘点是连通的，而由噪声引起的弱边缘点则不会。滞后阈值化算法检查每一个弱边缘点的 4-邻域或 8-邻域像素，只要有强边缘点存在，那么这个弱边缘点也被认为是真实边缘而保留下来。

示例［9-4］采用 Canny 算子检测图像边缘

图 9-8（a）是 cameraman 图像，采用 Canny 算子以不同的尺度因子 sigma 进行边缘检测，为便于观察，提取的边缘用黑色显示。图 9-8（b）为采用 OpenCV 函数 cv. Canny()计算得到的边缘图，图 9-8（c）为采用 Scikit-image 函数 feature. canny()默认标准差

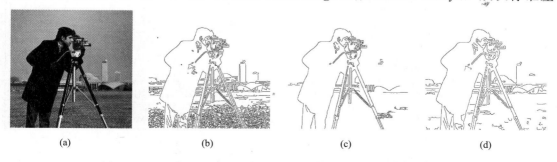

(a)　　　　　　　　(b)　　　　　　　　(c)　　　　　　　　(d)

图 9-8　Canny 边缘检测算子及其性能对比，便于观察边缘反色显示

（a）cameraman 原图；（b）OpenCV Canny 算子；（c）Scikit-image 指定高/低阈值；（d）Scikit-image sigma＝2 sigma＝1、指定高低阈值（边缘幅值的百分位数）low ＿ threshold＝0.05、high ＿ threshold＝0.95 得到的边缘图像，图 9-8（d）为增大高斯平滑滤波器的标准差 sigma＝2、其他参数默认用函数 feature.canny() 得到的边缘图像。从中可以看出，高斯滤波标准差 sigma 对消除局部纹理、获取较大区域轮廓边缘的影响，以及高低阈值对边缘检测结果的影响。

将 Canny 算子得到的边缘图与 Roberts、Priwitt 和 Sobel 边缘图比较，Canny 算子得到的边缘图比其他简单算子得到的结果更加清晰，主要边缘在细节上有明显改进，边缘的连通性、细度等边缘质量也很出众。因此，尽管 Canny 算子较前面讨论的边缘检测方法复杂，执行时间也会更长，但其优秀的性能使得 Canny 算子成为边缘检测的一种首选工具。

♯采用 **Canny** 算子检测图像边缘
♯读入一幅灰度图像
img = cv.imread('. /imagedata/cameraman.tif',0)
♯OpenCV：Canny 算子
edge_canny1 = cv.Canny(img,threshold1 = 50,threshold2 = 200)
♯Scikit-image：Canny 算子,采用缺省参数
edge_canny2 = feature.canny(img)
♯标准差 sigma = 1,指定高低阈值（边缘幅值的百分位数）
edge_canny3 = feature.canny(img,sigma = 1,low_threshold = 0.05,high_threshold = 0.95,use_quantiles = True)
♯增大高斯平滑滤波器的标准差 sigma = 2
edge_canny4 = feature.canny(img,sigma = 2)
♯显示结果(略)
♯——————————

Canny

函数功能	Canny 边缘检测，Finds edges in an image using the Canny algorithm.	
函数原型	edges ＝cv.Canny(image,threshold1,threshold2[,edges[,apertureSize[,L2gradient]]])	
输入参数	参数名称	描述
	image	输入灰度图像,ndarray 型数组。
	threshold1	低阈值,浮点数。
	threshold2	高阈值,浮点数。
	edges	输出边缘图像数组,ndarray 型数组,大小同输入图像。
	apertureSize	指定所采用的 Sobel 算子的大小,默认 apertureSize＝3。
	L2gradient	指定向量幅值计算方法,默认 L2gradient＝False,为 True 时,采用 L2 范数。
返回值	edges,输出边缘图像数组,ndarray 型数组,大小同输入图像。	

canny

函数功能	Canny 边缘检测,Edge filter an image using the Canny algorithm.	
函数原型	skimage. feature. canny(image,sigma=1.0,low_threshold=None,high_threshold=None,mask=None,use_quantiles=False)	
输入参数	参数名称	描述
	image	输入灰度图像,ndarray 型数组。
	sigma	高斯滤波标准差,浮点数,默认 sigma=1.0。
	low_threshold	低阈值,浮点数,默认为输入图像数据类型最大值的 10%。
	high_threshold	高阈值,浮点数,默认为输入图像数据类型最大值的 20%。
	mask	掩膜数组,bool 型,指定图像处理区域,将 mask=0 处对应输出置为 0。
	use_quantiles	指定高、低阈值是否采用边缘强度值的百分位数,bool 型,默认为 False,若为 True,则高、低阈值采用边缘强度值的百分位数,此时 low_threshold 和 high_threshold 需在 [0,1] 之间取值。
返回值	边缘图像,ndarray 型,数据类型为 bool 型。	

9.4 Hough 变换

前几节讨论的边缘检测方法都是基于像素灰度值的梯度、二阶导数等图像局部性质,边缘图中通常很少存在完美的轮廓线,在边缘强度不足的地方出现间断,多数情况包含很多细小的、不连续的轮廓片段。同时,边缘图中存在许多无关的结构,也可能丢掉我们感兴趣的重要结构。

图像中经常含有大量的人造物体,这些人造物体的轮廓或区域边界常以简单的几何形状出现,如直线、圆和椭圆等,如图 9-9 所示。因此,我们常常对边缘点是否构成了直线、圆和椭圆等特定形状几何曲线感兴趣。

图 9-9 人造物体中常见的简单几何形状,如直线、圆、椭圆或其一部分

Hough 变换（Hough Transform，霍夫变换）就是从边缘图中寻找直线、圆和椭圆等几何曲线边缘结构的全局性方法。Hough 变换由 Paul Hough 于 1959 年提出，1962 年被授予美国专利，经 Richard Duda、Peter Hart 和 Ballard 改进推广后得到广泛应用。起初 Hough 变换主要用来检测图像中的直线，后来逐渐扩展到识别圆、椭圆等几何曲线。

Hough 变换是一种基于"投票表决"的几何曲线形状识别技术，它根据局部度量来计算全局描述参数，因而对于区域边界被噪声干扰或被其他目标遮盖而引起的边界间断情况，具有很好的容错性和鲁棒性。

9.4.1 Hough 变换的直线检测

Hough 变换的直线检测，利用图像空间和参数空间的"点—线"对偶性，把在图像空间中检测"共线点"问题，转换为在参数空间中检测"共点线"的问题，如图 9-10 所示。

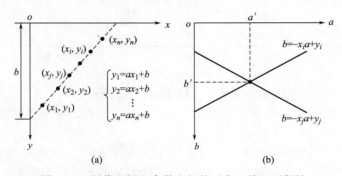

图 9-10　图像空间和参数空间的"点—线"对偶性

（a）图像空间中"共线点"所在直线的斜截式方程表示；（b）对应参数空间中的"共点线"的形成

二维图像平面（x-y 平面）上的直线可以用斜截式方程表示为：

$$y = ax + b \tag{9-17}$$

其中 a 是斜率，b 是截距，如图 9-10 所示。如果边缘图像中有 n 个边缘点 (x_1, y_1)，(x_2, y_2)，……，(x_n, y_n) 位于同一条直线段上，这些边缘点应满足以下方程组：

$$\begin{cases} y_1 = ax_1 + b \\ y_2 = ax_2 + b \\ \vdots \\ y_n = ax_n + b \end{cases} \tag{9-18}$$

考虑图像平面（x-y 平面）上的一个边缘点 (x_i, y_i)，通过该点任意直线的斜截式方程为：

$$y_i = ax_i + b \tag{9-19}$$

把上式改写为：

$$b = -x_i a + y_i \tag{9-20}$$

上式可视为以 (x_i, y_i) 为参数，以 a、b 为变量的直线方程。我们把由 a、b 张成的平面称为**参数空间**，又称 **Hough 空间**。该方程定义了 a-b 平面上的一条直线，如图 9-10（b）所示。同样，图像平面上的另一个边缘点 (x_j, y_j)，在 a-b 平面中也有一条与之相对应的直线，即：

$$b = -x_j a + y_j \tag{9-21}$$

这两条直线相交于点 (a', b')，实际上就是式（9-20）和式（9-21）联立方程组的解，这意味着交点坐标 (a', b') 是图像空间中同时通过边缘点 (x_i, y_i)、(x_j, y_j) 直线的斜截式方程参数。显然，与 (x_i, y_i)、(x_j, y_j) 共线的所有边缘点，在参数空间都对应一条直线，且都通过点 (a', b')。参数空间中在点 (a', b') 处相交的直线越多，意味着在图像空间中以 (a', b') 为参数的直线上的边缘点就越多。

为了统计参数空间中相交于某一点的直线的数量，Hough 变换把参数空间离散化为网格。设想把每个网格看成一个"票箱"，称为累加器单元，所有网格对应的累加器单元便形成了一个累加器数组。对于图像中的每一个边缘点，都可以在参数空间中画出一条直线，当该直线经过某一网格时，对应的累加器单元计数值加 1，相当于向该网格"票箱"中投 1 票。"点—线"变换结束后，每个累加器单元中的计数值，等于经过与该累加器单元相对应的参数空间网格的直线数量，也就是图像中位于同一直线上的边缘点的个数，而网格位置坐标便是这条直线的参数值。可见，Hough 变换是一种基于"表决"（Voting Procedure）的几何曲线形状识别技术。

使用斜截式 $y = ax + b$ 表示一条直线带来的问题是，当直线与 x 轴垂直时，直线的截距 b 接近无穷大，参数空间 a-b 平面无界，无法离散为有限多个网格。为避免该问题，以便获取有界的参数空间，Duda 采用了以下称为 Hessian 标准形（Hessian Normal Form）的法线式直线方程：

$$\rho = x\cos\theta + y\sin\theta \tag{9-22}$$

图 9-11（a）给出了式中参数 ρ 和 θ 的几何解释。ρ 是图像平面坐标原点 O 到该直线的代数距离 OP，θ 为 OP 与 x 轴正方向所成的夹角，顺时针方向取正值，范围为 $-90° \leqslant \theta < 90°$。当 OP 指向 x 轴正方向半平面时，$\rho \geqslant 0$；当 OP 指向 x 轴负方向半平面时，$\rho < 0$。直线与 x 轴的夹角为 $\theta + 90°$。

例如，图像中的垂直直线 $\theta = 0$、$\rho \geqslant 0$ 等于正的 x 轴截距；水平直线 $\theta = 90°$、$\rho \geqslant 0$ 等于正的 y 轴截距，或 $\theta = -90°$、$\rho < 0$ 等于负的 y 轴截距。

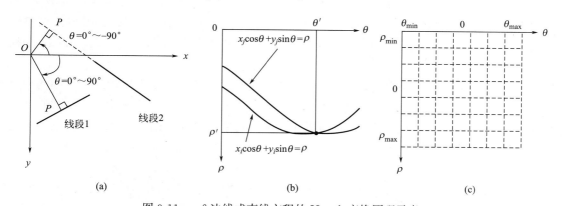

图 9-11　ρ-θ 法线式直线方程的 Hough 变换原理示意

（a）x-y 平面法线式直线方程；（b）ρ-θ 平面中对应的正弦曲线；（c）将 ρ-θ 平面离散化为有限多个网格

对于一幅图像，尺寸已知，图像平面中直线的参数 ρ 小于图像的对角线长度。因此，这意味着我们感兴趣的那些直线的 (ρ, θ) 值形成了 ρ-θ 平面的一个有界子集，即：

$$-90° \leqslant \theta < 90°, \quad -D \leqslant \rho \leqslant D \tag{9-23}$$

其中，D 为图像的对角线长度。这样，就可以把 ρ-θ 平面离散化为有限个网格，如图 9-11（c）所示。设想把每个网格看成一个"票箱"，称为累加器单元，所有网格对应的累加器单元形成累加器数组。

对于图像中的每一个边缘点 (x_i, y_i)，满足下式：

$$\rho = x_i \cos\theta + y_i \sin\theta$$

令 θ 在 $-90° \leqslant \theta < 90°$ 范围内变化，按上式计算出相应的 ρ 值，就可以在参数空间 ρ-θ 平面中画出一条正弦曲线，如图 9-11（b）所示，该正弦曲线经过的所有网格都增加一票，交点 (ρ', θ') 对应于 x-y 平面中过点 (x_i, y_i) 和 (x_j, y_j) 的直线的参数。如果有 N 个边缘点共线，那么就会有 N 张票"投到"该直线对应的网格累加器单元中，其累计值为 N。

Scikit-image 提供的 Hough 变换采用了上述坐标系约定。OpenCV 提供的 Hough 变换，θ 为 OP 与 x 轴正方向所成的夹角，顺时针方向取正值，范围为 $0° \leqslant \theta < 180°$，当 OP 指向 y 轴正方向半平面时，$\rho \geqslant 0$；当 OP 指向 y 轴负方向半平面时，$\rho < 0$。

9.4.2 Hough 变换直线检测基本步骤

1. 创建累加器数组

为了计算 Hough 变换，必须先为 ρ 和 θ 选择合适的步长，把连续的参数空间离散为有限个网格（类似图像数字化过程的采样），并为每个网格沿 ρ 坐标轴和 θ 坐标轴的位置顺序分配两个自然整数序号，譬如 (s, t)。例如，给定一幅大小为 M 行 N 列的边缘图像 f，其对角线长度 D 为：

$$D = \sqrt{(M-1)^2 + (N-1)^2} \tag{9-24}$$

ρ 取值范围为 $-D \leqslant \rho \leqslant D$，离散化时选择步长为 1 个像素；$\theta$ 的取值范围为 $-90° \leqslant \theta < 90°$，离散化时选择步长为 1°。这样就把参数空间 ρ-θ 平面离散化为 $(2 \times D + 1) \times 180$ 个网格，然后用一个 $(2 \times D + 1)$ 行 $\times 180$ 列的二维数组 H 来表示这一离散参数空间，离散网格与数组 H 的元素一一对应，并通过下标 (s, t) 索引。数组 H 用来记录参数空间中每个网格位置正弦曲线相交的次数，因此被称作累加器数组，又称 Hough 变换矩阵。

注意：离散步长大小影响直线的定位精度，合适的网格尺寸很难选择。太粗糙的网格导致某个"票箱"的投票值太大而无效，因为许多不同的直线对应于同一个"票箱"。太精细的网格导致直线可能找不到，因为边缘点并不是精准共线，因此所产生的投票会被记录到不同的"票箱"里，导致投票弥散。

2. 点线映射

将累加器数组 H 各元素初始化为 0。对于边缘图像 f 中的每一个边缘点 (x_i, y_i)，令 θ 等于其每一个允许的离散值 θ_t，按下式计算对应的每一个 ρ 值：

$$\rho = x_i \cos\theta_t + y_i \sin\theta_t$$

查找与其最接近的离散值 ρ_s，得到相应的索引下标 s，然后令 $H(s, t) = H(s, t) + 1$。

上述"点—线"映射过程完成后，累加器数组的每个元素值 $H(s, t)$ 就给出了在边缘图像 $f(x, y)$ 中位于直线 $\rho_s = x\cos\theta_t + y\sin\theta_t$ 上的边缘点数量。

使用累加器数组的目的是寻找正弦曲线的交点。由于图像空间和参数空间的离散性，量化误差通常会使得同一直线上的多个边缘点，映射到参数空间中的正弦曲线的"投票"不在同一个累加器单元中，而是分散在多个相邻累加器单元中，这样会降低该交点的"得票数"。一种补救办法是：对于一个给定的角度 θ_t，同时增加对应的累加器单元 $H(s, t)$ 及其相邻单元 $H(s-1, t)$ 和 $H(s+1, t)$。这样 Hough 变换对于不正确的边缘点的坐标有更强的容忍度。

3. 确定累加器数组的极大值

从累加器数组 H 中找出一组有意义的极大值，是 Hough 变换的关键。我们知道，即使图像中的线段在几何上是直的，但是映射到离散参数空间中的相关曲线的交点并不是精确地向累加器数组中同一个单元"投票"，而是在一个小范围内分布，这主要是因累加器数组中的离散坐标引起的误差。因此，简单地遍历数组并返回前 K 个极大值是不充分的。确定累加器数组中极大值的方法很多，下面介绍一种采用阈值并结合**邻域最大值抑制**的方法。

假设要从累加器数组 H 中确定 K 个极大值。首先选择一个阈值 T，其大小由期望在图像中找到的线段含有的最少边缘点数来定。再选择进行邻域最大值抑制的邻域尺寸，一般采用 $m \times n$ 矩形邻域，m、n 为奇数，大小依据在图像中期望找到的线段之间的间距而定，线段间距小，相应 m、n 也减小。然后按下述步骤确定所有 K 个极大值：

（1）找出累加器数组 H 中的最大值 $H_{\max}$，如果 $H_{\max}$ 大于或等于阈值 T，记录 $H_{\max}$ 所在元素的位置 (p, q)。若同时找到多个相等的最大值，仅记录其中一个。

（2）将记录的最大值所在元素 $H(p, q)$ 及其 $m \times n$ 邻域元素都设为零。

（3）重复步骤（1）和（2），直到找到 K 个极大值，或者数组 H 中的最大值小于指定的阈值 T 时为止。

注意： 在步骤（2）进行邻域最大值抑制时，$\theta = -90°$ 与 $\theta = 90°$ 时的 ρ 值关于 θ 轴反向对称，当最大值元素位置 (p, q) 的 $m \times n$ 邻域超出累加器数组 H 的下标范围时，不能简单地丢弃，应确定每个超出范围的数组元素的反向对称点，然后将其值设为 0。

4. 确定直线的端点及间断连接

一旦找到累加器数组 H 中 K 个极大值的位置，就获得了图像中 K 条直线的参数 ρ 和 θ，但诸如直线是否存在间断、线段的端点等还有待确定。下面给出一种获取这些信息的方法：

（1）利用点线映射方法，对于每个极大值点 (ρ_k, θ_k)，寻找满足该直线方程 $\rho_k = x\cos\theta_k + y\sin\theta_k$ 的所有边缘点 (x, y)，并对这些边缘点排序。

（2）计算排序后的相邻边缘点之间的距离。如果所有邻点距离小于或等于给定阈值，则该直线可视为无间断，边缘点序列的头、尾点就是该直线的两个端点；如果存在邻点距离大于给定阈值，那么，该直线存在间断，找到间断位置，就可以确定构成该直线的每一片段的两个端点。

Scikit-image 提供了实现标准 Hough 变换的两个函数：函数 transform. hough_line() 完成参数空间的离散化、创建累加器数组（Hough 空间）和点线映射计算；函数 transform. hough _ line _ peaks() 从累加器数组中找出一组有意义的极大值（峰值），返回对应的直线参数 ρ、θ 和累加值。

另外 Scikit-image 还提供了概率 Hough 变换函数 transform. probabilistic _ hough _ line()，能够快速检测边缘图像中的直线段。

OpenCV 提供了标准 Hough 变换函数 cv. HoughLines() 和概率 Hough 变换函数 cv. HoughLinesP()。

示例［9-5］用 Hough 变换检测直线

首先构建一幅二值图像，在黑色背景上画 5 条白色直线段，如图 9-12（a）所示。然后用函数 transform. hough _ line() 和 transform. hough _ line _ peaks() 寻找图像中的线段。图 9-12（b）以灰度图像方式显示函数 transform. hough _ line() 返回的累加器数组中的计数状态，可以清晰地看到有 5 个较亮的峰值点。接下来调用函数 transform. hough _ line _ peaks() 得到这 5 个峰值点对应的直线参数，包括边缘点数（计数值）、角度 θ 和距离 ρ，分别为：

边缘点数：$\begin{bmatrix} 150 & 100 & 88 & 85 & 83 \end{bmatrix}$

角度 theta：$\begin{bmatrix} 90. & 0. & 81. & -21.5 & -63.5 \end{bmatrix}$

距离 rho：$\begin{bmatrix} 31. & 66. & 81. & 92. & -27. \end{bmatrix}$

最后利用式（9-20）给出的直线参数方程，计算出每条直线在图像范围内的端点坐标，并以黄色绘出每条直线叠加在原图像上显示，结果如图 9-12（c）所示。

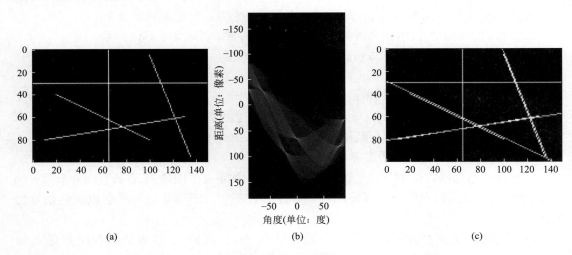

图 9-12　用标准 Hough 变换检测直线

（a）原始边缘图像；（b）Hough 变换参数数组；（c）将识别出的直线叠加到原图像上

♯ Scikit-image：标准 Hough 变换直线检测示例

♯构建一幅二值图像用于测试

```
img = np. zeros((100,150),dtype = np. uint8)
img[30,:] = 255; img[:,65] = 255
```

```
rr,cc = draw. line(60,130,80,10)
img[rr,cc] = 255
rr,cc = draw. line(r0 = 40,c0 = 20,r1 = 80,c1 = 100)
img[rr,cc] = 255
rr,cc = draw. line(r0 = 5,c0 = 100,r1 = 95,c1 = 135 )
img[rr,cc] = 255

#角度间隔为 0.5 度 Set a precision of 0.5 degree.
angles_axis = np. deg2rad(np. arange( - 90,91,0.5))
#标准 Hough 变换
hspace,theta,rho_dist = transform. hough_line(img,theta = angles_axis)
#获取 Hough 空间 hspace 中的峰值及对应直线参数
accum,angles,dists = transform. hough_line_peaks(hspace,theta,rho_dist)


#显示检测到的直线参数
print('边缘点数:',accum)
print('角度 theta:',np. rad2deg(angles))
print('距离　rho:',np. round(dists))
#将二值测试图像转换为 RGB 颜色通道图像
#将 Hough 变换检测得到的直线以黄色叠加到图像中
img_result = color. gray2rgb(img)
#设定检测到的直线 x 轴坐标范围(数组列下标)
xp = np. arange(0,img. shape[1])
#根据参数 rho,theta 计算每条直线对应的 y 轴坐标值(数组行下标)
for i in range(angles. shape[0]):
    if angles[i] == 0:  #垂直线
        #确定在图像范围内的直线端点坐标
        x1 = np. int32(dists[i]);  y1 = 0
        x2 = np. int32(dists[i]); y2 = img. shape[0] - 1
    else:
        yp = np. int32((dists[i] - xp * np. cos(angles[i])) / np. sin(angles[i]))
        #确定在图像范围内的直线端点坐标
        yidx = np. logical_and(yp >= 0,yp<img. shape[0])
        x1 = xp[yidx][0];  y1 = yp[yidx][0]
        x2 = xp[yidx][-1]; y2 = yp[yidx][-1]
    #画线
    img_result = cv. line(img_result,(x1,y1),(x2,y2),(255,255,0),1)
#显示结果(略)
#----------------------
```

289

采用概率 Hough 变换函数 transform. probabilistic _ hough _ line 得到的结果:

检测到的线段端点坐标,如图 9-13 所示:

[((0,30), (149,30)), ((135,95), (100,5)), ((38,75), (130,60)),
((65,99), (65,0)), ((100,80), (21,41))]

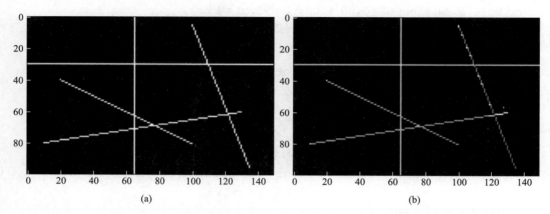

图 9-13 用概率 Hough 变换检测直线
(a) 原始边缘图像;(b) 将识别出的直线段以随机颜色叠加到原图像上

＃概率 Hough 变换(Probabilistic Hough Transform)直线检测示例

```
＃构建一幅二值图像用于测试
img = np. zeros((100,150),dtype = np. uint8)
img[30,:] = 255; img[:,65] = 255
rr,cc = draw. line(60,130,80,10)
img[rr,cc] = 255
rr,cc = draw. line(r0 = 40,c0 = 20,r1 = 80,c1 = 100)
img[rr,cc] = 255
rr,cc = draw. line(r0 = 5,c0 = 100,r1 = 95,c1 = 135 )
img[rr,cc] = 255
＃概率 Hough 变换
lines = transform. probabilistic_hough_line(img,threshold = 10,line_length = 60,line_gap = 3)
print('检测到的线段端点坐标:',lines)   ＃显示检测到的线段端点坐标


＃将二值测试图像转换为 RGB 颜色通道图像
img_result2 = color. gray2rgb(img)
＃用随机颜色绘出检测到的每根直线
for line in lines:
     ＃得到检出的线段端点坐标
     p0,p1 = line
     ＃产生随机颜色
```

```
    r = np.random.randint(125,255)
    g = np.random.randint(125,255)
    b = np.random.randint(125,255)
    #画线
    img_result2 = cv.line(img_result2,p0,p1,(b,g,r),1)
#显示结果(略)
#------------------------
#OpenCV 标准 Hough 变换直线检测示例
#构建一幅二值图像用于测试
img = np.zeros((100,150),dtype = np.uint8)
img = cv.line(img,(65,0),(65,99),255,1)
img = cv.line(img,(0,30),(150,30),255,1)
img = cv.line(img,(130,60),(10,80),255,1)
img = cv.line(img,(20,40),(100,80),255,1)
img = cv.line(img,(100,5),(135,95),255,1)
#标准 Hough 变换
lines = cv.HoughLines(img,rho = 1,theta = np.pi/90,threshold = 50)
#显示检测到的直线参数
print('距离  rho:',lines[:,0,0])
print('角度 theta:',np.round(np.rad2deg(lines[:,0,1])))


#将灰度图像转换为 RGB 颜色通道图像,用黄色绘出检测到的每根直线
imgresult = cv.cvtColor(img,cv.COLOR_GRAY2RGB)
#设定检测到的直线 x 轴坐标范围(数组列下标)
xp = np.arange(0,img.shape[1])
#根据参数 rho,theta 计算每条直线对应的 y 轴坐标值(数组行下标)
for line in lines:
    rho,theta = line[0]
    if theta == 0:   #画垂直直线
        #确定在图像范围内的直线端点坐标
        x1 = np.int32(rho);  y1 = 0
        x2 = np.int32(rho); y2 = img.shape[0]-1
    else:
        yp = np.int32((rho - xp * np.cos(theta)) / np.sin(theta))
        #确定在图像范围内的直线端点坐标
        yidx = np.logical_and(yp >= 0,yp < img.shape[0])
        x1 = xp[yidx][0];  y1 = yp[yidx][0]
        x2 = xp[yidx][-1]; y2 = yp[yidx][-1]
    imgresult = cv.line(imgresult,(x1,y1),(x2,y2),(255,255,0),1)   #画线
```

＃显示结果(略)

＃————————————

示例 [**9-6**] 用 **Hough** 变换检测机械零件中的直线 （图 **9-14**）

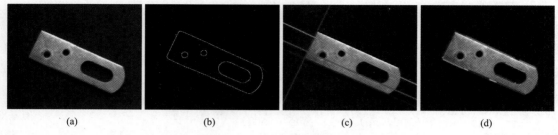

<table>
<tr><td>(a)</td><td>(b)</td><td>(c)</td><td>(d)</td></tr>
</table>

图 9-14　用 Hough 变换检测机械零件图像中的直线

（a）机械零件；（b）Canny 边缘检测结果；（c）标准 Hough 变换直线检测；（d）概率 Hough 变换直线检测

＃Scikit-image：Hough 变换机械零件直线检测示例

```
img = io. imread('. /imagedata/workpiece. png')　＃读入一幅灰度图像
img_smooth = ndimage. gaussian_filter(img,sigma = 5)　＃高斯平滑滤波
edges = feature. canny(img_smooth,sigma = 2)　＃得到边缘图像
＃标准 Hough 变换,角度间隔为 0.5°
angles_axis = np. deg2rad(np. arange( - 90,91,0. 5))
hspace,theta,rho_dist = transform. hough_line(edges,theta = angles_axis)
＃获取 Hough 空间 hspace 中的峰值及对应直线参数
accum,angles,dists = transform. hough_line_peaks (hspace,theta,rho_dist,
                                          threshold = 0. 2 * np. max(hspace))

＃显示检测到的直线参数
print('标准 Hough 变换_边缘点数:',accum)
print('标准 Hough 变换_角度 theta:',np. rad2deg(angles))
print('标准 Hough 变换_距离 rho:',np. round(dists))
＃将灰度图像转换为 RGB 颜色通道图像,用随机颜色绘出检测到的每根直线
img_result1 = color. gray2rgb(img)
＃设定检测到的直线 x 轴坐标范围(数组列下标)
xp = np. arange(0,img. shape[1])
＃根据参数 rho,theta 计算每条直线对应的 y 轴坐标值(数组行下标)
for i in range(angles. shape[0]):
    if angles[i] = = 0：＃垂直线
        ＃确定在图像范围内的直线端点坐标
        x1 = np. int32(dists[i]);   y1 = 0
        x2 = np. int32(dists[i]);   y2 = img. shape[0] - 1
    else：
        yp = np. int32((dists[i] - xp * np. cos(angles[i])) / np. sin(angles[i]))
```

```
＃确定在图像范围内的直线端点坐标
yidx = np.logical_and(yp>= 0,yp<img.shape[0])
x1 = xp[yidx][0];  y1 = yp[yidx][0]
x2 = xp[yidx][-1]; y2 = yp[yidx][-1]
```
　＃产生随机颜色
```
r = np.random.randint(50,255)
g = np.random.randint(50,255)
b = np.random.randint(50,255)
img_result1 = cv.line(img_result1,(x1,y1),(x2,y2),(r,g,b),3)   ＃画线
```
＃概率 Hough 变换
```
lines = transform.probabilistic_hough_line(edges,threshold = 10,line_length = 50,
line_gap = 20)
```
　＃显示检测到的直线段数
```
print('\n 概率 Hough 变换检测到的直线段数:',len(lines))
```
　＃将灰度图像转换为 RGB 颜色通道图像
```
img_result2 = color.gray2rgb(img)
```
　＃用随机颜色绘出检测到的每根直线
```
for line in lines:
    p0,p1 = line   ＃得到检出的线段端点坐标
    ＃产生随机颜色
    r = np.random.randint(50,255)
    g = np.random.randint(50,255)
    b = np.random.randint(50,255)
    img_result2 = cv.line(img_result2,p0,p1,(b,g,r),3)   ＃画线
```
＃显示结果(略)
＃--------------------

OpenCV 的 Hough 变换直线检测函数

HoughLines

函数功能	采用标准 Hough 变换检测直线,Finds lines in a binary image using the standard Hough transform.	
函数原型	lines = cv.HoughLines(image,rho,theta,threshold[,lines[,srn[,stn[,min_theta[,max_theta]]]]])	
输入参数	参数名称	描述
	image	8-bit 单通道二值图像,ndarray 型数组,数据类型为 uint8,可能被函数修改。
	rho	以像素为单位的距离分辨率,数据类型为双精度浮点型。
	theta	以弧度为单位的角度分辨率,数据类型为双精度浮点型。
	threshold	累加器的阈值参数,得票数大于阈值 threshold 的线段才可以被检测通过并返回到结果中,数据类型为整数。
	lines	保存检测到的直线参数的输出数组,每条直线由向量(ρ,θ)表示。

参数名称		描述
输入参数	srn	对于多尺度 Hough 变换,作为 rho 距离分辨率的除数,用于细化累加器距离分辨率。双精度浮点型,默认值 0。
	stn	对于多尺度 Hough 变换,作为 theta 角度分辨率的除数,用于细化累加器角度分辨率。双精度浮点型,默认值 0。如果 srn 和 stn 同时为 0,就表示使用经典的霍夫变换。否则,这两个参数应该都为正数,将采用多尺度 Hough 变换。
	min_theta	指定待检测直线的最小角度,默认为 0,需在 0 到 max_theta 之间取值。
	max_theta	指定待检测直线的最大角度,默认为 CV_PI,须在 min_theta 到 CV_PI 之间取值。
返回值	lines -输出数组,保存检测到的直线参数,每条直线参数由向量(ρ, θ)表示。	

HoughLinesP

函数功能		采用概率 Hough 变换检测直线,Finds line segments in a binary image using the probabilistic Hough transform.
函数原型		lines = cv. HoughLinesP(image,rho,theta,threshold[,lines[,minLineLength[,maxLineGap]]])
输入参数	参数名称	描述
	image	8-bit 单通道二值图像,ndarray 型数组,数据类型为 uint8。
	rho	以像素为单位的距离分辨率,数据类型为双精度浮点型。
	theta	以弧度为单位的角度分辨率,数据类型为双精度浮点型。
	threshold	累加器的阈值参数,得票数大于阈值 threshold 的线段才可以被检测通过并返回到结果中,数据类型为整数。
	lines	保存检测到的直线参数的输出数组,每条直线由 4 个元素的向量(x1,y1,x2,y2)表示,其中(x1,y1)和(x2,y2)为检出直线段的端点坐标。
	minLineLength	指定检出直线段的最短长度,小于此长度的线段将被拒绝,默认值 0。
	maxLineGap	指定位于同一直线上允许连接的两段直线之间的最大间隔,默认值 0。
返回值	lines -保存检测到的直线参数的输出数组,每条直线由 4 个元素的向量(x1,y1,x2,y2)表示,其中(x1,y1)和(x2,y2)为检出直线段的端点坐标。	

 Scikit-image 的 Hough 变换直线检测函数

hough _ line

函数功能		直线 Hough 变换,完成参数空间的离散化、创建累加器数组(Hough 空间)和点线映射计算。Perform a straight line standard Hough transform.
函数原型		skimage. transform. hough_line(image,theta=None)
输入参数	参数名称	描述
	image	边缘图像,ndarray 型数组,用非 0 值表示边缘点。
	theta	计算 Hough 变换用到的角度值(弧度),一维数组,双精度浮点型,默认值为对 $-pi/2 \sim pi/2$ 均匀间隔离散为 180 个值构成的数组。
返回值	hspace - ndarray 型二维数组,数据类型为 uint64,Hough 变换累加器数组。	
	angles - ndarray 型一维数组,Hough 变换计算用到的角度值,弧度 radians。	
	distances - ndarray 型一维数组,Hough 变换计算用到的距离值。	

hough _ line _ peaks

函数功能	从 Hough 累加器数组中找出一组有意义的极大值(峰值),并返回对应的直线参数。Return peaks in a straight line Hough transform.	
函数原型	skimage. transform. hough_line_peaks(hspace,angles,dists,min_distance=9,min_angle=10,threshold=None,num_peaks=inf)	
输入参数	参数名称	描述
	hspace	由函数 hough_line 返回值 hspace,(N,M)数组。
	angles	由函数 hough_line 返回值 angles,(N,)数组。
	dists	由函数 hough_line 返回值 distances,(M,)数组。
	min_distance	检出直线之间的最小距离间隔,整数 int,缺省值 min_distance=9。
	min_angle	检出直线之间的最小角度间隔,整数 int,缺省值 min_angle=10。
	threshold	检出峰值的最小计数值,浮点数 float,缺省值为 threshold=0.5 * max(hspace)。
	num_peaks	期望检出的峰值数量,整数 int,缺省值为无穷多个。
返回值	accum - 数组元组,tuple of array,从 hspace 中找到的峰值(边缘点数)。	
	angles - 数组元组,tuple of array,峰值对应的直线角度参数 θ。	
	dists - 数组元组,tuple of array,峰值对应的直线距离参数 ρ。	

probabilistic _ hough _ line

函数功能	概率 Hough 变换直线检测,Return lines from a progressive probabilistic line Hough transform.	
函数原型	skimage. transform. probabilistic_hough_line(image,threshold=10,line_length=50,line_gap=10,theta=None,seed=None)	
输入参数	参数名称	描述
	image	边缘图像、ndarray 数组,用非 0 值表示边缘点。
	threshold	阈值、整数 int,与期望检出直线的长度有关,缺省值 threshold=10。
	line_length	期望检出直线的最小长度,整数 int,缺省值 line_length=50。
	line_gap	允许合并的线段之间的最大间隙,整数 int,缺省值 line_gap=10。
	theta	计算 Hough 变换用到的角度值(弧度),一维数组,双精度浮点型,默认值为对 $-pi/2 \sim pi/2$ 均匀间隔离散的数组。
	seed	初始化随机数发生器的种子,整数 int。
返回值	lines-检出直线的端点坐标列表,格式为((x0,y0),(x1,y1))。	

9.4.3 Hough 变换的圆检测

图像平面上的直线能用两个参数 (ρ,θ) 来描述,圆则需要三个参数来表示,即:

$$(x-a)^2 +(y-b)^2 = r^2 \tag{9-25}$$

式中,(a,b) 为圆心坐标,r 为圆半径,这些参数张成一个 a-b-r 三维参数空间。对于图

像中的边缘点 (x_i, y_i)，通过该点的圆应满足方程：

$$(x_i - a)^2 + (y_i - b)^2 = r^2 \tag{9-26}$$

将其改写为：

$$(a - x_i)^2 + (b - y_i)^2 = r^2 \tag{9-27}$$

上式表示了在三维参数空间中以 (x_i, y_i) 圆心、半径为 r 的一系列圆。因此，圆的 Hough 变换，图像中的一个边缘点，按式（9-27）被映射为 a-b-r 三维参数空间中一个圆锥面，如图 9-15（a）所示。位于图像中同一个圆上的边缘点，映射到 a-b-r 参数空间中对应的圆锥面，都将通过一个空间点 (a', b', r')，其坐标值 (a', b', r') 就是这些边缘点所构成的圆方程参数。

类似直线的 Hough 变换，我们也把 a-b-r 三维参数空间离散为一系列空间立体网格，并用一个三维的累加器数组 H 表达这一离散参数空间。把图像中的每个边缘点都映射为一个圆锥面，圆锥面经过的立体网格，对应的累加器数组单元计数值加 1。然后，通过在三维累加器数组中寻找极大值单元来确定图像中显著圆形结构的圆心坐标 (a, b) 和半径 r。图 9-15（b）描述了在给定半径 $r = r_i$ 时三维累加数组的一个剖面。

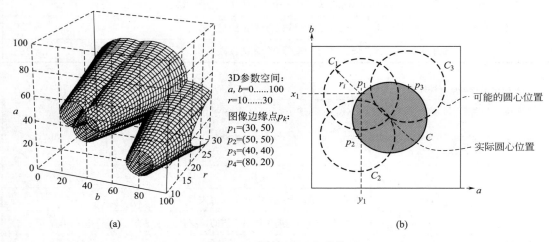

图 9-15 圆的 Hough 变换

图 9-15（a）给出了圆的 a-b-r 三维参数空间，每一个图像边缘点 p_k 对应的圆锥面所经过的三维累加数组单元值加 1。图 9-15（b）描述了在给定半径 $r = r_i$ 时三维累加数组的一个剖面。经过给定边缘点 $\boldsymbol{p}_1 = (x_1, y_1)$ 的所有可能圆的圆心位置，形成了以 $\boldsymbol{p}_1$ 为圆心、半径为 r_i 的圆 C_1；同样，经过边缘点 $\boldsymbol{p}_2$、$\boldsymbol{p}_3$ 的所有可能的圆的圆心位置，形成了圆 C_2 和 C_3。圆 C_1、C_2 和 C_3 所经过的三维累加数组单元的值增加，三者相交处累加数组单元的值等于 3，该数组单元对应的 a、b 值就是图像中由边缘点 $\boldsymbol{p}_1$、$\boldsymbol{p}_2$ 和 $\boldsymbol{p}_3$ 所构成的圆 C 的圆心坐标。

以上是用标准 Hough 变换圆检测的基本思路，但是，无论是边缘点向 a-b-r 三维参数空间的映射过程，还是从三维累加器数组 H 中寻找极大值，计算量都非常大。对标准 Hough 变换圆检测的改进，主要通过将三维参数空间分解为低维空间以降低计算复杂度。如利用边缘点的梯度信息，由于圆心一定位于圆上每个边缘点的法向量上，这些法向量的交点就是圆心。第一步就是找到这些圆心，这样三维的累加平面就又转化为二维累加平面。第二步根据边缘点对所有候选中心的支持程度来确定半径。

示例［9-7］检测图像中的圆

图 9-16（a）是一幅含有 10 个橡木桶的灰度图像，它们的半径约在 $50 \sim 200$ 像素之间。图 9-16（b）为采用 OpenCV 函数 cv. HoughCircles（）的圆检测结果，将检测到的圆及圆心叠加到原图像上显示。

(a)　　　　　　　　　　　　　　　　(b)

图 9-16　用 Hough 变换检测图像中的圆

（a）橡木桶图像；（b）将检测的圆及圆心叠加到原图像

♯ OpenCV：Hough 变换圆检测示例

```
img = cv. imread('. /imagedata/oak_barrels.png',0)   ♯读入一幅灰度图像
img2 = cv. bilateralFilter(img,9,75,75)   ♯对图像进行双边滤波
♯Hough 圆变换
circles = cv.HoughCircles(img2,cv. HOUGH_GRADIENT,1,30,\
                          param1 = 100,param2 = 90,minRadius = 20,maxRadius = 0)
♯将灰度图像转换为 RGB 颜色通道图像
imgrgb = cv. cvtColor(img2,cv. COLOR_GRAY2RGB)
♯用绿色绘出检测到的每个圆环,红色画圆心
circles = np. uint16(np. around(circles))
for i in circles[0,:]:
    imgrgb = cv. circle(imgrgb,(i[0],i[1]),i[2],(0,255,0),2)   ♯画圆环
    imgrgb = cv. circle(imgrgb,(i[0],i[1]),7,(255,0,0),-1)   ♯画圆心
♯显示结果(略)
♯-------------------------
```

♻ OpenCV 的 Hough 变换圆检测函数

HoughCircles

函数功能	Hough 变换圆检测,Finds circles in a grayscale image using the Hough transform.
函数原型	circles＝cv. HoughCircles(image,method,dp,minDist[,circles[,param1[,param2[,minRadius[,maxRadius]]]]])

	参数名称	描述
输入参数	image	8-比特、单通道灰度图像。
	method	Hough 变换方式,默认 cv. HOUGH_GRADIENT,可选 cv. HOUGH_GRADI-ENT_ALT。
	dp	指定累加器分辨率。这个参数允许创建一个比输入图像分辨率低的累加器,如果 dp=1,则累加器与图像分辨率相同;如果 dp=2,累加器分辨率为图像分辨率的一半。dp 的值不能小于 1。
	minDist	可检出的不同圆圆心之间的最小距离。若 minDist 太小,导致检出过多临近圆;若 minDist 过大,一些圆可能被漏检。
	circles	输出检出的圆参数数组,圆参数向量为(x,y,radius),其中(x,y)为圆心坐标,radius 为圆半径。
	param1	Hough 变换方式为 cv. HOUGH_GRADIENT,用于指定 Canny 算子边缘检测的阈值上限,下限被置为上限的一半,默认值为 100。cv. HOUGH_GRADI-ENT_ALT 方式则采用 Scharr 算子,此值应大些。
	param2	对于 Hough 变换方式 cv. HOUGH_GRADIENT,累加器的阀值,默认值 100。对于 cv. HOUGH_GRADIENT_ALT,此参数为检出圆的完美性度量,此值越接近 1,检出的圆越完整。
	minRadius	搜索的最小圆半径。
	maxRadius	搜索的最大圆半径。
返回值	circles - 检出的圆参数数组,圆参数向量为(x,y,radius),其中(x,y)为圆心坐标,radius 为圆半径。	

Scikit-image 的 Hough 变换圆检测函数

hough _ circle

函数功能	Hough 变换圆检测,Perform a circular Hough transform.	
函数原型	skimage. transform. hough_circle(image,radius,normalize=True,full_output=False)	
	参数名称	描述
输入参数	image	边缘图像,ndarray 型数组,用非 0 值表示边缘点。
	radius	期望检出圆的半径或半径范围,整数或整数序列。
	normalize	是否对 Hough 变换累加值做归一化处理,bool 型,默认值 normalize=True。
	full_output	是否完备输出,以便检出圆心位于图像之外的圆,默认值 full_output=False。
返回值	hspace-圆检测 Hough 变换累加器数组,ndarray 型三维数组。	

hough _ circle _ peaks

函数功能	从 Hough 累加器数组中找出一组有意义的极大值(峰值),并返回对应的圆参数。Return peaks in a circle Hough transform.
函数原型	skimage. transform. hough_circle_peaks(hspaces,radii,min_xdistance=1,min_ydistance=1,threshold=None,num_peaks=inf,total_num_peaks=inf,normalize=False)

续表

	参数名称	描述
输入参数	hspace	由函数 hough_circle 返回值 hspace,(N,M)数组。
	radii	期望检出圆的半径或半径范围,整数或整数序列,(N,)数组。
	min_xdistance	期望检出圆的圆心 x 坐标的最小间隔,整数 int,默认值 min_xdistance=1。
	min_ydistance	期望检出圆的圆心 y 坐标的最小间隔,整数 int,默认值 min_ydistance=1。
	threshold	检出峰值的最小累加计数值,浮点数 float,缺省值为 threshold=0.5 * max (hspace)。
	num_peaks	期望检出相同半径圆的累加峰值数量,整数 int,整数 int,缺省值为无穷多个。
	total_num_peaks	期望检出所有圆的累加峰值数量,整数 int,整数 int,缺省值为无穷多个。
	normalize	是否对 Hough 变换累加值做归一化处理,bool 型,默认值 normalize=False。
返回值	accum - 数组元组,tuple of array,圆 hough 变换边缘点累计峰值。	
	cx - 数组元组,tuple of array,检出圆心 x 坐标。	
	cy - 数组元组,tuple of array,检出圆心 y 坐标。	
	rad - 数组元组,tuple of array,检出圆半径。	

9.5　角点检测

角点检测（Corner Detection）是图像处理和计算机视觉中常用的一种算子。现实世界中，角点对应于物体的拐角、道路的十字路口、丁字路口等，是物体的显著结构要素。

角点在人类视觉与机器视觉中都有着重要的作用，它不但可为人类视觉提示边缘信息，而且是机器视觉中的少量"鲁棒"特征之一。所谓"鲁棒"特征，主要是指那些在三维场景中非偶然出现的，且在大范围视角和光照条件下相对稳定并能准确定位的特征。角点在保留图像图形重要特征的同时，可以有效地减少信息的数据量，使其信息的含量很高，有效地提高了计算速度，有利于图像的可靠匹配，使得实时处理成为可能。对于同一场景，即使视角发生变化，通常具备稳定性质的特征。因此，角点检测广泛应用于目标跟踪、目标识别、图像配准与匹配、三维重建、摄像机标定等计算机视觉领域。

通常意义上来说，角点就是极值点，即那些在某方面属性特别突出的点，是在某些属性上强度最大或者最小的孤立点、线段的终点等，如图 9-17 所示圆圈内的部分。角点可定义为两个边缘的交点，或者邻域内具有两个主方向的特征点。

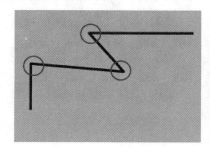

图 9-17　图像中的角点

Harris 角点检测器

角点能被我们的视觉系统轻易识别，但精确地进行自动角点检测并不是一件简单的事情。尽管已经提出了很多寻找角点及相关感兴趣点的方法，但是它们绝大多数都基于以下基本原则：边缘通常被定义为在图像中某一方向的梯度极大并在与它垂直方向上极小的位置，而角点在多个方向上同时取得较大的梯度。大多数方法都利用这一特点，通过计算图像在 x 或 y 方向上的一阶或者二阶导数来寻找角点，其中 Harris 角点检测器与其他以之为基础的检测器在实际中有很广泛的应用。

Harris 角点检测器由 Harris 和 Stephens 提出，基本思想为：（1）角点存在于图像梯度在多个方向上同时取得较大值的位置；（2）只有一个方向梯度较大的边缘位置不是角点，并且因为角点在任意方向上都存在，因此检测器应该是各向同性的。Harris 角点检测器的计算流程为：

1. 对每个像素，计算其水平和垂直方向的一阶导数（梯度分量）g_x、g_y；

$$\begin{bmatrix} g_x \\ g_y \end{bmatrix} = \begin{bmatrix} \dfrac{\partial f(x, y)}{\partial x} \\ \dfrac{\partial f(x, y)}{\partial y} \end{bmatrix}$$

2. 对每个像素，计算三个值 A、B 和 C；

$$A = g_x^2, \quad B = g_y^2, \quad C = g_x \cdot g_y$$

3. 然后对上述计算结果 A、B 和 C 进行高斯平滑滤波；

$$\overline{A} = A * h_{G, \sigma}, \quad \overline{B} = B * h_{G, \sigma}, \quad \overline{C} = C * h_{G, \sigma}$$

4. 构造局部结构矩阵 M，计算每个像素的角点响应函数 $R(M)$ 作为"角点强度"的度量。

$$R(M) = \det(M) - \alpha \cdot (\text{trace}(M))^2 \\ = (\overline{AB} - \overline{C}^2) - \alpha \cdot (\overline{A} + \overline{B})^2, \qquad M = \begin{bmatrix} \overline{A} & \overline{C} \\ \overline{C} & \overline{B} \end{bmatrix}$$

式中，参数 α 决定了角点检测器的灵敏度，通常在 $0.04 \sim 0.06$ 之间取值，α 值越大，角点检测器越不敏感，检测到的角点数就越小。

5. 对角点响应函数 $R(M)$ 取阈值，并进行非最大值抑制，得到检测到的角点坐标。

示例 [9-8] 角点检测

图 9-18（a）是一幅常用于摄像机标定的棋盘格标定板，图 9-18（b）中的红色圆环标

(a)   (b)

图 9-18 Harris 角点检测示例

（a）棋盘格图像；（b）采用 Harris 方法得到的角点（圆心）

出了采用 Harris 方法检出的角点位置（圆心为角点）。除了 Harris 角点检测器，Scikit-image 还给出了另外几种方法，如 corner_fast、corner_foerstner、corner_moravec 等。

♯ 角点检测示例 Corner detection

```
img = io. imread('. /imagedata/chessboard. png')    ♯读入一幅灰度图像
harris_res = feature. corner_harris(img)    ♯计算 Harris 角点响应图像
♯从 Harris 角点响应图像获取峰值点及其行列下标，即为角点
coords = feature. corner_peaks(harris_res,min_distance = 5,threshold_rel = 0.01)
♯以检测到角点为圆心,用红色圆环标出
♯将灰度图像转换为 RGB 图像
img_corners = util. img_as_ubyte(color. gray2rgb(img))
for corner in coords:
        ♯画红色圆环
        img_corners = cv. circle(img_corners,(corner[1],corner[0]),12,(255,0,0),
                                               thickness = 2)

♯显示结果(略)
♯------------------------
```

 Scikit-image 的角点检测函数

corner_harris

函数功能	计算 Harris 角点测量响应图像,Compute Harris corner measure response image.	
函数原型	skimage. feature. corner_harris(image,method='k', k=0.05,eps=1e-06,sigma=1)	
输入参数	参数名称	描述
	image	输入灰度图像,ndarray 型数组。
	method	字符串标量,指定计算角点响应函数的方法,可在'k''eps'选择,默认值 method='k'。
	k	灵敏度,浮点数 float,在[0,0.2]之间取值,默认值 k=0.05。小的 k 值可得到尖锐的角点。
	eps	归一化因子,浮点数 float,默认值为 eps=1e-06。
	sigma	局部结构矩阵 M 元素高斯平滑滤波标准差,浮点数 float,默认值 sigma=1。
返回值	hspace -Harris 角点响应图像,ndarray 型二维数组。	

corner_peaks

函数功能	从角点响应图像中找出一组有意义的极大值(峰值),并返回对应的角点坐标。Find peaks in corner measure response image.
函数原型	skimage. feature. corner_peaks(image,min_distance=1,threshold_abs=None,threshold_rel=None, exclude_border=True, indices=True, num_peaks=inf,footprint=None,labels=None, * ,num_peaks_per_label=inf,p_norm=inf)

	参数名称	描述
输入参数	image	函数 corner_harris 或其他角点检测函数返回的角点测量响应图像 hspace。
	min_distance	峰值之间允许的最小间隔距离，整数 int，缺省值 min_distance=1。
	threshold_abs	检出峰值的绝对阈值，浮点数 float，默认值为角点响应图像最小值。
	threshold_rel	检出峰值的相对阈值，浮点数 float，默认值 threshold_rel=max(image) * threshold_rel。
	exclude_border	检出角点是否排除边界，整数、整数元组或 bool 型 int，tuple of ints，or bool，默认值 exclude_border=True。
	indices	角点下标输出方式，bool 型，如果 indices=True，输出角点下标数组；如果 indices=False，输出一个 bool 型二维数组，大小与输入 image 相同，用 True 表示角点，用 False 表示非角点。默认值 indices=True。
	num_peaks	允许检出的角点数量，整数 int，默认值 num_peaks=inf，即无穷个。
	footprint	bool 型数组，ndarray of bools，用于指定角点检测位置。
	labels	标记图像，整数数组 ndarray of ints，指定角点检测区域。
	num_peaks_per_label	指定标记区域角点检出数量，整数 int，默认值 num_peaks_per_label=inf。
	p_norm	Minkowski p-norm，浮点数 float，在[1,inf]之间取值，默认值 p_norm=inf。
返回值		检出角点，角点下标数组或 bool 型二维数组，输出方式取决于参数 indices 的值。 如果 indices = True：角点下标数组(row,column,…)； 如果 indices = False：bool 型二维数组。

9.6　Python 扩展库中的图像边缘检测函数

为便于学习，下表列出了 Scikit-image、OpenCV、SciPy 等库中与图像边缘检测相关的常用函数及其功能。

函数名	功能描述
Scikit-image	**导入方式：from skimage import filters，feature，transform**
roberts	Roberts 交叉梯度边缘检测，Find the edge magnitude using Roberts' cross operator.
prewitt	Prewitt 边缘检测，Find the edge magnitude using the Prewitt transform.
prewitt_h	Prewitt 水平边缘检测(计算垂直方向梯度分量)，Find the horizontal edges of an image using the Prewitt transform.
prewitt_v	Prewitt 垂直边缘检测(计算水平方向梯度分量)，Find the vertical edges of an image using the Prewitt transform.
sobel	Sobel 边缘检测，Find the edge magnitude using the Sobel transform.
sobel_h	Sobel 水平边缘检测(计算垂直方向梯度分量)，Find the horizontal edges of an image using the Sobel transform.
sobel_v	Sobel 垂直边缘检测(计算水平方向梯度分量)，Find the vertical edges of an image using the Sobel transform.

函数名	功能描述
schar	Scharr 边缘检测，Find the edge magnitude using the Scharr transform.
schar_h	Scharr 水平边缘检测(计算垂直方向梯度分量)，Find the horizontal edges of an image using the Scharr transform.
schar_v	Scharr 垂直边缘检测(计算水平方向梯度分量)，Find the vertical edges of an image using the Scharr transform.
laplace	Laplace 边缘检测，Find the edges of an image using the Laplace operator.
feature. canny	Canny 边缘检测，Edge filter an image using the Canny algorithm.
transform. hough_line	Hough 变换直线检测，完成参数空间的离散化、创建累加器数组(Hough 空间)和点线映射计算。Perform a straight line standard Hough transform.
transform. hough_line_peaks	Hough 变换直线检测，从 Hough 累加器数组中找出一组有意义的极大值(峰值)，并返回对应的直线参数。Return peaks in a straight line Hough transform.
transform. probabilistic_hough_line	概率 Hough 变换直线检测，Return lines from a progressive probabilistic line Hough transform.
transform. hough_circle	Hough 变换圆检测，Perform a circular Hough transform.
transform. hough_circle_peaks	Hough 变换圆检测，从 Hough 累加器数组中找出一组有意义的极大值(峰值)，并返回对应的圆参数。Return peaks in a circle Hough transform.
feature. corner_harris	计算 Harris 角点测量响应图像，Compute Harris corner measure response image.
feature. corner_peaks	Harris 角点检测，从 Hough 累加器数组中找出一组有意义的极大值(峰值)，并返回对应的圆参数。Find peaks in corner measure response image.
OpenCV　　导入方式：**import cv2 as cv**	
Sobel	Sobel 边缘检测，Calculates the first, second, third, or mixed image derivatives using an extended Sobel operator.
Spatial Gradient	计算图像 x、y 方向的一阶导数(梯度分量)，Calculates the first order image derivative in both x and y using a Sobel operator.
Scharr	计算 Schar 算子梯度，Calculates the first x- or y- image derivative using Scharr operator.
Laplacian	Laplace 边缘检测，Calculates the Laplacian of an image.
Canny	Canny 边缘检测，Finds edges in an image using the Canny algorithm.
HoughLines	Hough 变换直线检测，Finds lines in a binary image using the standard Hough transform.
HoughLinesP	概率 Hough 变换直线检测，Finds line segments in a binary image using the probabilistic Hough transform.
HoughCircles	Hough 变换圆检测，Finds circles in a grayscale image using the Hough transform.
cornerHarris	Harris 角点检测，Harris corner detector.
findContours	二值图像轮廓检测，Finds contours in a binary image.
drawContours	绘制轮廓线或填充轮廓区域，Draws contours outlines or filled contours.
SciPy　　导入方式：**from scipy import ndimage**	
gaussian_laplace	LoG 边缘检测，Multidimensional Laplace filter using gaussian second derivatives.

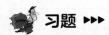 习题 ▶▶▶

9.1 边缘检测的目的是什么？

9.2 一般情况下如何确定一个像素是否是边缘像素？

9.3 采用 Canny 算子检测边缘时平滑滤波尺度因子对检测结果有何影响？

9.4 简述 Hough 变换的基本原理。

💻 上机练习 ▶▶▶

E9.1 打开本章 Jupyter Notebook 可执行记事本文件"Ch9 边缘检测 .ipynb"，逐单元（Cell）运行示例程序，注意观察分析运行结果。熟悉示例程序功能，掌握相关函数的使用方法。

E9.2 查找资料，确定一个边缘检测的应用案例，描述任务目标，给出实现方案及 Python 程序代码。

第 10 章

图像分割

图像分割（Image Segmentation）是指将图像划分成若干个性质相似、互不相交的区域的过程，其本质是像素的分类或聚类，目的是简化或改变图像的表示形式，使得图像更容易理解和分析。

图像分割依据像素灰度或颜色及其空间分布的基本特征：相似性、不连续性来完成，阈值分割、区域分裂与合并、运动目标分割等都是基于相似性的图像分割方法，例如把图像划分为灰度（亮度）、色彩、纹理或运动等属性大致相同的区域。不连续性体现为像素属性值空间分布的某种变化，往往对应于图像中属性不一致区域之间的过渡区域，如边缘、区域边界、纹理细节等，"第 9 章 边缘检测"就是此类图像分割的典型代表。

10.1 阈值分割

如果前景物体或背景表面各自具有较为一致的光反射特性，且物体和背景之间，或不同物体之间表面的光反射特性差异较大，那么图像就会形成明暗不同的区域，只要选择一个合适的灰度值作为阈值，就可以根据像素灰度值的高低，把图像分割为前景区域和背景区域，关键是如何选择阈值。

10.1.1 灰度直方图与阈值选择

图 10-1（a）中的灰度图像是将米粒撒在暗色绒布上拍摄的，米粒像素和绒布背景像素的灰度值彼此之间存在较明显的差异，各自又相对接近。图 10-1（b）是图像的灰度直方图，从灰度直方图中可以看出，其形状基本上呈现为"双峰"特性。每个"波峰"称为一种支配模式，反映了图像中像素的一种显著统计规律。左边的"波峰"由较暗的绒布背景像素汇聚形成（由于光照不均匀，导致一部分背景过暗，出现了一个小旁瓣），右边的"波峰"则由较亮的米粒像素汇聚形成。两个"波峰"的面积正比于图像中背景区域和米粒区域的大小，"波峰"的底部宽度则反映了背景和米粒区域各自像素灰度值的散布程度，两个"波峰"之间的"波谷"自然就是区分开背景和米粒两类像素的"分界点"。

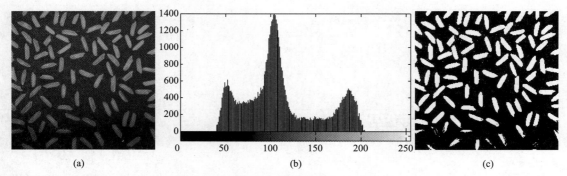

图 10-1　阈值分割与图像灰度直方图

（a）米粒图像；（b）灰度直方图；（c）阈值分割得到的二值图像

显然，如果选择直方图中两"波峰"之间"谷底"所对应的灰度值为阈值 T，那么灰度值满足 $f(x, y) > T$ 的像素属于前景米粒，令其值为 1；灰度值满足 $f(x, y) \leqslant T$ 的像素属于背景，令其值为 0，从而将图像二值化。即：

$$g(x, y) = \begin{cases} 1, & f(x, y) > T \\ 0, & f(x, y) \leqslant T \end{cases} \tag{10-1}$$

常将图像中我们感兴趣的物体所在区域称为兴趣区域（ROI，Region of Interest）、目标（Object）或前景（Foreground）等，其余称为背景（Background），并约定前景像素取值为 1、背景像素取值为 0。也可以用任何两个明显不同的值，如在 OpenCV 视觉库中，常用 255 和 0 分别表示目标像素和背景像素的灰度值。如果图像中目标区域比背景区域暗，那么只需对式（10-1）稍做修改，就可以满足目标和背景像素灰度值的取值约定。

1. 全局阈值与可变阈值

当阈值 T 适用于图像所有像素时，称为全局阈值分割。若处理图像中不同像素时，阈值 T 可以改变，称为可变阈值分割。如果像素 (x, y) 所用的阈值 T 取决于其邻域的图像特征（例如，邻域像素灰度均值、方差等），称为局部阈值分割或基于区域的阈值分割。例如，把一幅图像分成不重叠的若干矩形子图像，然后分别对每个子图像上再使用全局阈值分割。更进一步，如果每个像素 (x, y) 都要计算各自的阈值 T，则通常称其为动态阈值分割或自适应阈值分割。

2. 单阈值与多阈值

如果图像的灰度直方图呈现为双峰特性，如图 10-2（a）所示，就可以按式（10-1）用一个阈值实现图像分割，称为单阈值分割。如果图像的灰度直方图呈现为多峰特性，如图 10-2（b）所示，图像包含有三个支配模式，要想把图像分割成对应的三个区域，很明显需要两个阈值 T_1、T_2，分割后的图像 $g(x, y)$ 由下式给出：

$$g(x, y) = \begin{cases} a, & f(x, y) > T_2 \\ b, & T_1 < f(x, y) \leqslant T_2 \\ c, & f(x, y) \leqslant T_1 \end{cases} \tag{10-2}$$

其中，a、b 和 c 是任意三个不同的灰度值。对图像分割时，每个像素值需要与两个阈值 T_1、T_2 做比较，故称双阈值分割。以此类推，当用到多个阈值时，称多阈值分割。

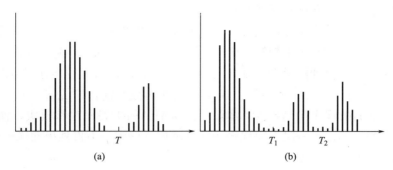

图 10-2　单阈值图像分割与双阈值图像分割的灰度直方图形态

（a）可被单阈值分割的图像的典型灰度直方图；（b）可被双阈值分割的图像的典型灰度直方图

3. 灰度直方图的形状与阈值选择

图像中目标像素和背景像素在灰度直方图中所形成的峰谷特性，是决定图像阈值分割能否成功的关键，波峰越窄、相距越远，波峰之间波谷越宽、越深，越有利于阈值分割。影响灰度直方图峰谷特性的主要因素有：

（1）目标和背景之间的明暗对比度，二者差异越大，对应波峰相距就越远，可分度就越大。

（2）图像中的噪声、波峰随噪声增强而展宽，波谷变浅，甚至消失。

（3）目标和背景的相对尺寸（即面积），二者越接近，峰谷特性愈佳。

（4）光照的均匀性。

（5）图像场景中目标表面对光线反射特性的均匀性。

10.1.2　基本全局阈值图像分割

当图像中目标与背景之间具有较高的对比度，灰度直方图呈双波峰，且波峰之间存在一个较为清晰的波谷时，适合采用全局阈值分割。尽管可以通过观察图像的灰度直方图人工选取阈值，但是更希望能基于图像数据自动选择阈值。下面介绍的迭代算法就可以完成阈值的自动选择：

（1）为阈值 T 选择一个初始值，譬如，图像 $f(x，y)$ 的灰度平均值 m_G。

（2）用阈值 T 按式（10-1）分割图像，将图像像素划分为 G_1 和 G_2 两部分。G_1 由灰度值大于 T 的所有像素组成，G_2 由灰度值小于或等于 T 的所有像素组成。分别求出 G_1 和 G_2 两部分像素的灰度平均值 m_1 和 m_2。

（3）计算新的阈值：

$$T=\frac{1}{2}(m_1+m_2)$$

（4）重复步骤（2）到步骤（4），直到迭代过程中前后两次得到的阈值 T 的差异，小于预先设定的参数 ΔT，终止迭代。即：

$$如果 |T_n-T_{n-1}| < \Delta T，停止$$

参数 ΔT 用于控制迭代的次数。通常，ΔT 越大，算法执行的迭代次数越少。

示例［10-1］基本全局阈值图像分割

图 10-1（a）是一幅米粒图像，图 10-1（b）是该图像的直方图，呈双峰特性且有一个明显的波谷。从 $T = m_\mathrm{G}$（图像灰度均值）开始，并令 $\Delta T = 0.5$，应用前述迭代算法经过 5 次迭代后就可收敛，得到阈值 $T = 131.4$。图 10-1（c）显示了最终分割结果。

注意： 在使用 Python 各类扩展库提供的函数之前，需先导入这些扩展库或模块。下面的程序代码导入了本章示例所用到的扩展库包和模块，使用本章中示例之前，先运行一次本段代码。后续示例程序中，不再列出此段程序。

♯导入本章示例用到的包

```
import numpy as np
import cv2 as cv
from skimage import io,util,filters,feature,transform,\
                      draw,color,morphology,segmentation,measure
from scipy import ndimage
import matplotlib.pyplot as plt
%matplotlib inline
#-------------------------------
```

♯基本全局阈值图像分割

```
img = io.imread('./imagedata/rice.png')   #读入一幅灰度图像
imgf = np.float32(img)   #将图像数据转换为浮点型
count = 0      #初始化迭代次数
Delta_T = 0.5   #选择迭代停止控制参数
Thr_new = 0   #新阈值
Thr = np.mean(imgf)   #用图像的灰度均值作为初始阈值
#迭代计算基本全局阈值
done = True
while done：
    count = count + 1   #统计迭代次数
    #计算两类像素的均值并更新阈值
    Thr_new = 0.5 * (np.mean(imgf[imgf>Thr]) + np.mean(imgf[imgf< =Thr]))
    if np.abs(Thr - Thr_new) < Delta_T:
        done = False
    Thr = Thr_new
img_bw = img > Thr   #用得到的阈值分割图像
#显示阈值及迭代次数
print('阈值 =',Thr)
print('迭代次数 =',count)
#显示结果(略,详见本章 Jupyter Notebook 可执行笔记本文件)
#-----------------------------------
```

10.1.3　Otsu 最佳全局阈值图像分割

Otsu 最佳阈值分割方法是由日本学者大津（Nobuyuki Otsu）于 1979 年提出的，又叫大津法。它根据图像灰度的统计特性，借助于灰度直方图，将图像分成目标和背景两类像素。Otsu 定义了类间方差（Variance between Classes）的概念来衡量目标和背景两类像素之间的可分性，如果目标和背景之间的类间方差越大，说明图像中这两部分像素的灰度值的差别越大。若部分目标被错分为背景，或部分背景被错分为目标，都会导致类间方差变小。因此，能够使类间方差最大的分割阈值意味着错分概率也最小。

设 L 是灰度图像 $f(x, y)$ 的灰度级数（对于 8 位数字图像，$L=256$），每个像素灰度值的取值范围为 $[0, L-1]$。那么，图像的归一化灰度直方图可表示为：

$$p_i = \frac{n_i}{N}, \qquad i=1, 2, \cdots\cdots, L-1 \tag{10-3}$$

且满足：

$$p_i \geqslant 0, \quad \sum_{i=0}^{L-1} p_i = 1 \tag{10-4}$$

式中，n_i 表示图像中灰度值等于 i 的像素的个数，N 表示图像的总像素数，$N = n_0 + n_1 + \cdots\cdots + n_{L-1}$。

令阈值 $T = k$，$0 \leqslant k < L-1$，把图像 $f(x, y)$ 的像素分成 C_1 和 C_2 两类。其中，C_1 由图像中灰度值在 $[0, k]$ 范围内取值的像素组成，C_2 则由图像中灰度值在 $[k+1, L-1]$ 范围内取值的像素组成。如果把每次阈值分割看成是一次随机实验，那么，C_1、C_2 两类各自发生的概率取决于阈值 k 的选择，为表明这种依赖性，用 $P_1(k)$ 表示类 C_1 发生的概率，$P_2(k)$ 表示类 C_2 发生的概率。依据概率的可列可加性，$P_1(k)$ 由下式给出：

$$P_1(k) = P(C_1) = \sum_{i=0}^{k} p_i \tag{10-5}$$

同样，类 C_2 发生的概率是：

$$P_2(k) = P(C_2) = \sum_{i=k+1}^{L-1} p_i \tag{10-6}$$

且有：

$$P_1(k) + P_2(k) = 1 \tag{10-7}$$

那么，类 C_1 中的像素灰度平均值为：

$$m_1(k) = \sum_{i=0}^{k} iP(i \mid C_1) = \sum_{i=0}^{k} i \left[\frac{n_i}{\sum_{j=0}^{k} n_j} \right] = \sum_{i=0}^{k} i \left[\frac{\dfrac{n_i}{N}}{\displaystyle\sum_{j=0}^{k} \dfrac{n_j}{N}} \right] = \sum_{i=0}^{k} i \left[\frac{p_i}{\sum_{j=0}^{k} p_j} \right]$$

$$= \frac{1}{P_1(k)} \sum_{i=0}^{k} ip_i \tag{10-8}$$

式中，$P(i \mid C_1)$ 为条件概率，表示灰度级 i 在类 C_1 中出现的概率。同理，类 C_2 中像素灰度平均值为：

$$m_2(k) = \sum_{i=k+1}^{L-1} iP(i \mid C_2) = \frac{1}{P_2(k)} \sum_{i=k+1}^{L-1} ip_i \tag{10-9}$$

而整个图像 $f(x, y)$ 的灰度平均值 m_G（全局均值）和方差 σ_G^2（全局方差）为：

$$m_G = \sum_{i=0}^{L-1} ip_i \tag{10-10}$$

$$\sigma_G^2 = \sum_{i=0}^{L-1} (i - m_G)^2 p_i \tag{10-11}$$

依据上述定义，显然有：

$$P_1(k)m_1(k) + P_2(k)m_2(k) = m_G \tag{10-12}$$

利用上述统计量，Otsu 定义类 C_1 和 C_2 之间的类间方差为：

$$\begin{aligned}
\sigma_B^2(k) &= P_1(k)[m_1(k) - m_G]^2 + P_2(k)[m_2(k) - m_G]^2 \\
&= P_1(k)P_2(k)[m_1(k) - m_2(k)]^2 \\
&= \frac{[m_G P_1(k) - m(k)]^2}{P_1(k)[1 - P_1(k)]}
\end{aligned} \tag{10-13}$$

为便于计算，利用式（10-7）和式（10-12）对 $\sigma_B^2(k)$ 的定义式进行简化，消除与类 C_2 相关的统计量。式中 $m(k)$ 按下式计算：

$$m(k) = P_1(k)m_1(k) = \sum_{i=0}^{k} ip_i \tag{10-14}$$

因为全局均值 m_G 仅需计算一次，故求取任何 k 值对应的 $\sigma_B^2(k)$ 仅需计算 $P_1(k)$ 和 $m(k)$。由于 $P_1(k)$ 和 $1 - P_1(k)$ 出现在分母上，所以选取 k 值时应满足条件 $0 < P_1(k) < 1$。

为了评价阈值 k 的优劣，Otsu 使用类间方差 $\sigma_B^2(k)$ 和全局方差 σ_G^2 的比值定义了两类像素之间的可分性测度（Separability Measure）为：

$$\eta(k) = \frac{\sigma_B^2(k)}{\sigma_G^2} \tag{10-15}$$

从式（10-13）第二行可以看出，两个类的均值 m_1 和 m_2 彼此隔得越远（二者差值越大），σ_B^2 越大，表明类间方差确实可以用于两类像素之间的可分性度量。因为 σ_G^2 是一个与 k 无关的常数，最大化 η 等价于最大化 σ_B^2。因此，最大化 $\sigma_B^2(k)$ 即可获取最佳阈值 k^*，即：

$$k^* = \underset{0 \leqslant k < L-1}{\arg\max} \{\sigma_B^2(k)\} \tag{10-16}$$

对 k 的所有可能整数值（满足条件 $0 < P_1(k) < 1$），按式（10-13）计算相应的 $\sigma_B^2(k)$ 值，使 $\sigma_B^2(k)$ 取最大值的 k 值即为最佳阈值 k^*。如果 $\sigma_B^2(k)$ 的最大值对应多个 k 值，通常取这几个 k 值的平均值作为最佳阈值 k^*。一旦得到最佳阈值 k^*，令 $T = k^*$，就可以按式（10-1）对图像 $f(x, y)$ 进行分割。同时，也常把 $\eta(k^*)$ 作为阈值 k^* 对图像 $f(x, y)$ 的可分性测度，其取值范围为 $0 \leqslant \eta(k^*) \leqslant 1$。

示例 [10-2] Otsu 最佳阈值图像分割

仍以图 10-1（a）的米粒图像为例，调用 OpenCV 函数 cv. threshold( ) 进行 Otsu

阈值分割，得到的阈值为 131，与上述基本全局阈值方法得到的阈值 131.4 近乎相等。

♯OpenCV：Otsu 单阈值分割

```
img = cv. imread('. /imagedata/rice. png',0)　♯读入一幅灰度图像
♯Otsu 阈值分割
thresh,imgbw1 = cv. threshold(img,127,255,cv. THRESH_OTSU| cv. THRESH_BINARY)
thresh,imgbw2 = cv. threshold(img,127,255,cv. THRESH_OTSU| cv. THRESH_BINARY_
INV)
print('Otsu 阈值 = ',thresh)　♯显示 Otsu 阈值
♯显示结果(略)
♯-----------------------
```

示例 [10-3] Otsu 多阈值图像分割

图 10-3（a）为 camerman 图像，采用 Scikit-image 给出的函数 filters. threshold _ multiotsu() 计算 2 个阈值，用两条垂直线叠加到图像灰度直方图上显示，结果如图 10-3（b）所示；然后调用 NumPy 灰度分层函数 np. digitize() 将图像分割成 3 类区域，结果如图 10-3（c）所示。

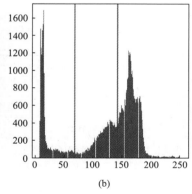

（a）　　　　　　　　　　（b）　　　　　　　　　　（c）

图 10-3　Otsu 多阈值图像分割

（a）camerman 图像；（b）叠加阈值的图像灰度直方图；（c）双阈值分割结果

♯Scikit-image：Otsu 多阈值分割

```
img = io. imread('. /imagedata/cameraman. tif')　♯读入一幅灰度图像
♯计算 Otsu 多阈值,选择默认 classes = 3,即计算 2 个阈值将图像分割为 3 类区域
thresholds = filters. threshold_multiotsu(img,classes = 3)
print('Otsu 多阈值 = ',thresholds)　♯显示 Otsu 得到的 2 个阈值
♯使用阈值将图像分割成 3 类区域,取值分别为 0,1,2
img_regions = np. digitize(img,bins = thresholds)
♯显示结果(略)
♯-----------------------
```

OpenCV 阈值分割函数

threshold

函数功能	图像阈值分割,Applies a fixed-level threshold to each array element.	
函数原型	retval,dst = cv. threshold(src,thresh,maxval,type[,dst])	
输入参数	参数名称	描述
	src	输入图像,ndarray 型数组,数据类型为 8-bit 无符号整数、32-bit 浮点数。当使用 cv. THRESH_OTSU 和 cv. THRESH_TRIANGLE 方式时,src 必须为 8-bit 单通道灰度图像。
	thresh	给定阈值,浮点类型。采用 cv. THRESH_OTSU 和 cv. THRESH_TRIANGLE 阈值分割方法时被忽略。
	maxval	二值图像赋值的最大值,cv. THRESH_BINARY 和 cv. THRESH_BINARY_INV 方法使用。
	type	指定阈值分割方法,可选参数 cv. THRESH_BINARY,cv. THRESH_BINARY_INV,cv. THRESH_OTSU,cv. THRESH_TRIANGLE 等。
返回值	retval - 采用 cv. THRESH_OTSU 和 cv. THRESH_TRIANGLE 方法时得到的阈值。 dst - 阈值分割结果,ndarray 型数组,数组大小、维数和数据类型同 src。	

 Scikit-image 图像阈值分割函数

threshold _ otsu

函数功能	Otsu 单阈值计算,Return threshold value based on Otsu's method.	
函数原型	skimage. filters. threshold_otsu(image,nbins=256)	
输入参数	参数名称	描述
	image	灰度图像,ndarray 型数组。
	nbins	指定计算图像灰度直方图的分组 bin 的个数,整数,默认值 nbins=256。若 image 的数据类型为整数,此值被忽略。
返回值	阈值,浮点数 float。	

threshold _ multiotsu

函数功能	Otsu 多阈值计算,Generate multi-otsu threshold values to divide gray levels in image.	
函数原型	skimage. filters. threshold_multiotsu(image,classes=3,nbins=256)	
输入参数	参数名称	描述
	image	灰度图像,ndarray 型数组。
	classes	指定多阈值分割的区域数,整数 int,默认值 classes=3,对应的阈值数为 classes−1。
	nbins	指定计算图像灰度直方图的分组 bin 的个数,整数,默认值 nbins=256。若 image 的数据类型为整数,此值被忽略。
返回值	阈值数组,内含 classes−1 个阈值。	

digitize

函数功能	灰度分层（多阈值分割），Return the indices of the bins to which each value in input array belongs.	
函数原型	numpy. digitize(x, bins, right＝False)	
输入参数	参数名称	描述
	x	灰度图像，ndarray 型数组。
	bins	区间边界一维数组，区间端点值应升序或者降序单调排列。
	right	指定区间是包括右端点还是左端点，默认值为 right＝False，即由 bins 中值定义的区间不包括右端点。
返回值	灰度分层索引数组，整数型，尺寸大小同输入图像 x。	

10.1.4　自适应阈值图像分割

噪声、非均匀光照都会影响图像全局阈值分割效果，严重时会导致分割失败。选择全局阈值时，主要依赖图像灰度直方图这一总体统计特征。局部均值和方差这两个统计量，描述了像素附近的对比度和明暗程度，体现了图像的不均匀性和局部灰度分布的特点，显然也可用来确定分割该像素的局部阈值。本节介绍基于局部图像统计特征的自适应阈值图像分割方法。

令（x，y）表示给定图像 $f(x, y)$ 任意像素的坐标，S_{xy} 表示以（x，y）为中心的邻域，邻域大小和形状取决于具体的问题，例如，采用矩形邻域，其高、宽典型取值为：

$$S_h = 2 \times \text{floor}\left(\frac{H}{16}\right) + 1 , \qquad S_w = 2 \times \text{floor}\left(\frac{W}{16}\right) + 1 \tag{10-17}$$

式中，函数 floor(x) 返回不大于 x 的最大整数，H、W 分别为图像 $f(x, y)$ 的高度和宽度。邻域 S_{xy} 中像素灰度均值 m_{xy} 和方差 σ_{xy}^2 由下式给出：

$$m_{xy} = \frac{1}{N} \sum_{(s, t) \in s_{xy}} f(s, t)$$

$$\sigma_{xy}^2 = \frac{1}{N} \sum_{(s, t) \in s_{xy}} (f(s, t) - m_{xy})^2 \tag{10-18}$$

式中，N 为邻域 S_{xy} 中像素的总数。分割像素（x，y）所用的阈值 T_{xy} 可由下式给出：

$$T_{xy} = a\sigma_{xy} + bm_{xy} \tag{10-19}$$

或

$$T_{xy} = a\sigma_{xy} + bm_G \tag{10-20}$$

式中，a 和 b 是控制参数，一般通过试验确定。m_G 是图像灰度全局均值，σ_{xy} 为局部标准差。

式（10-19）和式（10-20）用局部标准差 σ_{xy} 与局部均值 m_{xy}（或全局均值 m_G）的加权和来计算局部阈值，也可使用像素（x，y）的局部图像特征和全局统计量的其他组合运算，来确定像素（x，y）的阈值。

示例［10-4］自适应阈值图像分割

图 10-4（a）的米粒图像为例，首先采用 OpenCV 函数 cv. threshold() 对图像进行

Otsu 全局阈值分割，结果如图 10-4（b）所示，由于图像背景侧光照亮度不均匀，导致图像下部的几个米粒分割不完整甚至被错判为背景。调用 OpenCV 函数 cv. adaptiveThreshold() 利用像素矩形邻域的局部均值 $m(x，y)-C$ 计算每个像素的分割阈值（C 为偏置量），结果如图 10-4（c）所示，有效消除了光照不均匀背景的影响。

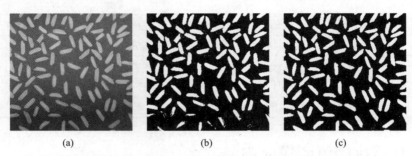

(a)   (b)   (c)

图 10-4　Otsu 全局阈值与自适阈值分割比较

（a）光照不均匀米粒图像；（b）Otsu 全局阈值分割；（c）自适应阈值分割

♯OpenCV：自适应阈值图像分割

```
img = cv. imread('. /imagedata/rice. png',0)    ♯读入一幅灰度图像
♯Otsu 全局阈值分割
ret,binary_otsu = cv. threshold(img,127,255,cv. THRESH_OTSU | cv. THRESH_BINA-
RY)
♯自适应阈值图像分割
binary_localmean = cv. adaptiveThreshold(img,255,cv. ADAPTIVE_THRESH_MEAN_C,
cv. THRESH_BINARY,blockSize = 35,C = - 15)
♯显示结果（略）
♯------------------------
```

示例［10-5］自适应阈值分割文本图像

图 10-5（a）中印刷文本图像的背景光照不均匀，采用 Otsu 全局阈值图像分割失败，如图 10-5（b）所示。Scikit-image 函数 threshold_sauvola() 专用于文本识别时的图像分割，它利用像素矩形邻域的局部均值 $m(x，y)$ 和方差 $s(x，y)$，采用公式 $T = m(x，y)\times(1 + k\times(s(x，y)/r) -1)$ 计算每个像素的阈值，其中 r 为浮点数，指定标准差的动态范围，默认值为图像数据类型最大取值范围值的一半，分割结果如图 10-5（c）所示，有效消除了光照不均匀背景的影响，得到了较为完美的分割结果。图 10-5（d）采用 Gaussian 加权均值局部阈值分割，效果优于 Otsu 全局阈值分割，但明显不如 Sauvola 局部阈值分割结果。

♯Scikit-image：自适应阈值分割文本图像

```
img = io. imread('. /imagedata/page. png')   ♯读入一幅文本灰度图像
thresh_otsu = filters. threshold_otsu(img)♯计算 Otsu 全局阈值
binary_otsu = img ＞ thresh_otsu             ♯阈值分割
thresh_sauvola = filters. threshold_sauvola(img,window_size = 35)   ♯ Sauvola 局部阈值
binary_sauvola = img ＞ thresh_sauvola   ♯阈值分割
```

＃Gaussian 加权均值局部阈值

thresh_gaussian = filters. threshold_local(img,block_size = 35,method = 'gaussian',offset = 5)

binary_gaussian = img ＞ thresh_gaussian ＃阈值分割

＃显示结果(略)

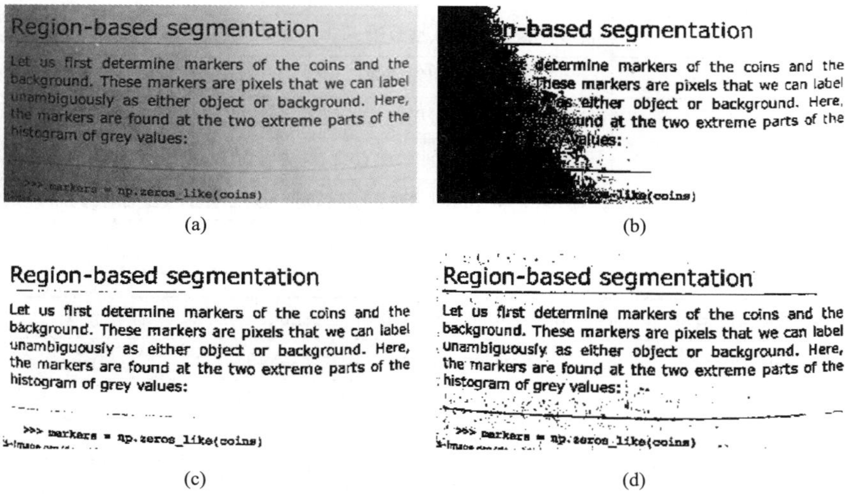

＃----------------------

图 10-5　Otsu 与自适应单阈值图像分割性能比较
(a) 光照不均匀印刷文本图像；(b) Otsu 全局阈值分割；(c) Sauvola 局部阈值分割；
(d) Gaussian 加权均值局部阈值分割

OpenCV 自适应阈值分割函数

adaptiveThreshold

函数功能	图像自适应阈值分割,Applies an adaptive threshold to an array.	
函数原型	dst = cv. adaptiveThreshold(src,maxValue,adaptiveMethod,thresholdType,blockSize,C[,dst])	
输入参数	参数名称	描述
	src	输入图像,ndarray 型数组,8-bit 单通道灰度图像。
	maxValue	二值图像赋值的最大值。
	adaptiveMethod	指定自适应阈值分割方法,可选: cv. ADAPTIVE_THRESH_MEAN_C,像素(x,y)的分割阈值为其大小为 blockSize×blockSize 的邻域像素均值,减去常数 C。 cv. ADAPTIVE_THRESH_GAUSSIAN_C,像素(x,y)的分割阈值为其大小为 blockSize×blockSize 的邻域像素高斯加权均值,减去常数 C。
	thresholdType	指定阈值分割方法,可选参数 cv. THRESH_BINARY, cv. THRESH_BINARY_INV。
	blockSize	指定计算阈值的邻域大小,可取 3、5、7 等奇数。
	C	常数,用于计算阈值时的偏置量。
返回值	dst - 阈值分割结果,二值图像,ndarray 型数组,数组大小、数据类型同 src。	

Scikit-image 图像局部阈值分割函数

threshold _ sauvola

函数功能	Sauvola 局部阈值,Applies Sauvola local threshold to an array. Sauvola is a modification of Niblack technique. This algorithm is originally designed for text recognition.	
函数原型	skimage. filters. threshold_sauvola(image,window_size=15,k=0.2,r=None)	
输入参数	参数名称	描述
	image	灰度图像,ndarray 型数组。
	window_size	计算局部统计量的邻域窗口尺寸,奇数,如 3、5、7……,默认值为 15。
	k	控制参数,浮点数,局部方差权重,默认值为 0.2。
	r	局部标准差动态范围,浮点数、默认值为图像数据类型取值范围的一半。
返回值	ndarray 型数组,形状与输入图像 image 相同,数组元素值对应该处像素的分割阈值。	

threshold _ niblack

函数功能	Niblack 局部阈值,Applies Niblack local threshold to an array.	
函数原型	skimage. filters. threshold_niblack(image,window_size=15,k=0.2)	
输入参数	参数名称	描述
	image	灰度图像,ndarray 型数组。
	window_size	计算局部统计量的邻域窗口尺寸,奇数,如 3、5、7……,默认值为 15。
	k	控制参数,浮点数,局部方差权重,默认值为 0.2。
返回值	ndarray 型数组,形状与输入图像 image 相同,数组元素值对应该处像素的分割阈值。	

threshold _ local

函数功能	局部阈值,Compute a threshold mask image based on local pixel neighborhood.	
函数原型	skimage. filters. threshold_local(image,block_size,method='gaussian',offset=0,mode='reflect',param=None, cval=0)	
输入参数	参数名称	描述
	image	灰度图像,ndarray 型数组。
	block_size	计算局部统计量的邻域窗口尺寸,奇数,如 3,5,7……
	method	局部阈值计算方法,字符串变量,可选值有'generic''gaussian''mean''median'等,默认值为 'gaussian'.
	offset	偏置量,浮点数,从邻域加权均值中减去该值,默认值为 0。
	mode	指定边界扩展方式,字符串类型,同空域滤波卷积运算的边界扩展,可选值有 'reflect''constant''nearest''mirror''wrap',默认值为'reflect'.
	param	与 method 相配合,指定相关参数,如 method='gaussian',指定对应的标准差 sigma。
	cval	填充值,当 mode='constant',指定的边界扩展填充值。
返回值	ndarray 型数组,形状与输入图像 image 相同,数组元素值对应该处像素的分割阈值。	

10.2　区域生长

区域生长（Region Growing）根据预先定义的生长准则，将像素或子区域组合成更大区域的过程。区域生长先从需要分割的区域中找出一个或多个种子像素（种子点）作为生长的起始点，然后将与种子像素具有相同或相似性质的邻域像素，合并到种子像素所在的区域中。再将这些新添加像素作为新的种子像素，继续进行上述操作，直到没有满足生长准则的像素时，停止区域生长。

区域生长算法的关键，一是确定相似性准则和区域生长的条件，二是停止规则的表示，三是种子像素的选取。相似性度量方法的选择不仅取决于所面对的问题，还取决于所处理图像的数据类型，如灰度图像、RGB 真彩色图像等。下面以灰度图像为例，以候选像素灰度值与已生长区域像素灰度均值之差作为相似性度量方法，来说明区域生长算法的原理。

1. 种子点的选择

种子点为单个像素，个数根据具体的问题可以选择一个或者多个，并且根据具体的问题不同可以采用完全自动确定或者人机交互确定。

2. 确定相似性准则和区域生长条件

区域生长条件是根据像素灰度的连续性而定义的一些相似性准则，同时，区域生长条件也定义了一个终止规则，即当没有像素满足加入某个区域的条件时，区域生长就会停止。在算法里面，定义一个阈值 T，即所允许的最大灰度差值。当候选像素的灰度值与已生长区域像素灰度均值之差的绝对值小于阈值 T 时，该像素被加入到已生长区域。

3. 区域生长迭代过程

将种子点的 4-邻域（也可为 8-邻域）像素添加到候选像素列表中，计算候选像素列表中每个候选像素灰度值与已生长区域像素灰度均值之差的绝对值，若小于给定阈值则将其加入到已生长区域，同时将其作为新的种子点加入到种子点列表数组中。

4. 区域生长停止

当种子点列表数组中无种子元素时，区域生长停止。

深度揭秘—区域生长算法的实现

下面的程序代码给出了上述区域生长算法的自定义函数 regionGrow()，后面给出了调用该函数对一幅医学 CT 图像进行鼠标交互分割的示例。

♯定义区域生长函数 **region growing**

```
def regionGrow(grayimage, seeds, thresh, neighbors):
    """
    输入参数：
        grayimage - 灰度图像,ndarray
          seeds  - 种子点下标列表,形如:[(x0,y0),(x1,y1),...]
         thresh  - 阈值,浮点数,在[0,1]之间取值,
                   用于度量衡量邻域像素灰度值与已生长区域的相似性
      neighbors  - 采用的邻域类型,整数,4 或 8,对应 4-邻域或 8-邻域
```

返回值：

　　　seedMark - 二值图像，增长区域像素 = 255，其他 = 0

"""

＃对输入图像做归一化处理[0,1]

gray = util. img_as_float(grayimage. copy())

＃用于保存种子区域增长结果

seedMark = np. zeros(gray. shape). astype(np. uint8)

＃根据增长时的邻域类型确定邻域像素下标偏移量

if neighbors = = 8:

　　＃8-邻域，顺时针排列

　　connection = [(-1, -1), (-1, 0), (-1, 1), (0, 1),

　　　　　　　(1, 1), (1, 0), (1, -1), (0, -1)]

elif neighbors = = 4:

　　＃4-邻域，顺时针排列

　　connection = [(-1, 0), (0, 1), (1, 0), (0, -1)]

＃已增长的像素数

numpixels = 1. 0

＃已生长区域像素灰度均值

growed_region_mean = gray[seeds[0][0],seeds[0][1]]

＃已生长区域像素灰度值之和

growed_region_sum = growed_region_mean

＃seeds 种子点列表内无元素时候生长停止

while len(seeds) ! = 0:

　　＃种子点列表头部元素弹出

pt = seeds. pop(0)

for i in range(neighbors):

　　＃遍历当前种子点邻域像素

　　tmpX = pt[0] + connection[i][0]

　　tmpY = pt[1] + connection[i][1]

　　＃检测该邻域点是否位于图像内（下标是否有效）

　　if tmpX < 0 or tmpY < 0 or tmpX > = gray. shape[0] or tmpY > =

gray. shape[1]:

　　　　continue

　　＃判断是否满足相似性准则：

　　＃该像素的灰度值和与已生长区域灰度均值之差的绝对值小于阈值 thresh

　　gray_diff = abs(gray[tmpX, tmpY] - growed_region_mean)

　　if (gray_diff< thresh) and (seedMark[tmpX, tmpY] = = 0):

　　＃将当前像素在已生长区域的灰度值设为 255

　　seedMark[tmpX, tmpY] = 255

```
        #将当前像素添加到种子点列表
        seeds.append((tmpX，tmpY))
        #更新已生长区域像素灰度值之和
        growed_region_sum + = gray[tmpX，tmpY]
        #更新已增长的像素数
        numpixels + = 1
        #更新已生长区域像素灰度均值
        growed_region_mean = growed_region_sum/numpixels
    #返回结果
    return seedMark
#-----------------------------------
```

示例 [10-6] 基于区域生长的图像分割

图 10-6（a）是一幅医学 CT 图像，调用上述区域生长函数 regionGrow 对其进行分割。图 10-6（b）为种子点 seeds = [（125，250）]、thresh=0.06 的分割结果，为便于对比，显示时将区域生长得到的分割区域叠加到原图像上。图 10-6（c）为 seeds = [（125，250）]、thresh=0.2 的分割结果，同样，显示时将区域生长得到的分割区域也叠加到原图像上。

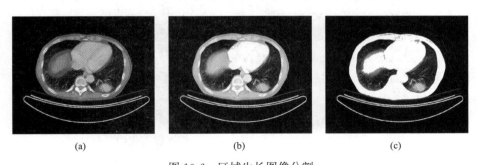

(a)　　　　　　　　　(b)　　　　　　　　　(c)

图 10-6　区域生长图像分割

（a）医学图像；（b）thresh=0.06 分割结果；（c）thresh=0.2 的分割结果

```
#调用自定义区域增长函数 regionGrow 分割图像
img = io.imread('./imagedata/medtest.png')   #读入一幅灰度图像
seeds = [(125,250)]  #选择种子点
seedMark1 = regionGrow(img,seeds,thresh = 0.06,neighbors = 8)   #区域增长
seeds = [(125,250)]   #选择种子点
#区域增长，改变分割阈值大小
seedMark2 = regionGrow(img,seeds,thresh = 0.2,neighbors = 8)
#将分割区域叠加到原图像上
img_res1 = img.copy()
img_res1[seedMark1>0] = 255
img_res2 = img.copy()
img_res2[seedMark2>0] = 255
```

```
#显示结果(略)
#————————————
#采用鼠标交互方式调用自定义区域增长函数 regionGrow 分割图像 (图 10-7)
#在窗口显示的图像上双击鼠标左键,以鼠标点击位置为种子点
# mouse callback function
def Seg_regiongrow(event,x,y,flags,param):
    if event = = cv.EVENT_LBUTTONDBLCLK:
        #选择种子点
        seeds = [(y,x)]
        #区域增长
        seedMark = regionGrow(img_gray,seeds,thresh = 0.08,neighbors = 8)
        #将分割区域叠加到原图像上
        img_gray[seedMark>0] = 255
#————————————
#主程序
#读入一幅灰度图像
img_gray = io.imread('./imagedata/medtest.png')
#创建显示窗口,绑定鼠标回调函数
cv.namedWindow('image')
cv.setMouseCallback('image',Seg_regiongrow)
#循环执行直到按 Esc 键退出
while(1):
    cv.imshow('image',img_gray)
    if cv.waitKey(20) & 0xFF = = 27:   #按 Esc 键退出
        break
#释放占用资源 De-allocate any associated memory usage
cv.destroyAllWindows()
#————————————————
```

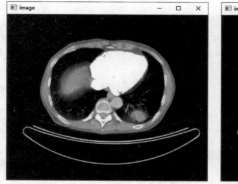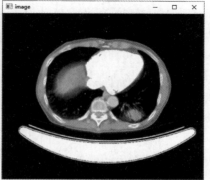

图 10-7 采用鼠标交互方式调用自定义区域增长函数 regionGrow 分割图像

10.3　分水岭图像分割

图像处理应用中，经常会遇到将图像中彼此接触的目标分开，或从图像中提取与背景近乎一致的弱对比度目标，这些都是较为困难的图像处理任务。分水岭（Watershed）图像分割方法比较适合处理此类问题。

10.3.1　分水岭算法的基本原理

分水岭图像分割方法（Watershed Segmentation）借用地形学概念，把图像类比为测地学上的拓扑地貌，图像中每一像素的灰度值表示该点的海拔高度，高灰度值像素代表山脉，低灰度值像素代表盆地。每一个局部极小值及其影响区域称为集水盆（Catchment Basin），集水盆周边的分水岭脊线形成分水线（Watershed Ridge Line），如图 10-8 所示。分水岭图像分割的目的，是找出图像中所有的集水盆区域及相应的分水线，因为这些集水盆区域通常对应于目标区域，分水线则对应于目标区域的轮廓线。

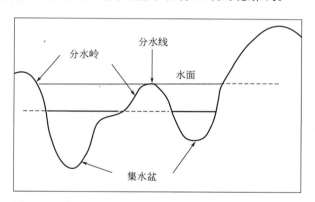

图 10-8　分水岭、分水线及集水盆地形结构剖面示意图

分水线的形成可以通过模拟涨水淹没过程来说明。设想在地面每一个局部极小值位置（相当于洼地），刺穿一个小孔，让水通过小孔以均匀的速率上升，从低到高淹没整个地面。随着水位的上涨，对应每一个局部极小值的集水盆水面会慢慢向外扩展，当不同集水盆中的水面将要汇聚在一起时，在两个集水盆水面汇合处构筑大坝阻止水面汇合。这个过程不断延续直到水位上涨到最大值（对应于图像中灰度级的最大值），这些阻止各个集水盆水面交汇的大坝就是分水线。一旦确定出分水线的位置，就能将图像用一组封闭的曲线分割成不同的区域。

10.3.2　二值图像的距离变换

考虑到各目标区域内部像素的灰度值比较接近，而相邻区域像素之间的灰度值存在的差异也较微弱。因此，分水岭分割方法通常不直接应用于图像自身，而是对输入图像进行某种变换得到另外一幅图像，以便能在目标区域之间（或目标区域与背景之间）形成分水岭、集水盆的地形结构。

二值图像的距离变换（Distance Transform）是与分水岭分割相配合的常用工具。对于二值图像中的每个像素，计算该像素与其距离最近的非零值像素之间的距离（或像素与其距离最近的零值像素之间的距离），并将这一距离值赋给输出数组中对应位置元素。

度量像素之间的距离，除了熟悉的用于空间中两点之间的欧几里得距离（Euclidean Distance），还定义了城市街区距离（Cityblock Distance）、棋盘格距离（Chessboard Distance）等。假定像素 p，q 的坐标分别为（x，y）和（s，t），像素 p，q 的上述三种距离定义如下：

欧几里得距离：

$$D(p, q) = \sqrt{(x-s)^2 + (y-t)^2} \tag{10-21}$$

城市街区距离：

$$D(p, q) = |x-s| + |y-t| \tag{10-22}$$

棋盘格距离：

$$D(p, q) = \max\{|x-s|, |y-t|\} \tag{10-23}$$

示例［10-7］二值图像中的目标分离—采用距离变换的分水岭图像分割

以图 10-9（a）所示二值图像中相互接触的实心圆的分隔为例，说明如何将距离变换与标记分水岭变换结合在一起，分割图像中彼此接触的圆形目标。首先对输入的二值图像进行欧几里得距离变换，得到距离图像，如图 10-9（b）所示，并从距离图像中寻找检出局部最大值位置作为标记。

然后用−1乘距离图像的每个元素，先前距离图像的局部最大值，成为负距离图像的局部极小值，形成了以每个局部极小值为集水盆底的"漏斗"状分水岭结构，如图 10-9（c）所示。接着对上述负距离图像进行分水岭变换，将分割结果进行伪彩色处理，用不同颜色显示分水岭变换得到的标记图像中各个集水盆区域，如图 10-9（d）所示，可见，分水岭图像分割能很好地把原来粘连的圆区域分隔开。

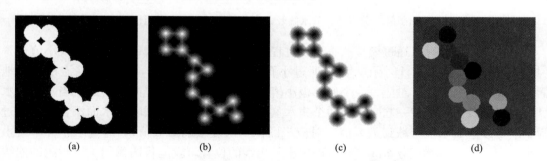

  (a)   (b)   (c)   (d)

图 10-9 基于标记和距离变换的分水岭图像分割

（a）二值图像；（b）距离变换；（c）负距离图像；（d）分水岭图像分割结果

♯Scikit-image：采用距离变换的分水岭图像分割，将图中粘连的圆形区域分离开

```
img = io.imread('./imagedata/circles.png')  ♯读入一幅二值图像
distance = cv.distanceTransform(img,cv.DIST_L2,5)♯对图像进行距离变换
♯检出距离图像中的局部最大值作为标记
♯较小的 footprint 可能导致检出碎片区域局部最大值
```

```
coords = feature.peak_local_max(distance.copy(),footprint = np.ones((7,7)),
labels = img)
```
＃对局部最大值数组进行标记，即为每个局部最大值位置赋予唯一序号
＃创建标记数组
```
maskers = np.zeros(distance.shape,dtype = bool)
maskers[tuple(coords.T)] = True
markers = measure.label(maskers)
```
＃对负距离图像进行基于标记的分水岭分割，得到图像中的连通区域已标记
```
labels = segmentation.watershed(-distance,markers,mask = img,watershed_line
= True)
```
＃对结果进行伪彩色处理
```
labels_rgb = color.label2rgb(labels,bg_label = 0,bg_color = (1,1,1))
print('区域数量:',np.max(labels))    ＃显示连通区域数量
```
＃显示结果（略）
＃——————————————

示例［10-8］灰度图像的目标区域分割—结合边缘检测的分水岭图像分割
图 10-10（a）中的硬币图像背景亮度不均，采用阈值分割难以得到满意的结果。首先采用 Sobel 算子进行边缘检测，结果如图 10-10（b）所示；然后对图像做简单阈值分割，得到部分前景和背景像素作为分水岭的种子标记；接下来对边缘图像做分水岭分割，并将分割结果根据前景和背景标号，转换得到 0-1 二值图像，结果如图 10-10（c）所示；最后进行图像标记和伪彩色处理，结果显示在图 10-10（d）中。可见，结合边缘检测的分水岭图像分割，得到了相当满意的区域分割结果。

 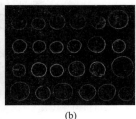 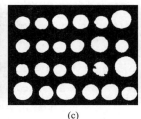 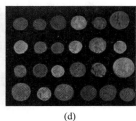

(a)　　　　　　　　(b)　　　　　　　　(c)　　　　　　　　(d)

图 10-10　结合边缘检测的分水岭图像分割

（a）硬币灰度图像；（b）Sobel 算子边缘；（c）二值化分割结果；（d）分割结果的伪彩色显示

＃Scikit-image：结合边缘检测的分水岭图像分割
```
img = io.imread('./imagedata/coins.png')    ＃读入一幅灰度图像
edges = filters.sobel(img)    ＃边缘检测
```
＃对图像做阈值分割，得到部分前景和背景像素作为分水岭的种子标记
```
markers = np.zeros(img.shape)
foreground = 1
background = 2
```

323

markers[img < 30] = background

markers[img > 150] = foreground

#对边缘图像做分水岭分割

imws = segmentation. watershed(edges,markers)

imbw = (imws = = foreground)　#得到对应的二值图像

imbw = morphology. binary_opening(imbw,morphology. disk(3))　#形态学开运算

img_label = measure. label(imbw)　#对二值图像中的连通区域进行标记

#对标记图像作伪彩色处理,并叠加到原图像上

img_color = color. label2rgb(img_label,image = img,bg_label = 0)

显示结果(略)

#----------------------

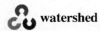 **watershed**

函数功能	分水岭图像分割,Performs a marker-based image segmentation using the watershed algorithm.	
函数原型	markers = cv. watershed(image,markers)	
输入参数	参数名称	描述
	image	输入 8-bit 三通道图像,ndarray 型数组。
	markers	标记图像,32-bit 整数单通道图像,整数 ndarray 型二维数组,大小同输入 image。用正(>0)标号在 markers 数组中大致勾勒出期望集水盆区域,每个期望集水盆区域被表示为具有像素值1、2、3 等的一个或多个连通域。这些标记是分水岭分割的集水盆区域的"种子"点,即注水点。
返回值	markers,连通区域已标记的 ndarray 型二维数组,大小与数据类型与输入参数 markers 相同。	

distanceTransform

函数功能	距离变换,Calculates the distance to the closest zero pixel for each pixel of the source image.	
函数原型	dst = cv. distanceTransform(src,distanceType,maskSize[,dst[,dstType]])	
输入参数	参数名称	描述
	src	8-bit 单通道(二值)图像数组。
	distanceType	距离类型,如 cv. DIST_L1,cv. DIST_L2 等。
	maskSize	距离变换掩码矩阵的大小,可以为 3 或 5。
	dst	输出结果,8-bit 或 32-bitfloat 二维数组,大小与 src 相同。
	dstType	指定输出数组的数据类型,可选 CV_8U 或 CV_32F,默认 CV_32F。
返回值	dst - 输出结果,8-bit 或 32-bitfloat 二维数组,大小与 src 相同。	

 watershed

函数功能	分水岭图像分割,Find watershed basins in image flooded from given markers.
函数原型	skimage. segmentation. watershed(image,markers=None,connectivity=1,offset=None,mask=None,compactness=0,watershed_line=False)

	参数名称	描述
输入参数	image	输入图像,整数 ndarray 型数组,(2-D,3-D,……),其中最低值的点首先标记。
	markers	标记图像,整数或 ndarray 型整数数组,大小同输入 image。给出所需标记的数量,或集水盆地标记数组,其中各个盆地标号将赋值给分割得到的对应集水区域,得到标记图像,0 值不是标记。缺省值 markers＝None,将用图像 image 的局部极小值作为标记。
	connectivity	指定连通性,整数或 ndarray 型整数数组。若 connectivity 为数组,维数应与输入图像 image 的维数相同,并用非零元素指定连通邻域,实际上构造了一个类似结构元素的数组。遵循 SciPy 惯例,默认 connectivity＝1,为 4-连通;当 connectivity＝2 时,采用 8-连通。
	offset	指定 connectivity 结构元素数组的中心坐标,整数或元组(每个维度一个偏移量),默认值 offset＝None。
	mask	掩膜数组,bools 型或元素值为 0 和 1 的 ndarray 数组,与 image 形状相同,只有在 mask ＝＝ True 的地方才会被标记。
	compactness	紧凑性,浮点数,指定紧凑分水岭算法所需的紧凑性参数。较高的 compactness 值会产生更加规则的集水区域盆地分割结果。
	watershed_line	是否输出分水线,bool 型,如果 watershed_line 为 True,标号为 0 的单像素宽分水线将分水岭算法获得的区域分开。默认值为 False。
返回值		连通区域已标记的 ndarray 型数组,数据类型和形状与 markers 相同。

peak _ local _ max

	参数名称	描述
函数功能		检测图像中的局部最大值,Find peaks in an image as coordinate list or boolean mask.
函数原型		skimage. feature. peak_local_max(image, min_distance＝1, threshold_abs＝None, threshold_rel＝None, exclude_border＝True, indices＝True, num_peaks＝inf, footprint＝None, labels＝None, num_peaks_per_label＝inf)
输入参数	image	灰度图像,ndarray 型数组。
	min_distance	检出局部峰值点之间的最小间隔像素数,整数,缺省值 min_distance ＝ 1。
	threshold_abs	绝对阈值,浮点数,指定峰值的最小强度。默认绝对阈值为图像 image 的最小灰度值。
	threshold_rel	相对阈值,浮点数,指定峰值的最小强度,等于 max(image) * threshold_rel。
	exclude_border	峰值检测是否排除图像边界像素,整数或 bool 型 int,默认值为 True,从图像边界像素中排除峰值。
	indices	指定峰值点输出形式,bool 型,如果为 True,则输出峰值点坐标数组,并依据峰值大小降序排序。如果为 False,那么输出将是一个 bool 型数组,形状与 image 同,取值为 True 的元素为峰值点。
	num_peaks	检出峰值点的最大数量。当峰值点数量超过 num_peaks 时,按峰值强度高低返回 num_peaks 各峰值点。
	footprint	指定搜索峰值的局部区域,bools 型 ndarray 数组,如果提供,footprint ＝＝ 1 代表图像中每个点搜索峰的局部区域。覆盖 min_distance。较大的 footprint 可以抑制小尺寸纹理区域的峰值。
	labels	指定峰值在图像区域搜索方式,整数型 ndarray 数组,如果提供,标号取值不同的区域表示峰值搜索的独有区域,0 值被保留用于背景。
	num_peaks_per_label	每个不同标记区域的最大峰值数量,默认值为无穷个。
返回值		检出的峰值点位置,如果 indices ＝ True,则返回(行,列,……)坐标数组;如果 indices ＝ False,则返回 bools 型数组,数组元素值为 True 表示峰值位置。

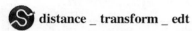

distance _ transform _ edt

函数功能	精确欧几里得距离变换,Exact Euclidean distance transform.	
函数原型	scipy. ndimage. distance_transform_edt(input, sampling＝None, return_distances＝True, return_indices ＝False, distances＝None, indices＝None)	
输入参数	参数名称	描述
	input	输入数据数组,可以是任意数据类型,将被转换为二值图像,元素值为 True 或大于 0 则取值 1,其他为 0。
	sampling	行、列采样间隔,浮点数或整数,或序列。默认为单位网格。
	return_distances	是否返回距离矩阵,bool 型,默认值为 True。
	return_indices	是否返回索引矩阵,bool 型,默认值为 False。
	distances	指定保存距离数组,float64 型 ndarray 数组,默认值为 None,不指定。
	indices	指定保存索引数组,int32 型 ndarray 数组,默认值为 None,不指定。
返回值	ndarray 数组或 ndarrays 数组列表,取决于输入参数选项。	

10. 4　彩色图像分割

　　前面讨论的阈值分割方法都是依据像素的属性特征(灰度值及其邻域统计量)将该像素归类为目标或背景。对于 256 级灰度图像而言,像素灰度值是一个标量,每个像素的灰度值都是一维坐标轴上 $[0, 255]$ 范围的一个点。无论是全局阈值还是可变阈值分割,都是把一维坐标轴划分为两个或多个区间,每个区间对应一个类别:目标或背景。全局阈值分割时区间端点固定不动,可变阈值分割时区间端点随像素位置的不同而变动。

　　对于彩色图像而言,像素的属性值是一个多维向量。以 RGB 真彩色图像为例,像素的属性值由 R、G、B 分量组成,可用一个三维列向量 $\mathbf{X} = (x_{\mathrm{R}}, x_{\mathrm{G}}, x_{\mathrm{B}})^T$ 来表示,每个像素的属性值就对应于三维 RGB 颜色空间中的一个点。

　　假如要从一幅彩色图像中提取指定颜色区域,比如,照片中的肤色区域,首先需要采集图像中有代表性的肤色像素作为样本集,计算样本集中像素 RGB 值的均值向量 $\mathbf{m}$ 和协方差矩阵 $\mathbf{C}$。那么,这个均值向量 $\mathbf{m}$ 就代表了肤色像素的典型 RGB 值,而协方差矩阵 $\mathbf{C}$ 的**主对角元素**分别是 R、G、B 分量的方差,表明了样本各分量值的散布度,其他元素反映了各分量之间的相关性。如果 R、G、B 分量散布度相同且相互独立,则协方差矩阵 $\mathbf{C}$ 为单位矩阵。样本像素 RGB 向量在颜色空间中对应的点形成了以均值向量 $\mathbf{m}$ 为中心的**"点云"**,点云的形状则与协方差矩阵 $\mathbf{C}$ 有关。

　　彩色分割的基本策略,是将图像中的每个像素与均值向量 $\mathbf{m}$ 代表的颜色相比较,判断二者是否相似,如果相似就把该像素归类于目标,即肤色,否则归类于背景。为了完成这一比较,就必须定义颜色的相似性度量。通常采用像素属性向量 $\mathbf{X}$ 与均值向量 $\mathbf{m}$ 之间的距离来度量二者颜色的相似性,如果二者之间的距离小于给定的阈值 T,则称 $\mathbf{X}$ 与 $\mathbf{m}$ 相似。常用的颜色空间距离测度有:

1. 欧几里得距离（Euclidean Distance）：

$$D(\mathbf{X}, \mathbf{m}) = \left[(\mathbf{X} - \mathbf{m})^T (\mathbf{X} - \mathbf{m})\right]^{\frac{1}{2}}$$

$$= \left[(x_R - m_R)^2 + (x_G - m_G)^2 + (x_B - m_B)^2\right]^{\frac{1}{2}}$$

(10-24)

2. 马哈拉诺比斯（Mahalanobis Distance），简称马氏距离：

$$D(\mathbf{X}, \mathbf{m}) = \left[(\mathbf{X} - \mathbf{m})^T \mathbf{C}^{-1} (\mathbf{X} - \mathbf{m})\right]^{\frac{1}{2}}$$

(10-25)

3. 棋盘格距离（Chessboard Distance），又称切比雪夫距离（Chebyshev Disctance）：

$$D(\mathbf{X}, \mathbf{m}) = \max\{|x_R - m_R|, |x_G - m_G|, |x_B - m_B|\}$$

(10-26)

选择一种距离测度，对图像中每一像素（x，y）的属性值执行上述距离计算，按下式得到分割结果：

$$g(x, y) = \begin{cases} 0, & D(\mathbf{X}, \mathbf{m}) > T \\ 1, & D(\mathbf{X}, \mathbf{m}) \leqslant T \end{cases}$$

(10-27)

其中，T 为大于 0 的阈值，可根据协方差矩阵 $\mathbf{C}$ 中值各分量的方差大小来确定。满足 $D(\mathbf{X}, \mathbf{m}) \leqslant T$ 的点，对欧几里得距离而言，构成了以 $\mathbf{m}$ 为中心、半径为 T 的实心球体；对马氏距离而言，构成了以 $\mathbf{m}$ 为中心的三维实心椭球体；对棋盘格距离来说则构成了以 $\mathbf{m}$ 为中心边长为 $2T$ 的实心立方体。如图 10-11 所示。形象地说，给定一个任意的彩色点，通过确定它的属性向量点是否位于球（或椭球、立方体）的表面或内部来断定它属于目标还是背景。

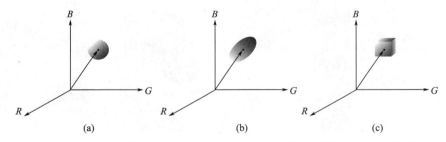

图 10-11　RGB 颜色空间中满足式（10-27）颜色集汇聚成的空间区域结构

(a) 欧几里得距离（球）；(b) 马氏距离（椭球）(c) 棋盘格距离（立方体）

因为距离是正值且单调，为减少计算量，采用欧几里得距离和马氏距离时可以不计算平方根，直接与阈值 T 的平方比较。切比雪夫距离尽管计算简单，但给出的相似特征点汇聚区域是一个立方体。一种折中方案是对每个颜色分量使用不同的阈值，阈值的大小与样本集计算出的该分量标准差成比例，此时相似特征点汇聚区域为一个更紧凑的长方体，可以降低分割误差。该方法实际是多阈值分割，即：

$$g(x, y) = \begin{cases} 0, & |x_R - m_R| > T_R \text{ OR } |x_G - m_G| > T_R \text{ OR } |x_B - m_B| > T_B \\ 1, & \text{其他} \end{cases}$$

(10-28)

图像像素的 RGB 值受光照的影响较大，为消除光照的影响，可采用归一化 rgb 值：

$$x_r = \frac{x_R}{x_R + x_G + x_B}, \quad x_g = \frac{x_G}{x_R + x_G + x_B}, \quad x_b = \frac{x_B}{x_R + x_G + x_B}$$

(10-29)

由于 $x_r + x_g + x_b = 1$，因此，通常仅选择 x_r、x_b 来表达像素的属性。也可变换到 HSI、HSV、YCbCr 等色彩空间进行分割，一般仅使用色调 H 与饱和度 S，或色差分量 Cb、Cr。

深度揭秘：蓝幕抠图技术的实现

蓝幕技术又叫抠图技术，用单色幕布为背景来拍摄前景物体，再通过背景特殊的色调信息加以区分前景物体和背景，从而达到自动去除背景、保留前景的目的，广泛用于广播电视的动态背景合成以及电影、摄影创作中。蓝幕技术不一定非要使用蓝色幕布作为背景，也有采用绿色幕布。原则上，只要选择前景拍摄对象不具有的颜色作为背景就可以了。

图 10-12（a）是一幅采用蓝幕技术拍摄的人偶婚纱照图像，目的是"抠取"前景人偶。选择在 RGB 颜色空间、采用棋盘格距离度对婚纱图像进行分割。首先，使用 OpenCV 提供的鼠标事件回调函数 cv.setMouseCallback() 从原始图像蓝色背景中交互选择一个多边形区域，如图 10-12（b）所示，产生一个二值图像作为样本像素掩膜。注意，选择的多边形区域应尽可能包含背景中的变化，如图像的右边阴影部分。然后利用多边形区域中的样本像素计算背景颜色的均值向量。图 10-12（c）给出了采用棋盘格距离分割得到的背景区域，白色为背景。图 10-12（d）给出了抠取的前景图像，为便于观察，我们把背景设为中等灰度，前景像素 RGB 值不变。

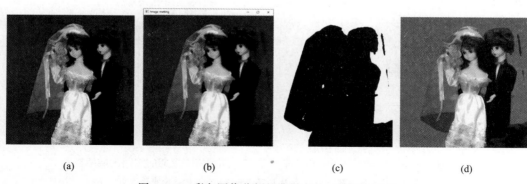

(a)   (b)   (c)   (d)

图 10-12 彩色图像分割的背景去除（抠图）示例

（a）婚纱图像；（b）用鼠标选择样本区域；（c）棋盘格距离分割背景；（d）抠取的前景图像

#彩色图像分割的背景去除（抠图）

#蓝幕抠图技术的实现—用鼠标交互选背景样本像素区域

---------------------鼠标操作相关---------------------

#在显示的图像上单击鼠标左键选点,双击左键确认结束,单击右键重新开始

#按任意键退出程序

```
PointsChosen = [] #保存鼠标左键选取的像素坐标(x,y),元组列表 list
#定义鼠标事件回调函数 mouse callback function
def on_mouse(event,x,y,flags,param):
    global img
    global PointsChosen   #存入选择的点
```

```python
    global img2
    img2 = img.copy()     #重新在原图上画出点及连线
    if event == cv.EVENT_LBUTTONDOWN:    #单击左键选点
        PointsChosen.append((x,y))    #将选取的点保存到 list 列表里
        cv.circle(img2,(x,y),5,(0,255,0),2)    #画出鼠标点击的像素
        #将鼠标选的点用红色直线连起来
        for i in range(len(PointsChosen) - 1):
            cv.line(img2,PointsChosen[i],PointsChosen[i + 1],(255,0,0),2)
        cv.imshow('Image matting',img2[:,:,::-1])    #显示绘图结果
    if event == cv.EVENT_LBUTTONDBLCLK:  #双击左键确认结束,得到 ROI mask
        #调用抠图函数
        image_matting_samplingbyMouse()
    if event == cv.EVENT_RBUTTONDOWN:    # 单击右键重新开始选择
        PointsChosen = []
        cv.imshow('Image matting',img2[:,:,::-1])


# ----用选取的多边形顶点,得到 ROI 掩膜图像并做其他处理-------
def image_matting_samplingbyMouse():
    global sampling_mask,img,img2,PointsChosen,shift
    #样本像素掩膜
    sampling_mask =  np.zeros(img.shape[0:2])
    pts = np.array(PointsChosen,np.int32)    # pts 是多边形的顶点列表(顶点集)
    #---填充多边形---
    sampling_mask = cv.fillPoly(sampling_mask,[pts],(255,255,255))
    #计算样本像素 RGB 颜色分量的平均值
    bg_mean = np.mean(img[sampling_mask>0],axis = 0).astype((np.float))
    #确定属于背景的像素,即在 RGB 颜色空间中判断每个像素的 RGB 值
    #是否落在以样本均值为中心,2 * Thresh 为边长的矩形空间内
    bgmask = np.abs(img.astype(np.float) - bg_mean)< Thresh
    bgmask = np.all(bgmask,axis = 2)
    #令背景颜色等于指定值[r,g,b]
    img2[bgmask>0] = [125,125,125]
    #清空顶点列表
    PointsChosen = []
    #显示最终结果
    cv.imshow('Image matting',img2[:,:,::-1])
#-----------------------------------------------
#主程序
#-----读取一幅图像,用鼠标选择 ROI---------
```

329

```
#读取一幅彩色图像
img = io. imread('. /imagedata/Bridewedding. jpeg')
#RGB 分割阈值
Thresh = np. array([50,50,90])
cv. namedWindow('Image matting')
cv. setMouseCallback('Image matting',on_mouse)
cv. imshow('Image matting',img[:,:,::-1])
cv. waitKey(0)
cv. destroyAllWindows()
#————————————————————
```

10.5　运动目标分割

　　运动目标分割（Movingobject Segmentation），又称运动目标检测（Moving Object Detection），或运动分割（Motion Segmentation），利用运动信息获取图像中移动目标区域，广泛应用于智能视频监控、视频压缩编码、视频检索、人机交互、虚拟现实、机器人视觉、自主导航等领域。在成像过程中，摄像机自身还是场景中物体的运动，都会使图像传感器与被观察目标之间产生相对位移，表现为序列图像中像素与场景物点的映射关系发生改变，引起图像像素属性值的变化。

　　图像传感器与被观察目标之间产生相对位移的情况大致有三种：①摄像机固定、目标运动；②摄像机移动、目标固定；③摄像机与目标都动。本节仅讨论摄像机固定时的运动目标分割问题。

　　假设摄像机固定，背景也相对稳定。当没有运动目标进入摄像机视场，获取的图像像素的属性值（灰度或彩色分量）处于相对稳定状态，只受随机噪声的影响。一旦有目标进入摄像机视场，或场景中原本静止的物体开始移动，那么背景就会因目标的移动时而被遮挡、时而显露。如果运动物体表面反光特性与背景差异较大，这将导致图像中对应于运动目标遮挡或显露的区域像素属性值发生显著改变。根据图像的这些变化，就可以把目标检测出来。

　　背景图像减除法首先要建立描述场景图像特征的背景模型（Background Model），然后将采集的图像与背景模型进行比较，判断当前图像与背景模型的匹配程度，寻找发生显著变化的像素集合，实现运动目标的分割。

10.5.1　图像变化

　　引起图像变化的原因除了运动物体的介入外，还有其他因素，如背景物体的自运动、环境光照的变化、摄像机的抖动等等，这些因素可归纳为：

　　（1）光源强弱及照射方向的变化，如日光从早到晚的变化、云雾雨雪等气象因素导致的光线传播特性的变化（尤其是流云）、人工光源的启闭、夜间车灯的扫射、运动物体对光线的遮挡或反射（产生阴影、高亮区域）、日光在水面上的反射折射干扰、光源色温和光谱能量分布的变化等。

（2）背景物体的自运动，如树枝草丛的随风摆动、水面波浪的起伏、雨滴雪粒的飘动、旗帜的飘舞，以及其他人工设施的局部运动（自动扶梯的运动）等。

（3）场景空间构成改变，运动物体进入视场后停止并驻留较长时间、背景中原静止物体移动到其他位置并驻留或移出视场，造成背景物体被遮掩或暴露，引起场景空间结构的重组。

（4）系统噪声，由图像传感器、视频信号调理，以及传输与控制等硬件设备引起的随机噪声。

（5）摄像机的抖动、PTZ（Pan-Tilt-Zoom）操作引起的视场变化、摄像机的背景补偿和增益调节等。

因此，背景图像减除法的关键问题是如何建立背景模型和实时更新模型参数，以适应背景图像的变化。背景建模方法非常多，如简单的参考图像法、近似中值滤波背景模型、MoG 混合高斯背景模型（MoG，Mixture of Gaussian）、ViBE 背景模型等。

10.5.2　简单背景模型——参考图像

最简单的背景建模是选取净空状态下不含运动目标的一幅场景图像作为背景模型，又称参考图像（Reference Image）、参考帧（Reference Frame），将当前图像与参考图像相减得到差值图像，再对差值图像取阈值，即差值绝对值大于阈值的像素为运动目标，小于或等于阈值的像素归为背景。

以灰度图像为例，假设用 $f_t(x, y)$ 表示在 t 时刻获取的图像，一个视频序列图像可表示为 $f_1(x, y)$，$f_2(x, y)$，……，$f_t(x, y)$，……令 $f_r(x, y)$ 为参考图像，对后续任意图像帧 $f_t(x, y)$ 进行运动目标分割，得到的结果可用二值图像 $g_t(x, y)$ 表示，即：

$$g_t(x, y) = \begin{cases} 1, & |f_t(x, y) - f_r(x, y)| > T \\ 0, & 其他 \end{cases} \tag{10-30}$$

这里 T 为指定的阈值，对于 256 级灰度图像，一般可在 15～25 之间取值。如果 $f(x, y)$ 为彩色图像，就需要计算每个像素各个颜色分量的差值绝对值，然后按上式判断，简单地只要有一个颜色分量满足上式，那么该像素就属于运动目标，否则属于背景。

10.5.3　近似中值滤波背景模型

McFarlane 提出了一种基于近似中值滤波器（Approximate Median Filter，又称滑动中值滤波 Running Median Filter）的背景模型。令 $f_t(x, y)$ 表示像素 (x, y) 在时刻 t 的灰度值，$B_t(x, y)$ 表示从 0 到 t 时间内该像素灰度值历史数据的中值。为适应背景的动态变化，在 t 时刻，对 $B_{t+1}(x, y)$ 按下式更新：

$$B_{t+1}(x, y) = \begin{cases} B_t(x, y) + \beta, & f_t(x, y) > B_t(x, y) \\ B_t(x, y), & f_t(x, y) = B_t(x, y) \\ B_t(x, y) - \beta, & f_t(x, y) < B_t(x, y) \end{cases} \tag{10-31}$$

式中，β 为像素灰度值更新增量，决定了模型的学习速度，可根据背景扰动的剧烈程度和运动目标的运动速度来在 $0\sim1$ 之间取值。对 t 时刻的图像 $f_t(x, y)$ 按下式将每个像素进行分类，得到二值图像：

$$g_t(x, y) = \begin{cases} 1, & |f_t(x, y) - B_t(x, y)| > T \\ 0, & \text{其他} \end{cases} \tag{10-32}$$

式中，T 为分割阈值，一般在 $15\sim25$ 之间取值。

示例 [10-9] 摄像机固定配置时的视频运动目标分割

采用参考图像、近似中值滤波背景模型、MoG 高斯混合背景模型建模方法，分别对一段视频图像中的运动目标进行分割。视频场景为室外道路，背景相对稳定。近似中值滤波背景模型时，令 $\beta=1$。图 10-13 给出了这段视频第 200 帧的分割结果。对比可以看出，参考帧、近似中值滤波背景模型分割结果存在一定的残影现象，而高斯混合背景模型能快速适应背景的变化，分割结果中的噪点较少，优于其他两种方法。为便于观察，将分割结果反色显示，图 10-13（d）中黑色区域为运动目标、浅色区域为阴影区域。

(a)   (b)   (c)   (d)

图 10-13　摄像机固定配置时的视频运动目标分割示例

(a) 第 200 帧图像；(b) 参考帧；(c) 近似中值滤波背景模型；(d) MoG 背景模型

#采用参考图像帧背景减除法实现视频图像运动目标检测

```
videocap = cv.VideoCapture('./imagedata/vtest.avi')  #创建视频文件读取对象
#检查是否打开正确
if videocap.isOpened():
    oepn,frame = videocap.read()
    fps = videocap.get(cv.CAP_PROP_FPS) #获取视频 fps
else:
    open = False
Thresh = 25  #指定分割阈值
#读取视频序列中第一帧作为参考背景
ret,bgframe = videocap.read()
#逐帧显示并处理
while open:
    ret,frame = videocap.read()  #读取一帧图像
    if frame is None:  #已处理完最后一帧,退出循环
```

```
        break
    #计算每帧图像个颜色通道与参考帧之间的差值
    framediff = bgframe.astype(np.float) - frame.astype(np.float)
    fgmask = np.any(np.abs(framediff)> Thresh,axis = 2)
    fgmask = util.img_as_ubyte(fgmask)
    #显示结果
    cv.namedWindow('video playing',cv.WINDOW_NORMAL)
    cv.namedWindow('Segmented result',cv.WINDOW_NORMAL)
    cv.imshow('video playing',frame)
    cv.imshow('Segmented result',fgmask)
    if cv.waitKey(int(1000/fps)) & 0xFF = = 27：#按帧率播放
        break
videocap.release()    #释放视频读取资源
cv.destroyAllWindows()  #释放窗口显示资源
#----------------------------------------------------
#采用近似中值滤波背景模型实现运动目标分割
#Approximate Median Filter background model
videocap = cv.VideoCapture('./imagedata/vtest.avi')  #创建视频文件读取对象
if videocap.isOpened()：#检查是否正确打开视频文件
    oepn,frame = videocap.read()
    fps = videocap.get(cv.CAP_PROP_FPS)  #获取视频 fps
else：
    open = False
#指初始化阈值和更新增量 beta
Thresh = 20
Beta = 1.0
#读取视频序列中第一帧作为背景
ret,bgframe = videocap.read()
bgframe = np.float32(bgframe)
#逐帧显示并处理
while open：
    ret,frame = videocap.read()  #读取一帧图像
    if frame is None：  #已处理完最后一帧,退出循环
        break
    #计算每帧图像个颜色通道与参考帧之间的差值
    framediff = bgframe.astype(np.int) - frame.astype(np.int)
    #更新背景模型
    decidx = framediff>0
    incidx = framediff<0
```

```
        bgframe[decidx] = bgframe[decidx] - Beta
        bgframe[incidx] = bgframe[incidx] + Beta
        #计算差值并取绝对值
        fgmask = np.any(np.abs(framediff)>Thresh,axis=2)
        fgmask = util.img_as_ubyte(fgmask)
        #显示结果
        cv.namedWindow('video playing',cv.WINDOW_NORMAL)
        cv.namedWindow('Segmented result',cv.WINDOW_NORMAL)
        cv.imshow('video playing',frame)
        cv.imshow('Segmented result',fgmask)
        if cv.waitKey(int(1000/fps)) & 0xFF == 27:  #按帧率播放
            break
videocap.release()  #释放视频读取资源
cv.destroyAllWindows()  #释放窗口显示资源
#------------------------------------------------
#采用 OpenCV 的 MoG2 背景模型的运动目标分割
videocap = cv.VideoCapture('./imagedata/vtest.avi')  #创建视频文件读取对象
if videocap.isOpened():  #检查是否正确打开视频文件
    oepn,frame = videocap.read()
    #获取视频 fps
    fps = videocap.get(cv.CAP_PROP_FPS)
else:
    open = False
motionsegmog = cv.createBackgroundSubtractorMOG2() #创建 MoG 背景模型对象
#逐帧显示并处理
while open:
    ret,frame = videocap.read()  #读取一帧图像
    if frame is None:  #已处理完最后一帧,退出循环
        break
    #运动分割
    fgmask = motionsegmog.apply(frame)
    #显示结果
    cv.namedWindow('video playing',cv.WINDOW_NORMAL)
    cv.namedWindow('Segmented result',cv.WINDOW_NORMAL)
    cv.imshow('video playing',frame)
    cv.imshow('Segmented result',fgmask)
    if cv.waitKey(int(1000/fps)) & 0xFF == 27:  #按帧率播放
        break
videocap.release()  #释放视频读取资源
```

```
cv.destroyAllWindows()   #释放窗口显示资源
#------------------------------------------------
```

10.6　Python 扩展库中的图像分割函数

为便于学习，下表列出了 Scikit-image、OpenCV、SciPy 等库中图像分割常用函数及其功能。

函数名	功能描述
Scikit-image　　导入方式：**from skimage import filters**	
threshold_otsu	Otsu 单阈值计算，Return threshold value based on Otsu's method.
threshold_multiotsu	Otsu 多阈值计算，Generate multi-otsu threshold values.
threshold_sauvola	Sauvola 局部阈值，Applies Sauvola local threshold to an array. This algorithm is originally designed for text recognition.
threshold_niblack	Niblack 局部阈值，Applies Niblack local threshold to an array.
threshold_local	局部阈值，Compute a threshold mask image based on local pixel neighborhood.
watershed	分水岭图像分割，Find watershed basins in image flooded from given markers.
peak_local_max	检测图像中的局部最大值，Find peaks in an image as coordinate list or boolean mask.
OpenCV　　导入方式：**import cv2 as cv**	
threshold	图像阈值分割，Applies a fixed-level threshold to each array element.
adaptiveThreshold	图像自适应阈值分割，Applies an adaptive threshold to an array.
watershed	分水岭图像分割，Performs a marker-based image segmentation using the watershed algorithm.
distanceTransform	距离变换，Calculates the distance to the closest zero pixel for each pixel of the source image.
createBackgroundSubtractorMOG2	高斯混合背景模型运动分割，Gaussian Mixture-based Background/Foreground Segmentation Algorithm.
SciPy　　导入方式：**from scipy import ndimage**	
distance_transform_edt	精确欧几里得距离变换，Exact Euclidean distance transform.
NumPy　　导入方式：**import numpy as np**	
digitize	灰度分层（多阈值分割），Return the indices of the bins to which each value in input array belongs.

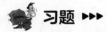 习题 ▶▶▶

10.1　简述阈值分割的基本思想。

10.2　阈值分割方法有哪些缺点？

10.3　区域生长图像分割是如何实现的？

10.4　如何有效分割彩色图像中的目标区域？

10.5　简述视频图像中运动目标分割的基本思想。

10.6　对二值图像加"标记"有什么意义？

10.7　当灰度直方图的谷不是很明显时如何处理？

10.8　在影视拍摄时常采用"蓝幕"或"绿幕"抠图技术，请解释这样做的原因。

💻 上机练习 ▶▶▶

E10.1　打开本章 Jupyter Notebook 可执行记事本文件 "Ch10 图像分割 . ipynb"，逐单元（Cell）运行示例程序，注意观察分析运行结果。熟悉示例程序功能，掌握相关函数的使用方法。

E10.2　编程实现分析图像分割得到的二值图像中的区域属性，譬如，给视频图像中运动目标"加框"、统计目标区域的个数等。

E10.3　模仿电视访谈节目，录制一段视频，编程实现对视频中人物脸部进行自动模糊处理，以保护接受采访人的隐私，并将处理后的图像重新保存为视频文件。

E10.4　编程实现自动"蓝幕"或运动分割抠取前景图像，并把前景图像放置到选好的另一幅彩色图像中，实现自动更换图像背景。有条件的可以利用抠图蓝幕，编程实现实时抠图及背景更换。

附录

Anaconda及Python扩展库安装

Python 是一种面向对象的解释型计算机程序设计语言，具有跨平台的特点，可以在 Linux、macOS 以及 Windows 系统中搭建环境并使用，其编写的代码在不同平台上运行时，几乎不需要做较大的改动，使用者无不受益于它的便捷性。

Python 的强大之处在于它的应用领域范围之广，遍及人工智能、科学计算、Web 开发、系统运维、大数据及云计算、金融、游戏开发等。实现其强大功能的前提，就是 Python 具有数量庞大且功能相对完善的标准库和第三方库。通过对库的引用，能够实现对不同领域业务的开发。然而，正是由于库的数量庞大，对于管理这些库以及对库作及时的维护成为既重要但复杂度又高的事情。

一、Anaconda 简介

Anaconda 是 Python 包管理器和环境管理器，个人版包含 Conda、Anaconda Navigator、Python 和数百个科学计算包及其依赖项，如 NumPy、SciPy 等。

Conda 是 Python 包及其依赖项和运行环境的管理工具，能够快速安装、运行和升级 Python 包及其依赖项，以及在计算机中便捷地创建、保存、加载和切换环境。Conda 在命令行界面上工作，例如在 Windows 系统中"开始"菜单，运行 Anaconda Prompt，就可启动 Conda 在命令行界面。

Anaconda Navigator 导航器是一个桌面图形用户界面，允许启动应用程序，并轻松管理 Conda 包、环境和通道，而无需使用命令行命令。

二、Windows 系统安装 Anaconda

1. 从 Anaconda 官网 https：//www.anaconda.com/products/individual 下载 Anaconda Installers，根据 Windows 版本选择 64-bit 还是 32-bit 安装程序，如果操作系统时 Windows10，可选择"64-Bit Graphical Installer"。

2. 双击启动安装程序，出现如下界面，点击 Next 按钮。

3. 阅读许可条款，然后单击 I Agree 按钮，如图 1 所示。

4. 在 Select Installation Type 界面中选择 Just Me（recommended），点击 Next 按钮，

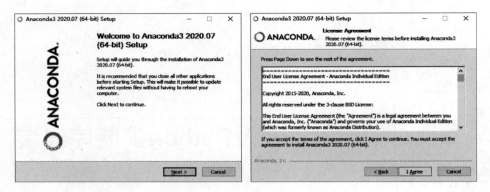

图 1　许可条款

见图 2。

5. 在 Choose Install Location 界面中选择安装 Anaconda 的目标文件夹，若使用默认路径，直接点击"Next"按钮，见图 2。

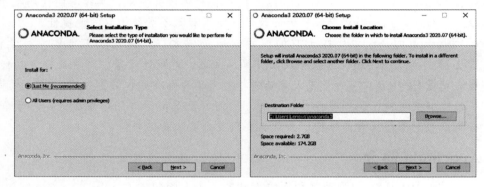

图 2　存储路径

6. 进入"Advanced Installation Options"界面，第一项是将 Anaconda 添加到环境变量，第二项是选择将 Anaconda 注册为默认 Python，请接受默认值并选中此框，然后点击 Install 按钮。

7. 等待一段时间，出现 Installation Complete 即安装完成，点击 Next 按钮，如图 3 所示。

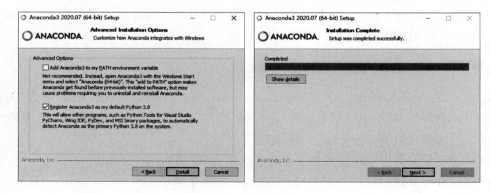

图 3　安装过程

8. 暂时不安装 Pycharm，点击 Next 按钮。

9. 将看到"Completing Anaconda3"对话框，取消两个勾选，点击 Finish，如图 4 所示。

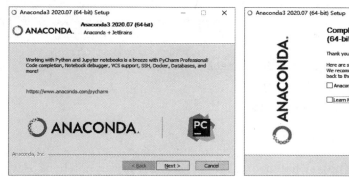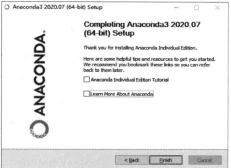

图 4　安装完成

10. 验证安装结果。可选以下任意方法：

（1）"开始"→ Anaconda3（64-bit）→ Anaconda Navigator"，若可以成功启动 Anaconda Navigator 则说明安装成功。

（2）"开始"→ Anaconda3（64-bit）→ 左键点击 Anaconda Prompt 启动→ 在 Anaconda Prompt 中输入 conda list，可以查看已经安装的包名和版本号。若结果可以正常显示，则说明安装成功，如图 5 所示。

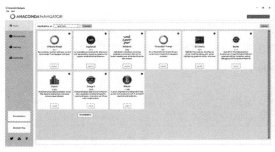

图 5　过程图

三、安装 OpenCV-Python

1. 鼠标左键点击 Windows "开始"→ Anaconda3（64-bit）→左键点击 Anaconda Prompt 启动→在 Anaconda Prompt 命令窗口提示符后输入以下命令，等待直至下载安装完成。

```
pip install opencv-python
```

2. 在 Anaconda Prompt 命令窗口提示符后输入以下命令，等待直至下载安装完成。

```
pip install opencv-contrib-python
```

3. 在命令行提示符后输入 conda list 查看列表中是否出现已安装的 OpenCV 包。

四、升级 scikit-image 和 Pillow

如果 Anaconda 安装的 scikit-image 包版本低于 0.17.2，请采用下述方法升级到 0.17.2 版本。鼠标左键点击 Windows "开始"→Anaconda3（64-bit）→左键点击 Anaconda Prompt 启动→在 Anaconda Prompt 命令窗口提示符后输入以下命令，等待直至卸载完成。

```
pip install --upgrade scikit-image = = 0.17.2
```

然后采用类似的方法将升级 Pillow 版本：

```
pip install --upgrade pillow
```

五、Jupyter notebook 的使用

安装好 Anaconda 后，Jupyter notebook 也被自动安装。Jupyter notebook 是基于浏览器的应用程序，以网页的形式打开，可以在网页页面中直接编写代码和运行代码，代码的运行结果也会直接在代码块下显示。如在编程过程中需要编写说明文档，可在同一个页面中直接编写，便于作及时的说明和解释。

Jupyter notebook 启动后，默认的工作空间是当前用户目录。为了方便对文档进行管理，在使用 jupyter notebook 前，最好给自己先创建个工作目录，譬如 D：\ PythonDIP。为了让 Jupyter notebook 启动后自动进入工作目录 D：\ PythonDIP，可通过修改 Jupyter notebook 快捷方式文件属性来实现。

1. 创建工作目录，譬如 D：\ PythonDIP。把本书给的示例程序包 "Python 数字图像处理 .zip" 解压后复制到 D：\ PythonDIP 目录中。

2. 鼠标左键点击 Windows "开始" → Anaconda3（64-bit），找到 Jupyter Notebook （anaconda3），用鼠标右键弹出菜单，选择 "更多" → "打开文件位置"，找到 Jupyter Notebook（anaconda3）快捷方式文件，如图 6 所示。

图 6　打开

3. 鼠标右击 Jupyter notebook 快捷方式文件图标，在弹出窗口菜单中选择 "属性"。

4. 把 "目标" 中％USERPROFILE％字符串替换成你想要的目录，如 D：\ PythonDIP，点击 "确认"，如图 7 所示。

5. 再次启动 Jupyter notebook 时，就会自动将 D：\ PythonDIP 设为当前工作目录。

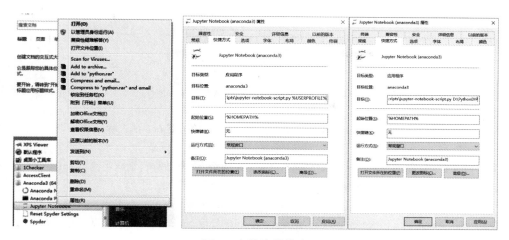

图 7　存储路径修改

6. 点击文件"Ch1 图像数据的表示与基本运算 . ipynb",将其打开。

7. 运行代码。

文件中的段落成为 Cell,有四种类型,只有 code 类型是可执行的代码,code 类型 Cell 段落前有［In］［1］,表明此段是可运行的 code,用鼠标左键点击选中后,再点击上部工具条中的"运行"按钮,即可运行此段代码(当然,还有其他运行方式,试试看),输出结果有两种方式:一是嵌入到文档中,直接显示在 code 类型 Cell 的下面,二是弹出窗口。以下是运行第一段代码的结果,如图 8 所示。

图 8　运行结果

参考文献

［1］ FERNÁNDEZ VA. Mastering OpenCV 4 with Python［M］. Birmingham：Packt Publishing，2019.

［2］ ISLAM Q N. Mastering PyCharm［M］. Birmingham：Packt Publishing，2015.

［3］ （美）马克·卢茨（Mark Lutz）. Python 学习手册［M］. 第五版. 秦鹤，林明 译. 北京：机械工业出版社，2018.

［4］ （美）罗伯特·约翰逊（Robert Johansson）. Python 科学计算和数据科学应用使用 NumPy、SciPy 和 matplotlib［M］. 第二版. 黄强 译. 北京：清华大学出版社，2020.

［5］ MOESLUND T B. Introduction to Video and Image Processing［M］. London：Springer，2012.

［6］ RUSS J C. The Image Processing Handbook［M］. 6th Edition. Boca Raton：CRC Press Inc.，2011.

［7］ BURGER W.，Burge M J. Digital image processing：an algorithmic introduction using Java［M］. London：Springer-Verlag，2008.

［8］ GONZALEZ R C，WOODS R E. Digital Image Processing［M］. 3rd Edition. New York：Prentice-Hall，2007.

［9］ （美）冈萨雷斯 等著，数字图像处理［M］. 第三版. 阮秋琦译. 北京：电子工业出版社，2009.

［10］ OTSU N. A Threshold Selection Method from Gray-Level Histograms［J］. IEEE Transactions on Systems Man & Cybernetics，2007，9（1）：62-66.

［11］ MEYER F. Topographic distance and watershed lines［J］. Signal Processing，1994，38：113-125.

［12］ MCFARLANE N，SCHOFIELD C. Segmentation and tracking of piglets in images［J］. Machine Vision and Applications，1995，8（3）：187-193.

［13］ STAUFFER C，GRIMSON W. Adaptive background mixture models for real-time tracking［C］. Proceedings of IEEE International Conference on Computer Vision and Pattern Recognition，Fort Collins，CO，USA，1999：246-252.

［14］ BOUWMANS T，ELBAF F，VACHON B. Background modeling using mixture of Gaussians for foreground detection-a survey［J］. Recent Patents on Computer Science，2008，1（3）：219-237.

［15］ ZUIDERVELD K. Contrast Limited Adaptive Histogram Equalization［J］. Graphics Gems，1994：474-485.

［16］ 张运楚，等. 基于存在概率图的圆检测方法［J］. 计算机工程与应用，2006，42（029）：49-51.

［17］ 张运楚，等. 高斯混合背景模型的适应能力研究［J］. 计算机应用，2011（03）：126-130.

［18］ （印）普拉泰克·古普塔（Prateek Gupta）. Jupyter 数据科学实战［M］. 王佩瑶译. 北京：人民邮电出版社，2020.

［19］ 胡成发. 印刷色彩与色度学［M］. 北京：印刷工业出版社，1993.

［20］ 薛朝华. 颜色科学与计算机测色配色实用技术［M］. 北京：化学工业出版社，2004.

［21］ 胡广书. 数字信号处理理论、算法与实现［M］. 第三版. 北京：清华大学出版社，2012.